Physique
LA MÉCANIQUE

OPTIONscience

Cahier de savoirs et d'activités
5e secondaire

2e édition

Marielle Champagne

Michel Charette
Mario Cossette

5757, rue Cypihot, Saint-Laurent (Québec) H4S 1R3 ▸ erpi.com
TÉLÉPHONE : 514 334-2690 TÉLÉCOPIEUR : 514 334-4720 ▸ erpidlm@erpi.com

Directrice de l'édition
Monique Boucher

Éditrice
Sylvie Racine

Chargées de projet et réviseures linguistiques
Madeleine Dufresne
Marie Sylvie Legault

Correcteurs d'épreuves
Pierre-Yves L'Heureux
Valérie Lanctôt

Recherchiste (photos et droits)
Marie-Chantal Masson

Coordonnateur – droits et reproductions
Pierre Richard Bernier

Directrice artistique
Hélène Cousineau

Coordonnatrice aux réalisations graphiques
Sylvie Piotte

Couverture
Frédérique Bouvier

Conception graphique
Valérie Deltour

Édition électronique
Les Studios Artifisme

Illustrateurs
Stéphane Jorisch
Bertrand Lachance
Polygone
Michel Rouleau
Jean-François Vachon

Rédacteurs
Luc Chamberland (laboratoires)
Dominique Forget (rubrique Articles tirés d'Internet)
Denis Poulin (Métho)

Consultants pédagogiques
Stéphan Auger, école secondaire des Patriotes-de-Beauharnois, commission scolaire de la Vallée-des-Tisserands
Mélanie Bélanger, polyvalente de Disraeli, commission scolaire des Appalaches
Daniel Breton, Juvénat Notre-Dame du Saint-Laurent, Québec
Jacinthe Buisson, polyvalente Nicolas-Gatineau, commission scolaire des Draveurs
Pascale Fortin, polyvalente Bélanger, commission scolaire de la Beauce-Etchemin
Jean-François Marion, école secondaire Frenette, commission scolaire de la Rivière-du-Nord
Carl Mathieu, école secondaire de la Seigneurie, commission scolaire des Premières-Seigneuries
Martine Péloquin, école secondaire Fernand-Lefebvre, commission scolaire de Sorel-Tracy

Réviseur scientifique
Richard Gagnon, physicien

© ÉDITIONS DU RENOUVEAU PÉDAGOGIQUE INC., 2011

Tous droits réservés.
On ne peut reproduire aucun extrait de ce livre sous quelque forme ou par quelque procédé que ce soit – sur machine électronique, mécanique, à photocopier ou à enregistrer, ou autrement – sans avoir obtenu, au préalable, la permission écrite des ÉDITIONS DU RENOUVEAU PÉDAGOGIQUE INC.

Dépôt légal – Bibliothèque et Archives nationales du Québec, 2011
Dépôt légal – Bibliothèque et Archives Canada, 2011

Imprimé au Canada — 234567890 II 16 15 14 13 12
ISBN 978-2-7613-4178-3 — 13098 ABCD — OF10

TABLE DES MATIÈRES

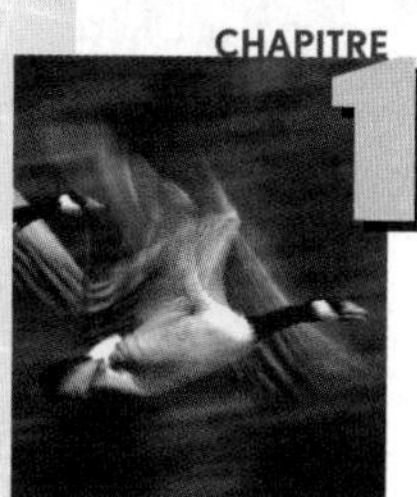

© ERPI Reproduction interdite

CHAPITRE 2

CHAPITRE 3

© ERPI Reproduction interdite

© ERPI Reproduction interdite

CHAPITRE 5

LA DEUXIÈME LOI DE NEWTON

© ERPI Reproduction interdite

CHAPITRE 6

CHAPITRE 7

© ERPI Reproduction interdite

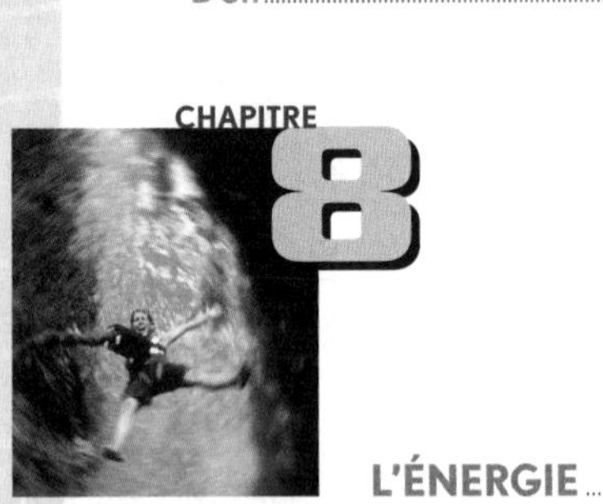

CHAPITRE 8

© ERPI Reproduction interdite

OPTIONscience

en un coup d'œil

PAGES D'OUVERTURE DE PARTIE

Le **titre** de la partie.

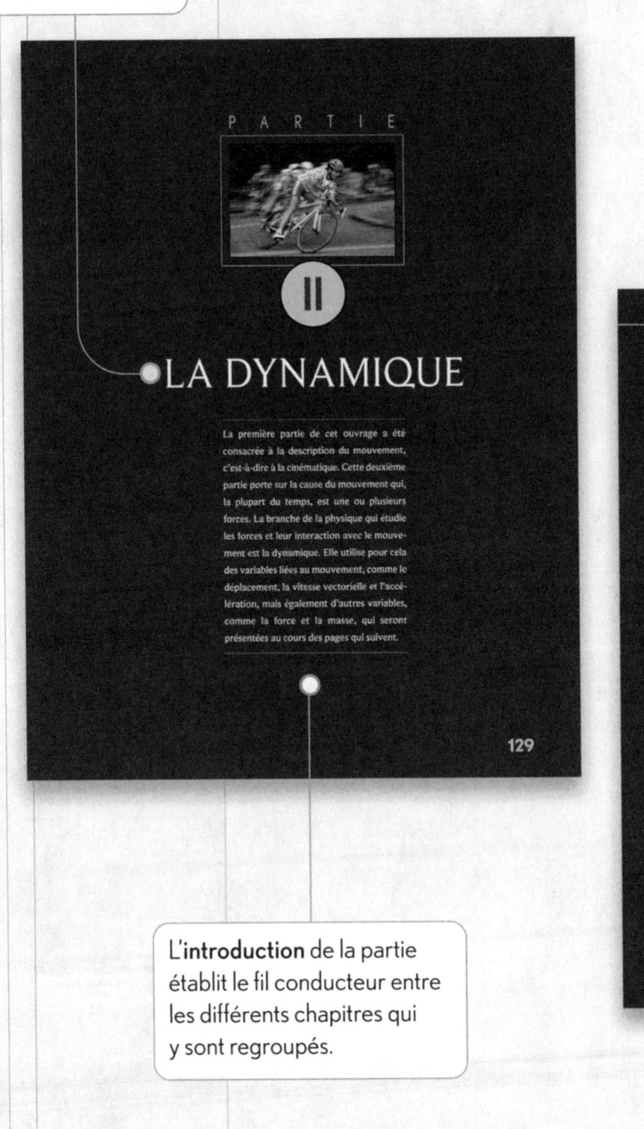
PARTIE

II

LA DYNAMIQUE

La première partie de cet ouvrage a été consacrée à la description du mouvement, c'est-à-dire à la cinématique. Cette deuxième partie porte sur la cause du mouvement qui, la plupart du temps, est une ou plusieurs forces. La branche de la physique qui étudie les forces et leur interaction avec le mouvement est la dynamique. Elle utilise pour cela des variables liées au mouvement, comme le déplacement, la vitesse vectorielle et l'accélération, mais également d'autres variables, comme la force et la masse, qui seront présentées au cours des pages qui suivent.

129

L'**introduction** de la partie établit le fil conducteur entre les différents chapitres qui y sont regroupés.

Le **sommaire** présente le contenu détaillé de chaque chapitre de la partie.

130

© ERPI Reproduction interdite

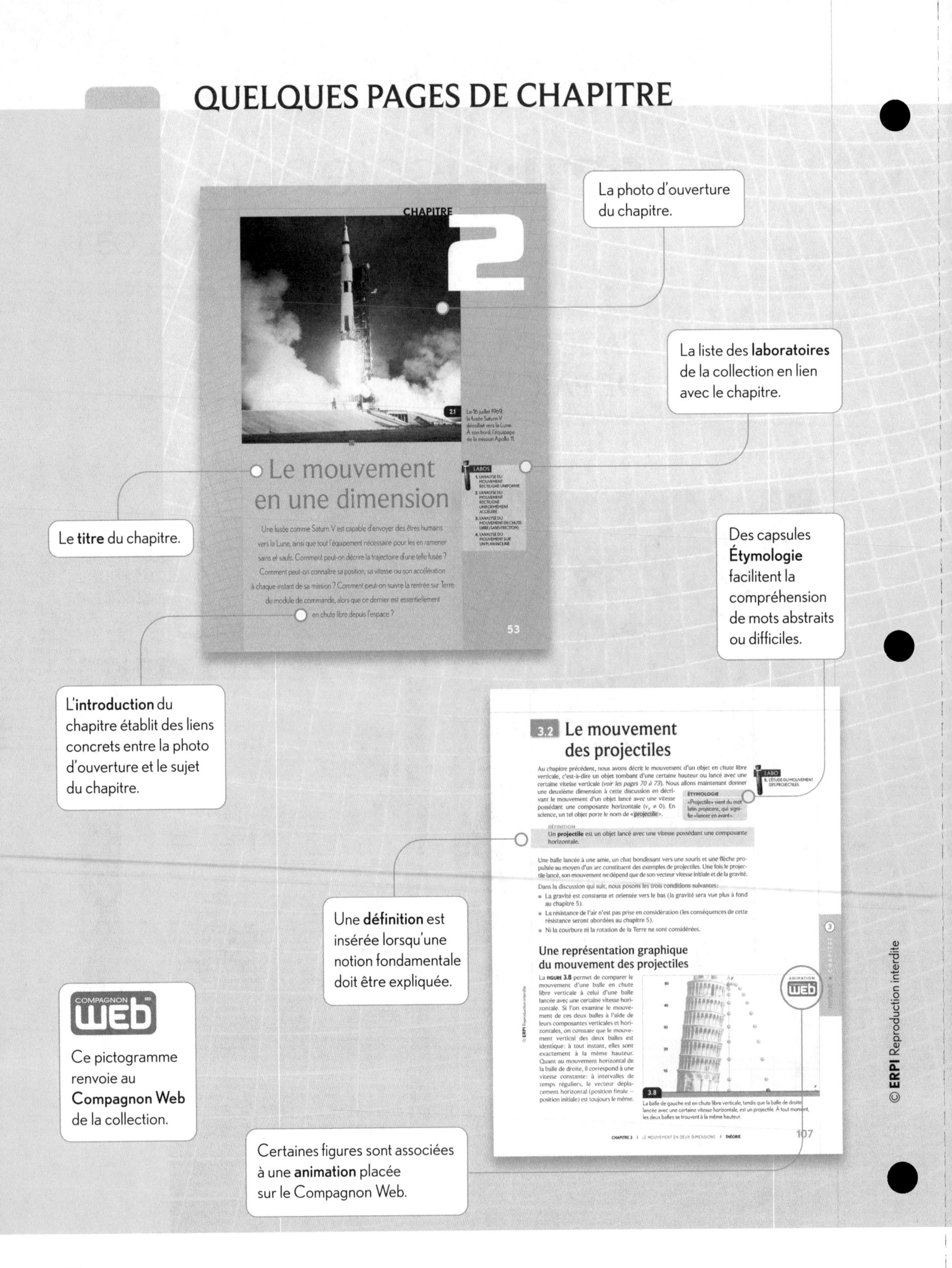

QUELQUES PAGES DE CHAPITRE
La photo d'ouverture du chapitre.
La liste des laboratoires de la collection en lien avec le chapitre.
Le titre du chapitre.
Des capsules Étymologie facilitent la compréhension de mots abstraits ou difficiles.
L'introduction du chapitre établit des liens concrets entre la photo d'ouverture et le sujet du chapitre.
Une définition est insérée lorsqu'une notion fondamentale doit être expliquée.
Ce pictogramme renvoie au Compagnon Web de la collection.
Certaines figures sont associées à une animation placée sur le Compagnon Web.
CHAPITRE 2
Le mouvement en une dimension
3.2 Le mouvement des projectiles
Une représentation graphique du mouvement des projectiles
© ERPI Reproduction interdite

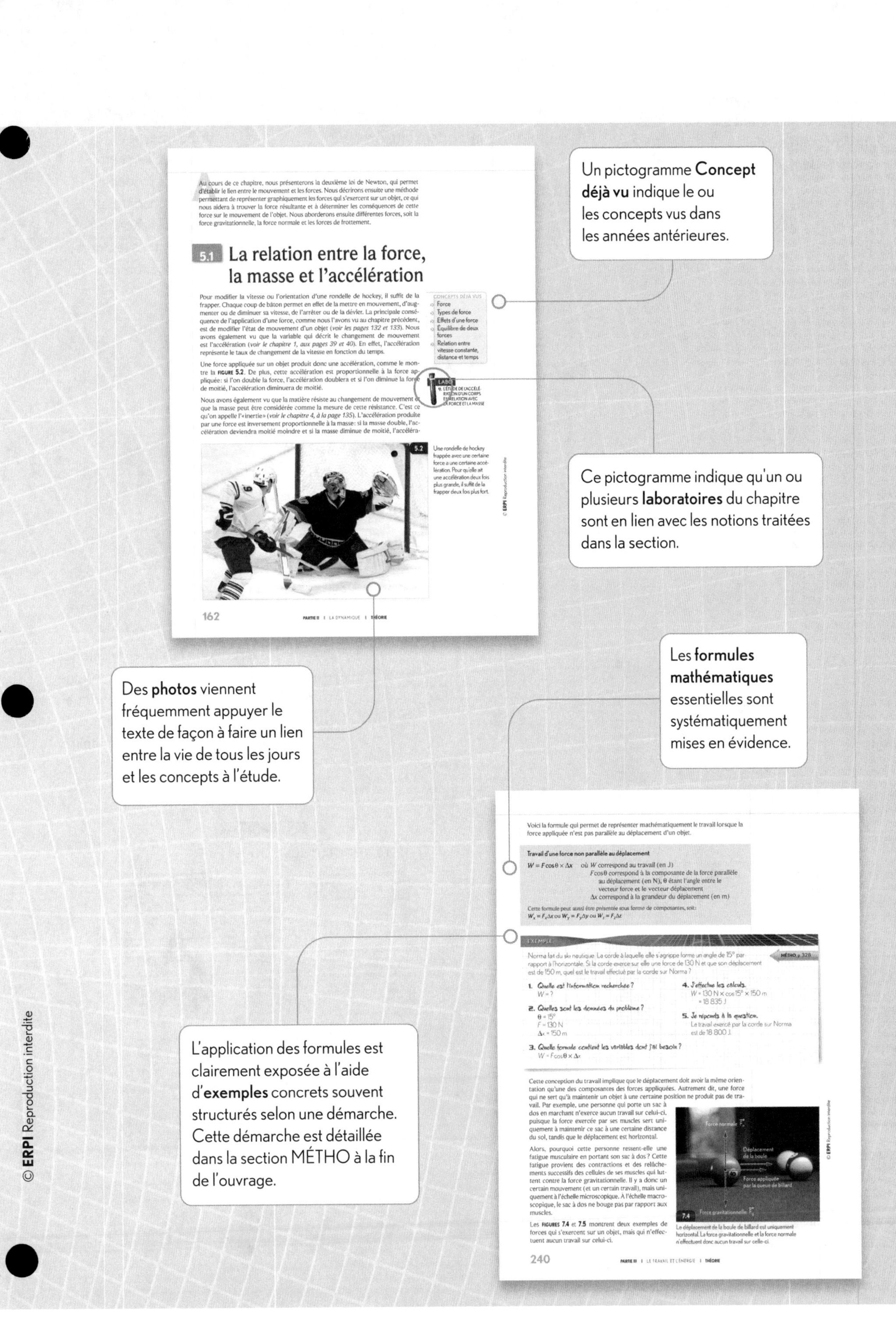
Un pictogramme Concept déjà vu indique le ou les concepts vus dans les années antérieures.
Ce pictogramme indique qu'un ou plusieurs laboratoires du chapitre sont en lien avec les notions traitées dans la section.
Des photos viennent fréquemment appuyer le texte de façon à faire un lien entre la vie de tous les jours et les concepts à l'étude.
Les formules mathématiques essentielles sont systématiquement mises en évidence.
L'application des formules est clairement exposée à l'aide d'exemples concrets souvent structurés selon une démarche. Cette démarche est détaillée dans la section MÉTHO à la fin de l'ouvrage.
© ERPI Reproduction interdite

© ERPI Reproduction interdite

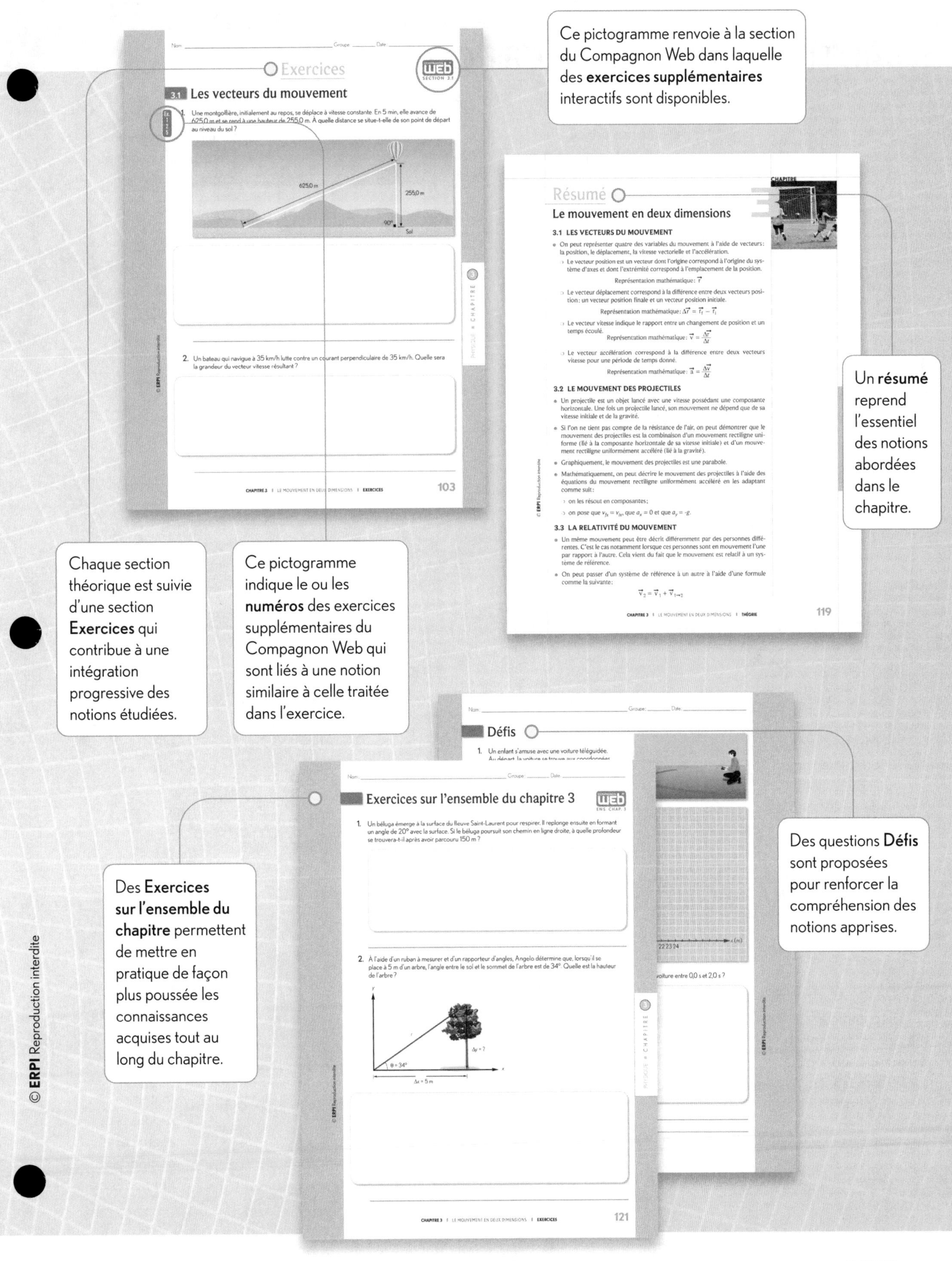

© ERPI Reproduction interdite

AUTRES SECTIONS DE CET OUVRAGE

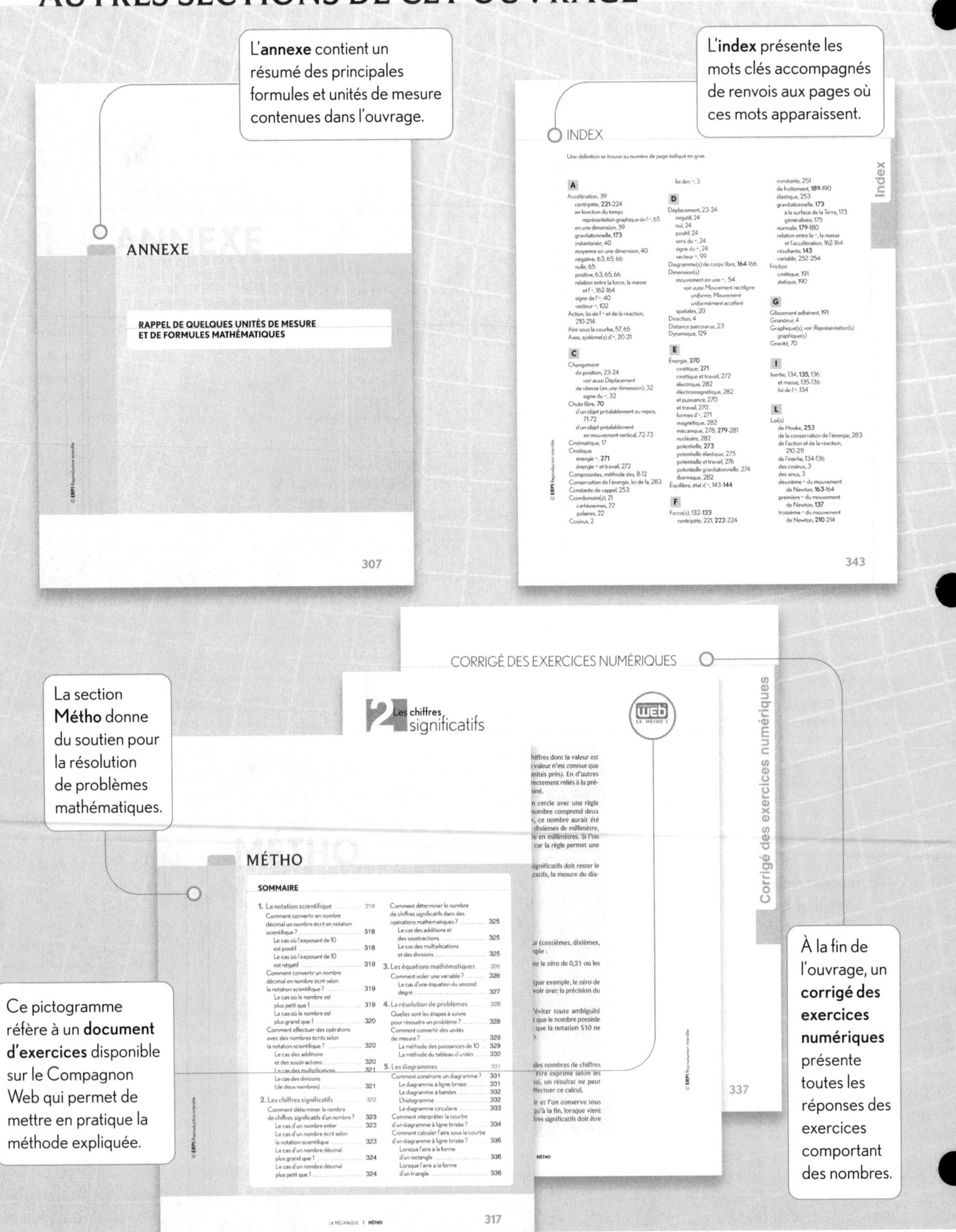

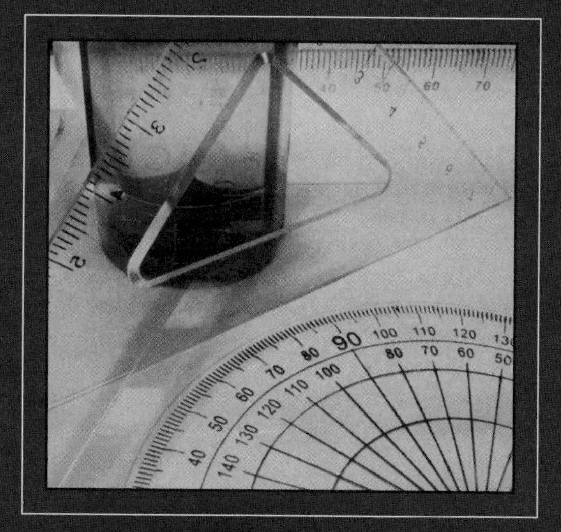

LES PRÉALABLES MATHÉMATIQUES en mécanique

Cette section présente des préalables mathématiques nécessaires à la compréhension du contenu de cet ouvrage. Elle comporte d'abord un rappel de notions trigonométriques, puis elle apporte de l'information détaillée sur le concept de vecteur.

La trigonométrie

Le mot « trigonométrie » vient des mots grecs *trigonos*, qui signifie « triangle », et *metron*, qui signifie « mesure ». La trigonométrie est donc une branche de la mathématique qui étudie les relations entre les mesures des côtés et des angles d'un triangle. Cette section présente un rappel de quelques propriétés des triangles et fonctions trigonométriques.

Les propriétés des triangles

Le **TABLEAU P.1** présente deux propriétés des triangles importantes à retenir.

P.1 DES PROPRIÉTÉS DES TRIANGLES

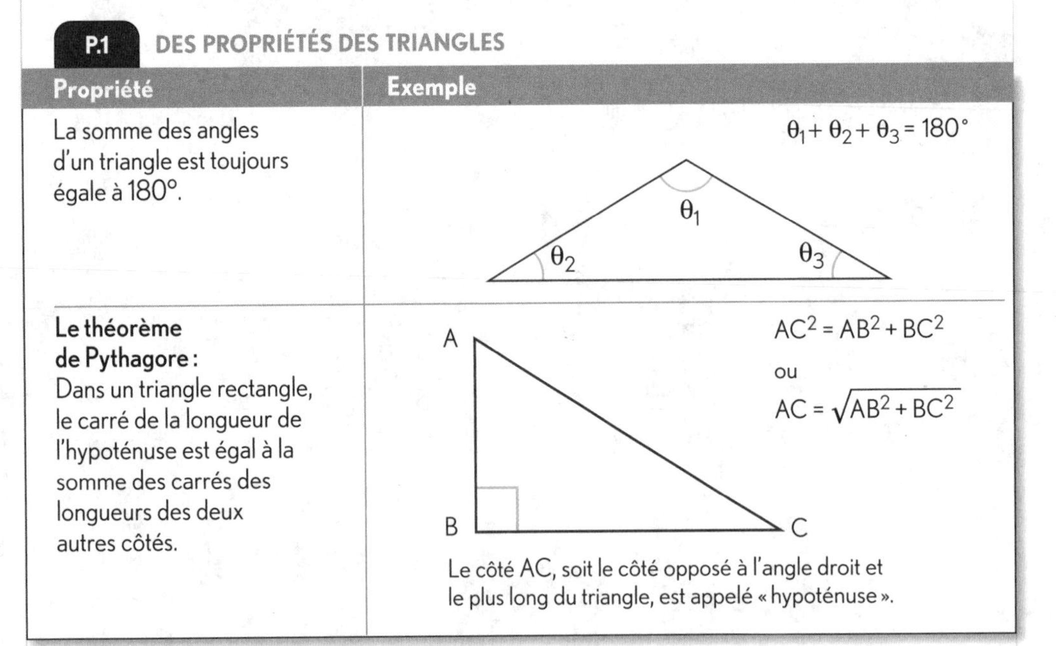

Propriété	Exemple
La somme des angles d'un triangle est toujours égale à 180°.	$\theta_1 + \theta_2 + \theta_3 = 180°$
Le théorème de Pythagore : Dans un triangle rectangle, le carré de la longueur de l'hypoténuse est égal à la somme des carrés des longueurs des deux autres côtés.	$AC^2 = AB^2 + BC^2$ ou $AC = \sqrt{AB^2 + BC^2}$ Le côté AC, soit le côté opposé à l'angle droit et le plus long du triangle, est appelé « hypoténuse ».

Les fonctions trigonométriques dans un triangle rectangle

Pour définir les fonctions trigonométriques, nous utiliserons l'angle θ du triangle rectangle illustré à la **FIGURE P.2.**

Dans ce triangle :

- Le sinus de l'angle θ est le rapport entre la longueur du côté opposé et la longueur de l'hypoténuse.

$$\sin \theta = \frac{\text{côté opposé}}{\text{hypoténuse}} = \frac{BC}{AC}$$

- Le cosinus de l'angle θ est le rapport entre la longueur du côté adjacent et la longueur de l'hypoténuse.

$$\cos \theta = \frac{\text{côté adjacent}}{\text{hypoténuse}} = \frac{AB}{AC}$$

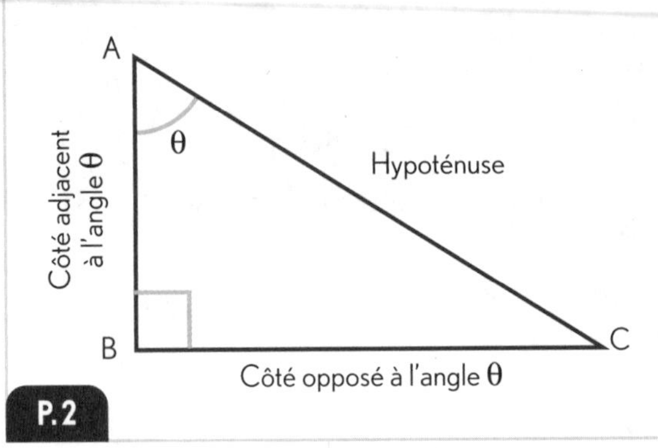

P.2

Un triangle rectangle.

- La tangente de l'angle θ est le rapport entre la longueur du côté opposé et la longueur du côté adjacent.

$$\tan \theta = \frac{\text{côté opposé}}{\text{côté adjacent}} = \frac{BC}{AB}$$

© ERPI Reproduction interdite

Ces rapports trigonométriques sont un nombre unique pour un angle donné. Par exemple, sin 60° est toujours égal à 0,5 et tan 45°, à 1.

Il existe des tables de valeurs des fonctions trigonométriques, mais ces valeurs peuvent également être trouvées à l'aide d'une calculatrice. Pour connaître la mesure d'un angle, on utilise la touche « $\sin^{-1}$ » ou « asin » de la calculatrice, qui correspond à la fonction arc sinus, soit la réciproque de la fonction sinus. De la même façon, les fonctions arc cosinus et arc tangente sont les fonctions réciproques des fonctions cosinus et tangente. Par exemple, pour trouver la mesure de l'angle à la FIGURE P.15 de la page 11, il faut faire l'opération suivante à l'aide de la calculatrice :

$$\tan \theta = 0{,}75$$
$$\theta = \arctan \text{ (ou } \tan^{-1}) \ 0{,}75$$
$$= 36{,}9°$$

Les fonctions trigonométriques dans un triangle quelconque

Pour déterminer des mesures manquantes dans des triangles autres que les triangles rectangles, on emploie la loi des sinus et la loi des cosinus. Pour définir ces deux lois, nous utiliserons le triangle illustré à la **FIGURE P.3**.

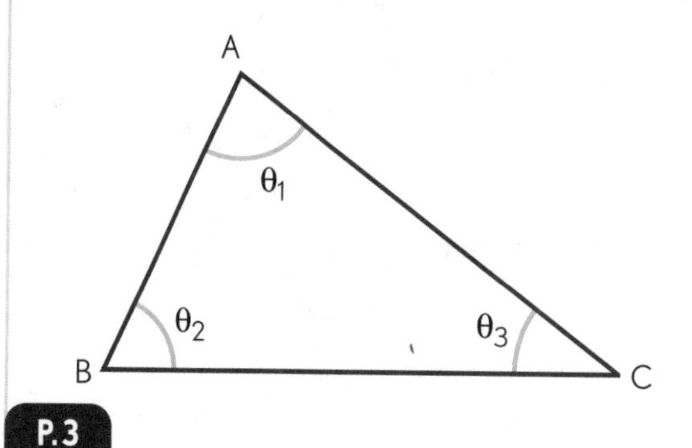

P.3
Un triangle quelconque.

LA LOI DES SINUS

La loi des sinus permet de trouver les caractéristiques d'un triangle dont on connaît :

- les mesures de deux côtés et de l'angle opposé à l'un de ces côtés ;
- les mesures de deux angles et d'un côté.

La loi des sinus établit que le rapport entre la mesure du côté opposé à un angle et le sinus de cet angle est équivalent pour tous les angles d'un triangle quelconque. Ainsi :

$$\frac{BC}{\sin \theta_1} = \frac{AC}{\sin \theta_2} = \frac{AB}{\sin \theta_3}$$

LA LOI DES COSINUS

La loi des cosinus permet de trouver les caractéristiques d'un triangle dont on connaît :

- les mesures de tous les côtés ;
- les mesures de deux côtés et de l'angle compris entre ces deux côtés.

Selon cette loi :

$$BC^2 = AB^2 + AC^2 - 2 \times AB \times AC \times \cos \theta_1$$
$$AC^2 = AB^2 + BC^2 - 2 \times AB \times BC \times \cos \theta_2$$
$$AB^2 = AC^2 + BC^2 - 2 \times AC \times BC \times \cos \theta_3$$

En fait, la loi des cosinus est une généralisation du théorème de Pythagore aux triangles non rectangles. D'ailleurs, lorsque $\theta_2 = 90°$ dans les équations qui précèdent, le cosinus devient égal à 0 ($2 \times AB \times BC \times \cos \theta_2 = 0$). La relation se simplifie alors à $AC^2 = AB^2 + BC^2$, soit au théorème de Pythagore.

© ERPI Reproduction interdite

Les vecteurs

Imaginons une personne, que nous appellerons Marianne, nouvellement arrivée dans une ville, qui cherche à se rendre à la bibliothèque. Si elle demande son chemin et qu'on lui répond: «C'est à 500 m d'ici.», elle ne sera pas très avancée. En effet, l'indication peut s'appliquer à tout ce qui se trouve à 500 m à la ronde, comme le montre la **FIGURE P.4**. Par contre, si Marianne obtient comme réponse: «La bibliothèque se trouve à 500 m d'ici vers le nord-est», la voilà fixée. En effet, la bibliothèque ne peut se trouver qu'à un endroit.

Certaines quantités ne sont complètement décrites que si elles comportent à la fois une grandeur et une orientation. Ce sont les vecteurs. Le déplacement, la vitesse et l'accélération sont des exemples de vecteurs.

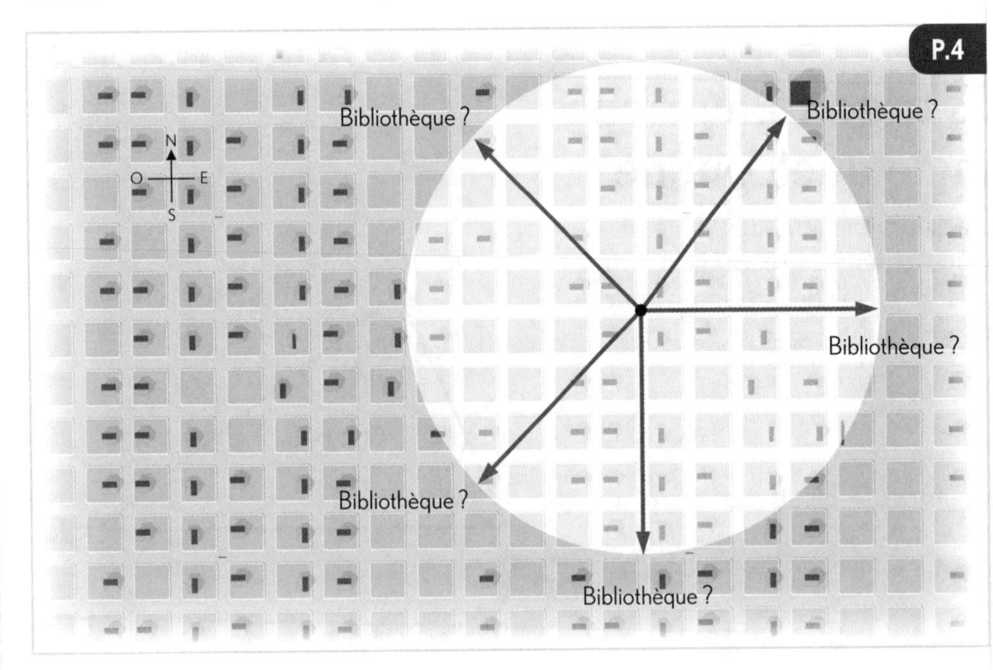

Pour se rendre à la bibliothèque, il faut connaître à la fois la grandeur et l'orientation du déplacement à effectuer.

Les caractéristiques des vecteurs

Pour décrire un vecteur, il faut indiquer à la fois une grandeur et une orientation. L'orientation contient deux informations: la direction et le sens. Les caractéristiques des vecteurs sont donc les suivantes: la grandeur, la direction et le sens.

- La «grandeur» (parfois appelée «norme» ou «module») est un nombre positif. Elle correspond à l'intensité du vecteur. Par exemple, si l'indicateur de vitesse d'une voiture affiche 100 km/h, c'est que la grandeur de la vitesse de ce véhicule est de 100 km/h.
- La «direction» permet de savoir à quel axe de référence est lié un vecteur et quel angle celui-ci forme avec l'axe. Cet axe de référence peut être l'axe des x, l'axe des y ou l'axe des z. Il peut aussi s'agir des axes nord-sud ou est-ouest. Par exemple, une voiture qui roule sur l'autoroute 20 entre Montréal et Québec possède une direction nord-est (*voir la* **FIGURE P.5**). On peut également dire qu'elle se déplace selon un angle de 37° au-dessus de l'axe est-ouest.
- Le «sens» indique de quel côté le vecteur se dirige. Par exemple, dans le cas de l'autoroute 20, c'est le sens qui indique si une voiture qui emprunte cette voie à Drummondville se déplace vers le nord-est (vers Québec) ou vers le sud-ouest (vers Montréal).

© ERPI Reproduction interdite

DÉFINITION

Un **vecteur** est une variable comprenant une grandeur et une orientation. Cette dernière précise à la fois la direction et le sens.

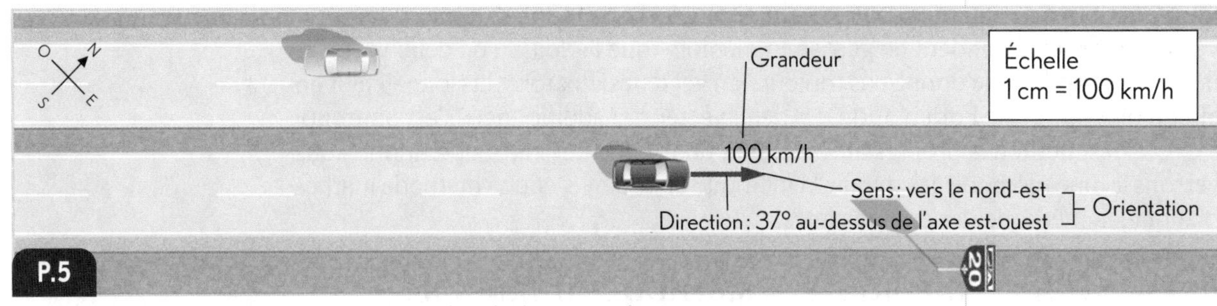

Les caractéristiques des vecteurs sont la grandeur, la direction et le sens.

Pour représenter graphiquement un vecteur, on utilise une flèche. Le début de la flèche s'appelle l'«origine» et la pointe, l'«extrémité». La longueur de la flèche (ou son épaisseur ou la valeur du nombre placé à côté) indique la grandeur du vecteur. Le segment de droite de la flèche indique la direction, tandis que la pointe indique le sens.

Il est souvent utile, voire nécessaire, d'adjoindre une échelle à un vecteur. En effet, l'échelle permet non seulement de représenter le vecteur selon des proportions appropriées, mais aussi de représenter des grandeurs autres que des longueurs, par exemple la vitesse. Ainsi, d'après l'échelle de la FIGURE P.5, un vecteur de 1 cm correspond à une vitesse de 100 km/h.

Dans cet ouvrage, les vecteurs sont représentés mathématiquement par un symbole surmonté d'une petite flèche. Par exemple : $\vec{A}$ ou $\vec{a}$.

La représentation des vecteurs dans un plan cartésien

Pour représenter des vecteurs dans un plan cartésien, on utilise des angles en degrés ou les quatre points cardinaux, soit 0° pour l'est, 90° pour le nord, 180° pour l'ouest et 270° pour le sud, si l'on mesure les angles dans le sens antihoraire (en noir sur la **FIGURE P.6**). Dans le sens horaire (en rouge sur la même figure), les angles sont négatifs : le sud se trouve à -90°, l'ouest à -180°, le nord à -270°, et l'est, toujours à 0°. En général, on emploie des angles de signe positif pour nommer les vecteurs, sauf parfois lorsqu'ils se trouvent dans le quadrant sud-est, l'angle mesurant entre 0° et -90° dans ce dernier cas.

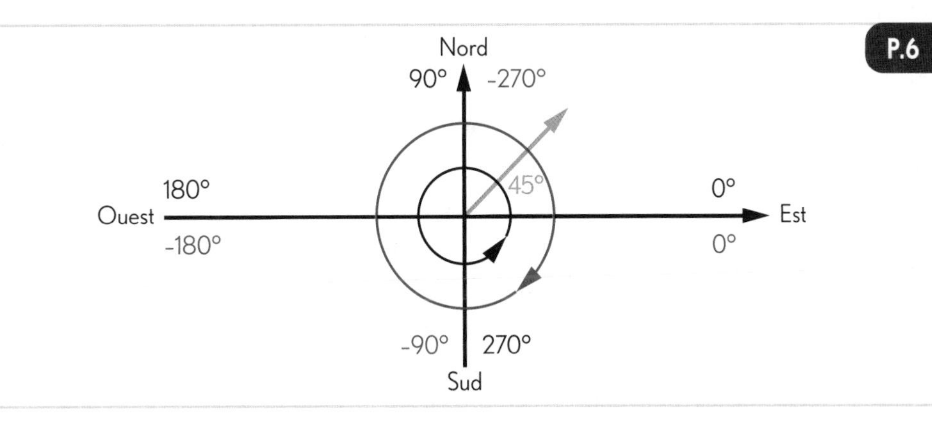

P.6 L'angle formé par le vecteur en vert mesure 45° selon le sens antihoraire et -315° selon le sens horaire.

© ERPI Reproduction interdite

L'addition et la soustraction de deux vecteurs

Il est possible de combiner deux vecteurs, ou plusieurs, pour en obtenir un nouveau. Il importe cependant de garder en mémoire que l'addition de deux vecteurs de même grandeur ne donne pas toujours un vecteur deux fois plus long. Il faut en effet tenir compte de l'orientation des deux vecteurs à additionner. C'est pourquoi il existe des méthodes propres aux vecteurs pour effectuer cette opération. Nous verrons ici une méthode graphique, la méthode du triangle, et une méthode mathématique, la méthode des composantes.

UNE MÉTHODE GRAPHIQUE : LA MÉTHODE DU TRIANGLE

Comme un vecteur est défini par sa grandeur et son orientation, deux vecteurs de même grandeur et de même orientation sont donc égaux, même s'ils ne partagent pas la même origine (*voir la* **FIGURE P.7**).

P.7 Le déplacement de chacun des poissons peut être représenté par un vecteur. Comme tous les vecteurs ont la même grandeur et la même orientation, ils sont tous égaux, même si leur origine diffère.

De même, si l'on déplace un vecteur sans modifier sa grandeur ou son orientation, il demeure inchangé. Il est donc possible de placer deux ou plusieurs vecteurs bout à bout afin de les additionner ou de les soustraire. Les méthodes graphiques pour réaliser ces opérations requièrent l'utilisation d'une règle et, bien souvent, d'un rapporteur d'angles. La précision du résultat dépend donc de la précision de ces instruments.

Imaginons un avion qui vole vers le nord à la vitesse de 100 km/h (*voir la* **FIGURE P.8 A**). S'il rencontre un vent soufflant vers l'est à 20 km/h, comment la grandeur et l'orientation de sa vitesse seront-elles modifiées ? Pour le savoir, il suffit d'additionner ces deux vecteurs vitesse. Voici comment trouver la somme de deux vecteurs selon la méthode du triangle.

- On trace un système d'axes de référence, par exemple, un plan cartésien.
- On dessine les vecteurs à l'échelle en les plaçant bout à bout, c'est-à-dire de façon que l'extrémité du premier vecteur corresponde à l'origine du second.
- On trace une droite reliant l'origine du premier vecteur à l'extrémité du second. Cette droite, appelée «résultante», représente la somme des deux vecteurs.
- On mesure la grandeur et l'orientation de la résultante. On obtient ainsi les caractéristiques du vecteur que l'on cherche.

Il est à noter que le point de référence pour l'orientation des vecteurs est toujours l'axe des x, qui est à 0°. Pour placer chaque vecteur, il faut s'imaginer un nouveau système d'axes qui partirait de l'endroit où se termine le vecteur précédent.

© ERPI Reproduction interdite

La **FIGURE P.8 B** montre que l'orientation de l'avion soumis à un vent correspond à une combinaison de l'orientation donnée par le pilote à l'appareil ($\vec{A}$) et de la poussée du vent ($\vec{B}$). La grandeur de cette modification dépend de l'angle entre les deux vecteurs. Dans cet exemple, la grandeur de la vitesse résultante est de 102 km/h et son orientation est de 79° au-dessus de l'axe est-ouest.

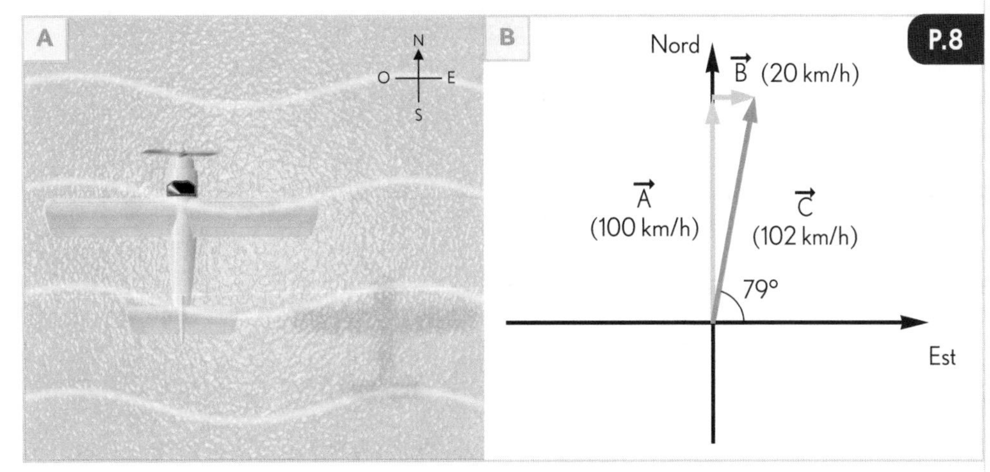

P.8 L'addition des vecteurs $\vec{A}$ et $\vec{B}$, selon la méthode du triangle, donne le vecteur résultant $\vec{C}$.

La méthode du triangle, parfois appelée «méthode du polygone», permet d'additionner plus de deux vecteurs.

Comme le montre la **FIGURE P.9**, pour additionner plus de deux vecteurs, il suffit de placer tous les vecteurs bout à bout, puis de tracer la résultante, de l'origine du premier à l'extrémité du dernier, de manière à obtenir la somme de tous les vecteurs.

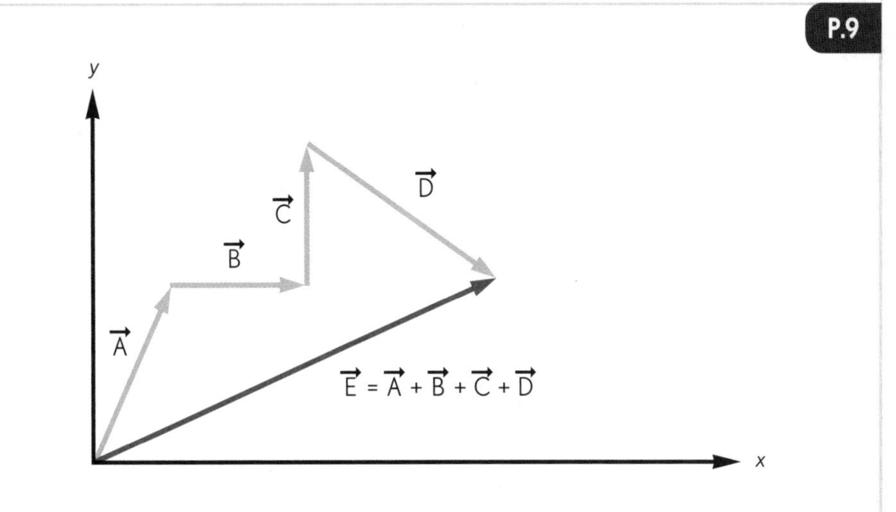

P.9 L'addition des vecteurs $\vec{A}$, $\vec{B}$, $\vec{C}$ et $\vec{D}$, selon la méthode du triangle, donne le vecteur $\vec{E}$.

Pour soustraire deux vecteurs selon la méthode du triangle, il suffit d'inverser le sens du second vecteur, puis de procéder comme pour l'addition. Autrement dit, on effectue l'opération suivante:

$$\vec{A} - \vec{B} = \vec{A} + (-\vec{B}) = \vec{C}$$

En effet, un vecteur négatif est identique à un vecteur positif, sauf qu'il pointe dans le sens inverse, c'est-à-dire qu'on ajoute 180° à l'angle qu'il forme avec l'axe des *x*. La **FIGURE P.10** *(à la page suivante)* illustre la soustraction de deux vecteurs. Elle permet également de constater que le résultat équivaut à celui de l'opération suivante:

$$\vec{A} = \vec{B} + \vec{C}$$

© ERPI Reproduction interdite

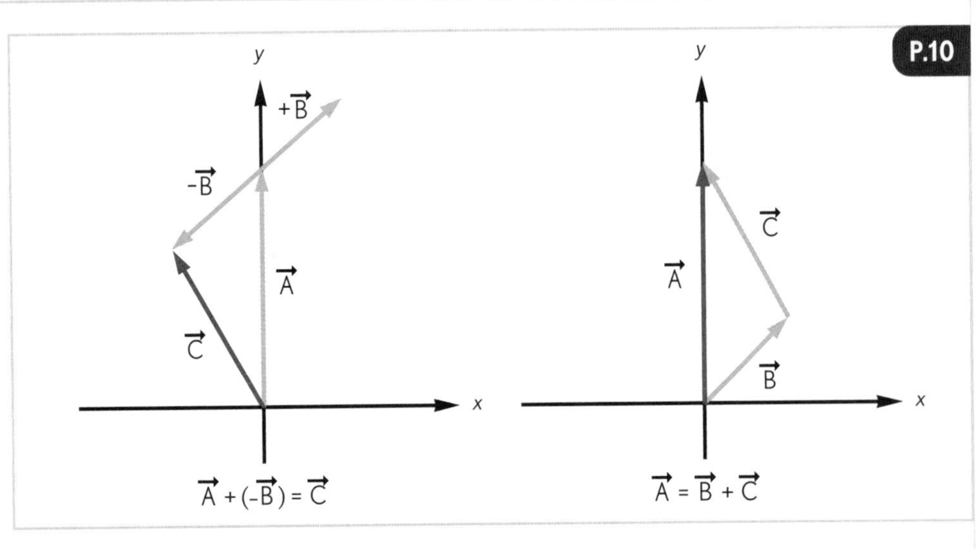

P.10 La soustraction des vecteurs $\vec{A}$ et $\vec{B}$, selon la méthode du triangle, donne le vecteur $\vec{C}$.

UNE MÉTHODE MATHÉMATIQUE : LA MÉTHODE DES COMPOSANTES

L'addition ou la soustraction de deux vecteurs grâce à la méthode des composantes permet d'obtenir des résultats plus précis que la méthode du triangle. Cette méthode nécessite toutefois de trouver les composantes de chacun des vecteurs, autrement dit, de procéder à la « résolution » ou à la « décomposition » des deux vecteurs.

Revenons à l'exemple de Marianne, qui veut se rendre à la bibliothèque dans une ville inconnue. Elle sait que l'édifice se trouve à 500 m vers le nord-est. Supposons maintenant que toutes les avenues de la ville soient orientées est-ouest et toutes les rues, nord-sud. Comme il est impossible de marcher en ligne droite jusqu'à la bibliothèque, Marianne décide de parcourir 300 m vers l'est, puis 400 m vers le nord (*voir la* **FIGURE P.11**).

1re Rue
2e Rue
3e Rue
4e Rue
5e Rue
6e Rue
7e Rue
8e Rue
9e Rue
10e Rue
11e Rue
12e Rue
1re Avenue
2e Avenue
3e Avenue
4e Avenue
5e Avenue
6e Avenue
7e Avenue
8e Avenue
9e Avenue
10e Avenue
N
O
E
S
Bibliothèque
500 m
400 m
Marianne
300 m

P.11 En parcourant 300 m vers l'est, puis 400 m vers le nord, Marianne résout le vecteur du déplacement vers la bibliothèque en deux composantes : une première selon la direction des avenues et une seconde, selon la direction des rues.

© ERPI Reproduction interdite

En deux dimensions, tout vecteur peut être résolu en une composante selon l'axe des x et une autre selon l'axe des y (*voir la* **FIGURE P.12**). Pour déterminer graphiquement les composantes d'un vecteur, il faut les projeter sur chacun des axes du système de référence choisi. Voici comment procéder.

- On trace un système d'axes de référence.
- On dessine le vecteur à résoudre à l'échelle.
- On trouve la première composante en projetant le vecteur sur l'axe des x.
- On trouve la seconde composante en projetant le vecteur sur l'axe des y.
- On s'assure de bien noter le signe de chaque composante.

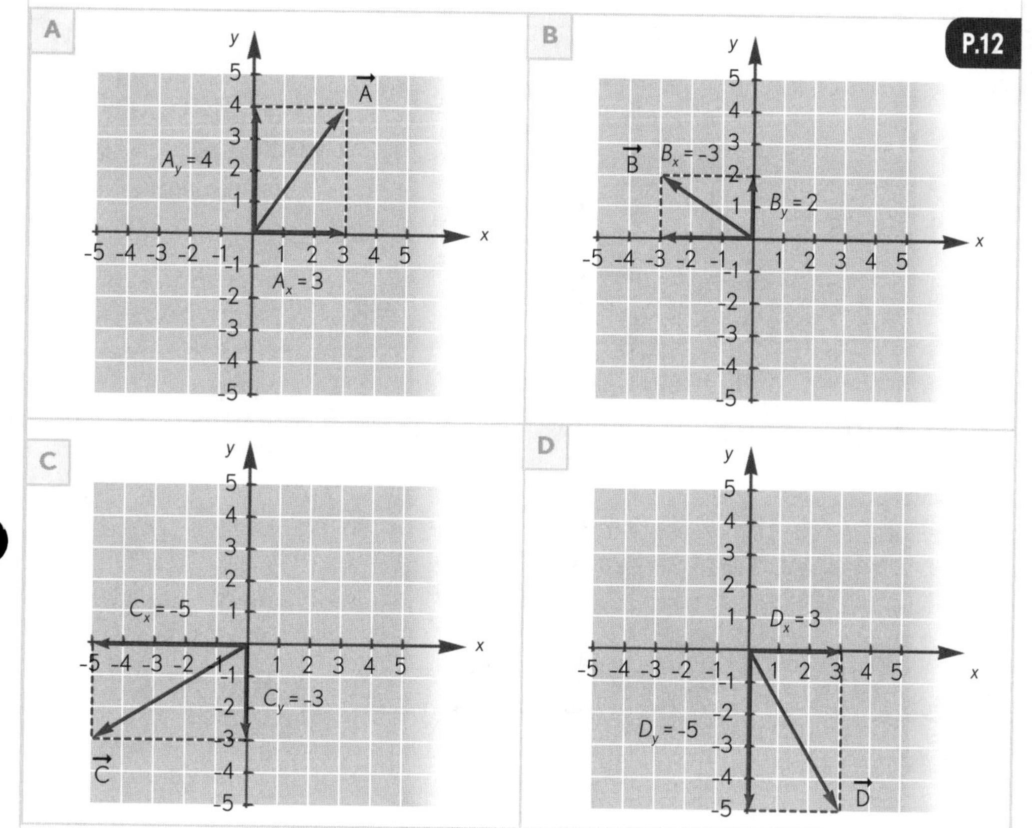

P.12 Une représentation graphique des composantes des vecteurs $\vec{A}$, $\vec{B}$, $\vec{C}$ et $\vec{D}$.

Si l'on connaît les caractéristiques d'un vecteur $\vec{A}$, c'est-à-dire sa grandeur et son orientation (soit l'angle qu'il forme avec l'axe des x), il est possible de trouver mathématiquement ses composantes au moyen de la trigonométrie (*voir la* **FIGURE P.13**). Voici comment procéder.

- On calcule la composante selon l'axe des x à l'aide de la formule : $A_x = A\cos\theta$.
- On calcule la composante selon l'axe des y à l'aide de la formule : $A_y = A\sin\theta$.

$A = 5$ m (Hypoténuse)

$\theta = 36{,}9°$

$A_x = ?$ (Côté adjacent)

$A_y = ?$ (Côté opposé)

$$\cos\theta = \frac{\text{côté adjacent}}{\text{hypoténuse}} = \frac{A_x}{A},$$

$$\text{d'où } A_x = A\cos\theta = 5\text{ m} \times \cos 36{,}9° = 4\text{ m}$$

$$\sin\theta = \frac{\text{côté opposé}}{\text{hypoténuse}} = \frac{A_y}{A},$$

$$\text{d'où } A_y = A\sin\theta = 5\text{ m} \times \sin 36{,}9° = 3\text{ m}$$

P.13 Si la grandeur (A) et l'orientation (θ) du vecteur $\vec{A}$ sont connues, il est possible de déterminer les composantes de ce vecteur (A_x et A_y) à l'aide de la trigonométrie.

© ERPI Reproduction interdite

Pour que ces relations trigonométriques soient exactes, l'angle doit être mesuré à partir de l'axe des x comme nous l'avons vu précédemment (*voir la* **FIGURE P.14**). Il est à noter que, dans cet ouvrage, les symboles des composantes ne sont ni en caractères gras ni surmontés d'une flèche, mais plutôt en italique. En effet, les composantes révèlent uniquement la grandeur et le sens d'un vecteur. Ce ne sont donc pas des vecteurs.

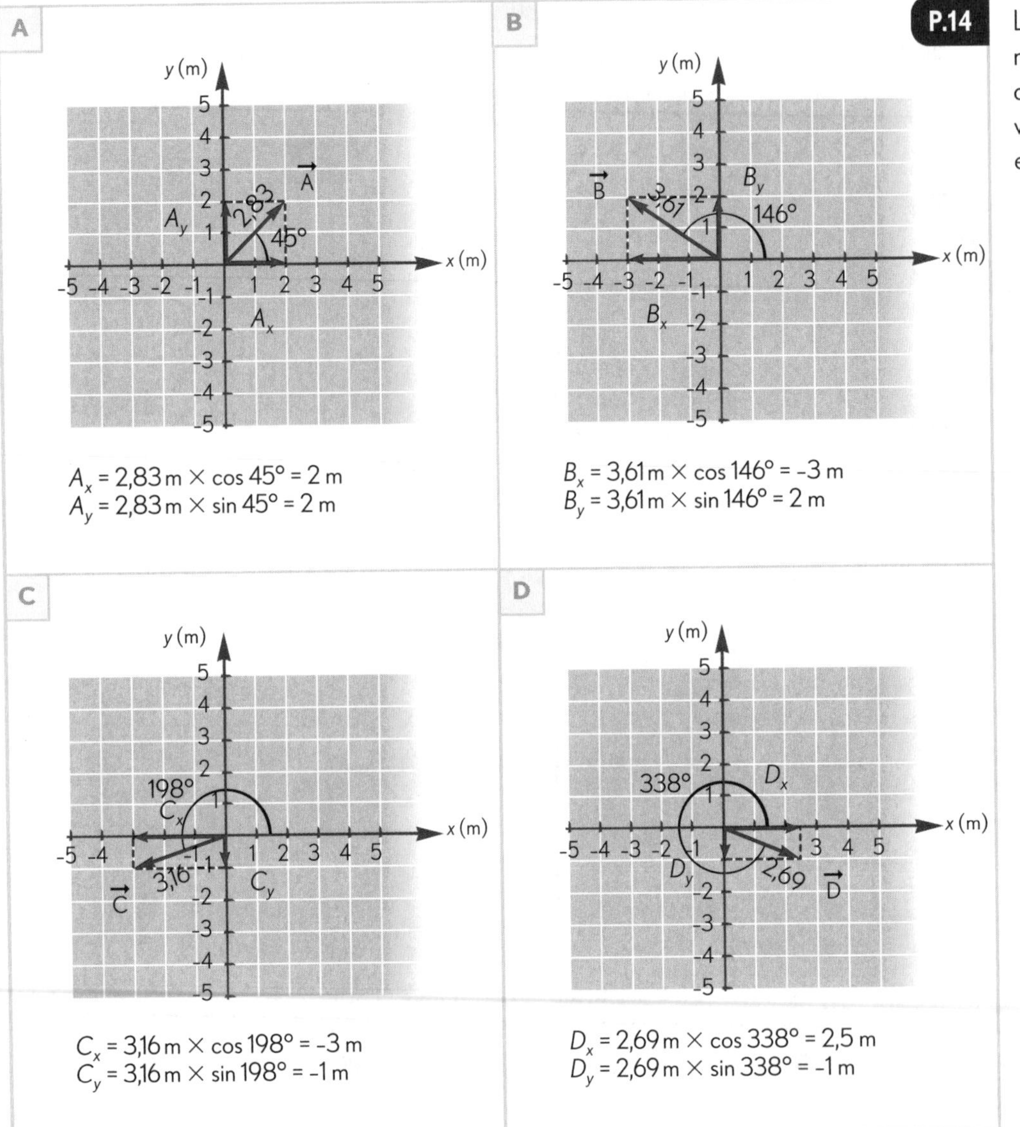

P.14 La détermination mathématique des composantes des vecteurs $\vec{A}$, $\vec{B}$, $\vec{C}$ et $\vec{D}$.

Inversement, lorsque les composantes d'un vecteur $\vec{A}$ sont connues, il est possible de trouver la grandeur de ce vecteur au moyen du théorème de Pythagore (puisque les deux composantes sont toujours à angle droit). Ainsi:

$$A = \sqrt{A_x^2 + A_y^2}$$

Il est également possible de déterminer l'orientation de ce vecteur à l'aide de la formule trigonométrique suivante:

$$\tan\theta = \frac{\text{composante selon l'axe des } y}{\text{composante selon l'axe des } x} = \frac{A_y}{A_x}$$

La **FIGURE P.15** constitue un exemple d'application de ce théorème et de cette formule trigonométrique.

© ERPI Reproduction interdite

P.15

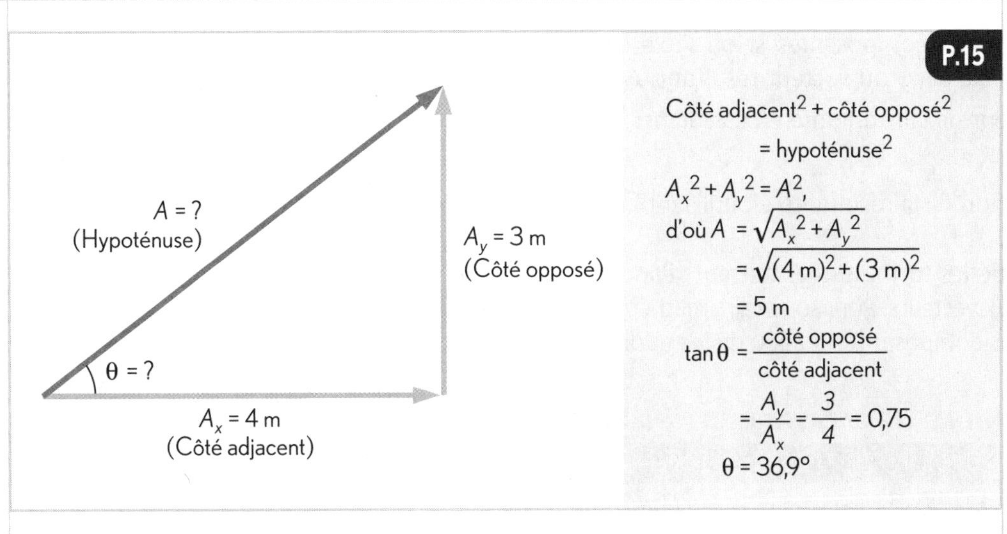

Si les composantes (A_x et A_y) du vecteur $\vec{A}$ sont connues, il est possible de trouver la grandeur (A) et l'orientation (θ) à l'aide de la trigonométrie.

Le **TABLEAU P.16** regroupe les formules permettant de trouver mathématiquement les composantes d'un vecteur à l'aide de ses caractéristiques et, inversement, ses caractéristiques à l'aide de ses composantes.

P.16 LES COMPOSANTES ET LES CARACTÉRISTIQUES D'UN VECTEUR $\vec{A}$

	Nom	Formule
Composantes	Composante selon l'axe des x	$A_x = A\cos\theta$
	Composante selon l'axe des y	$A_y = A\sin\theta$
Caractéristiques	Grandeur	$A = \sqrt{A_x^2 + A_y^2}$
	Orientation	$\tan\theta = \dfrac{A_y}{A_x}$

La méthode des composantes constitue un outil mathématique très utile lorsque vient le temps d'additionner ou de soustraire deux vecteurs. Comme les composantes sont toujours placées à angle droit, le théorème de Pythagore ainsi que les règles de la trigonométrie permettent d'effectuer ces deux opérations (*voir la* **FIGURE P.17**).

P.17

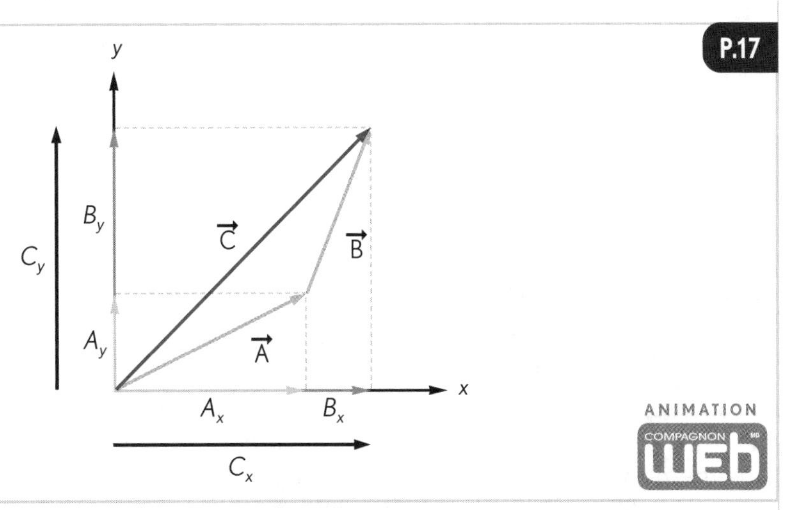

La somme des composantes des vecteurs $\vec{A}$ et $\vec{B}$ donne les composantes du vecteur $\vec{C}$.

Voici comment trouver mathématiquement la somme de deux vecteurs.

- On détermine les composantes de chacun des vecteurs à additionner.
- On additionne toutes les composantes selon l'axe des x. On obtient ainsi la composante selon l'axe des x du vecteur résultant. Autrement dit : $C_x = A_x + B_x$.

© ERPI Reproduction interdite

- On additionne toutes les composantes selon l'axe des y. On obtient ainsi la composante selon l'axe des y du vecteur résultant. Ainsi: $C_y = A_y + B_y$.
- On trouve la grandeur de la résultante en calculant: $C = \sqrt{C_x^2 + C_y^2}$
- On trouve l'orientation de la résultante en utilisant la formule: $\tan\theta = \frac{C_y}{C_x}$

Le **TABLEAU P.18** regroupe les formules permettant d'additionner ou de soustraire mathématiquement deux vecteurs. Pour soustraire mathématiquement deux vecteurs, il suffit de soustraire les composantes au lieu de les additionner.

P.18 LES COMPOSANTES ET LES CARACTÉRISTIQUES DU VECTEUR $\vec{C} = \vec{A} + \vec{B}$

	Nom	Formule
Composantes	Composante selon l'axe des x	$C_x = A_x + B_x$
	Composante selon l'axe des y	$C_y = A_y + B_y$
Caractéristiques	Grandeur	$C = \sqrt{C_x^2 + C_y^2} = \sqrt{(A_x + B_x)^2 + (A_y + B_y)^2}$
	Orientation	$\tan\theta = \frac{C_y}{C_x} = \frac{(A_y + B_y)}{(A_x + B_x)}$

EXEMPLE

MÉTHO, p. 328

Les composantes du vecteur $\vec{A}$ sont $A_x = 4$ m et $A_y = -3$ m. Les composantes du vecteur $\vec{B}$ sont $B_x = 5$ m et $B_y = -1$ m.

Quelles sont les composantes de la somme de ces deux vecteurs ?

1. Quelle est l'information recherchée ?

$C_x = ?$ $\quad C_y = ?$

2. Quelles sont les données du problème ?

$A_x = 4$ m $\quad B_x = 5$ m

$A_y = -3$ m $\quad B_y = -1$ m

3. Quelles formules contiennent les variables dont j'ai besoin ?

$C_x = A_x + B_x \quad C_y = A_y + B_y$

4. J'effectue les calculs.

$C_x = 4\text{ m} + 5\text{ m} = 9\text{ m}$

$C_y = -3\text{ m} + (-1\text{ m}) = -4\text{ m}$

5. Je réponds à la question.

Les composantes de la somme de $\vec{A}$ et $\vec{B}$ sont $C_x = 9$ m et $C_y = -4$ m.

La multiplication et la division d'un vecteur par un scalaire

Il est possible de multiplier ou de diviser un vecteur par un scalaire, c'est-à-dire par une quantité non vectorielle. En pareils cas, la grandeur du vecteur change, mais pas son orientation. La nature du vecteur peut aussi changer, car les unités de mesure s'en trouvent parfois modifiées. Par exemple, la division d'un vecteur déplacement par un temps écoulé donne un vecteur vitesse. De même, la division d'un vecteur vitesse par un temps écoulé produit un vecteur accélération.

(La section Métho comporte de l'information sur d'autres préalables mathématiques utiles, comme la notation scientifique, l'isolement d'une variable, etc.)

© ERPI Reproduction interdite

Exercices

La trigonométrie

1. Soit un triangle ABC dont l'angle θ_1 se trouve au sommet A, l'angle θ_2 au sommet B et l'angle θ_3 au sommet C. Dans chacun des cas ci-dessous, déterminez les grandeurs manquantes et les angles inconnus en vous servant de vos connaissances en trigonométrie.

a) AC = 2,0 cm BC = 3,0 cm $\theta_3 = 25°$

______

b) $\theta_2 = 30°$ $\theta_3 = 25°$ AB = 10 cm

______

© ERPI Reproduction interdite

Les vecteurs

2. Soit deux vecteurs dont la grandeur est, respectivement, de 3 unités et de 4 unités. Comment faut-il placer ces deux vecteurs pour obtenir :

a) la plus grande résultante possible ?

b) la plus petite résultante possible ?

c) une résultante dont la grandeur est de 5 unités ?

3. Quelles sont les conditions requises pour que deux vecteurs soient égaux ?

4. Un camion de livraison emprunte le trajet indiqué sur l'illustration suivante.

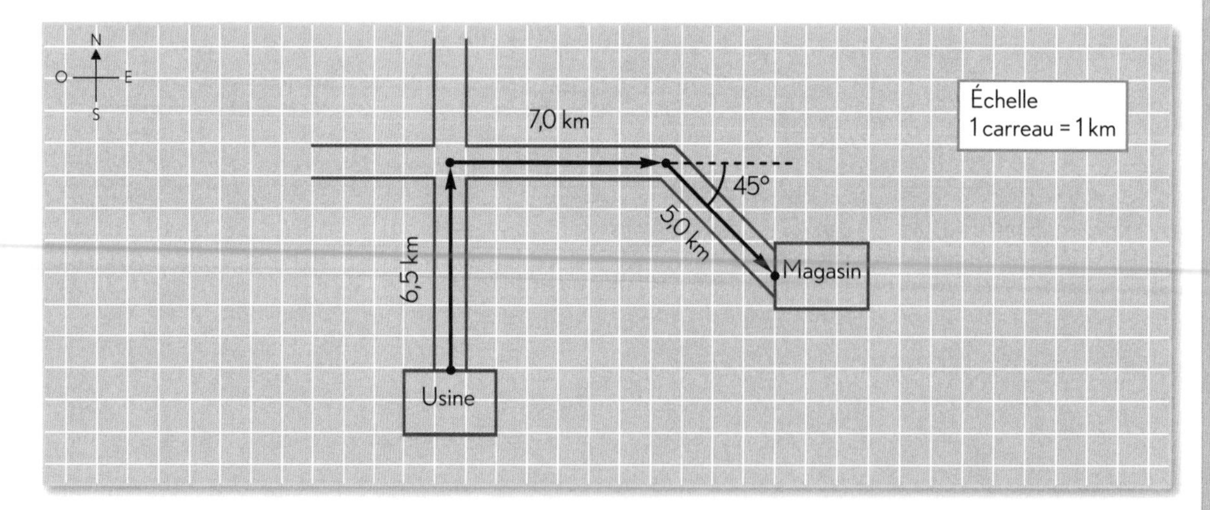

a) Trouvez la grandeur et l'orientation du déplacement résultant à l'aide de la méthode du triangle.

b) Mesurez les composantes du déplacement résultant.

© ERPI Reproduction interdite

Nom : ______________________ Groupe : ________ Date : ____________

5. Un randonneur explore une forêt. Il part d'un gros chêne et avance de 180 m vers l'est. Il parcourt ensuite 80 m vers le nord-ouest, puis 170 m vers le sud-ouest. Après un quatrième déplacement, il se retrouve face au gros chêne.

a) Tracez les trois premiers déplacements de ce randonneur dans l'encadré suivant.

b) Trouvez la grandeur et l'orientation de son dernier déplacement à l'aide de la méthode du triangle.

____

6. Un petit avion parcourt 2 km vers l'est. Un fort vent du nord le fait dévier de 3,5 km vers le sud-est. Pour reprendre son cap, la pilote change alors d'orientation. Elle poursuit ainsi jusqu'à ce qu'elle se trouve à exactement 5,6 km à l'est de son point de départ.

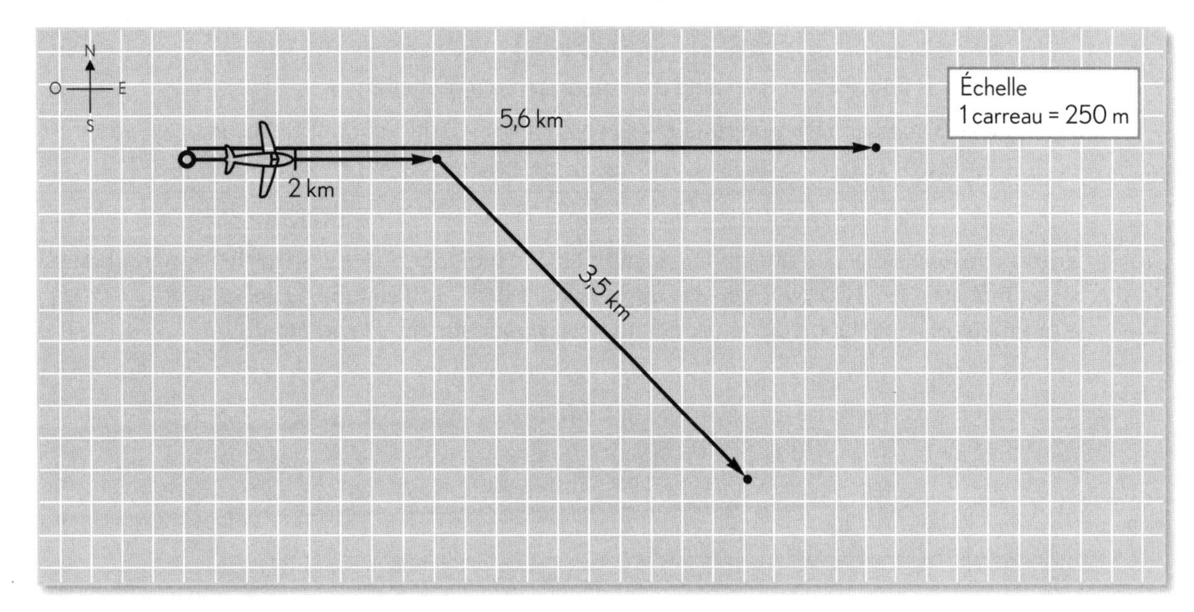

Quelles sont la grandeur et l'orientation du troisième déplacement de l'avion ?

____

____

© ERPI Reproduction interdite

Nom : ______ Groupe : ______ Date : ______

7. Quelles sont les composantes d'un vecteur de 10 cm qui s'élève à 37° au-dessus de l'axe des x ?

8. Mark explore une ville inconnue à bicyclette. Il parcourt 7,4 km vers le sud-sud-ouest, puis 2,8 km vers le nord-est et, finalement, 5,2 km vers le nord-nord-ouest.

a) Illustrez ces déplacements à l'aide d'un diagramme à l'échelle.

b) À quelle distance Mark se trouve-t-il de son point de départ et quelle est son orientation ?

9. Une excursionniste désire atteindre le sommet d'une montagne. Selon sa carte topographique, le sommet est situé à 3590 m vers le sud-ouest et à 1580 m d'altitude. Quelles sont la grandeur et l'orientation du déplacement requis pour atteindre le sommet ?

© ERPI Reproduction interdite

PARTIE

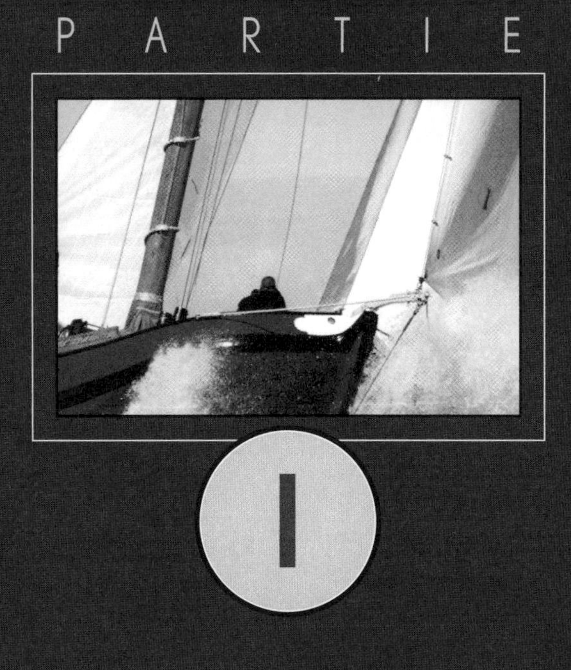

I

LA CINÉMATIQUE

En science, il est souvent nécessaire de décrire le mouvement. Par exemple, on peut vouloir connaître la vitesse d'un objet à un instant précis, la grandeur ou l'orientation de sa position après un laps de temps précis, etc. Plusieurs de ces données sont essentielles à la mise au point de nombreuses applications technologiques, du ballon-sonde au bateau, du parachute à la fusée. Pour déterminer ces données, il faut chercher la valeur de différentes variables, effectuer des vérifications ou des simulations à l'aide d'équations ou procéder à des analyses au moyen de graphiques. Toutes ces opérations relèvent de la cinématique, c'est-à-dire de l'étude du mouvement.

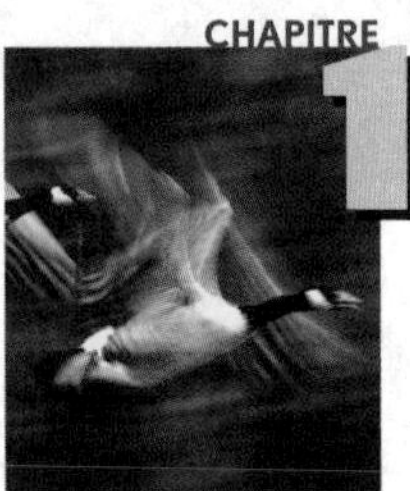

LES VARIABLES DU MOUVEMENT

LE MOUVEMENT EN UNE DIMENSION

LE MOUVEMENT EN DEUX DIMENSIONS

CHAPITRE 1

1.1 Un vol d'outardes, capté au 1/50 de seconde.

Les variables du mouvement

L'étude du comportement des oiseaux migrateurs fait appel à de nombreuses connaissances liées au mouvement. Comment peut-on connaître la position de la volée à chaque instant ? Comment calcule-t-on la distance que les volatiles peuvent parcourir chaque jour ? Quelles données faut-il recueillir pour dresser des cartes des couloirs de migration ? Peut-on prévoir le moment où les oiseaux arriveront à leur aire de nidification en analysant leur vitesse moyenne et leur orientation ?

Au fil de ce chapitre, nous présenterons plusieurs variables permettant de décrire le mouvement. Nous verrons d'abord comment différencier trois variables liées à l'espace, soit la position, la distance parcourue et le déplacement. Nous découvrirons ensuite que, une fois mises en relation avec une variable liée au temps, le «temps écoulé», elles permettent d'en dégager deux autres, soit la vitesse et l'accélération.

Quatre de ces variables, décrites ici principalement en une dimension, selon l'axe des x, ont en fait un caractère vectoriel : il s'agit de la position, du déplacement, de la vitesse et de l'accélération. Nous verrons comment représenter ces variables à l'aide de vecteurs dans le chapitre 3.

1.1 Les variables liées à l'espace et au temps

La «position», la «distance parcourue», le «déplacement», le «temps» et le «temps écoulé» sont des variables qui permettent de situer un objet ou un événement dans l'espace et dans le temps. Voyons comment elles se distinguent les unes des autres.

CONCEPT DÉJÀ VU
» Types de mouvements

La position

La position d'un objet correspond à son emplacement par rapport à une référence spatiale. Cette référence est habituellement un axe ou un système d'axes. Comme il y a trois dimensions spatiales (la longueur, la hauteur et la profondeur), il existe trois axes de référence :

- l'axe des x, qu'on utilise habituellement lorsqu'on ne considère qu'une seule dimension (par exemple, la longueur);
- l'axe des y, qu'on ajoute généralement lorsqu'on désire travailler en deux dimensions (par exemple, la longueur et la hauteur);
- l'axe des z, qu'on choisit d'ordinaire lorsqu'on veut tenir compte des trois dimensions (par exemple, la longueur, la hauteur et la profondeur).

Les **FIGURES 1.2 À 1.4** montrent comment indiquer la position d'un objet selon le nombre de dimensions considérées. S'il n'y a qu'un axe, comme à la FIGURE 1.2, la position est un nombre suivi d'une unité de mesure. Le signe qui accompagne le nombre indique l'emplacement par rapport à l'origine de l'axe.

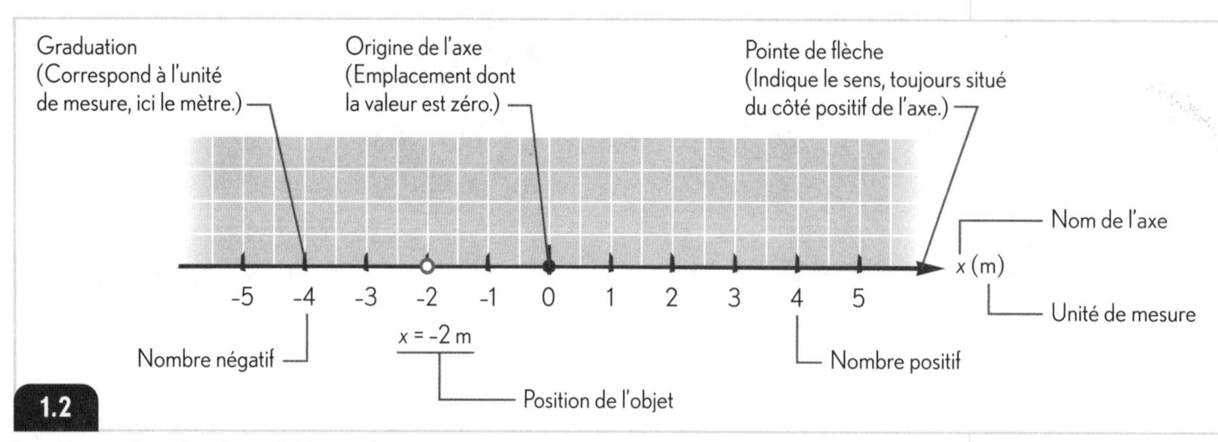

1.2 La position d'un objet lorsqu'il n'y a qu'un axe.

© ERPI Reproduction interdite

S'il y a deux axes, comme à la **FIGURE 1.3**, la position prend la forme d'une coordonnée formée de deux nombres. Le premier nombre indique l'emplacement sur l'axe des *x*, et le second, l'emplacement sur l'axe des *y*.

S'il y a trois axes, comme à la **FIGURE 1.4**, la position prend la forme d'une coordonnée à trois nombres. Il est à noter que, dans cet exemple, l'axe des *z* devrait sortir de la feuille, perpendiculairement aux deux autres axes. Cependant, comme le papier est un support à deux dimensions, la figure montre plutôt une projection en deux dimensions de l'axe des *z*.

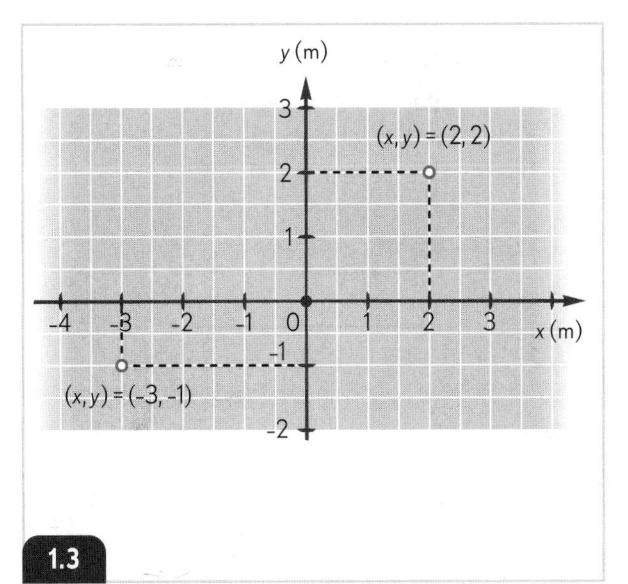

1.3

La position d'un objet lorsqu'il y a deux axes.

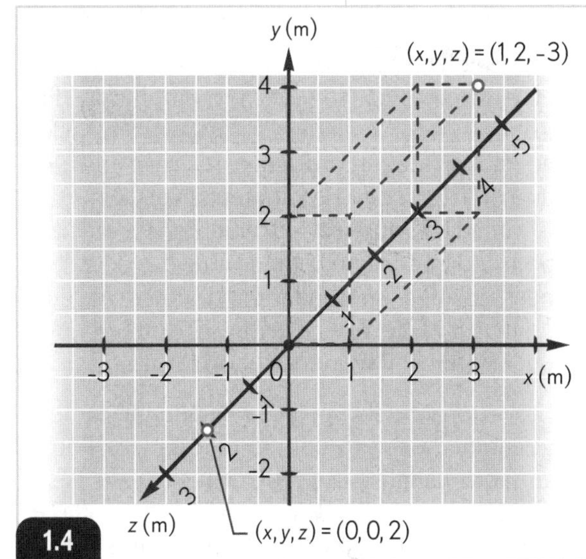

1.4

La position d'un objet lorsqu'il y a trois axes.

Les axes peuvent être placés de façon arbitraire, pourvu qu'ils soient à angles droits les uns par rapport aux autres et que leurs origines coïncident (*voir la* **FIGURE 1.5**). Il est important de situer clairement l'axe ou les axes au début de chaque problème, et de s'en tenir à cette décision tout au long de la résolution du problème.

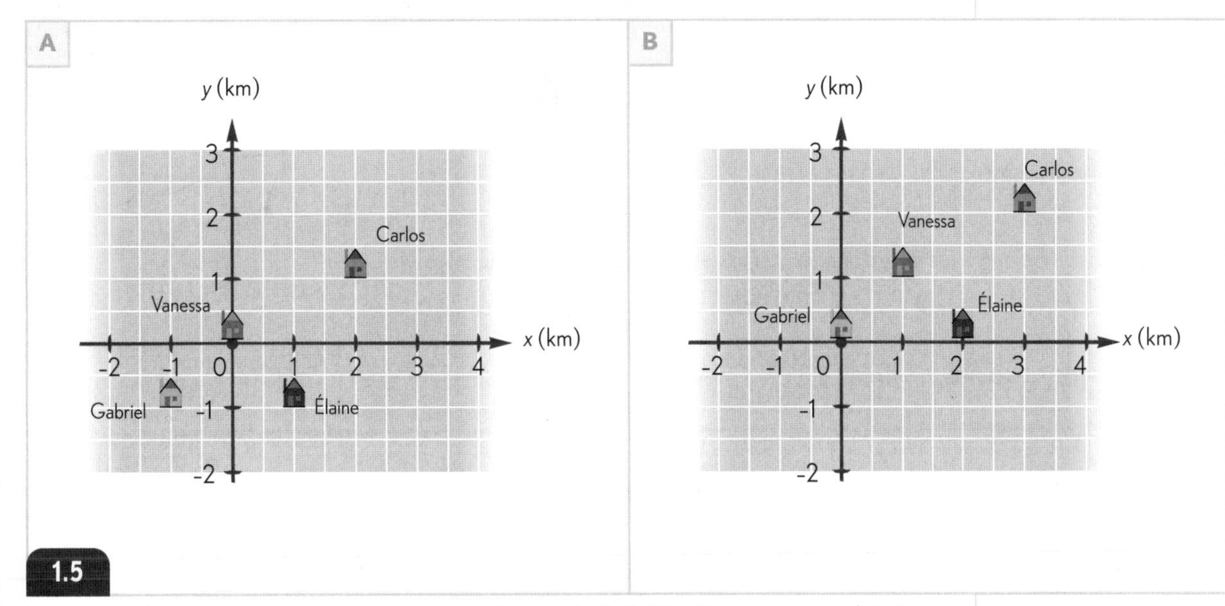

1.5

La décision de situer un axe ou un système d'axes à un endroit plutôt qu'à un autre est arbitraire. Dans la partie A de cette figure, on a jugé préférable de situer l'origine des axes sous la maison de Vanessa, tandis que, dans la partie B, on a choisi d'y placer celle de Gabriel.

© ERPI Reproduction interdite

ENRICHISSEMENT

Il existe deux systèmes de coordonnées pour indiquer l'emplacement d'un objet: les «coordonnées cartésiennes» et les «coordonnées polaires», comme le montrent les **FIGURES 1.6** et **1.7**.

> **ÉTYMOLOGIE**
> «Cartésien» vient de *Descartes*, physicien, mathématicien et philosophe français du 17e siècle.

Les coordonnées cartésiennes, que l'on a abordées précédemment, indiquent directement l'emplacement sur les axes des x, des y et des z. En deux dimensions, elles sont notées: (x, y). En trois dimensions, elle s'écrivent: (x, y, z).

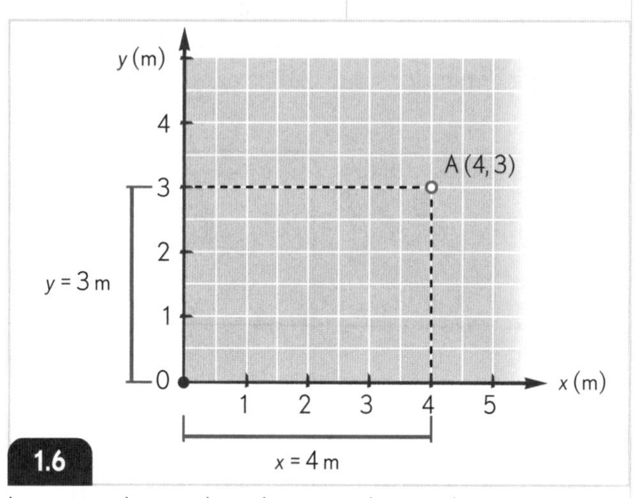

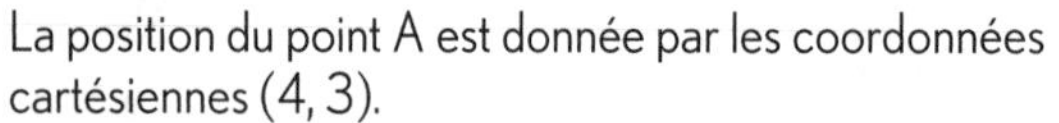
La position du point A est donnée par les coordonnées cartésiennes (4, 3).

En deux dimensions, il est possible d'utiliser les coordonnées cartésiennes ou polaires. Par exemple, pour indiquer la position d'un avion au moyen des coordonnées cartésiennes, on dira qu'il est à tant de kilomètres vers le nord et à tant de kilomètres en altitude. Par contre, pour indiquer sa position à l'aide des coordonnées polaires, on donnera la distance entre un point sur la Terre et l'avion, ainsi que l'angle qu'il forme par rapport à l'horizon.

Les coordonnées polaires indiquent la longueur de la droite qui relie l'origine à l'objet ainsi que l'angle entre cette droite et l'axe des x. La longueur de la droite s'écrit r, et l'angle, θ. Les coordonnées polaires sont donc: (r, θ). Plus précisément:

- la variable r correspond à la distance entre l'origine $(0, 0)$ et la position de l'objet;
- la variable θ est définie comme étant l'angle entre l'axe des x et la droite passant par $(0, 0)$ et (x, y), mesuré en suivant le sens contraire des aiguilles d'une montre.

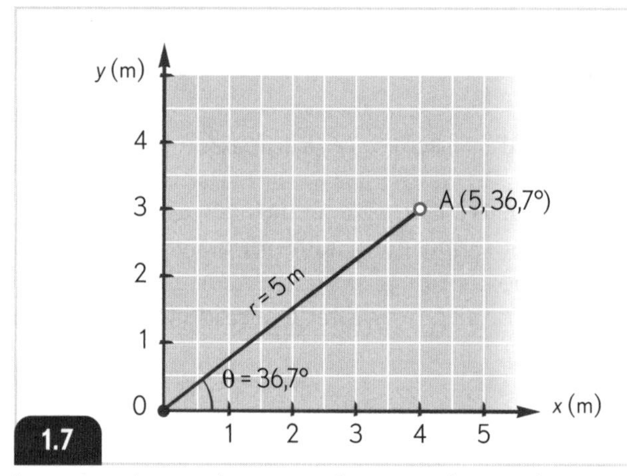

La position du point A peut être donnée par les coordonnées polaires (5, 36,7 °).

Quel que soit le système de coordonnées choisi, il est possible de passer de l'un à l'autre à l'aide des rapports trigonométriques et des équations suivantes.

Correspondance entre les coordonnées cartésiennes et les coordonnées polaires

- $x = r\cos\theta$, puisque $\cos\theta = \dfrac{\text{côté adjacent}}{\text{hypoténuse}} = \dfrac{x}{r}$
- $y = r\sin\theta$, puisque $\sin\theta = \dfrac{\text{côté opposé}}{\text{hypoténuse}} = \dfrac{y}{r}$
- $r = \sqrt{(x^2 + y^2)}$, selon le théorème de Pythagore
- $\tan\theta = \dfrac{y}{x}$, puisque $\tan\theta = \dfrac{\sin\theta}{\cos\theta} = \dfrac{\text{côté opposé}}{\text{côté adjacent}} = \dfrac{y}{x}$

Les coordonnées cartésiennes et polaires, ainsi que la possibilité de passer des unes aux autres, s'avéreront utiles lorsque les vecteurs du mouvement seront abordés, au chapitre 3 de cet ouvrage.

© ERPI Reproduction interdite

La distance parcourue

Supposons qu'un adolescent, Gabriel, parte de chez lui, qu'il se rende à l'école, puis qu'il revienne à la maison. La «distance parcourue» est la longueur du trajet entre la maison de Gabriel et son école, multipliée par deux, puisqu'il a fait l'aller-retour. La distance parcourue est donc la longueur totale du trajet entre un point de départ et un point d'arrivée (*voir la* **FIGURE 1.9**).

La distance parcourue s'exprime par un nombre suivi d'une unité de mesure. Ce nombre est toujours positif. Sa variable est d.

1.8 L'odomètre indique le kilométrage d'une voiture, c'est-à-dire la distance parcourue par une automobile en kilomètres depuis sa sortie de l'usine. Ici, l'odomètre affiche 146 941 km.

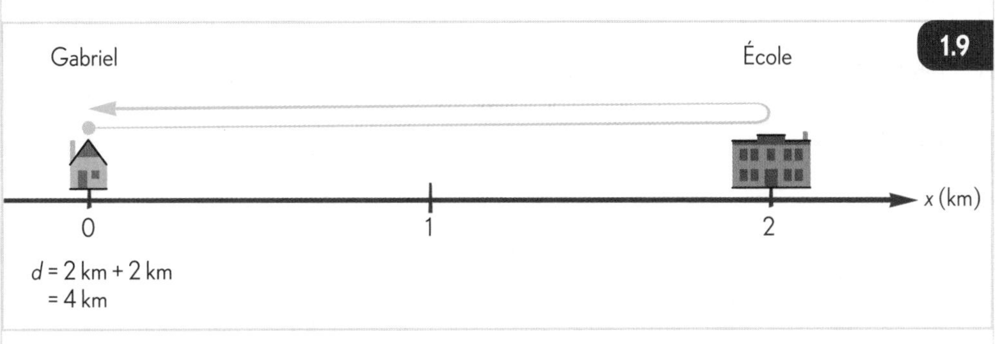

1.9 Dans cet exemple, la distance parcourue vaut deux fois 2 km, soit 4 km.

Le déplacement

Le déplacement se définit comme la distance directe, c'est-à-dire en ligne droite, entre une position finale et une position initiale, et ce, indépendamment du trajet suivi. Le déplacement décrit donc le changement ou la variation entre ces deux positions. On l'appelle donc aussi «changement de position» ou «variation de position».

1.10 Sur cette figure, la distance parcourue entre les points A et B est représentée par le trait jaune. Le déplacement, ou distance à vol d'oiseau, entre ces deux points est représenté par le trait rouge.

© ERPI Reproduction interdite

Le déplacement peut être positif, négatif ou nul, selon la façon dont on a défini les axes de référence au départ. Comme le montre la **FIGURE 1.11**, le signe indique le sens du déplacement. Ainsi, lorsque le signe est positif, le déplacement a lieu dans le sens indiqué par la flèche de l'axe. Lorsque le signe est négatif, le déplacement se produit dans le sens inverse. Lorsque le déplacement est nul, cela signifie que les positions finale et initiale sont identiques. Cette situation peut correspondre au cas d'un objet immobile ou à celui d'un objet qui revient à son point de départ.

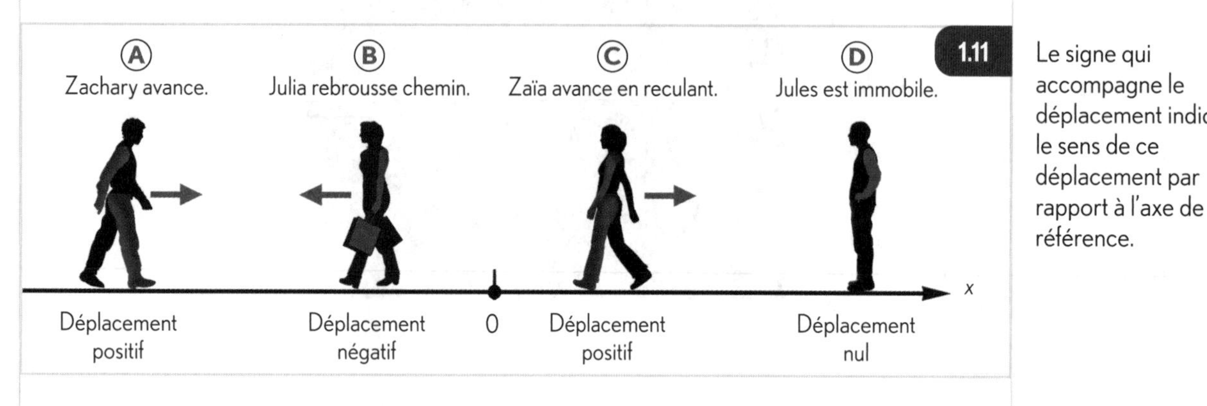

Le signe qui accompagne le déplacement indique le sens de ce déplacement par rapport à l'axe de référence.

La variable associée au changement de position selon l'axe des x est Δx. En science, la lettre grecque *delta* (Δ) est souvent utilisée pour symboliser une variation. Le déplacement peut être décrit à l'aide d'une formule.

Déplacement

$$\Delta x = (x_f - x_i)$$

où x_f désigne la position finale
x_i désigne la position initiale

On utilise les variables correspondantes pour les axes des y et des z. Dans cet ouvrage, cependant, nous utilisons systématiquement la variable Δx, sauf lorsqu'il est clair que le déplacement est vertical : nous employons alors Δy.

Voyons un exemple : Gabriel part de chez lui, se rend à l'école, puis revient à la maison. Son déplacement est donc nul, car il est revenu à son point de départ.

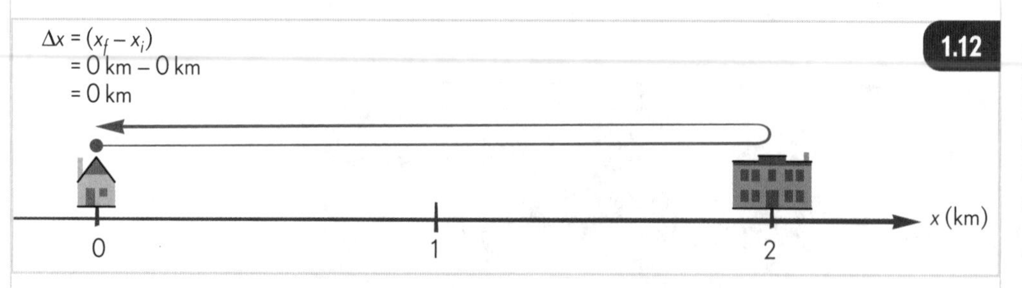

Dans cet exemple, la position finale et la position initiale sont identiques. Le déplacement est donc nul.

© ERPI Reproduction interdite

Le temps et le temps écoulé

En plus de considérer la longueur, la hauteur et la profondeur, l'étude du mouvement doit souvent tenir compte du temps. Un axe du temps (t) a donc été défini. Cet axe permet de préciser à quel moment la position d'un objet est mesurée. La variable indiquant une position sur l'axe du temps est t. Comme dans le cas des axes correspondant aux dimensions spatiales, on peut placer l'origine de l'axe du temps à l'endroit de son choix. Par exemple, on peut décider que le moment où un cours a commencé correspond à la valeur zéro sur l'axe du temps ($t = 0$ min).

Mais on pourrait tout aussi bien faire coïncider le début du cours à n'importe quelle valeur, la valeur 1, par exemple.

En plus du temps, il faut souvent considérer le «temps écoulé». Cette expression réfère à un intervalle de temps. C'est la mesure de la différence entre le moment où un événement se termine et le moment où il a commencé. Le symbole de cette variable est Δt. Voici la formule décrivant le temps écoulé.

Temps écoulé

$$\Delta t = (t_f - t_i)$$ où t_f correspond au temps final
t_i correspond au temps initial

Par exemple, si un cours commence à la position $t_i = 0$ min et se termine à la position $t_f = 90$ min sur l'axe du temps, le temps écoulé entre le début et la fin du cours est de 90 min, puisque $(t_f - t_i) = 90$ min − 0 min, soit 90 min.

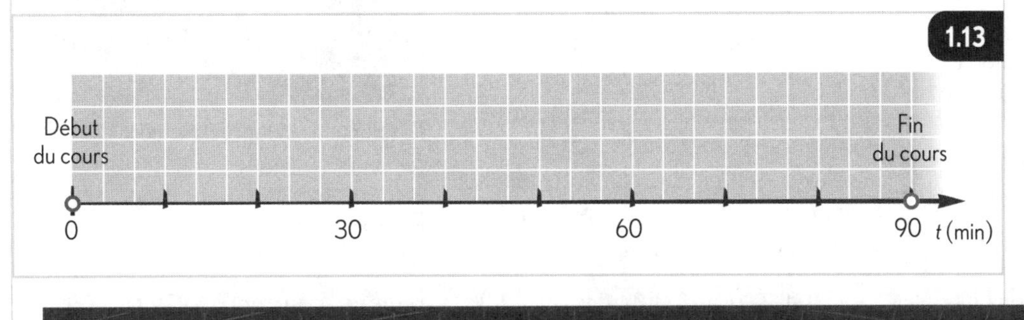

Le temps écoulé entre le début et la fin du cours correspond à un intervalle de 90 min, ou encore de 1 h 30.

Les horloges biologiques à l'œuvre

Les horloges biologiques sont à l'œuvre, partout. Chez les fleurs qui s'ouvrent à l'aube, les oiseaux qui migrent vers le sud à l'automne, les insectes qui reviennent en masse tous les 15 ans, etc.

Chez l'être humain, un chronomètre intérieur mesure le temps, de la milliseconde aux années, l'informant ainsi du temps dont il a besoin pour effectuer nombre de tâches. Cet «instrument» permet de détecter la durée des consonnes et des voyelles, d'évaluer combien de temps rester au lit après que le réveil a sonné sans risquer d'être en retard au travail, quand claquer des doigts ou taper des mains pour rythmer une pièce musicale, etc.

Dans le domaine sportif, le chronomètre intérieur joue un rôle important. C'est lui, par exemple, qui permet aux joueurs de base-ball d'estimer à quelle vitesse ils doivent courir pour attraper la balle. Les athlètes, comme les musiciens, savent qu'en «entraînant» leur chronomètre interne, ils en améliorent la précision.

Adapté de : Karen WRIGHT, «Times of Our Lives», *Scientific American* [en ligne]. (Consulté le 7 avril 2009.)

Au football, un receveur de passe courra à la vitesse qui lui permettra d'attraper le ballon grâce à son chronomètre intérieur.

© ERPI Reproduction interdite

HISTOIRE DE SCIENCE

La mesure du temps

La première mesure du temps est liée à l'observation de phénomènes naturels périodiques, comme l'alternance des jours et des nuits, le cycle des saisons ou les phases de la Lune. Par la suite, l'être humain concevra des outils qui lui fourniront des repères temporels de plus en plus précis.

Le cadran solaire

Le premier objet utilisé pour mesurer l'écoulement du temps est le cadran solaire. Les plus anciens cadrans solaires, conçus vers 1500 avant notre ère, ont été trouvés en Égypte. À l'origine, l'instrument se compose d'une surface plane où est plantée une tige orientée verticalement indiquant le mouvement de l'ombre du Soleil ou de la Lune. Vers les 13e et 14e siècles de notre ère, les Arabes inclinent la tige du cadran selon la latitude du lieu, augmentant ainsi la fiabilité de l'instrument.

La clepsydre et le sablier

La clepsydre, inventée vers 1400 avant notre ère, repose sur le principe suivant: une quantité d'eau précise passe d'un réservoir à un récipient. Les premières clepsydres sont peu fiables, car la vitesse de l'écoulement varie selon la température et la pression de l'eau. Le physicien Ctésibios (3e siècle avant notre ère) régularise toutefois le débit de l'eau grâce à un flotteur. La clepsydre remplace le cadran solaire la nuit ou par temps gris.

Au 14e siècle de notre ère, le sablier se répand et remplace à son tour le cadran solaire par temps couvert. L'instrument est constitué de deux bulbes en verre reliés par un petit tuyau.

L'horloge mécanique

En 1370 apparaît l'horloge mécanique. Par un transfert de poids, un balancier amorce un mouvement, qui est ensuite transmis à des engrenages. Ce système s'avère imparfait, car il en résulte une variation du temps pouvant atteindre une heure par jour.

En 1657, le mathématicien, physicien et astronome hollandais Christiaan Huygens (1629-1695) invente la première horloge à pendule. Huygens remplace le balancier par un pendule, régularisant ainsi le fonctionnement de l'horloge. Puis, en 1675, le maître horloger français Isaac Thuret (v. 1630-1706) réalise la première montre à ressort spiral, ou ressort réglant. La mesure du temps se fait de plus en plus précise.

La montre à quartz

La montre à quartz se répand dans les années 1970. Le principe qui régit son fonctionnement remonte pourtant à 1929 et repose sur les particularités suivantes :

- une pile à faible consommation;
- un quartz permettant des oscillations stables, précises et reproductibles.

L'horloge atomique

Vers 1948, Harold Lyons crée une première horloge atomique. D'une précision remarquable, l'appareil ne perd que 1 seconde tous les 30 ans. En 2008, une équipe de chercheurs américains invente une horloge au strontium qui devrait perdre moins de 1 seconde par 200 millions d'années.

En 1958, le Canada se dote d'une horloge atomique qui perdra 1 seconde tous les 300 ans.

Les données ultraprécises fournies par les horloges atomiques profitent à divers secteurs d'activités, notamment à l'exploration spatiale.

DE L'APPROXIMATION À L'ULTRAPRÉCISION

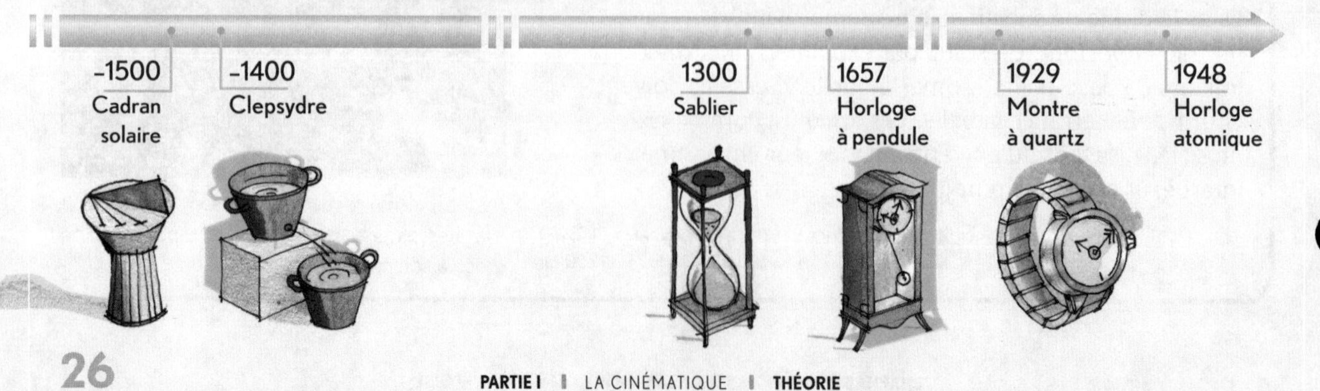

© ERPI Reproduction interdite

Nom : ______ Groupe : ______ Date : ______

Exercices

SECTION 1.1

1.1 Les variables liées à l'espace et au temps

Ex. 1 2 3

1. Une araignée grimpe le long d'une clôture. Elle parcourt d'abord 3 m vers le haut, puis 2 m vers la gauche, puis 3 m vers le bas.

a) Illustrez cette situation.

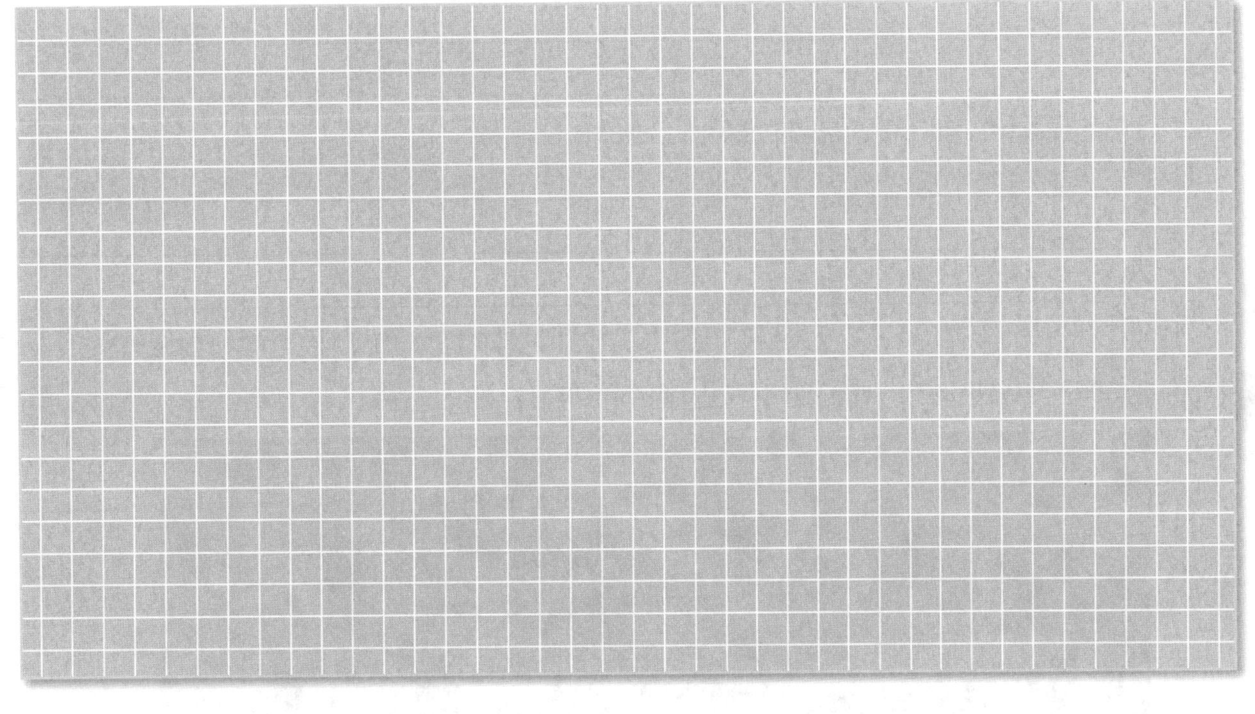

b) Quelle est la distance parcourue par l'araignée ?

______

c) Quel est son déplacement ?

______

Ex. 4

2. Quelle est la différence entre une distance parcourue et un déplacement ?

______

3. L'odomètre d'une voiture indique-t-il la distance parcourue ou le déplacement ?

______

© ERPI Reproduction interdite

4. Au cours d'un trajet en voiture, la distance parcourue peut-elle être:

a) plus grande que le déplacement ? Expliquez votre réponse.

______

______

______

b) égale au déplacement ? Expliquez votre réponse.

______

______

______

c) plus petite que le déplacement ? Expliquez votre réponse.

______

______

______

Ex. 5 6

5. L'échelle de cette carte est la suivante: 1,0 cm = 50 m.

A

B

a) Mesurez la distance parcourue entre le point A et le point B.

______

______

b) Mesurez la grandeur du déplacement entre ces deux points.

______

______

c) Une personne quitte le point A à t = 8 h 12 et arrive au point B à t = 8 h 27. Trouvez le temps écoulé pendant son déplacement.

______

© ERPI Reproduction interdite

1.2 La vitesse

Pour décrire le mouvement d'un objet, les variables liées à l'espace et au temps ne suffisent généralement pas. En effet, elles ne permettent pas de répondre à des questions comme: «Dois-je marcher ou courir pour être à l'heure à l'école?», «Quelle distance me reste-t-il à parcourir avant d'arriver à destination si je roule depuis 1 h à la vitesse maximale permise?» De telles questions sont liées à la notion de vitesse.

CONCEPT DÉJÀ VU
Changements de vitesse

Lorsque la position d'un objet selon un axe de référence change avec le temps, c'est que cet objet est en mouvement selon cet axe.

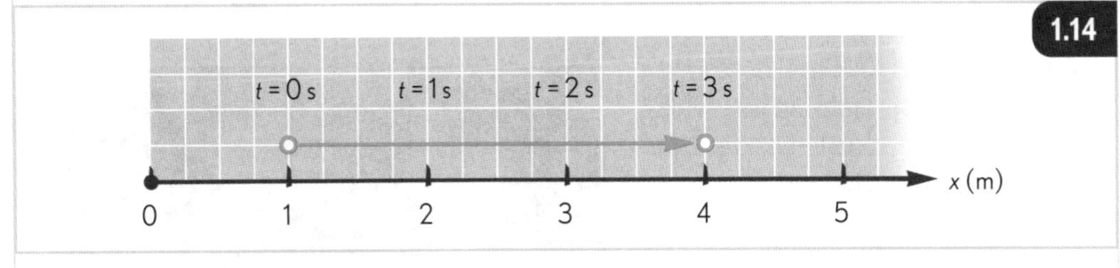

1.14 Lorsque $t = 0$ s, la position de l'objet est $x = 1$ m. Lorsque $t = 3$ s, sa position est $x = 4$ m. Cet objet est donc en mouvement selon l'axe des x.

Un objet en mouvement effectue un déplacement ou parcourt une certaine distance pendant une période de temps définie. Lorsqu'on connaît la longueur d'un déplacement ou d'une distance parcourue, et sa durée, on peut calculer sa vitesse. En effet, la vitesse est le rapport entre la distance parcourue ou le déplacement, et le temps écoulé pendant ce parcours ou ce déplacement.

La vitesse moyenne

La vitesse moyenne correspond à la vitesse qu'aurait un objet s'il roulait à vitesse constante. Pour mesurer la vitesse moyenne, on peut utiliser soit la «distance parcourue» (la variable d), soit le «déplacement» (les variables Δx, Δy ou Δz). Dans le premier cas, on obtient ce qu'on appelle la «vitesse scalaire» et dans le second, la «vitesse vectorielle».

LA VITESSE SCALAIRE

Le mot «scalaire» réfère à une variable qu'on peut décrire à l'aide d'un nombre généralement suivi d'une unité de mesure. On considère la vitesse scalaire d'un objet, plutôt que sa vitesse vectorielle, lorsque l'orientation n'a pas d'importance. Ainsi, la vitesse scalaire moyenne désigne la distance totale parcourue (d) pendant un intervalle de temps donné (Δt).

ÉTYMOLOGIE
«Scalaire» vient du mot latin *scala* qui signifie «échelle».

Voici la formule mathématique qui permet de calculer la vitesse scalaire moyenne.

Vitesse scalaire moyenne

$$v_{moy} = \frac{d}{\Delta t} \text{ ou } \frac{d}{(t_f - t_i)}$$

Comme la distance parcourue et le temps écoulé sont toujours positifs, la vitesse scalaire moyenne est donc toujours positive.

© ERPI Reproduction interdite

Par exemple, si une voiture parcourt 240 km en 4 h, on peut calculer qu'elle a roulé à la vitesse scalaire moyenne de 60 km/h. Bien entendu, cela ne signifie pas que la voiture a roulé uniquement à cette vitesse: elle a pu ralentir, s'immobiliser, se remettre en marche, etc. On peut cependant affirmer qu'elle a parcouru exactement la même distance que si elle avait roulé constamment à 60 km/h.

LA VITESSE VECTORIELLE

Dans certains cas, on préférera déterminer la vitesse d'un objet à l'aide de son déplacement plutôt que selon la distance parcourue. Comme nous l'avons vu à la page 24, le déplacement porte un signe qui indique l'orientation du mouvement selon un axe de référence ou un système d'axes. La vitesse obtenue à l'aide du déplacement, la «vitesse vectorielle», indique donc, elle aussi, à la fois la grandeur de la vitesse et son orientation.

La «vitesse vectorielle moyenne» est la mesure du déplacement (Δx) divisé par le temps écoulé pendant un intervalle de temps précis (Δt). Voici la formule mathématique qui permet de calculer la vitesse vectorielle moyenne.

Vitesse vectorielle moyenne

$$v_{moy} = \frac{\Delta x}{\Delta t}$$

On utilise des formules équivalentes pour les axes des y et des z.

Si la vitesse vectorielle d'un objet est constante, sa grandeur et son orientation sont également constantes. L'objet décrit alors un mouvement en ligne droite à vitesse constante. Si la grandeur ou l'orientation de la vitesse change, alors la vitesse vectorielle n'est pas constante (*voir la* **FIGURE 1.15**).

1.15

Une voiture qui tourne en rond à 30 km/h possède une vitesse dont la grandeur est constante, mais dont l'orientation change continuellement. Sa vitesse vectorielle n'est donc pas constante.

La vitesse vectorielle peut être positive, négative ou nulle. Sur l'axe des x, lorsque le signe de la vitesse est positif, l'objet se déplace dans le sens indiqué par la flèche de l'axe. Lorsque le signe est négatif, l'objet se déplace en sens inverse. Lorsque la vitesse est nulle, l'objet est immobile.

© ERPI Reproduction interdite

La vitesse instantanée

Une voiture ne roule pas toujours à vitesse constante. Lorsqu'un chauffeur jette un coup d'œil sur son indicateur pour savoir à combien il roule, il obtient la vitesse de sa voiture à un moment précis. La «vitesse instantanée» se définit en effet comme la vitesse à un instant précis.

La vitesse scalaire instantanée s'exprime à l'aide de la formule suivante.

Vitesse scalaire instantanée

$$v = \frac{d}{\Delta t} \text{ lorsque } \Delta t \text{ tend vers zéro}$$

On peut également calculer la vitesse vectorielle instantanée à l'aide de la formule suivante.

Vitesse vectorielle instantanée

$$v = \frac{\Delta x}{\Delta t} \text{ lorsque } \Delta t \text{ tend vers zéro}$$

On utilise des formules équivalentes pour les axes des y et des z.

L'expression «lorsque Δt tend vers zéro» ne signifie pas que $t = 0$. Il s'agit ici d'un intervalle de temps très petit et non d'une valeur nulle. En effet, si Δt était égal à zéro, la formule de la vitesse vectorielle instantanée n'aurait pas de sens, car on aurait alors une valeur divisée par zéro. Toutefois, même avec un intervalle de temps très petit, le rapport entre, d'un côté, la distance parcourue ou le déplacement et, de l'autre côté, ce très petit intervalle de temps donne un résultat concret, comme le montrent les indicateurs de vitesse des voitures (*voir la* **FIGURE 1.16**).

1.16 Les indicateurs de vitesse des voitures montrent la «vitesse scalaire instantanée», soit la vitesse scalaire de la voiture à un moment précis. Ici, l'indicateur affiche une vitesse scalaire de 70 km/h.

Dans la plupart des ouvrages scientifiques, le mot «vitesse» employé seul réfère à la «vitesse vectorielle instantanée». Il en sera également ainsi dans les prochains chapitres de cet ouvrage.

ARTICLE TIRÉ D'INTERNET

L'odyssée des petits canards en plastique

Des scientifiques ont amélioré une carte des grands courants océaniques à l'aide de 29 000 jouets flottants, dont un grand nombre de canards. Faits de plastique résistant et conçus pour flotter, les jouets se sont avérés nettement plus viables à long terme que les flotteurs habituellement utilisés pour ces observations.

Tout a commencé en 1992, lorsque le conteneur qui renfermait les jouets pour le bain a basculé dans l'océan Pacifique. Un tiers des petits animaux a flotté vers le nord; les deux autres tiers se sont dirigés vers le sud, l'Australie, l'Indonésie ou l'Amérique du Sud.

L'océanographe Curtis Ebbesmeyer a suivi de près l'odyssée des petits canards. Il avait prévu que des milliers d'entre eux resteraient pris dans les glaces de l'Arctique et progresseraient vers l'Atlantique à raison d'un peu moins de deux mètres par jour. Il croit maintenant à leur arrivée imminente sur les côtes anglaises.

En 15 ans, les jouets qui ont pris la direction du nord ont parcouru une distance de quelque 31 450 km. Leur vitesse moyenne était donc d'environ 5,75 km/jour. L'océanographe Curtis Ebbesmeyer a suivi leur voyage de près.

Adapté de : Le Matin, *L'odyssée des petits canards en plastique* [en ligne]. (Consulté le 8 décembre 2008.)

© ERPI Reproduction interdite

Le changement de vitesse

Le «changement de vitesse» (ou la «variation de vitesse») correspond à la différence entre une vitesse finale et une vitesse initiale. En une dimension, cette différence s'exprime par une formule.

Changement de vitesse

$$\Delta v = (v_f - v_i) \quad \text{où} \quad v_f \text{ correspond à la vitesse finale}$$
$$v_i \text{ correspond à la vitesse initiale}$$

Le signe du changement de vitesse s'interprète différemment de celui du changement de position. En effet, le signe ne correspond pas nécessairement à une augmentation ou à une diminution de la vitesse. De même, il n'indique pas nécessairement l'orientation du mouvement. La **FIGURE 1.17** montre comment interpréter les différents cas possibles en fonction de l'axe des x.

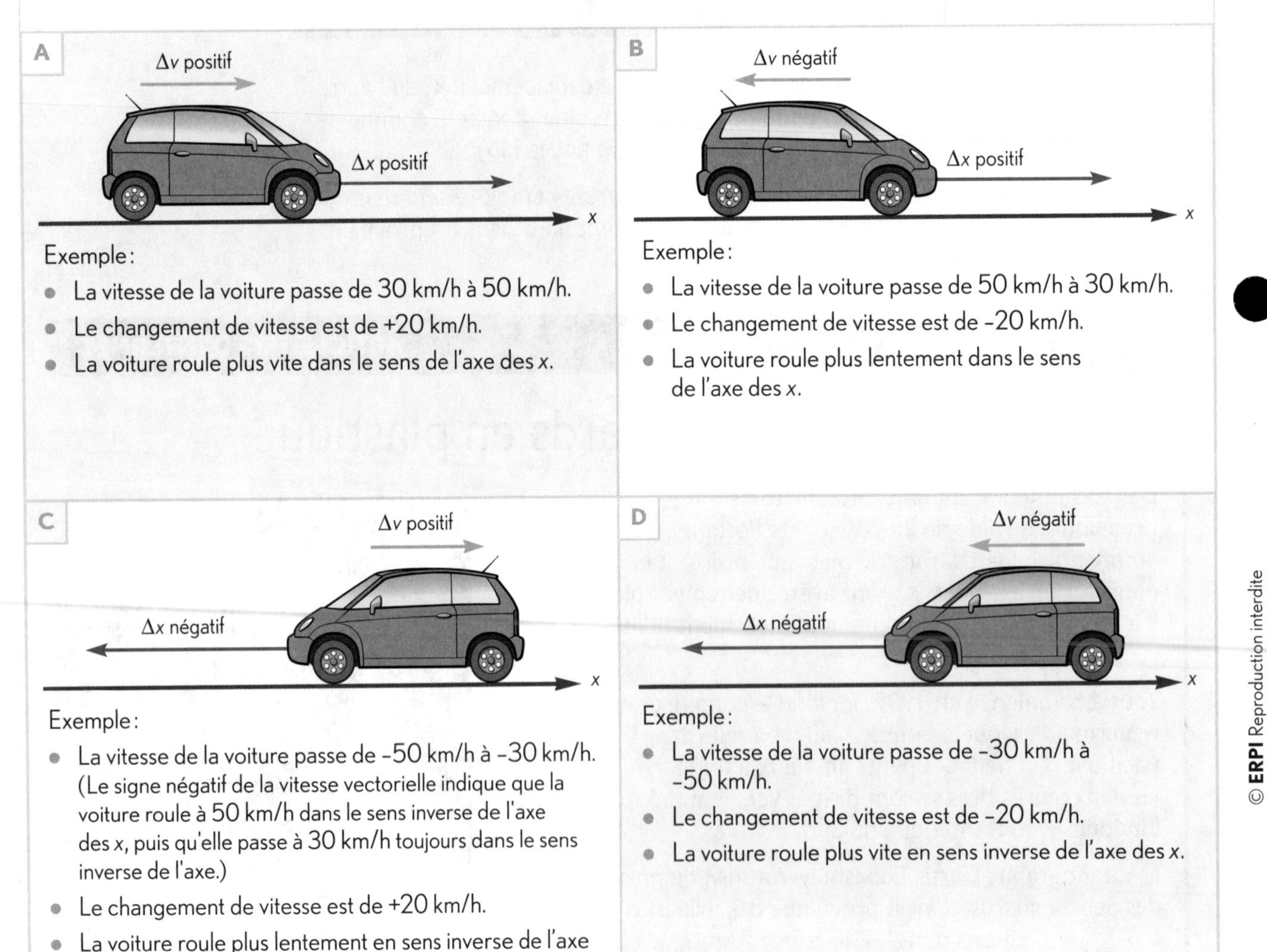

1.17

Lorsque le signe du changement de vitesse est le même que celui du déplacement de l'objet, la grandeur de la vitesse augmente. Lorsque le signe du changement de vitesse est différent de celui du déplacement, la grandeur de la vitesse diminue.

© ERPI Reproduction interdite

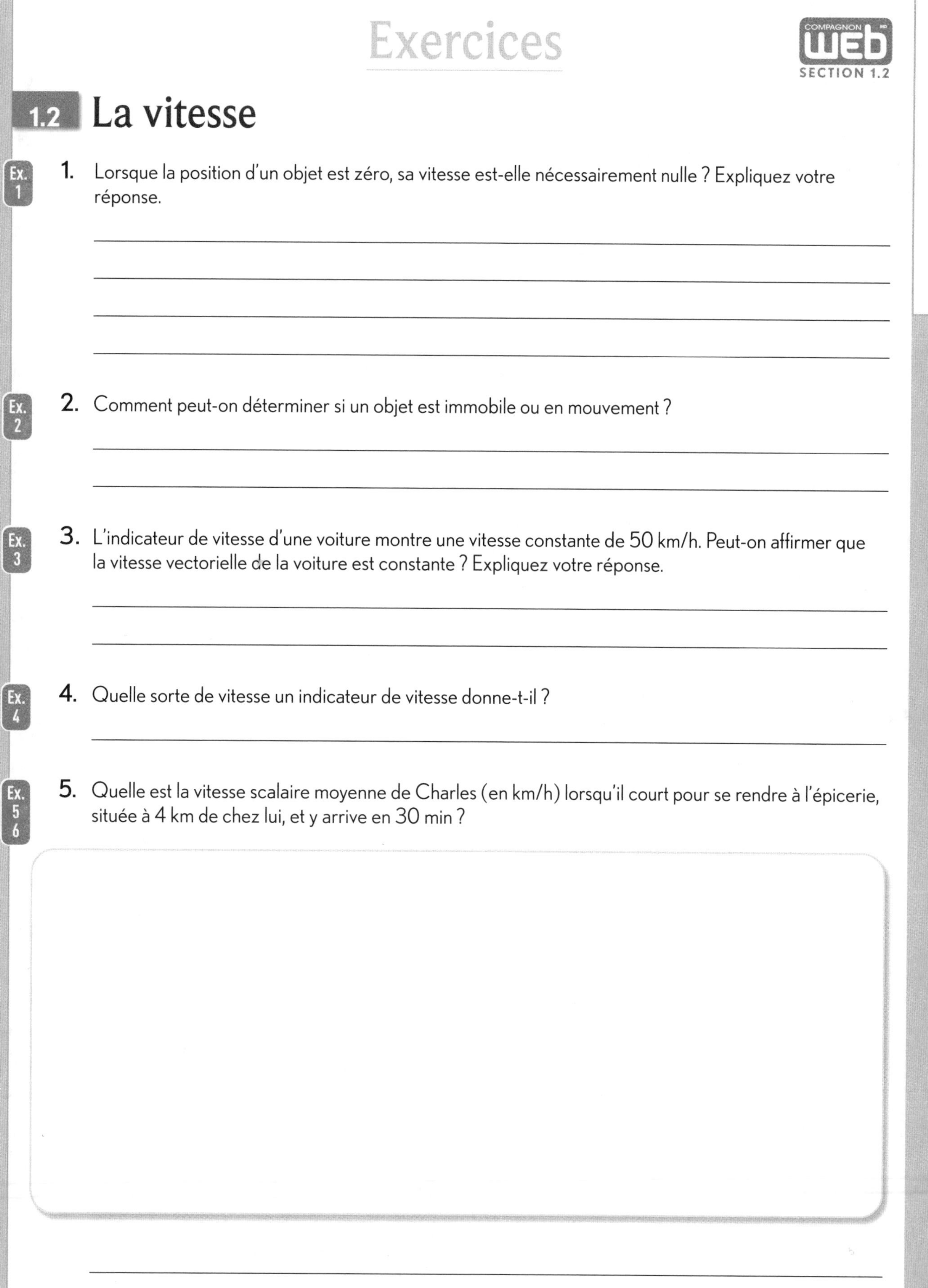

Exercices

COMPAGNON WEB
SECTION 1.2

1.2 La vitesse

Ex. 1

1. Lorsque la position d'un objet est zéro, sa vitesse est-elle nécessairement nulle ? Expliquez votre réponse.

Ex. 2

2. Comment peut-on déterminer si un objet est immobile ou en mouvement ?

Ex. 3

3. L'indicateur de vitesse d'une voiture montre une vitesse constante de 50 km/h. Peut-on affirmer que la vitesse vectorielle de la voiture est constante ? Expliquez votre réponse.

Ex. 4

4. Quelle sorte de vitesse un indicateur de vitesse donne-t-il ?

Ex. 5 6

5. Quelle est la vitesse scalaire moyenne de Charles (en km/h) lorsqu'il court pour se rendre à l'épicerie, située à 4 km de chez lui, et y arrive en 30 min ?

© ERPI Reproduction interdite

Nom : ______________________ Groupe : __________ Date : ______________

6. Si la vitesse instantanée d'un objet est toujours égale à sa vitesse moyenne, que peut-on en conclure ?

Ex. 7

7. Qu'est-ce qui distingue un scalaire d'un vecteur ?

8. Un vélo qui décrit plusieurs tours sur une piste circulaire peut-il le faire :

a) à une vitesse scalaire constante ? Expliquez votre réponse.

b) à une vitesse vectorielle constante ? Expliquez votre réponse.

Ex. 8

9. Une joueuse de balle molle frappe la balle et s'élance vers le premier but. Juste avant de l'atteindre, elle se jette par terre et glisse jusqu'au but. Décrivez la vitesse et les changements de vitesse de cette joueuse.

© ERPI Reproduction interdite

10. Une chauve-souris dans une grotte se réveille, étire ses ailes et émet un ultrason. Le mur de la grotte lui renvoie l'écho de cet ultrason une seconde plus tard.

a) Quelle est la distance parcourue par l'ultrason, considérant que la vitesse du son dans l'air est de 340 m/s ?

____

____

____

b) À quelle distance de la chauve-souris le mur de la grotte se trouve-t-il ?

____

____

____

11. La distance qui sépare Montréal de Vancouver est de 3694 km. Si un voyage en avion entre ces deux villes dure 4 h 40, quelle est la vitesse scalaire moyenne de l'avion ?

____

12. La distance moyenne entre le Soleil et la Terre est de $1,5 \times 10^{11}$ m. Combien de temps la lumière met-elle à couvrir cette distance ? (Indice : La vitesse de la lumière dans le vide est de $3,0 \times 10^{8}$ m/s.)

____

© ERPI Reproduction interdite

Nom: ______________________ Groupe: ________ Date: ______________

13. En juillet 1997, le module d'exploration Mars Rover entamait sa mission. Les communications radio mettaient alors 12 min à se rendre de la Terre au module. À quelle distance de la Terre se trouvait la planète Mars à cette date ? (Indice : La vitesse des ondes radio dans le vide est de $3{,}0 \times 10^8$ m/s.)

____

14. Le compteur d'une voiture indique 0 km au début d'un trajet et 35 km une demi-heure plus tard.

a) Quelle est la vitesse scalaire moyenne de la voiture ?

____

b) Les panneaux routiers indiquent que la vitesse maximale permise le long du trajet emprunté par la voiture est de 70 km/h. Si la voiture a commencé et terminé son parcours au repos, a-t-elle dépassé cette vitesse à un moment ou à un autre ? Comment le savez-vous ?

____

____

____

____

© ERPI Reproduction interdite

15. Un fou de Bassan survole l'océan Atlantique nord. Soudain, il voit un poisson et plonge à la verticale avec une vitesse moyenne de 4,0 m/s d'une hauteur de 7,0 m. Combien de temps mettra-t-il à toucher l'eau ?

______

16. Récemment, Florence a couru 5 km en 27 min.

a) Quelle a été sa vitesse scalaire moyenne ?

______

b) Si Florence maintenait la même vitesse scalaire moyenne, en combien de temps pourrait-elle courir le marathon, c'est-à-dire une distance de 42 km ?

______

© ERPI Reproduction interdite

Nom: ______________________ Groupe: ________ Date: ______________

17. Un voyage en avion de 4500 km dure 3 h 30.

a) Quelle est la vitesse scalaire moyenne de l'avion ?

____

b) L'avion met 4,0 s à traverser un nuage. Quelle est la longueur du nuage ?

____

18. Qui a la vitesse scalaire la plus élevée : une outarde qui parcourt 900 m en 90 s ou une hirondelle qui avance de 60 m en 5 s ?

____

____

____

© ERPI Reproduction interdite

1.3 L'accélération

L'accélération est un des concepts fondamentaux de la physique. Elle est intimement liée à d'autres concepts fondamentaux, notamment la masse et les forces, que nous aborderons dans la deuxième partie de cet ouvrage. Pour l'instant, nous allons considérer l'accélération en lien avec le changement de vitesse ou d'orientation (*voir la* **FIGURE 1.18**).

1.18 Lorsqu'on lance une balle de base-ball, elle accélère ; lorsqu'on la frappe, elle change d'orientation ; et lorsqu'on l'attrape, elle décélère. Dans chaque cas, en langage scientifique, on dit que la balle subit une accélération, car la grandeur ou l'orientation de sa vitesse changent.

Dans le langage courant, on emploie souvent les mots «accélérer» ou «ralentir» pour désigner un changement de vitesse. Cependant, dans un contexte scientifique, ces mots ont un sens légèrement différent et plus précis.

De manière générale, nous ne ressentons pas les effets de la vitesse constante. À bord d'un train ou d'un avion ayant atteint leur vitesse de croisière, nous oublions vite que nous sommes en mouvement ; seul le paysage qui défile par la fenêtre nous le rappelle. Les effets de l'accélération, au contraire, sont tout à fait évidents. En voiture, par exemple, lorsque nous appuyons sur l'accélérateur, nous avons la sensation de nous enfoncer dans notre siège. De même, lorsque nous freinons brusquement, nous constatons que notre corps a tendance à poursuivre sa course vers l'avant. Enfin, dans un virage, nous nous sentons projetés vers l'extérieur de la courbe.

Ce sont ces effets qui ont amené les scientifiques à décrire l'accélération comme étant tout changement de vitesse vectorielle pendant une certaine période de temps. En effet, l'accélération est toujours liée au déplacement et non à la distance parcourue. Elle inclut donc tout changement de la grandeur de la vitesse, ainsi que tout changement de son orientation. Ainsi, chaque fois qu'on appuie sur l'accélérateur, sur le frein, qu'on tourne le volant ou qu'on passe de la marche avant à la marche arrière, et inversement, on accélère. En bref, l'accélération est le rapport entre le changement de vitesse vectorielle et le temps écoulé. Sa variable est a.

Une voiture qui passe de 0 km/h à 60 km/h en 5 s a une plus grande accélération qu'une autre qui passe de 0 km/h à 80 km/h en 10 s. Une plus grande accélération ne signifie donc pas nécessairement une plus grande vitesse, mais un changement de vitesse plus rapide (ou qui se produit sur une période de temps plus courte).

Voici la formule mathématique qui permet de calculer l'accélération en une dimension.

Accélération

$$a = \frac{\Delta v}{\Delta t} \text{ ou } \frac{(v_f - v_i)}{(t_f - t_i)}$$

© ERPI Reproduction interdite

Puisque l'accélération est une vitesse divisée par un temps, elle se mesure généralement en m/s^2. En effet:

$$1\,\frac{m/s}{s} = 1\,\frac{m}{s \times s} = 1\,\frac{m}{s^2}$$

Comme le temps écoulé est toujours positif, l'interprétation du signe de l'accélération est identique à celui du changement de vitesse (*voir la* FIGURE 1.17, *à la page 32*).

Si $\Delta v > 0, a > 0$. Si $\Delta v < 0, a < 0$.

L'accélération moyenne et l'accélération instantanée

Comme pour la vitesse, on peut définir une «accélération moyenne» et une «accélération instantanée». L'accélération moyenne est l'accélération entre deux instants différents, tandis que l'accélération instantanée est l'accélération à un instant précis (ou plutôt pendant un intervalle de temps qui tend vers zéro).

Accélération moyenne

$$a_{moy} = \frac{\Delta v}{\Delta t}$$

Accélération instantanée

$$a = \frac{\Delta v}{\Delta t} \text{ lorsque } \Delta t \text{ tend vers zéro}$$

ARTICLE TIRÉ D'INTERNET

Le mouvement capturé au plus près

Les accéléromètres sont partout! Ces dispositifs mesurent l'accélération et plus largement toute vibration, choc, petit coup... Rien de ce qui bouge ne leur échappe.

Grâce à eux, dans un véhicule, tout choc violent déclenche l'ouverture d'un sac gonflable. Les mouvements d'une manette de jeu vidéo sont convertis en actions du joueur sur l'écran. Des vibrations suspectes dans une machine à laver la mettent à l'arrêt.

L'astuce des accéléromètres réside dans la gravure particulière d'une plaque de silicium: deux peignes dotés de dizaines, voire d'une centaine de dents se font face. L'objet à mesurer est équipé de ces peignes. Dès qu'il accélère, décélère ou vibre, les dents bougent de quelques micromètres. Un mouvement quasi imperceptible, mais qui permet de mesurer exactement l'accélération responsable du mouvement.

Les chercheurs rêvent déjà à de nouvelles applications pour le futur. Le monde n'a pas fini d'accélérer!

Les microaccéléromètres contribuent à la sécurité des passagers d'une voiture. Lors d'un impact, ils déclenchent le déploiement des coussins gonflables.

Adapté de: David LAROUSSERIE, «Le mouvement capturé au plus près», *Sciences et avenir* [en ligne]. (Consulté le 11 novembre 2008.)

© ERPI Reproduction interdite

Exercices

1.3 L'accélération

1. Quelle est la condition requise pour qu'une accélération soit constante ?

2. Peut-on accélérer sans changer la grandeur de la vitesse ? Si oui, comment ?

3. Peut-on à la fois accélérer et ralentir ? Si oui, comment ?

4. Une accélération instantanée peut-elle être négative ? Expliquez votre réponse.

Ex. 1 2

5. Une voiture se déplaçant en ligne droite passe de 40 km/h à 45 km/h en une seconde. Quelle est son accélération ?

Ex. 3

6. Supposons que l'accélération instantanée d'un objet soit toujours égale à son accélération moyenne. Que peut-on en conclure ?

© ERPI Reproduction interdite

Nom: ______ Groupe: ______ Date: ______

Ex. 4

7. Un constructeur automobile affirme qu'un de ses modèles peut passer de 0 km/h à 100 km/h en 10 s. Quelle serait l'accélération moyenne de la voiture dans ce cas ?

______

8. Une voiture au repos accélère de 2 m/s^2. Quelle sera sa vitesse au bout de 10 s ?

______

Ex. 5

9. Une balle en caoutchouc rebondit sur le sol plusieurs fois. Est-ce que le mouvement de cette balle correspond à une accélération constante ? Expliquez votre réponse.

______

______

10. On dépose une boîte sur une planche de 2,5 m dont une extrémité touche le sol et l'autre est placée sur le bord d'une chaise. En déposant la boîte, on lui donne une vitesse de 0,4 m/s vers le bas de la planche. Après 3,0 s, la boîte touche le sol à une vitesse de 1,6 m/s. Quelle a été son accélération moyenne ?

______

© ERPI Reproduction interdite

Nom : ______________________ Groupe : ________ Date : ______________

11. Une voiture et une motocyclette se déplacent entre Montréal et Québec sur l'autoroute 20. On suppose que l'axe des *x* pointe vers Québec. Dans chacun des cas suivants, illustrez la situation, puis trouvez le signe de la vitesse et de l'accélération de chacun des véhicules.

a) Les deux véhicules se dirigent vers Québec. Ils roulent à vitesse constante. Cependant, la motocyclette roule plus vite que la voiture.

b) La voiture se dirige vers Québec, tandis que la motocyclette se dirige vers Montréal. La grandeur de la vitesse des deux véhicules augmente.

c) Les deux véhicules se dirigent vers Montréal. La motocyclette accélère pour dépasser la voiture. La voiture freine pour la laisser passer.

© ERPI Reproduction interdite

12. Un train roule en ligne droite à une vitesse constante de 0,50 m/s. Pendant 2,0 s, il accélère de 2,0 m/s^2, puis roule de nouveau à vitesse constante pendant 3,0 s.

a) Quelle est la vitesse finale du train ?

____

b) Quelle est l'accélération moyenne du train pendant les cinq dernières secondes ?

____

13. L'accélération moyenne d'un avion lors de son décollage est de 5,6 m/s^2. Combien de temps faut-il à cet avion pour atteindre une vitesse de 300 km/h ?

____

© ERPI Reproduction interdite

Résumé

Les variables du mouvement

1.1 LES VARIABLES LIÉES À L'ESPACE ET AU TEMPS

- La position, la distance parcourue, le déplacement, le temps et le temps écoulé sont cinq variables liées à l'espace et au temps.
- La «position» désigne l'emplacement d'un objet sur un axe de référence ou sur un système d'axes.
  - En une dimension, la position est donnée par un nombre suivi d'une unité de mesure. Le signe de ce nombre indique l'emplacement de l'objet par rapport à l'origine de l'axe. Si le signe est positif, l'objet est situé du côté positif, si le signe est négatif, l'objet est du côté négatif. Si la position est nulle, l'emplacement de l'objet correspond à l'origine de l'axe.
  - En deux ou en trois dimensions, la position est donnée par une coordonnée. Le signe de chacun des nombres qui composent cette coordonnée réfère à la position de ce nombre sur son axe de référence.
  - Le symbole de la position est x (ou y ou z) et son unité de mesure est une unité de longueur (par exemple, le mètre).
- La «distance parcourue» indique la longueur totale parcourue au cours d'un trajet.
  - C'est un scalaire dont la valeur est toujours positive.
  - Son symbole est d. Son unité de mesure est une longueur, telle que le mètre.
- Le «déplacement» correspond à la distance directe entre deux points, autrement dit, à la différence entre une position finale et une position initiale. On l'appelle également le «changement de position».
  - En une dimension, on peut le décrire à l'aide de la formule:

$$\Delta x = (x_f - x_i)$$

  - Le signe du déplacement indique le sens du mouvement. S'il est positif, l'objet se déplace dans le sens indiqué par la flèche de l'axe. S'il est négatif, il se déplace en sens inverse. Si le déplacement est nul, l'objet est immobile ou il est revenu à son point de départ.
- Le «temps» indique à quel moment une mesure a été prise.
  - C'est un scalaire dont la valeur est toujours positive.
  - Son symbole est t et son unité de mesure est généralement la seconde.
- Le «temps écoulé» correspond à la durée d'un événement, c'est-à-dire à la différence entre un temps final et un temps initial.
  - On peut le décrire à l'aide de la formule:

$$\Delta t = (t_f - t_i)$$

1.2 LA VITESSE

- La vitesse met en relation un déplacement, ou un parcours, et une certaine période de temps. L'unité de mesure de la vitesse est habituellement le m/s.

© ERPI Reproduction interdite

- La «vitesse scalaire moyenne» donne le rapport entre la distance parcourue et un intervalle de temps.
  - On peut la décrire à l'aide de la formule:

$$v_{moy} = \frac{d}{\Delta t}$$

  - Comme d et Δt sont des scalaires, la valeur de la vitesse scalaire moyenne est également un scalaire et elle est toujours positive.
- La «vitesse scalaire instantanée» indique la vitesse scalaire à un instant précis.
  - On peut la décrire à l'aide de la formule:

$$v = \frac{d}{\Delta t}, \text{ lorsque } \Delta t \text{ tend vers zéro}$$

- La «vitesse vectorielle moyenne» correspond au rapport entre le déplacement et un intervalle de temps.
  - En une dimension, on peut la décrire à l'aide de la formule:

$$v_{moy} = \frac{\Delta x}{\Delta t}$$

  - Sa valeur peut être positive, négative ou nulle. Le signe indique l'orientation du mouvement. Son interprétation est la même que celle du déplacement.
- La «vitesse vectorielle instantanée» fournit la vitesse vectorielle à un instant précis.
  - En une dimension, on peut la décrire à l'aide de la formule:

$$v = \frac{\Delta x}{\Delta t}, \text{ lorsque } \Delta t \text{ tend vers zéro}$$

- Le «changement de vitesse» montre la variation entre une vitesse finale et une vitesse initiale.
  - En une dimension, on peut le décrire à l'aide de la formule:

$$\Delta v = (v_f - v_i)$$

  - Sa valeur peut être positive, négative ou nulle. Lorsque le signe du changement de vitesse est le même que celui du déplacement, la grandeur de la vitesse augmente. Lorsque le signe du changement de vitesse est différent de celui du déplacement, la grandeur de la vitesse diminue.

1.3 L'ACCÉLÉRATION

- L'accélération met en relation un changement de vitesse et une certaine période de temps. L'unité de mesure de l'accélération est généralement le m/s^2.
- L'accélération est toujours vectorielle. Sa valeur peut être positive, négative ou nulle. L'interprétation de son signe est la même que celle du changement de vitesse.
- L'«accélération moyenne» correspond au rapport entre un changement de vitesse et un intervalle de temps. En une dimension, on peut la décrire à l'aide de la formule:

$$a_{moy} = \frac{\Delta v}{\Delta t}$$

- L'«accélération instantanée» indique l'accélération à un instant précis. En une dimension, on peut la décrire à l'aide de la formule:

$$a = \frac{\Delta v}{\Delta t}, \text{ lorsque } \Delta t \text{ tend vers zéro}$$

© ERPI Reproduction interdite

Nom : ______ Groupe : ______ Date : ______

Exercices sur l'ensemble du chapitre 1

ENS. CHAP. 1

Ex. 1

1. Deux trains quittent une gare au même moment. Le premier roule à la vitesse constante de 60 km/h. Le second roule d'abord à 30 km/h, puis accélère de façon constante de 4,0 km/h par seconde. Au bout de 10 s, quel train aura la vitesse la plus élevée ?

______

2. Juanita quitte son domicile pour se rendre au cinéma. Elle dispose de 30 min pour couvrir une distance de 10 km en voiture. Malheureusement, des travaux routiers réduisent considérablement sa vitesse, si bien qu'après 15 min elle n'a roulé en moyenne qu'à 5,0 km/h. Quelle devra être sa vitesse scalaire moyenne au cours des 15 prochaines minutes si elle veut arriver à l'heure au cinéma ?

______

© ERPI Reproduction interdite

Nom : ____________ Groupe : ________ Date : ____________

Ex. 2

3. Un kangourou s'est échappé du zoo. D'après les caméras de surveillance, l'évasion a eu lieu 3,0 min plus tôt.

a) Quel doit être le rayon des recherches, compte tenu qu'un kangourou peut atteindre une vitesse de 65 km/h ?

b) De quelle distance le rayon des recherches augmente-t-il à chaque minute ?

Ex. 3

4. Sur une route rectiligne, une voiture parcourt 4,0 km à 50 km/h, puis elle parcourt 4,0 km à 70 km/h. Sa vitesse vectorielle moyenne est-elle inférieure, égale ou supérieure à 60 km/h ?

© ERPI Reproduction interdite

Ex. 4 5

5. Une hirondelle parcourt 100 m en 30 s en direction de l'est. Elle attrape un insecte au vol, puis fait demi-tour. Elle se dirige alors vers son nid, qui se trouve à 50 m vers l'ouest, et y parvient en 10 s.

a) Illustrez cette situation.

b) Quelle est sa vitesse scalaire moyenne ?

______

c) Quelle est sa vitesse vectorielle moyenne ?

______

© ERPI Reproduction interdite

6. Une motocycliste roule en ligne droite à 54 km/h. Trois secondes plus tard, sa vitesse passe à 90 km/h. Enfin, 2 secondes plus tard, sa vitesse redescend à 72 km/h. Quelle a été son accélération moyenne durant toute cette période ?

7. Un cycliste se déplace à une vitesse de 8,0 m/s. Il prend 3,0 s à descendre une pente en accélérant à un rythme de 5,0 m/s^2. Au bas de la pente, il freine pendant 0,5 s avant d'entrer dans une courbe à une vitesse de 18,0 m/s. Quelle a été son accélération moyenne pendant sa période de freinage ?

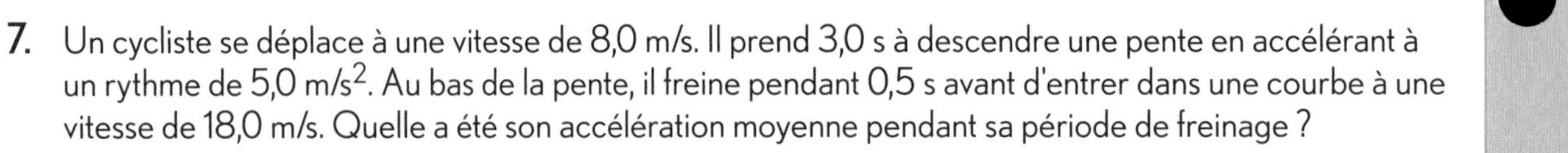

© ERPI Reproduction interdite

Défis

1. Au cours d'un orage, Claire remarque que, lorsqu'un éclair illumine le ciel, le tonnerre se fait entendre 3,0 s plus tard. Au bout de 5 min, elle remarque que le tonnerre n'arrive plus que 2,0 s après l'éclair. Quelle est la vitesse vectorielle moyenne de l'orage ? (Indice : La vitesse du son dans l'air est de 340 m/s.)

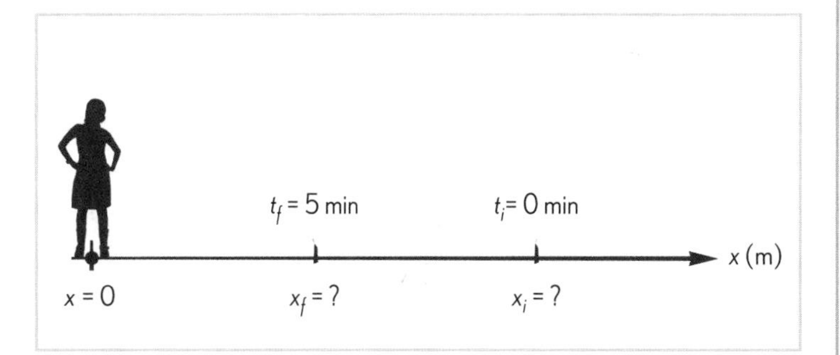

2. Un chien avance en direction d'un écureuil. Il parcourt ainsi 10 m à 6,0 km/h. Il fait ensuite demi-tour et revient en courant vers sa maîtresse qui l'appelle. Il parcourt alors 20 m en sens inverse à 12 km/h.

a) Illustrez cette situation.

© ERPI Reproduction interdite

b) Quelle est la vitesse scalaire moyenne de ce chien ?

c) Quelle est sa vitesse vectorielle moyenne ?

© ERPI Reproduction interdite

CHAPITRE 2

2.1 Le 16 juillet 1969, la fusée Saturn V décollait vers la Lune. À son bord, l'équipage de la mission Apollo 11.

Le mouvement en une dimension

Une fusée comme Saturn V est capable d'envoyer des êtres humains vers la Lune, ainsi que tout l'équipement nécessaire pour les en ramener sains et saufs. Comment peut-on décrire la trajectoire d'une telle fusée ? Comment peut-on connaître sa position, sa vitesse ou son accélération à chaque instant de sa mission ? Comment peut-on suivre la rentrée sur Terre du module de commande, alors que ce dernier est essentiellement en chute libre depuis l'espace ?

LABOS

1. L'ANALYSE DU MOUVEMENT RECTILIGNE UNIFORME
2. L'ANALYSE DU MOUVEMENT RECTILIGNE UNIFORMÉMENT ACCÉLÉRÉ
3. L'ANALYSE DU MOUVEMENT EN CHUTE LIBRE (SANS FRICTION)
4. L'ANALYSE DU MOUVEMENT SUR UN PLAN INCLINÉ

Dans ce chapitre, nous poursuivrons notre description du mouvement par l'exploration d'un mouvement qui peut être décrit à l'aide d'une seule dimension, soit le mouvement rectiligne. Nous décrirons d'abord le mouvement rectiligne uniforme, c'est-à-dire un mouvement rectiligne dans lequel la vitesse est constante. Nous examinerons ensuite le mouvement rectiligne uniformément accéléré, autrement dit, un mouvement rectiligne dans lequel l'accélération est constante. Dans chaque cas, nous verrons diverses représentations graphiques et mathématiques de ces deux types de mouvements, ainsi que les renseignements qu'elles fournissent. Nous aborderons enfin les particularités du mouvement en chute libre, puis celles du mouvement sur un plan incliné.

Un mouvement rectiligne est un mouvement en ligne droite. Il peut donc s'agir d'un mouvement vers l'avant, vers l'arrière ou d'un mouvement de va-et-vient d'avant en arrière. Pourquoi étudier le mouvement rectiligne ? Parce que la plupart des mouvements en deux ou trois dimensions, comme nous le verrons au prochain chapitre, peuvent être considérés comme une combinaison de mouvements en une dimension, c'est-à-dire de mouvements rectilignes. Les représentations graphiques et mathématiques que nous aborderons dans ce chapitre s'avéreront donc très utiles pour décrire des mouvements plus complexes, et souvent plus réels, que les mouvements rectilignes.

Il est à noter que, tout au long de ce chapitre, le mot «vitesse» utilisé seul réfère à la vitesse vectorielle, et non à la vitesse scalaire (*voir le chapitre 1, à la page 29*).

2.1 Le mouvement rectiligne uniforme

Une voiture roule à 100 km/h sur une route droite. Une adolescente court à la vitesse moyenne de 9,5 km/h sur un sentier rectiligne. Une balle roule sur une table à 2 m/s. Voilà quelques exemples d'objets décrivant un mouvement rectiligne uniforme (MRU). Dans un tel mouvement, la vitesse est considérée comme constante, c'est-à-dire qu'elle ne subit ni augmentation ni diminution.

CONCEPTS DÉJÀ VUS

- Types de mouvement
- Relation entre la vitesse constante, la distance et le temps

LABO

1. L'ANALYSE DU MOUVEMENT RECTILIGNE UNIFORME

2.2

Une voiture dont le régulateur de vitesse est activé et qui roule en ligne droite effectue un mouvement rectiligne uniforme.

© ERPI Reproduction interdite

DÉFINITION

Un **mouvement rectiligne uniforme** est un mouvement dans lequel la grandeur et l'orientation de la vitesse sont constantes en tout temps.

Les représentations graphiques du mouvement rectiligne uniforme

Les diverses représentations graphiques du mouvement rectiligne uniforme facilitent la visualisation d'une situation et de ses différentes variables.

CONCEPTS DÉJÀ VUS
- Tracés géométriques
- Mesure directe (règle)

Au cours des pages qui suivent, nous verrons deux de ces représentations:

- la position en fonction du temps;
- la vitesse en fonction du temps.

LA POSITION EN FONCTION DU TEMPS

La façon la plus simple de représenter un mouvement rectiligne uniforme est d'utiliser un axe de référence, par exemple l'axe des x, afin d'y indiquer la position d'un objet à différents instants.

Voyons un exemple de cette représentation: une voiture roule à vitesse constante sur une route droite.

Selon la **FIGURE 2.3**, le déplacement de cette voiture (Δx) est de 100,0 m et la durée de ce déplacement (Δt) est de 8 s. La FIGURE 2.3 révèle aussi que, lorsque la position est indiquée à des intervalles de temps réguliers, la distance parcourue entre deux points consécutifs est constante. En effet, la voiture parcourt 12,5 m à chaque seconde, ce qui est caractéristique d'un mouvement à vitesse constante.

2.3 UNE REPRÉSENTATION DE LA POSITION DE LA VOITURE SELON L'AXE DES *X*

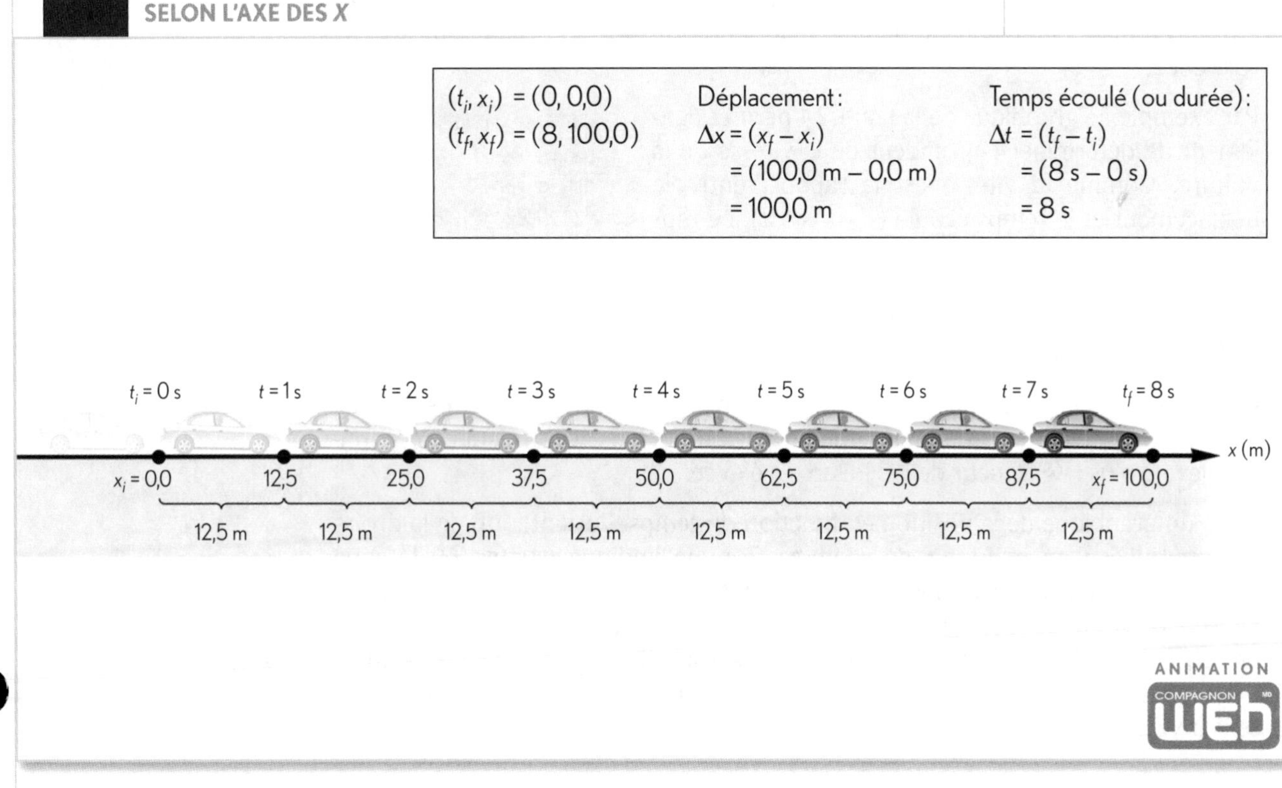

© ERPI Reproduction interdite

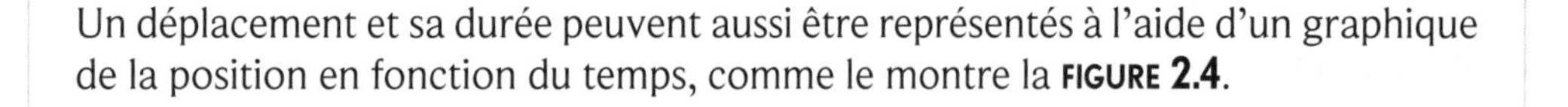

Un déplacement et sa durée peuvent aussi être représentés à l'aide d'un graphique de la position en fonction du temps, comme le montre la **FIGURE 2.4**.

2.4 UNE REPRÉSENTATION DE LA POSITION DE LA VOITURE EN FONCTION DU TEMPS

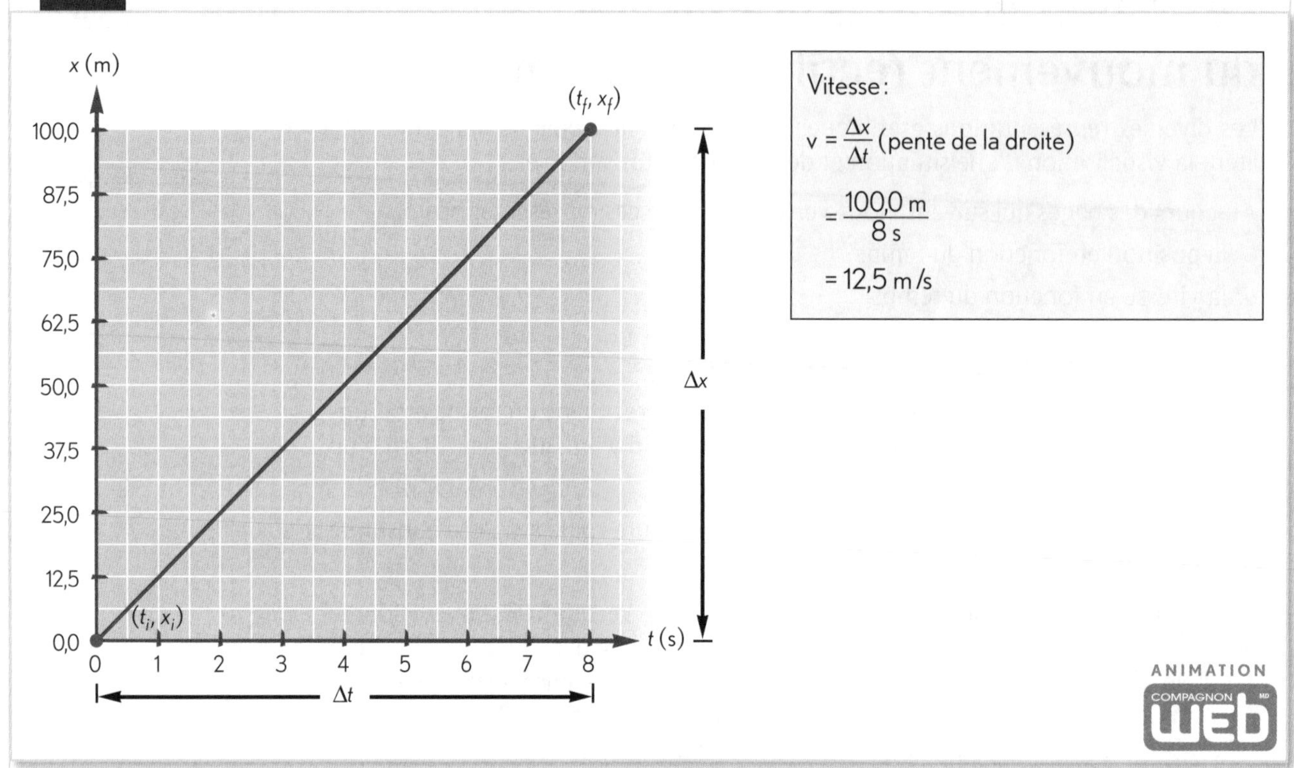

ANIMATION COMPAGNON WEB

Un graphique de la position en fonction du temps permet d'aller plus loin dans l'exploration du mouvement qu'une représentation à l'aide d'un seul axe de référence.

Par exemple, le graphique de la FIGURE 2.4 permet également de déterminer la grandeur de la vitesse de la voiture. Comme la vitesse est le rapport entre le déplacement et le temps écoulé ($v = \Delta x/\Delta t$), ce rapport correspond, dans un tel graphique, à la pente de la droite. À la FIGURE 2.4, la pente entre les points (t_i, x_i) et (t_f, x_f) est de 100,0 m/8 s, soit 12,5 m/s. La vitesse de la voiture entre le début et la fin de son parcours est donc de 12,5 m/s.

LIEN MATHÉMATIQUE

La pente d'une droite est le rapport entre la variation verticale et la variation horizontale entre deux points quelconques.

Le résultat serait cependant le même avec n'importe quelle paire de points, puisque la pente est la même tout le long de la courbe. Plus la grandeur de la pente est élevée, plus la grandeur de la vitesse est élevée.

Dans un graphique de la position en fonction du temps, l'orientation de la droite correspond également au sens de la vitesse. Comme l'indique la **FIGURE 2.5**, lorsque le tracé est une droite ascendante, le sens de la vitesse est le même que celui de l'axe de position utilisé ; la vitesse est donc positive. Lorsque le tracé est une droite horizontale, on peut en conclure que la vitesse est nulle et que l'objet est immobile. Lorsque la droite est descendante, le déplacement de l'objet s'effectue dans le sens inverse de celui de l'axe de position. La vitesse est alors négative.

© ERPI Reproduction interdite

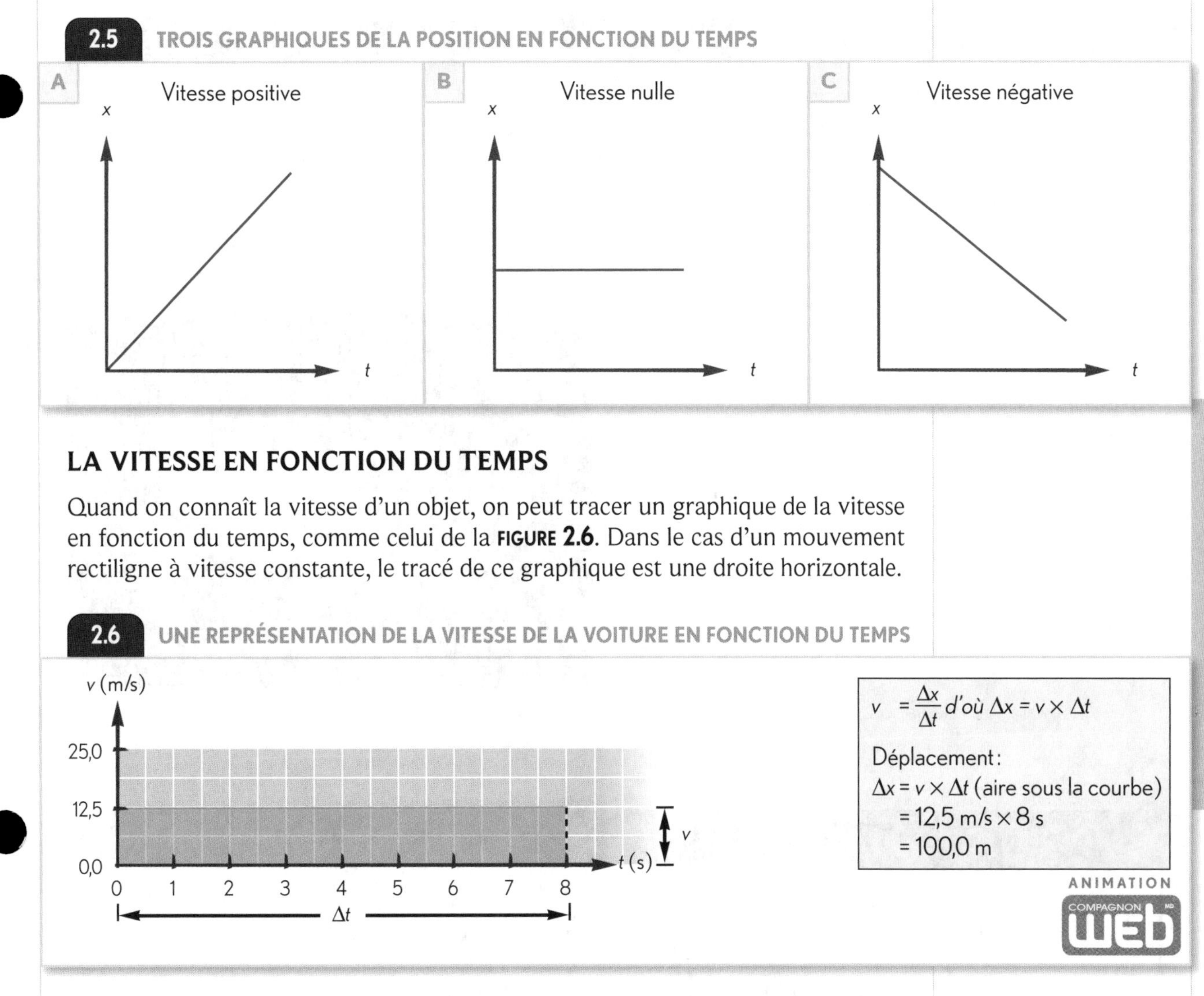

2.5 TROIS GRAPHIQUES DE LA POSITION EN FONCTION DU TEMPS

LA VITESSE EN FONCTION DU TEMPS

Quand on connaît la vitesse d'un objet, on peut tracer un graphique de la vitesse en fonction du temps, comme celui de la **FIGURE 2.6**. Dans le cas d'un mouvement rectiligne à vitesse constante, le tracé de ce graphique est une droite horizontale.

2.6 UNE REPRÉSENTATION DE LA VITESSE DE LA VOITURE EN FONCTION DU TEMPS

Cette représentation graphique peut servir à déterminer le déplacement, s'il est inconnu. Pour cela, il suffit de calculer l'aire sous la courbe entre deux instants, par exemple, entre le temps initial et le temps final. Autrement dit, on calcule l'aire du rectangle délimité par les axes, la droite et le temps écoulé entre deux instants. Par conséquent, le produit de la vitesse (v) par la durée (Δt) permet de trouver le déplacement (Δx). À la FIGURE 2.6, le déplacement est de 100,0 m.

LIEN MATHÉMATIQUE

L'aire d'un rectangle correspond à la hauteur de ce rectangle multipliée par sa longueur.

La représentation mathématique du mouvement rectiligne uniforme

Les variables du mouvement rectiligne uniforme sont le déplacement, le temps écoulé et la vitesse. Une équation permet d'exprimer la relation entre ces variables.

Mouvement rectiligne uniforme

$$v = \frac{\Delta x}{\Delta t} = \frac{(x_f - x_i)}{(t_f - t_i)}$$

© ERPI Reproduction interdite

PHYSIQUE ■ CHAPITRE 2

EXEMPLE

Un astronome découvre une comète dans le voisinage de la planète Jupiter. Celle-ci se dirige en droite ligne vers le Soleil à une vitesse moyenne de 46 km/s. La distance qui sépare la comète du Soleil est de 780 millions de kilomètres. Quand la comète se trouvera-t-elle à proximité du Soleil ?

MÉTHO, p. 328

1. Quelle est l'information recherchée ?

$\Delta t = ?$

2. Quelles sont les données du problème ?

$\Delta x = 780\ 000\ 000$ km

$v = 46$ km/s

3. Quelle formule contient les variables dont j'ai besoin ?

$$v = \frac{\Delta x}{\Delta t}$$

D'où $\Delta t = \dfrac{\Delta x}{v}$

4. J'effectue les calculs.

$$\Delta t = \frac{780\ 000\ 000 \text{ km}}{46 \text{ km/s}}$$

= 16,9 millions de secondes, soit 196 jours

5. Je réponds à la question.

La comète devrait se trouver à proximité du Soleil dans environ 200 jours, soit un peu plus de 6 mois.

Une comète.

ARTICLE TIRÉ D'INTERNET

L'athlète qui court le plus vite n'est pas automatiquement celui qui gagne

La performance en athlétisme dépend de plusieurs facteurs parmi lesquels l'aptitude physique des coureurs, leur technique et leur tactique de course. L'aspect tactique peut en effet avoir des conséquences très importantes sur le résultat d'une course en athlétisme.

Pour illustrer ce concept, les tactiques de courses utilisées par les médaillés d'or et d'argent aux Jeux olympiques de Sydney sur 800 m et 5000 m ont été analysées au moyen de courbes individuelles distance-temps et vitesse-temps. Lors de la finale du 5000 m hommes, le favori, Ali Saïdi-Sief, a été battu par Millon Wolde. Ce dernier a gagné la médaille d'or en courant à une vitesse moyenne de 6,158 m/s sur 5022 m, alors que Saïdi-Sief a couru plus vite (6,160 m/s), mais sur une distance plus grande (5028 m). Les 6 m supplémentaires parcourus par Saïdi-Sief lui ont coûté la médaille d'or des Jeux olympiques !

Adapté de : Savoir-Sport, Karim CHAMARI, *L'athlète qui court (ou roule) le plus vite n'est pas automatiquement celui ou celle qui gagne* [en ligne]. (Consulté le 1er décembre 2008.)

L'Éthiopien Millon Wolde remporte l'épreuve du 5000 m aux Jeux olympiques de Sydney, en Australie, en 2000.

© ERPI Reproduction interdite

Nom : ______ Groupe : ______ Date : ______

Exercices

SECTION 2.1

2.1 Le mouvement rectiligne uniforme

Ex. 1 2 5

1. Le graphique suivant représente la vitesse d'une cycliste en fonction du temps. Quelle distance parcourt la cycliste pendant cet intervalle de 10 s ?

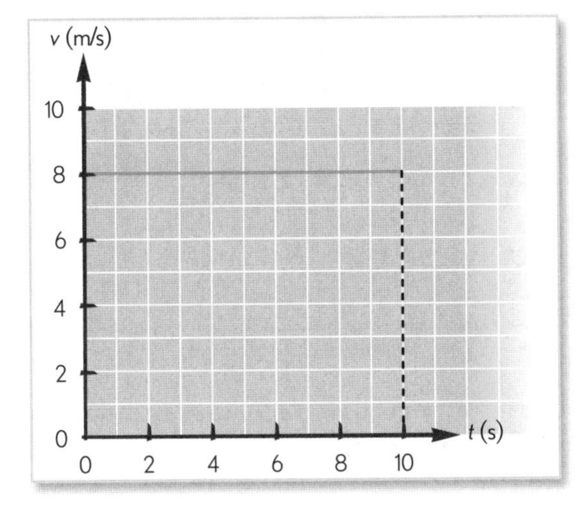

Ex. 3 4

2. Le graphique ci-contre montre les résultats de la séance d'entraînement de Denise.

a) Denise a d'abord couru pendant 20 min. À quelle vitesse courait-elle ?

b) Denise a ensuite marché pendant 1 km. Quelle était sa vitesse tandis qu'elle marchait ?

c) Quelle a été la vitesse moyenne de Denise tout au long de sa séance d'entraînement ?

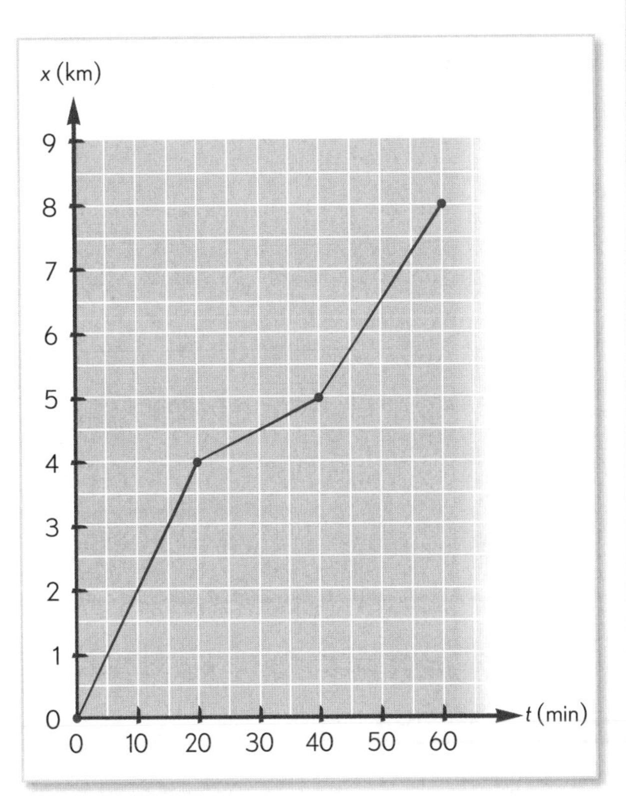

© ERPI Reproduction interdite

d) Tracez le graphique de la vitesse de Denise en fonction du temps.

Ex. 6

3. Olivier va de Québec à Montréal en autobus. D'ordinaire, l'autobus roule à une vitesse moyenne de 100,0 km/h et le trajet dure 2 h 20 min. Mais aujourd'hui, il neige et la vitesse moyenne de l'autobus est de 70,0 km/h.

   a) Quel est le déplacement de l'autobus ?

   ______

   b) Quel sera le retard de l'autobus ?

   ______

© ERPI Reproduction interdite

2.2 Le mouvement rectiligne uniformément accéléré

Après s'être immobilisée à un feu rouge, une voiture accélère régulièrement jusqu'à ce qu'elle atteigne sa vitesse de croisière. Au cours des premières secondes de son ascension, une fusée connaît une phase d'accélération très rapide. Voilà deux exemples d'objets décrivant un mouvement rectiligne dont l'accélération peut être considérée comme constante. La **FIGURE 2.7** en montre un troisième. On donne à ce mouvement le nom de «mouvement rectiligne uniformément accéléré» (MRUA). Dans ce type de mouvement, l'accélération moyenne est égale à l'accélération instantanée.

LABOS
2. L'ANALYSE DU MOUVEMENT RECTILIGNE UNIFORMÉMENT ACCÉLÉRÉ
3. L'ANALYSE DU MOUVEMENT EN CHUTE LIBRE (SANS FRICTION)
4. L'ANALYSE DU MOUVEMENT SUR UN PLAN INCLINÉ

DÉFINITION

Un **mouvement rectiligne uniformément accéléré** est un mouvement dans lequel la grandeur et l'orientation de l'accélération sont constantes en tout temps.

2.7 Une pomme qui tombe d'un arbre décrit un mouvement rectiligne uniformément accéléré.

Les représentations graphiques du mouvement rectiligne uniformément accéléré

L'un des avantages des représentations graphiques est de faciliter la visualisation d'une situation et de ses différentes variables. La visualisation de l'accélération est souvent moins évidente que celle de la position ou de la vitesse. En effet, l'orientation de l'accélération ne correspond pas nécessairement à l'orientation du déplacement. Les représentations graphiques que nous verrons dans cette section peuvent donc s'avérer particulièrement utiles à cet égard. Elles fournissent également de nombreux renseignements favorisant la compréhension des différents mouvements accélérés.

Nous verrons trois de ces représentations :

- la position en fonction du temps;
- la vitesse en fonction du temps;
- l'accélération en fonction du temps.

LA POSITION EN FONCTION DU TEMPS

Imaginons une voiture sur le point de prendre la route. Pour passer de l'immobilité à sa vitesse de croisière, la voiture doit subir une accélération.

L'indication de la position de la voiture selon l'axe des x, à différents moments, aide à visualiser le mouvement de ce véhicule. D'après la **FIGURE 2.8** (*à la page suivante*), la voiture parcourt 160 m (Δx) avant d'atteindre sa vitesse de croisière. De plus, elle met 8 s (Δt) à atteindre cette vitesse.

Cette représentation permet également de voir que, lorsque la position est indiquée à des intervalles de temps réguliers, la distance parcourue entre deux points consécutifs augmente elle aussi de façon régulière. Il s'agit donc d'une accélération constante.

© ERPI Reproduction interdite

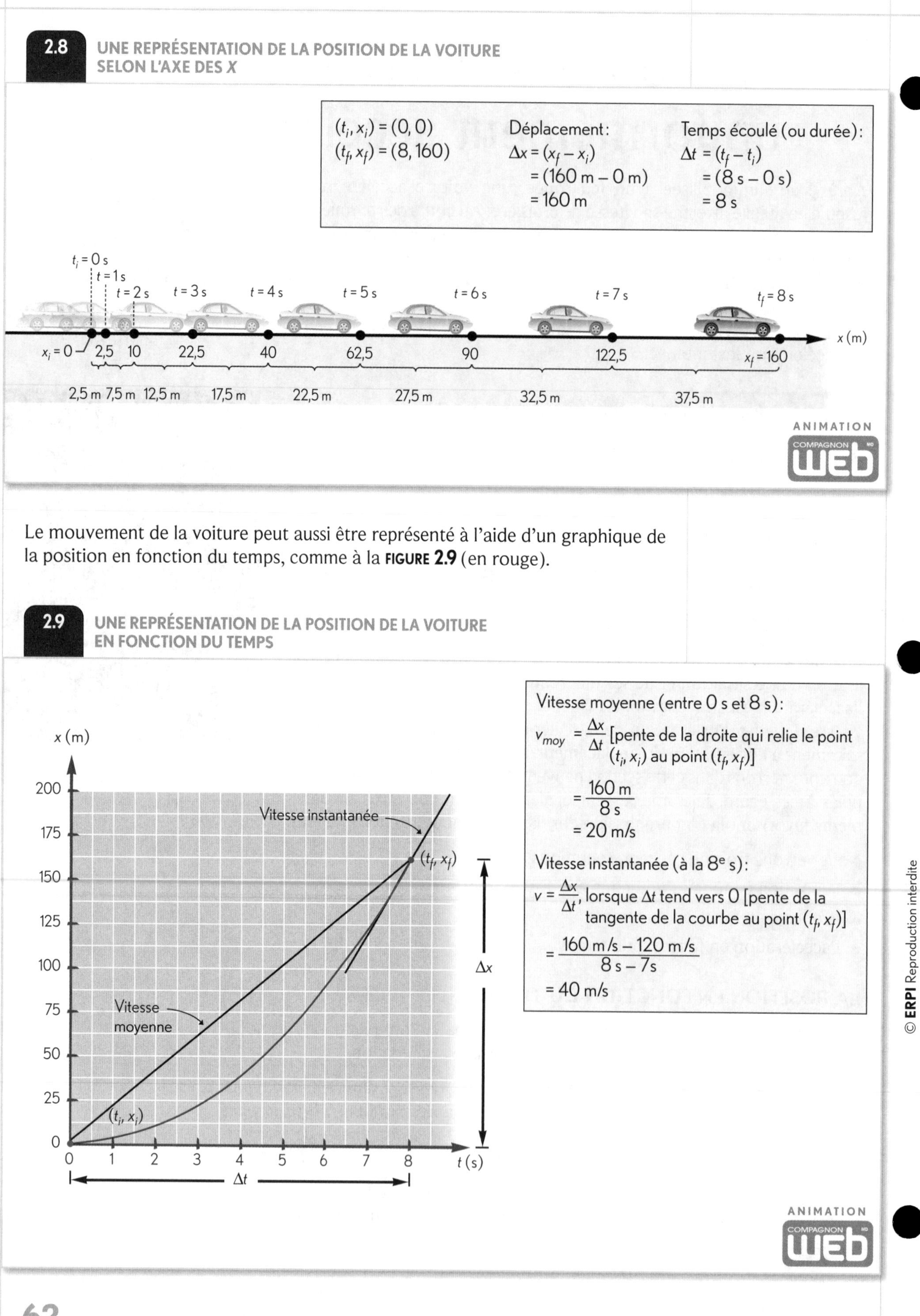

Le mouvement de la voiture peut aussi être représenté à l'aide d'un graphique de la position en fonction du temps, comme à la **FIGURE 2.9** (en rouge).

© ERPI Reproduction interdite

Un tel graphique permet de déterminer la vitesse moyenne et la vitesse instantanée de la voiture.

- Pour déterminer la vitesse moyenne, il suffit de calculer la pente entre deux points quelconques. En effet, $v_{moy} = \Delta x/\Delta t$.

  À la FIGURE 2.9, la pente entre les points (t_i, x_i) et (t_f, x_f), autrement dit, entre le début et la fin du déplacement, révèle que la vitesse moyenne tout au long du mouvement de la voiture est de 20 m/s.

- Pour déterminer la vitesse instantanée, soit la vitesse à un instant précis, il faut mesurer la pente de la tangente au point de la courbe correspondant à cet instant. Comme la tangente est une droite, il suffit de choisir deux points quelconques sur cette droite pour déterminer sa pente.

  À la FIGURE 2.9, la pente de la tangente au point (t_f, x_f), soit à la fin du parcours, révèle que la vitesse du véhicule à cet instant précis est de 40 m/s.

ÉTYMOLOGIE

« Tangente » vient du mot latin *tangere*, qui signifie « toucher ».

LIEN MATHÉMATIQUE

Une tangente en un point est une droite qui touche une courbe en un seul point sans la traverser.

ENRICHISSEMENT

Dans un graphique de la position en fonction du temps, la forme de la courbe indique si la vitesse augmente ou diminue. Elle fournit aussi des renseignements sur le sens de la vitesse par rapport à l'axe de position. Plus précisément, dans un tel graphique, plus la pente de la tangente est élevée, plus la grandeur de la vitesse est élevée. Inversement, plus la pente de la tangente est faible, plus la grandeur de la vitesse est faible.

La **FIGURE 2.10** indique comment interpréter la forme de la courbe dans un graphique de la position en fonction du temps.

2.10 QUATRE GRAPHIQUES DE LA POSITION EN FONCTION DU TEMPS

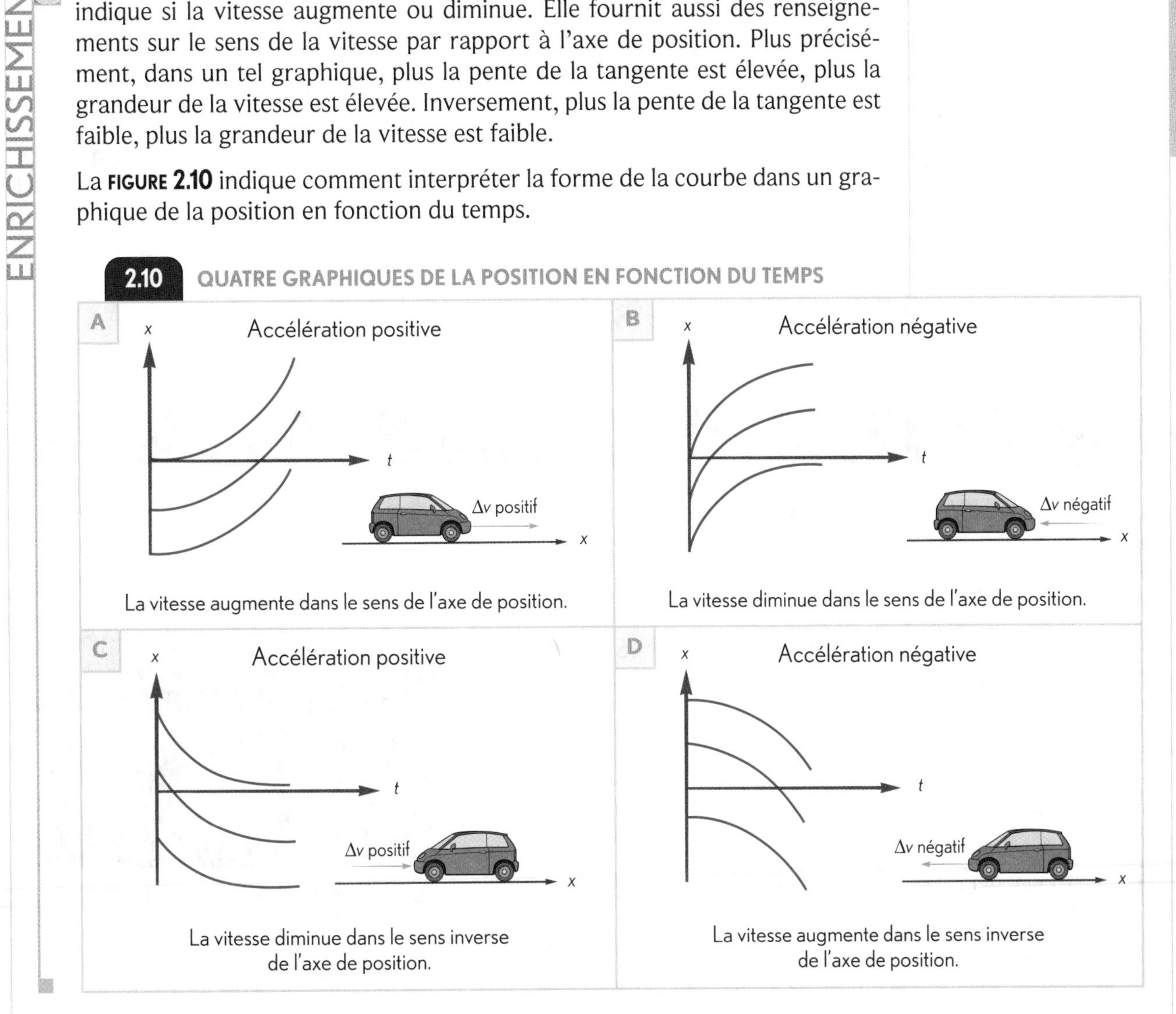

© ERPI Reproduction interdite

LA VITESSE EN FONCTION DU TEMPS

Le mouvement d'un objet accéléré peut aussi être représenté au moyen d'un graphique de la vitesse en fonction du temps. La **FIGURE 2.11** illustre la vitesse de la voiture en fonction du temps.

2.11 UNE REPRÉSENTATION DE LA VITESSE DE LA VOITURE EN FONCTION DU TEMPS

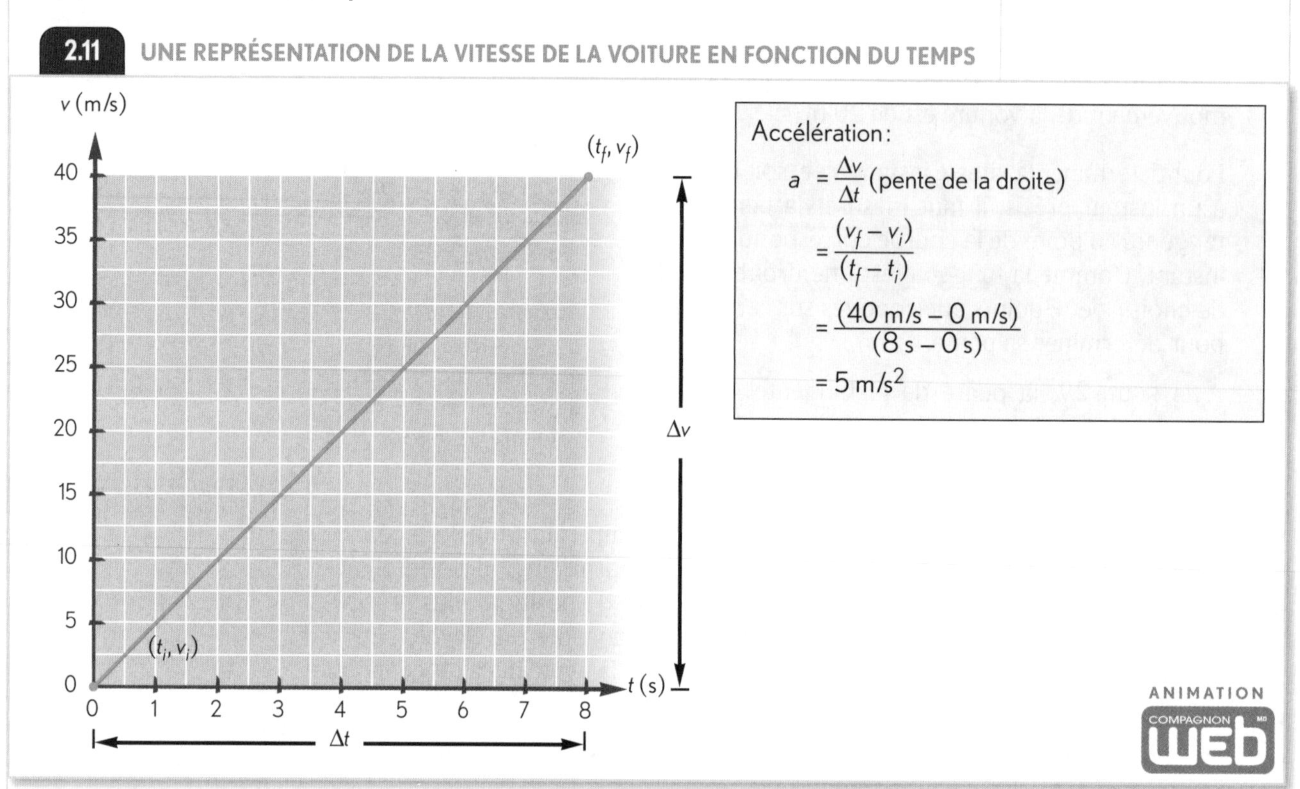

Cette représentation permet notamment de trouver graphiquement l'accélération, si celle-ci n'est pas déjà connue. Il suffit pour cela de mesurer la pente entre deux points quelconques. La FIGURE 2.11 montre que l'accélération de la voiture est de 5 m/s^2.

ARTICLE TIRÉ D'INTERNET

Le TGV à 574,8 km/h

Le 3 avril 2007, le TGV, ou train à grande vitesse, a fracassé le record mondial de 515 km/h, établi en 1990. Cette prouesse technique, accomplie par la rame V 150, s'est déroulée en France sur un tronçon de la ligne à grande vitesse est-européenne.

Le train a quitté le village de Prény, en direction de Paris, à 13 h 01 précises. L'accélération était impressionnante. À 24 km de la gare, les 500 km/h étaient déjà atteints. À 13 h 14, la rame dépassait les 515,3 km/h. À 72 km de Prény, elle dépassait 570 km/h. Le compteur s'est finalement stabilisé à 574,8 km/h. Le nouveau record du monde !

Adapté de : Le Figaro, *À bord du TGV à 574,8 km/h* [en ligne]. (Consulté le 1er décembre 2008.)

Le premier wagon était équipé d'appareils capables d'enregistrer les données des 350 capteurs placés à bord du convoi.

© ERPI Reproduction interdite

ENRICHISSEMENT

Dans un graphique de la vitesse en fonction du temps, lorsque le tracé correspond à une droite, cela indique que l'accélération est constante. Toutefois, si le tracé correspond à une droite horizontale, l'accélération est nulle et la vitesse est constante.

Dans une telle représentation graphique, une pente positive indique une augmentation de la vitesse, tandis qu'une pente négative indique une diminution de la vitesse. La pente ne permet cependant pas de connaître le sens de la vitesse. La **FIGURE 2.12** montre comment interpréter l'orientation de la courbe dans un graphique de la vitesse en fonction du temps.

2.12 QUATRE GRAPHIQUES DE LA VITESSE EN FONCTION DU TEMPS

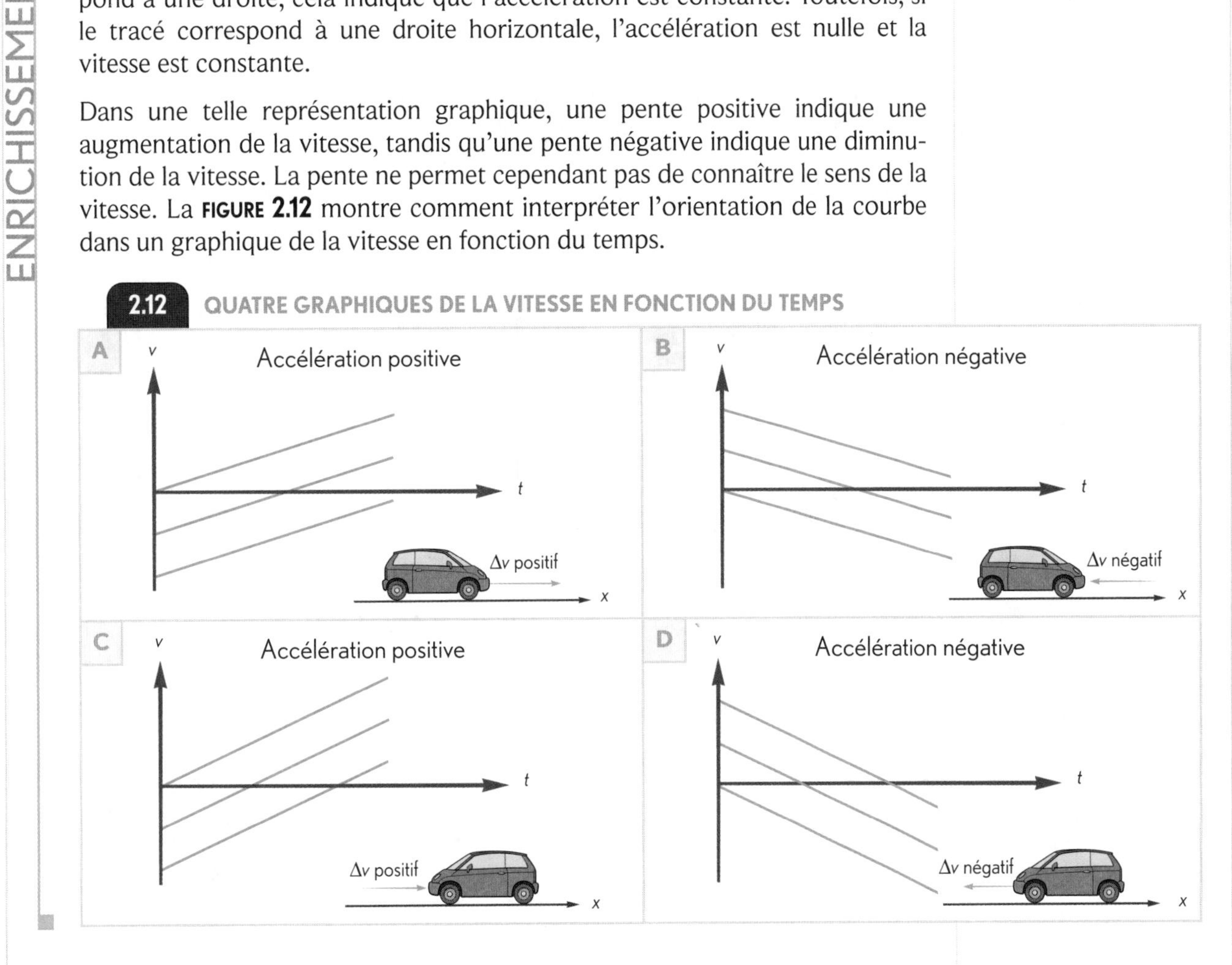

L'ACCÉLÉRATION EN FONCTION DU TEMPS

On peut également construire un graphique montrant l'accélération en fonction du temps. Dans le cas d'une accélération constante, le tracé de ce graphique est une droite horizontale, comme le montre la **FIGURE 2.13**.

2.13 UNE REPRÉSENTATION DE L'ACCÉLÉRATION DE LA VOITURE EN FONCTION DU TEMPS

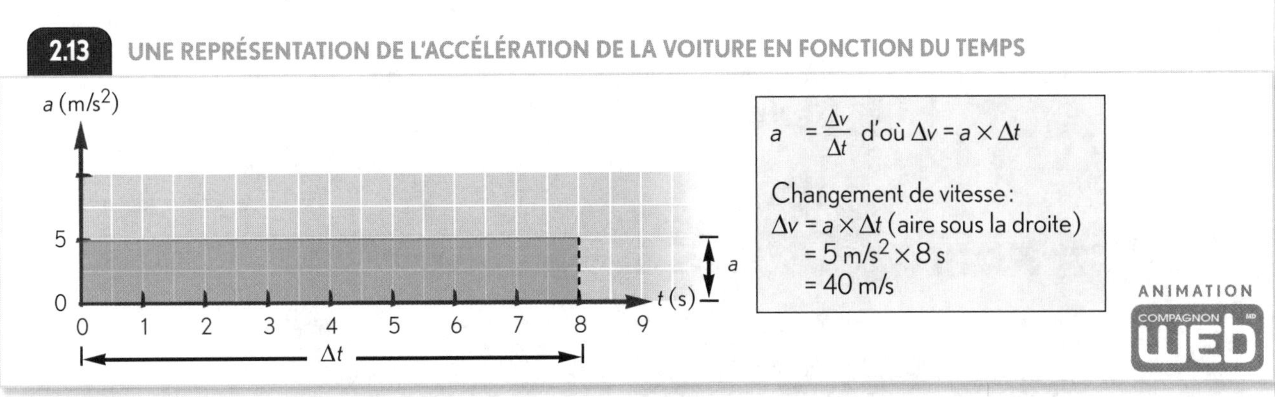

$a = \frac{\Delta v}{\Delta t}$ d'où $\Delta v = a \times \Delta t$

Changement de vitesse :
$\Delta v = a \times \Delta t$ (aire sous la droite)
$= 5\ \text{m/s}^2 \times 8\ \text{s}$
$= 40\ \text{m/s}$

ANIMATION COMPAGNON WEB

L'aire sous la courbe de ce graphique correspond au changement de vitesse (Δv). En effet, comme $a = \Delta v/\Delta t$, il s'ensuit que $\Delta v = a \times \Delta t$, ce qui équivaut à l'aire du rectangle délimité par les axes, la droite et l'intervalle de temps choisi. Selon la FIGURE 2.13, le changement de vitesse de la voiture, pendant toute la durée de son mouvement, a été de 40 m/s.

© ERPI Reproduction interdite

Dans un graphique de l'accélération en fonction du temps, une droite située dans la partie positive de l'axe de position correspond à une augmentation de la vitesse, tandis qu'une droite placée dans la partie négative traduit une diminution de la vitesse. Elle ne permet cependant pas de déterminer le sens de cette vitesse. La **FIGURE 2.14** montre comment interpréter la courbe dans une représentation graphique de l'accélération en fonction du temps.

2.14 QUATRE GRAPHIQUES DE L'ACCÉLÉRATION EN FONCTION DU TEMPS

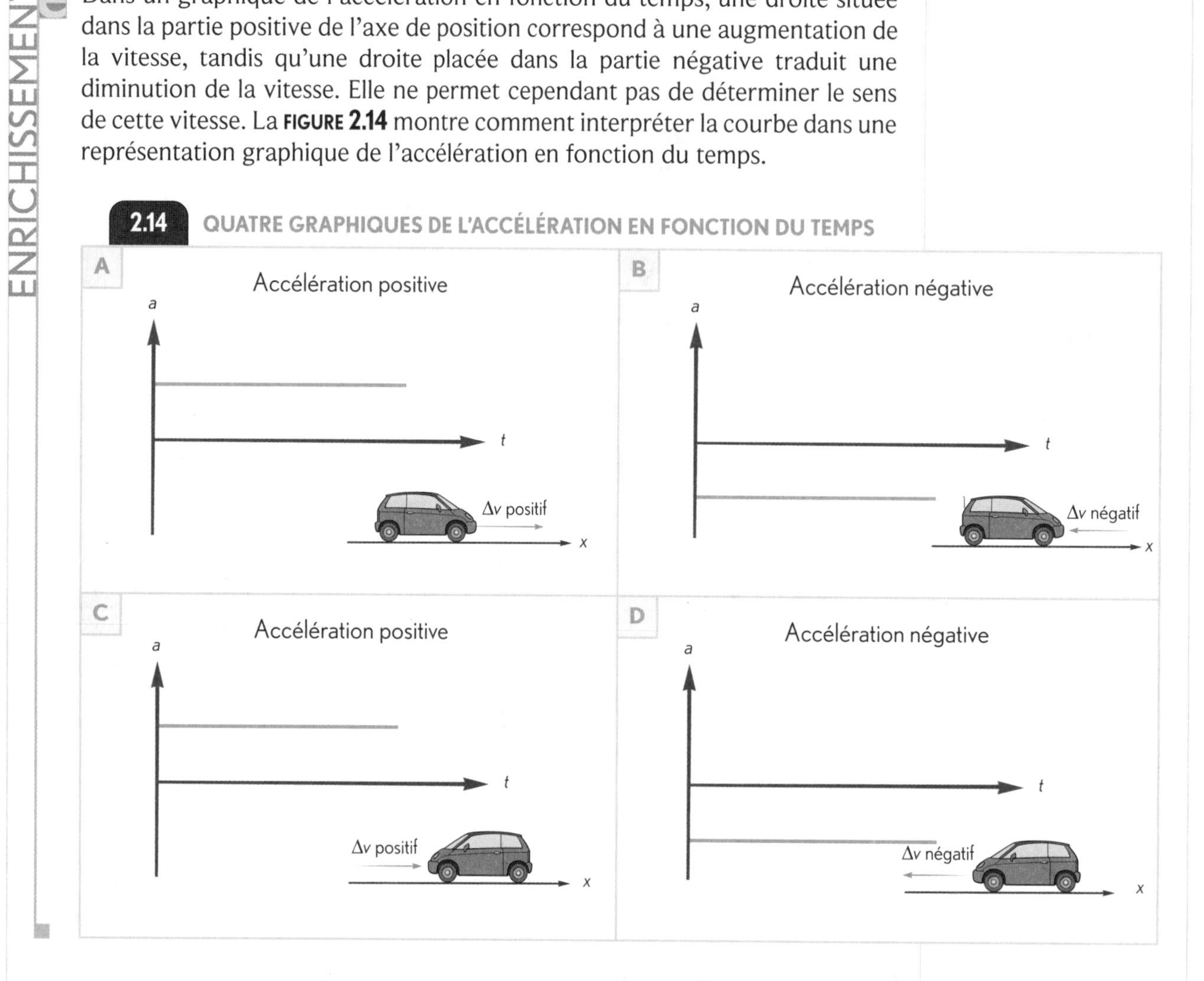

2.15 Pour décoller, un avion doit atteindre une certaine vitesse avant d'arriver au bout de la piste. La position de l'appareil, la vitesse et l'accélération en fonction du temps jouent un rôle majeur dans cette manœuvre.

© ERPI Reproduction interdite

Les représentations mathématiques du mouvement rectiligne uniformément accéléré

Les variables du mouvement rectiligne uniformément accéléré sont la position, le temps écoulé, la vitesse et l'accélération.

Avec le temps, on s'est rendu compte que quatre équations s'avéraient particulièrement utiles pour décrire le mouvement rectiligne lorsque l'accélération est constante.

Mouvement rectiligne uniformément accéléré

- $x_f = x_i + \frac{1}{2}(v_i + v_f)\Delta t$ qui met en relation la position, la vitesse et le temps écoulé. Cette équation peut aussi s'écrire : $\Delta x = \frac{1}{2}(v_i + v_f)\Delta t$
- $x_f = x_i + v_i\Delta t + \frac{1}{2}a(\Delta t)^2$ qui met en relation la position, l'accélération et le temps écoulé. Cette équation peut aussi s'écrire : $\Delta x = v_i\Delta t + \frac{1}{2}a(\Delta t)^2$
- $v_f = v_i + a\Delta t$ qui met en relation la vitesse, l'accélération et le temps écoulé. Cette équation peut aussi s'écrire : $\Delta v = a\Delta t$
- $v_f^2 = v_i^2 + 2a\Delta x$ qui met en relation la vitesse, l'accélération et la position

On utilise l'une ou l'autre de ces équations selon les données disponibles et la situation à examiner.

Dans l'exemple qui suit, les données du problème mettent en relation la position, la vitesse et le temps écoulé.

EXEMPLE

MÉTHO, p. 328

Dans une antenne parabolique reliée à un téléviseur, un électron accélère uniformément et passe d'une vitesse de 3×10^4 m/s à une vitesse de 5×10^6 m/s sur une distance de 100 nm. Combien de temps l'électron met-il à parcourir cette distance ?

1. Quelle est l'information recherchée ?

$\Delta t = ?$

2. Quelles sont les données du problème ?

$v_i = 3 \times 10^4$ m/s

$v_f = 5 \times 10^6$ m/s

$(x_f - x_i) = 100$ nm, soit $1{,}00 \times 10^{-7}$ m

3. Quelle formule contient les variables dont j'ai besoin ?

$$x_f = x_i + \frac{1}{2}(v_i + v_f)\Delta t$$

$$\text{D'où } \Delta t = \frac{2 \times (x_f - x_i)}{(v_i + v_f)}$$

4. J'effectue les calculs.

$$\Delta t = \frac{2 \times (1{,}00 \times 10^{-7}\ \text{m})}{(3 \times 10^4\ \text{m/s}) + (5 \times 10^6\ \text{m/s})}$$

$$= 3{,}98 \times 10^{-14}\ \text{s}$$

5. Je réponds à la question.

L'électron a mis 4×10^{-14} s à parcourir 100 nm dans l'antenne parabolique.

© ERPI Reproduction interdite

Dans ce deuxième exemple, les données du problème mettent en relation la position, l'accélération et le temps écoulé.

EXEMPLE

Une voiture de course accélère à raison de 7,4 m/s^2. Quelle distance aura-t-elle franchi 1,0 s après le départ de la course ? 2,0 s après le départ ? 3,0 s après le départ ?

MÉTHO, p. 328

1. **Quelles sont les informations recherchées ?**
   Lorsque Δt = 1,0 s, x_f = ?
   Lorsque Δt = 2,0 s, x_f = ?
   Lorsque Δt = 3,0 s, x_f = ?

2. **Quelles sont les données du problème ?**
   a = 7,4 m/s^2

3. **Quelle formule contient les variables dont j'ai besoin ?**
   $x_f = x_i + v_i\Delta t + \frac{1}{2}a(\Delta t)^2$

4. **J'effectue les calculs.**
   Comme x_i et v_i valent 0, je peux simplifier l'équation comme suit :
   $x_f = 0\ \text{m} + (0\ \text{m/s} \times \Delta t) + \frac{1}{2}a(\Delta t)^2$
   $= \frac{1}{2}a(\Delta t)^2$

   Lorsque Δt = 1,0 s, $x_f = (\frac{1}{2} \times 7{,}4\ \text{m/s}^2 \times 1{,}0\ \text{s} \times 1{,}0\ \text{s})$
   $= 3{,}7\ \text{m}$

   Lorsque Δt = 2,0 s, $x_f = (\frac{1}{2} \times 7{,}4\ \text{m/s}^2 \times 2{,}0\ \text{s} \times 2{,}0\ \text{s})$
   $= 14{,}8\ \text{m}$

   Lorsque Δt = 3,0 s, $x_f = (\frac{1}{2} \times 7{,}4\ \text{m/s}^2 \times 3{,}0\ \text{s} \times 3{,}0\ \text{s})$
   $= 33{,}3\ \text{m}$

5. **Je réponds à la question.**
   Une seconde après le début de la course, la voiture se trouve à 3,7 m de la ligne de départ. Deux secondes après, elle se trouve à 15 m. Trois secondes après, elle est à 33 m de la ligne de départ.

ARTICLE TIRÉ D'INTERNET

Le tennis de table

Inspiré du tennis sur gazon, le tennis de table a vu le jour à la fin des années 1800, en Angleterre. L'équipement était alors improvisé : des couvercles de boîtes de cigares pouvaient servir de raquettes et des têtes de bouchons de champagne, de balles.

Comme dans les autres sports de raquette, de nouveaux matériaux ont modifié l'équipement utilisé en tennis de table. *Exit* les simples raquettes en bois recouvertes d'un mince caoutchouc ! Du carbone a été ajouté au bois pour alléger la raquette. Les pongistes peuvent également choisir le type de mousse qui se retrouvera entre la palette et le revêtement de caoutchouc. Différents types de caoutchouc peuvent être utilisés selon les effets que les joueurs veulent donner à la balle qui peut atteindre une vitesse de 110 km/h.

Adapté de : Sympatico-msn, *Sport olympique : tennis sur table* [en ligne]. (Consulté le 30 janvier 2009.)

Mo Zang, membre de l'équipe canadienne de tennis de table en 2009.

© ERPI Reproduction interdite

Dans ce troisième exemple, les données du problème mettent en relation la vitesse, l'accélération et le temps écoulé.

EXEMPLE

Un ballon est lancé vers le haut avec une vitesse de 8,2 m/s. Si l'accélération due à la gravité est de -9,8 m/s², quelles seront la grandeur et l'orientation de la vitesse du ballon après 0,50 s et après 1,0 s ?

MÉTHO, p. 328

1. **Quelles sont les informations recherchées ?**
   Lorsque Δt = 0,50 s, v_f = ?
   Lorsque Δt = 1,0 s, v_f = ?

2. **Quelles sont les données du problème ?**
   v_i = 8,2 m/s
   a = -9,8 m/s²

3. **Quelle formule contient les variables dont j'ai besoin ?**
   $v_f = v_i + a\Delta t$

4. **J'effectue les calculs.**
   Lorsque Δt = 0,50 s, v_f = 8,2 m/s + (-9,8 m/s² × 0,50 s) = 3,3 m/s
   Lorsque Δt = 1,0 s, v_f = 8,2 m/s + (-9,8 m/s² × 1,0 s) = -1,6 m/s

5. **Je réponds à la question.**
   Après 0,50 s, la grandeur de la vitesse du ballon sera de 3,3 m/s et elle sera orientée vers le haut. Après 1,0 s, la grandeur de sa vitesse sera de 1,6 m/s et elle sera orientée vers le bas.

Un ballon projeté vers le haut.

Dans ce quatrième et dernier exemple, les données du problème mettent en relation la vitesse, l'accélération et la position.

EXEMPLE

Un avion gros-porteur doit atteindre une vitesse de 95 m/s pour pouvoir décoller. Si son accélération est de 2,2 m/s², quelle longueur minimale la piste de décollage doit-elle avoir ?

MÉTHO, p. 328

1. **Quelle est l'information recherchée ?**
   Δx = ?

2. **Quelles sont les données du problème ?**
   v_f = 95 m/s
   a = 2,2 m/s²

3. **Quelle formule contient les variables dont j'ai besoin ?**
   $v_f^2 = v_i^2 + 2a\Delta x$

   D'où $\Delta x = \frac{(v_f^2 - v_i^2)}{2a}$

4. **J'effectue les calculs.**

   $$\Delta x = \frac{(95 \text{ m/s})^2 - (0 \text{ m/s})^2}{(2 \times 2{,}2 \text{ m/s}^2)} = 2051 \text{ m}$$

5. **Je réponds à la question.**
   Pour que l'avion puisse décoller, la longueur minimale de la piste doit être de 2050 m, soit d'un peu plus de 2 km.

© ERPI Reproduction interdite

Le mouvement en chute libre

Un mouvement en chute libre est un mouvement qui subit uniquement l'effet de la gravité. Une pomme qui tombe d'un arbre décrit un tel mouvement. En effet, la pomme a d'abord une vitesse nulle, puis elle accélère uniformément tout le long de sa chute sous l'effet de la gravité, jusqu'au moment où elle touche le sol.

ÉTYMOLOGIE

«Gravité» vient du mot latin *gravitas*, qui signifie «pesanteur».

DÉFINITION

La **chute libre** est un mouvement qui subit uniquement l'effet de la gravité.

La chute libre décrit également le mouvement d'un objet ayant une certaine vitesse au départ. Dans le cas du mouvement rectiligne, il peut s'agir d'un mouvement vers le haut ou vers le bas. Par exemple, une balle lancée vers le sol ou vers le haut décrit un mouvement en chute libre. En effet, dès l'instant où la balle quitte la main qui la propulse, son mouvement est soumis uniquement à la gravité. Le mouvement en chute libre vertical est donc un cas particulier de mouvement rectiligne uniformément accéléré.

En réalité, la présence de l'air modifie généralement de façon significative le mouvement en chute libre. Ainsi, les parachutistes en chute libre atteignent rapidement une vitesse limite, et ce, avant même d'ouvrir leur parachute. Cependant, nous ne tiendrons pas compte de la résistance de l'air dans cette section. Les particularités liées à cette résistance seront présentées au chapitre 5, en même temps que les forces de frottement.

Comme le mouvement en chute libre subit seulement l'effet de la gravité et que celle-ci s'exerce toujours vers le bas, on utilise généralement l'axe des y, plutôt que l'axe des x, pour indiquer la position. En effet, l'axe des y sert habituellement à représenter le mouvement vertical.

À la surface de la Terre, l'accélération due à la gravité est d'environ 9,8 m/s^2. Son symbole est g. Comme la gravité agit dans le sens inverse de l'orientation de l'axe des y, on peut donc poser que $a = -g$.

Le mouvement des objets en chute libre peut être décrit à l'aide des équations du mouvement rectiligne uniformément accéléré. Celles-ci doivent toutefois être modifiées de la manière présentée au **TABLEAU 2.17**.

2.16 Une pomme qui tombe décrit un mouvement en chute libre.

2.17 LES ÉQUATIONS DÉCRIVANT LE MOUVEMENT D'UN OBJET EN CHUTE LIBRE VERTICALE

Équations du mouvement rectiligne uniformément accéléré	Équations du mouvement en chute libre verticale ($x \rightarrow y$, $a = -g$)	Variables mises en relation
$x_f = x_i + \frac{1}{2}(v_i + v_f)\Delta t$	$y_f = y_i + \frac{1}{2}(v_i + v_f)\Delta t$	La position, la vitesse et le temps écoulé
$x_f = x_i + v_i\Delta t + \frac{1}{2}a(\Delta t)^2$	$y_f = y_i + v_i\Delta t - \frac{1}{2}g(\Delta t)^2$	La position, l'accélération et le temps écoulé
$v_f = v_i + a\Delta t$	$v_f = v_i - g\Delta t$	La vitesse, l'accélération et le temps écoulé
$v_f^2 = v_i^2 + 2a\Delta x$	$v_f^2 = v_i^2 - 2g\Delta y$	La vitesse, l'accélération et la position

© ERPI Reproduction interdite

LA CHUTE LIBRE D'UN OBJET PRÉALABLEMENT AU REPOS

Pour cerner les particularités du mouvement en chute libre, appliquons les équations de ce type de mouvement à un cas concret, soit celui d'un seau qui tombe au fond d'un puits dont la profondeur est de 100 m (*voir la* **FIGURE 2.18**). On suppose que la vitesse initiale du seau est nulle ($v_i = 0$). Autrement dit, il s'agit d'un objet préalablement au repos.

2.18 LE MOUVEMENT EN CHUTE LIBRE D'UN SEAU PRÉALABLEMENT AU REPOS

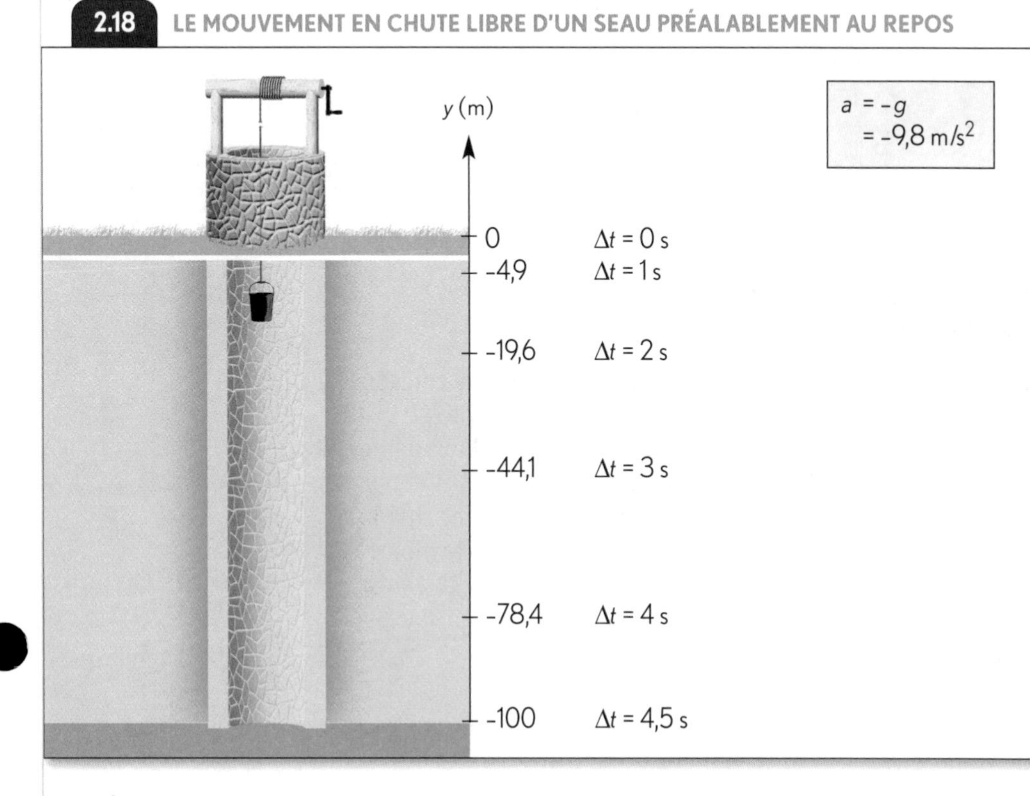

- À quelle vitesse le seau tombe-t-il ? L'équation mettant en relation la vitesse, l'accélération et le temps écoulé indique que la vitesse du seau augmente de 9,8 m/s en sens inverse de l'axe des y à chaque seconde.
  - Après 2 s, la vitesse du seau est la suivante :
    $v_f = v_i - g\Delta t$
    $= 0 \text{ m/s} - (9{,}8 \text{ m/s}^2 \times 2 \text{ s})$
    $= -19{,}6 \text{ m/s}$
  - Après 4 s, la vitesse du seau devient : $v_f = -39{,}2$ m/s.

Cet exemple permet de constater que, dans le mouvement en chute libre d'un objet préalablement au repos, lorsque le temps double, la vitesse double aussi. Il permet aussi d'observer que la vitesse de l'objet dépend uniquement de la valeur de g et du temps écoulé depuis le début de la chute. Elle ne dépend aucunement de la masse de l'objet. Nous reviendrons sur ce point au chapitre 5, lorsqu'il sera question de la force gravitationnelle.

- Quelle distance le seau parcourt-il ? Selon l'équation mettant en relation la position, l'accélération et le temps écoulé, la distance vaut $\frac{1}{2}g(\Delta t)^2$ en sens inverse de l'axe des y.
  - Après 2 s, le seau a franchi la distance suivante :
    $y_f = y_i + v_i\Delta t - \frac{1}{2}g(\Delta t)^2$
    $= 0 \text{ m} + (0 \text{ m/s} \times 2 \text{ s}) - \frac{1}{2}(9{,}8 \text{ m/s}^2 \times 2 \text{ s} \times 2 \text{ s}) = -19{,}6 \text{ m}$
  - Après 4 s, la distance devient : $y_f = -78{,}4$ m

© ERPI Reproduction interdite

À la suite de ces calculs, un constat se dégage: lors du mouvement en chute libre d'un objet préalablement au repos, lorsque le temps double, la distance quadruple.

- Combien de temps la chute du seau dure-t-elle ? Nous savons que le fond du puits se trouve à 100 m sous la surface du sol. Nous pouvons donc utiliser l'équation qui met en relation la position, l'accélération et le temps écoulé pour déterminer la distance parcourue par le seau.
  - Puisque $y_i = 0$ et que $v_i = 0$, il s'ensuit que:
  $$y_f = y_i + v_i\Delta t - \frac{1}{2}g(\Delta t)^2 = -\frac{1}{2}g(\Delta t)^2$$
  - Si l'on isole Δt, on obtient:
  $$\Delta t = \sqrt{\frac{-2y_f}{g}} = \sqrt{\frac{(-2 \times -100\ \text{m})}{9{,}8\ \text{m/s}^2}} = 4{,}5\ \text{s}$$

  La chute du seau dure donc 4,5 s.

LA CHUTE LIBRE D'UN OBJET PRÉALABLEMENT EN MOUVEMENT VERTICAL

Appliquons les équations du mouvement en chute libre à un autre cas concret, soit celui d'une balle lancée vers le haut, à proximité d'une falaise, avec une vitesse initiale de 29,4 m/s. Selon la **FIGURE 2.19**, la vitesse de la balle vers le haut diminue de 9,8 m/s à chaque seconde jusqu'à ce qu'elle devienne nulle. Sa vitesse commence alors à augmenter vers le bas à raison de 9,8 m/s par seconde, jusqu'à ce que la balle touche le sol. Le taux de changement de la vitesse est donc toujours le même, que l'objet se dirige vers le haut ou vers le bas, et ce, même lorsque la vitesse est de zéro au sommet de la course. Autrement dit, même si la vitesse change, l'accélération reste toujours la même.

2.19 LE MOUVEMENT EN CHUTE LIBRE D'UNE BALLE PRÉALABLEMENT EN MOUVEMENT VERTICAL

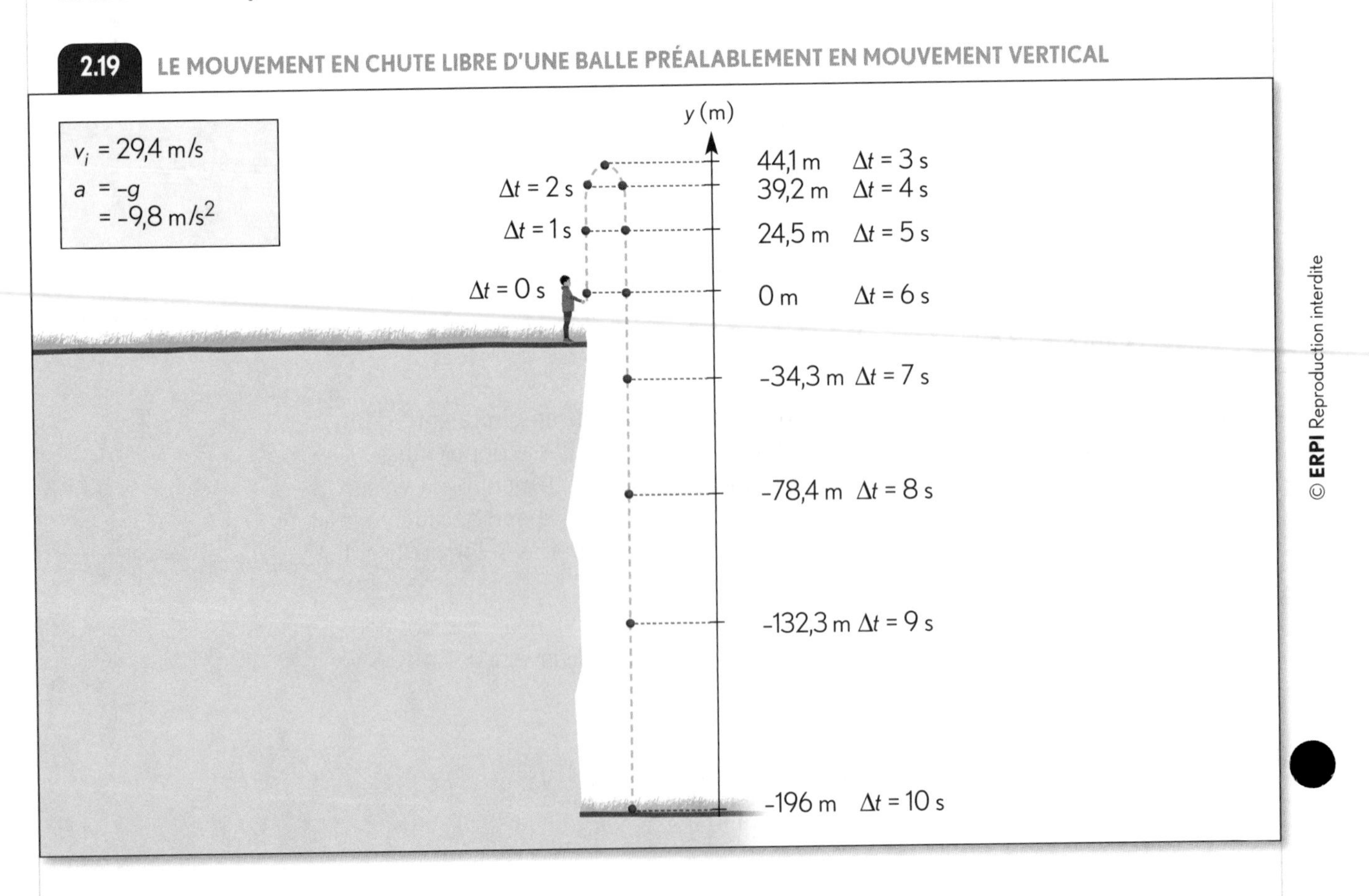

© ERPI Reproduction interdite

- Quelle est la vitesse de la balle ?
  - Après 2 s, la vitesse de la balle est la suivante :
    $v_f = v_i - g\Delta t$
    $= 29{,}4 \text{ m/s} - (9{,}8 \text{ m/s}^2 \times 2 \text{ s})$
    $= 9{,}8 \text{ m/s}$
  - Après 4 s, la vitesse devient :
    $v_f = -9{,}8 \text{ m/s}$
- Quel est le déplacement de la balle ?
  - Après 2 s, la balle se trouve à la position suivante :
    $y_f = y_i + v_i\Delta t - \frac{1}{2}g(\Delta t)^2$
    $= 0 \text{ m} + (29{,}4 \text{ m/s} \times 2 \text{ s}) - \frac{1}{2}(9{,}8 \text{ m/s}^2 \times 2 \text{ s} \times 2 \text{ s})$
    $= 39{,}2 \text{ m}$
  - Après 4 s, la position devient :
    $y_f = 39{,}2 \text{ m}$

Ces calculs permettent de dégager le fait suivant : à hauteurs égales, par exemple à 39,2 m, la grandeur de la vitesse, soit 9,8 m/s, est la même, que la balle monte ou qu'elle descende. Seul le signe change, montrant que l'orientation du mouvement est différente. La FIGURE 2.19 révèle la symétrie entre les mouvements ascendant et descendant de la balle.

La **FIGURE 2.20** réunit trois représentations graphiques du mouvement rectiligne uniformément accéléré présentées dans ce chapitre. Ces trois graphiques permettent d'analyser le mouvement décrit par une balle en chute libre lancée verticalement avec une vitesse de 29,4 m/s.

2.20 TROIS GRAPHIQUES DU MOUVEMENT EN CHUTE LIBRE VERTICALE D'UNE BALLE

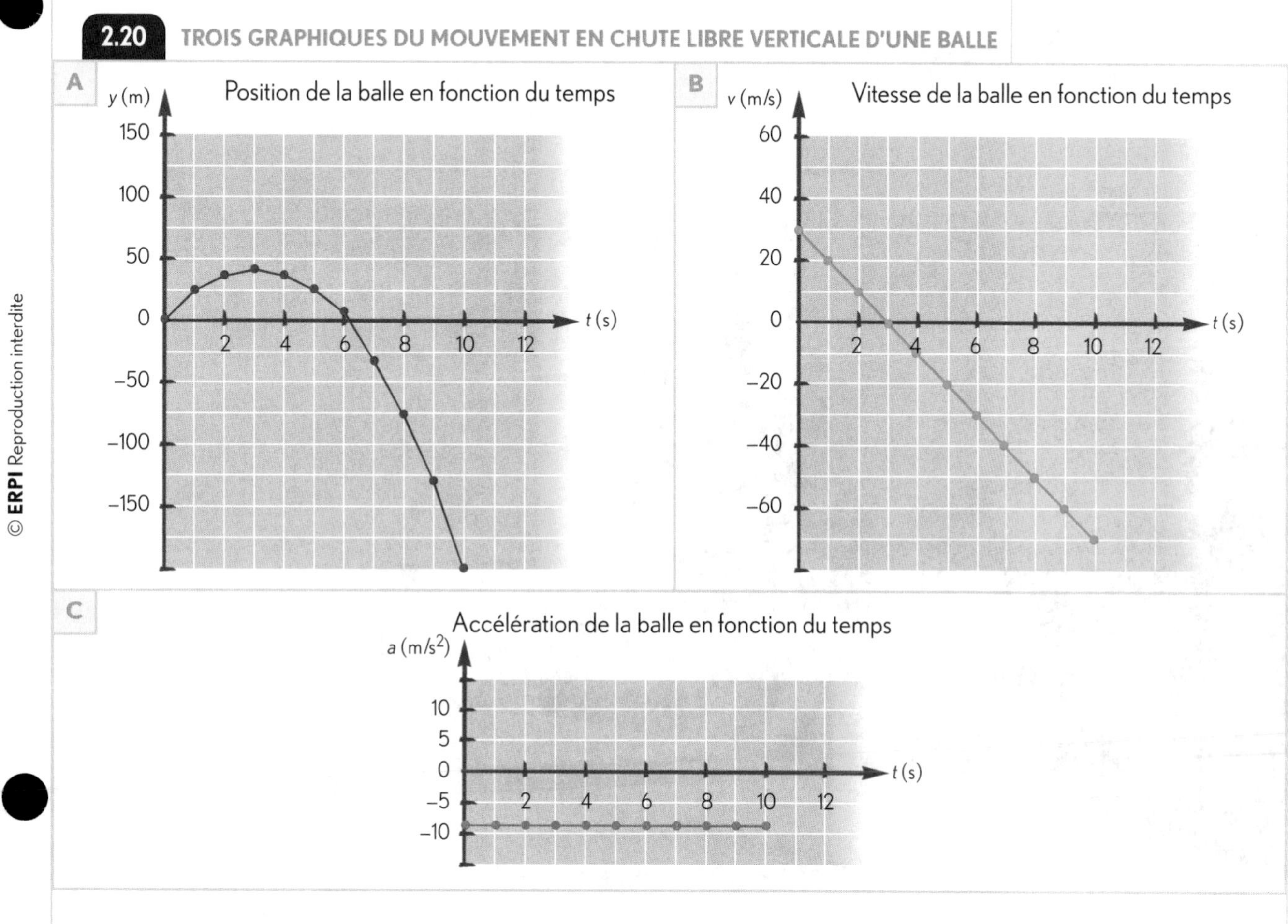

© ERPI Reproduction interdite

Le mouvement sur un plan incliné

Une bille qui se déplace en ligne droite sur un plan horizontal décrit un mouvement rectiligne uniforme. Une bille qui se déplace en ligne droite sur un plan vertical décrit un mouvement rectiligne uniformément accéléré (il s'agit en fait d'un mouvement en chute libre verticale). Quel est le mouvement d'une bille qui roule en ligne droite sur un plan incliné ?

DÉFINITION

Un **plan incliné** est une surface plane dont une des extrémités est plus haute que l'autre.

Il s'avère que cette bille décrit également un mouvement rectiligne uniformément accéléré (*voir la* **FIGURE 2.21**). Cependant, la valeur de l'accélération dépend de la pente du plan incliné. Plus la pente s'approche de l'horizontale, plus l'accélération s'approche de zéro. Inversement, plus la pente s'approche de la verticale, plus l'accélération s'approche de la valeur de l'accélération gravitationnelle, c'est-à-dire de 9,8 m/s^2.

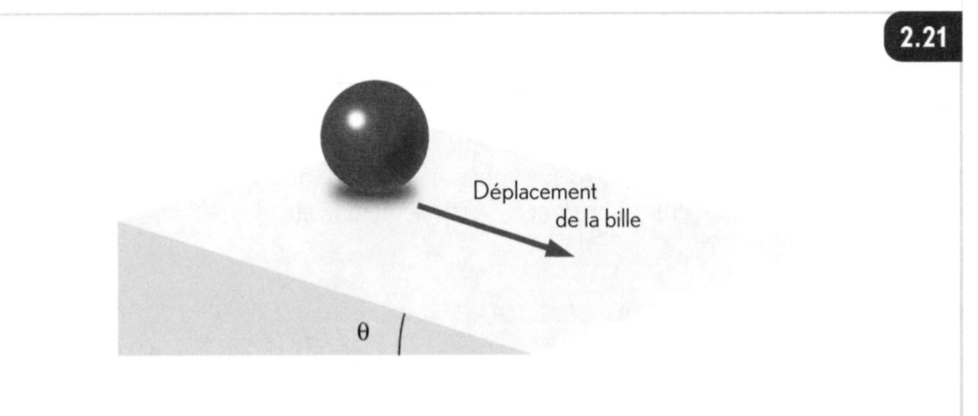

2.21 Un objet qui glisse ou qui roule librement sur un plan incliné décrit un mouvement rectiligne uniformément accéléré.

2.22 Lorsqu'elles dévalent la pente, ces skieuses olympiques glissent sur un plan incliné.

© ERPI Reproduction interdite

Une équation permet de déterminer la valeur de l'accélération d'un objet qui glisse ou qui roule sans frottement sur un plan incliné. (La valeur « $g\sin\theta$ » correspond à la composante parallèle au plan incliné du vecteur accélération gravitationnelle, g.)

Mouvement sur un plan incliné

$a = g\sin\theta$ où a correspond à l'accélération de l'objet (en m/s^2)
g correspond à l'accélération gravitationnelle (soit 9,8 m/s^2)
θ correspond à l'angle entre le plan incliné et le plan horizontal

EXEMPLE

Une bille roule sur un plan incliné dont la pente est de 28°. Quelle est son accélération ?

MÉTHO, p. 328

1. *Quelle est l'information recherchée ?*
   $a = ?$
2. *Quelles sont les données du problème ?*
   $\theta = 28°$
3. *Quelle formule contient les variables dont j'ai besoin ?*
   $a = g \sin \theta$
4. *J'effectue les calculs.*
   $a = 9{,}8\ m/s^2 \times \sin 28°$
   $= 4{,}6\ m/s^2$
5. *Je réponds à la question.*
   L'accélération de la bille sur ce plan incliné est de 4,6 m/s^2.

ARTICLE TIRÉ D'INTERNET

Les écueils de la piste

Aujourd'hui et demain, 125 patineurs extrêmes dévaleront la côte de la Montagne, à Québec, comme jamais personne ne l'a fait avant eux. Une piste glacée de 500 m, une dénivellation de 60 m, incluant une pente de 43°! Voici quelques détails sur la piste.

Le pont Casse-Cou
Cette construction tire son nom de l'escalier situé tout près. Les deux premières passerelles ont une approche douce et une descente abrupte. Les compétiteurs devront donc bien synchroniser leur saut, car ils atteindront rapidement un étroit virage qui sera dur pour les jambes.

La descente royale
À l'entrée de la place Royale s'élève une pente de 43°, véritable précipice. Les patineurs devront y faire un saut anticipé. Ils soulèveront le haut de leur corps sans que leurs patins ne quittent la glace. Ils éviteront ainsi d'être propulsés en orbite !

Adapté de : Jean-Nicolas PATOINE, Cyberpresse, *Le Soleil*, « Les écueils de la piste » [en ligne]. (Consulté le 29 janvier 2009.)

Une descente abrupte, une accélération enlevante !

© ERPI Reproduction interdite

HISTOIRE DE SCIENCE

La chute des corps

Un objet qu'on laisse tomber d'une certaine hauteur s'oriente vers le bas. Pourquoi tombe-t-il ? À quelle vitesse tombe-t-il ? Quels facteurs influent sur la vitesse de cette chute ? Plusieurs personnes ont cherché à répondre à ces questions au fil des siècles.

Aristote

Le philosophe grec Aristote (v. 384-v. 322 av. notre ère) pensait que les objets en chute libre tombaient à une vitesse constante, qui dépendait de leur masse. Selon lui, une bille en plomb tombait plus vite qu'une bille en bois, qui elle-même tombait plus vite qu'une bille creuse en verre. Il croyait donc qu'un objet deux fois plus lourd qu'un autre tombait nécessairement deux fois plus vite.

Galilée

À la différence d'Aristote, qui développait ses théories à l'aide de la logique et les évaluait à la qualité de leur argumentation, le savant italien Galilée (1564-1642) concevait et réalisait des expériences concrètes qu'il répétait un grand nombre de fois. Il put ainsi montrer qu'Aristote se trompait.

Galilée découvrit que les objets ne tombaient pas à vitesse constante. Leur vitesse était plutôt proportionnelle à la durée de leur chute, plus précisément au carré du temps écoulé pendant leur chute. Autrement dit, les objets tombaient avec une accélération constante, et ce, quelle que soit leur masse.

Il démontra aussi que, chaque fois que deux objets lancés en même temps, de la même hauteur, ne touchaient pas le sol en même temps, on pouvait expliquer la différence par la résistance de l'air et non par la différence des masses. En effet, les objets en chute libre à la surface de la Terre sont en réalité des objets qui se déplacent dans un fluide gazeux, ce qui influe sur leurs mouvements.

Galilée prédit que, dans le vide, tous les objets, peu importe leur masse, tomberaient avec la même accélération.

Robert Boyle

Près d'un siècle plus tard, le chercheur irlandais Robert Boyle (1627-1691) vérifia expérimentalement la prédiction de Galilée. Il fut en effet le premier à construire un dispositif dans lequel on pouvait faire le vide. Il démontra ainsi que, dans le vide, la vitesse de la chute d'un corps dépend uniquement de sa durée. Autrement dit, deux objets quelconques tombent toujours avec la même accélération, quelle que soit leur masse.

David Scott

En 1971, dans le cadre de la mission Apollo 15, l'astronaute américain David Scott (1932-) réalisa, sur la Lune, une expérience qui fut diffusée à la télévision. Il laissa tomber simultanément un marteau et une plume de la même hauteur. Les téléspectateurs purent alors voir les deux objets tomber et toucher le sol en même temps. Sur la Lune, en effet, il n'y a pas d'atmosphère, donc, pas de ralentissement dû au frottement de l'air. David Scott rendait ainsi hommage au travail de Galilée.

Le 2 août 1971, l'astronaute David Scott réalisait une expérience sur la chute des corps dans un lieu sans atmosphère : la Lune.

© ERPI Reproduction interdite

LA CHUTE DES CORPS : THÉORIE ET EXPÉRIENCES AU FIL DU TEMPS

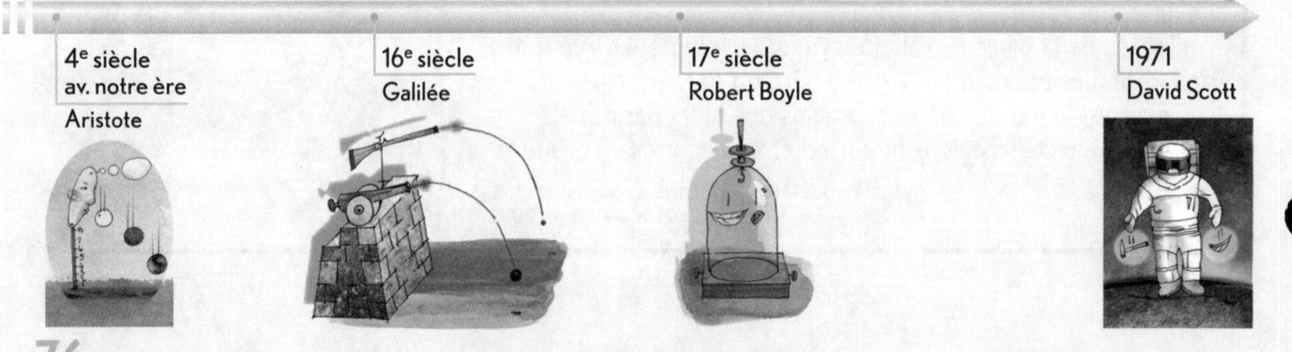

Exercices

2.2 Le mouvement rectiligne uniformément accéléré

Ex. 1 5

1. Tracez un graphique de l'accélération en fonction du temps d'un objet qui décrit un mouvement rectiligne ayant une vitesse constante de 20 km/h.

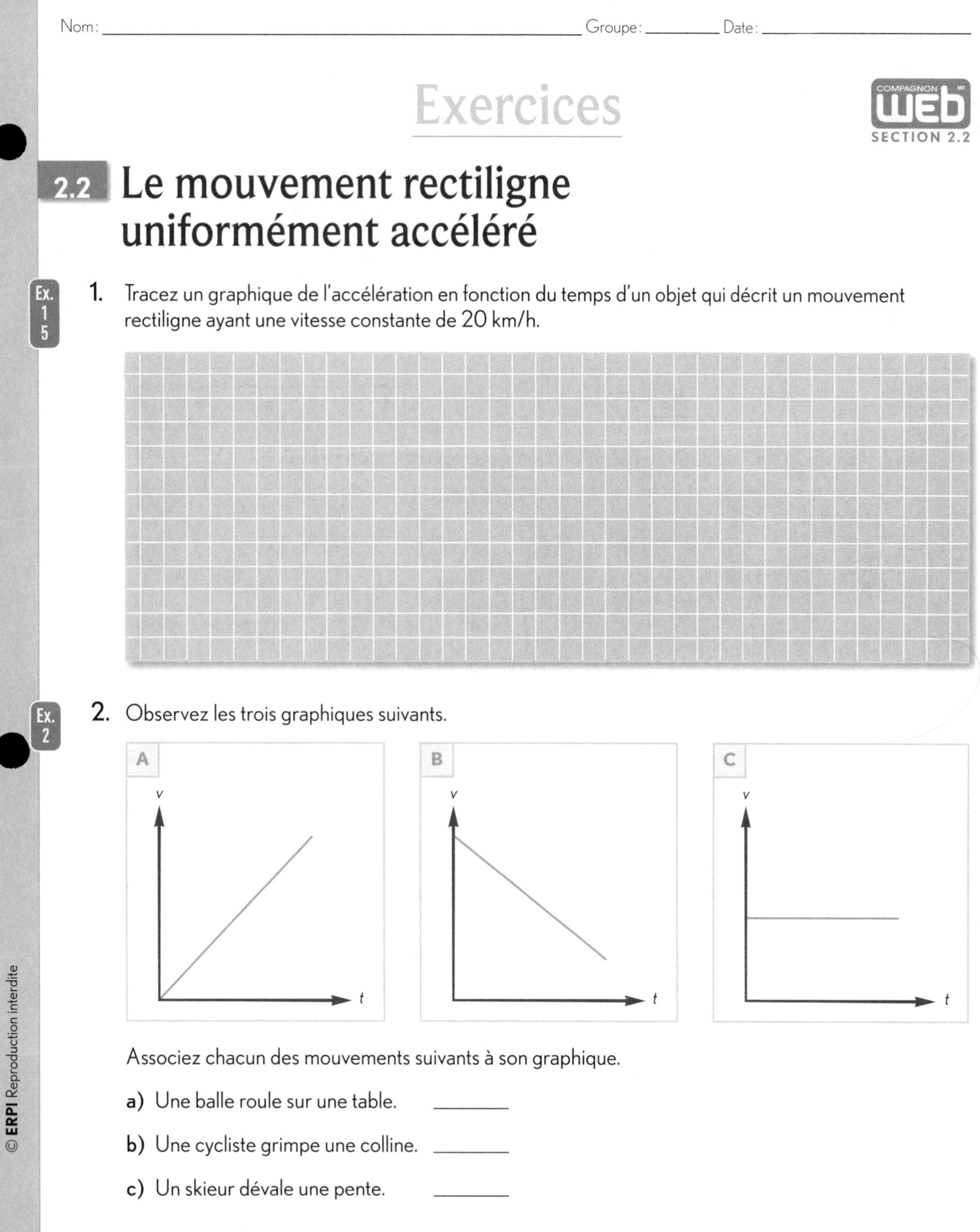

Ex. 2

2. Observez les trois graphiques suivants.

Associez chacun des mouvements suivants à son graphique.

a) Une balle roule sur une table. ______

b) Une cycliste grimpe une colline. ______

c) Un skieur dévale une pente. ______

3. Quelle est la différence entre une décélération et une accélération négative ?

______

______

______

______

© ERPI Reproduction interdite

Nom: ______________ Groupe: ________ Date: ______________

Ex. 3

4. Le graphique ci-contre représente le mouvement d'une balle lancée vers le haut à la vitesse de 39,2 m/s.

y (m)
78,4
73,5
58,8
34,3
0 1 2 3 4 5 6 7 8 9 10
t (s)

a) Tracez le graphique de la vitesse en fonction du temps correspondant aux mêmes données.

b) Tracez le graphique de l'accélération en fonction du temps.

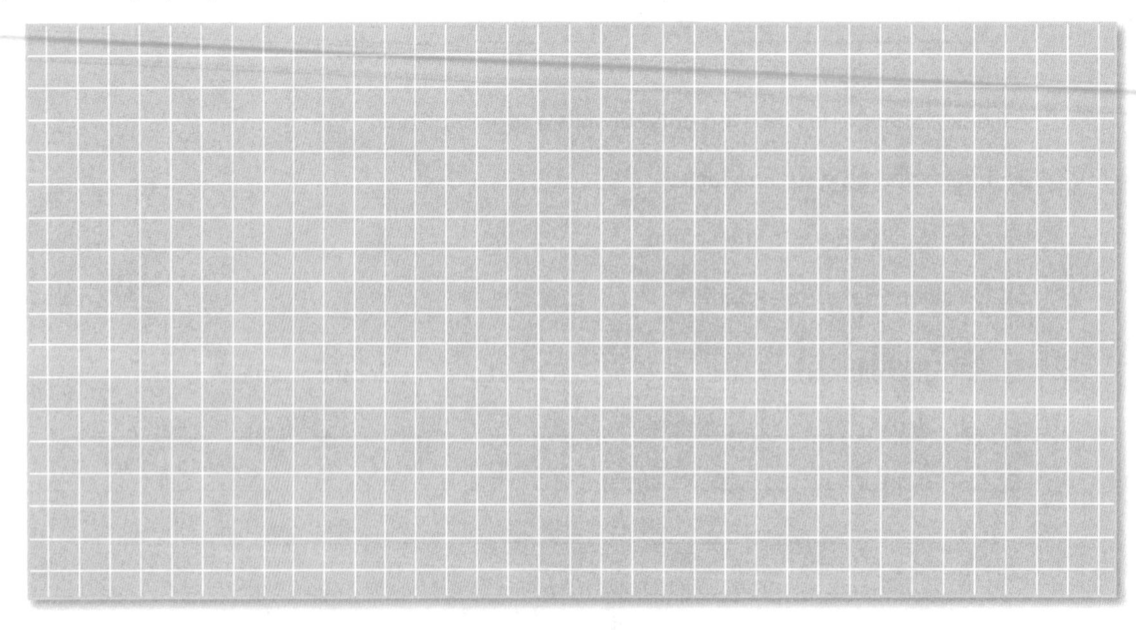

© ERPI Reproduction interdite

Ex. 4

5. Observez le graphique ci-contre.

a) Quelle est la vitesse instantanée lorsque Δt = 4 s ?

b) Quelle est la vitesse moyenne au cours des quatre premières secondes ?

c) Quelle est l'accélération ?

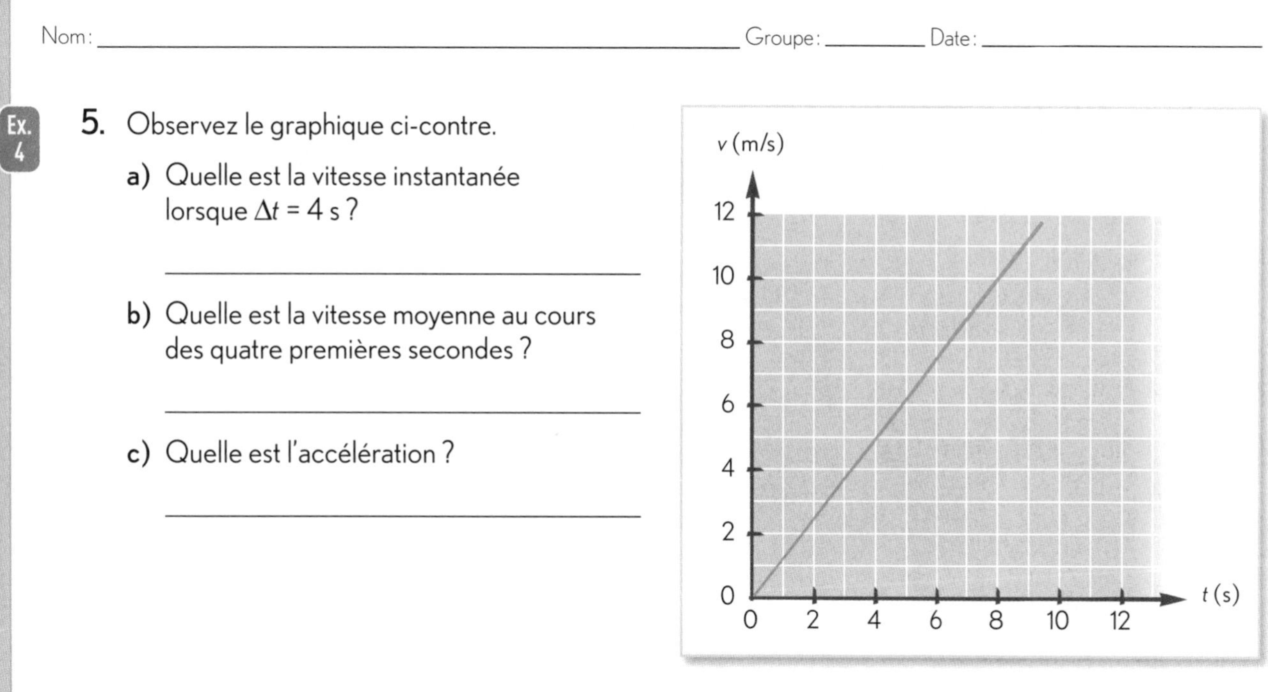

6. Justine enfourche son vélo et se rend au bureau de poste. Après avoir acheté des timbres, elle revient sur ses pas, passe devant chez elle et se rend chez son amie, Isabelle. Représentez cette situation à l'aide d'un graphique de la position en fonction du temps.

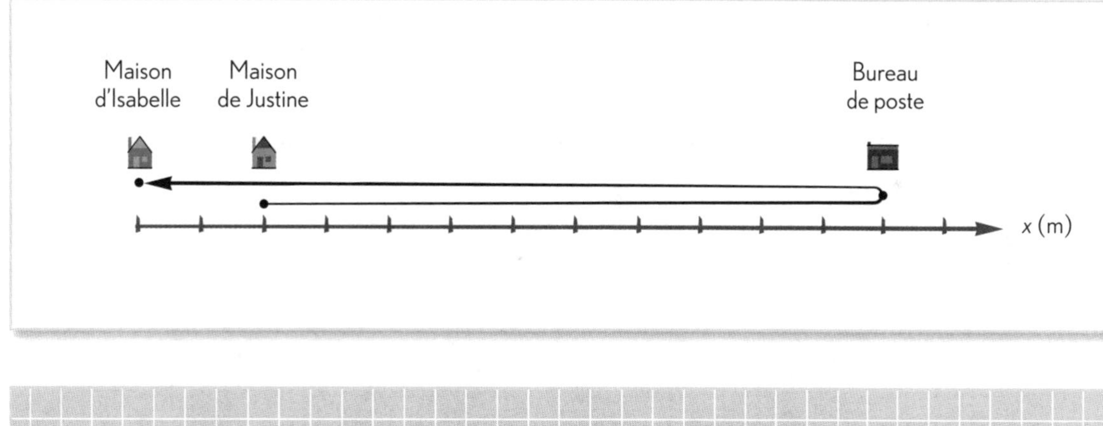

PHYSIQUE ■ CHAPITRE 2

© ERPI Reproduction interdite

7. Thomas roule en voiture à 72 km/h. Il aperçoit soudain un raton laveur au milieu de la route, à 250 m devant son véhicule. Quelle doit être son accélération minimale pour éviter de frapper l'animal ?

8. Une voiture est arrêtée à un feu rouge. Lorsque le feu devient vert, à t = 0, le conducteur accélère de 10 km/h par seconde jusqu'à ce qu'il atteigne 50 km/h. La voiture roule alors en ligne droite à cette vitesse pendant 5 s. À ce moment, le conducteur, apercevant un panneau d'arrêt, applique les freins. Il décélère de 10 km/h par seconde jusqu'à l'arrêt complet de son véhicule.

a) Tracez le graphique de la vitesse en fonction du temps de cette situation.

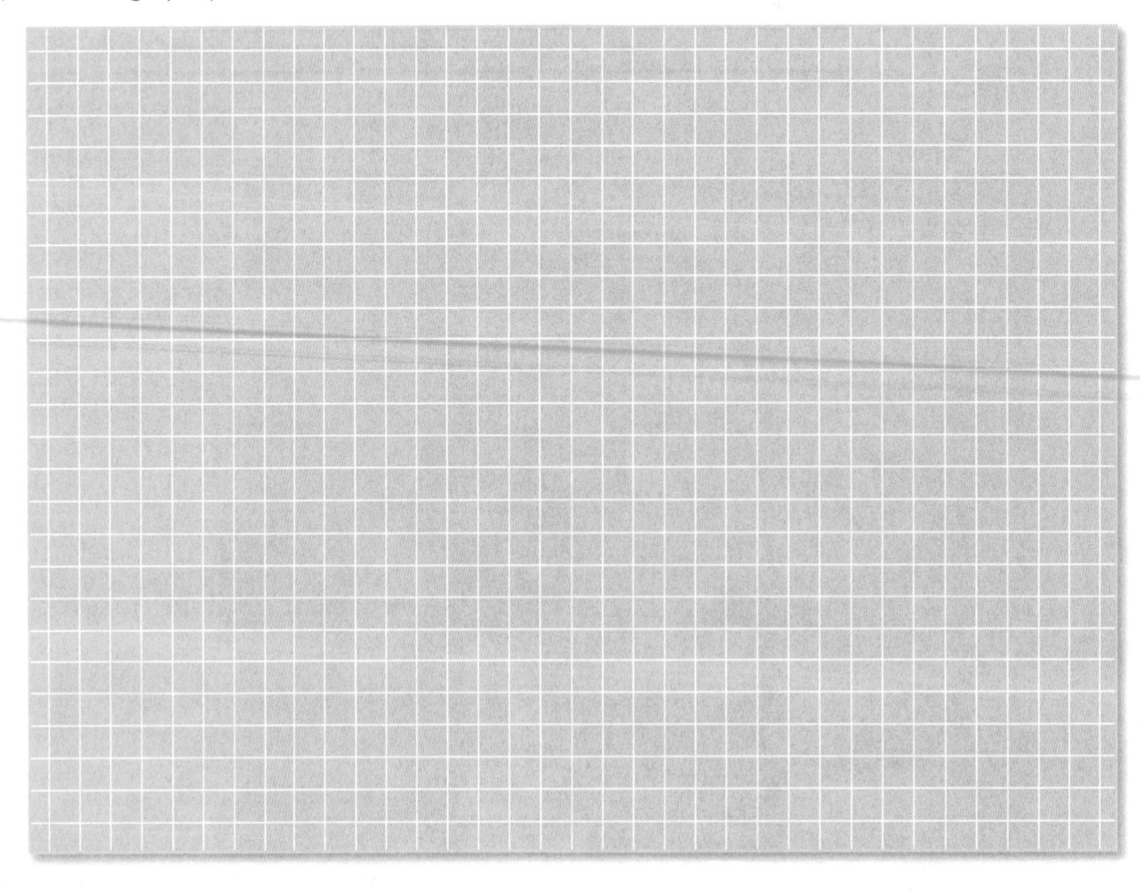

© ERPI Reproduction interdite

b) Tracez le graphique de l'accélération en fonction du temps.

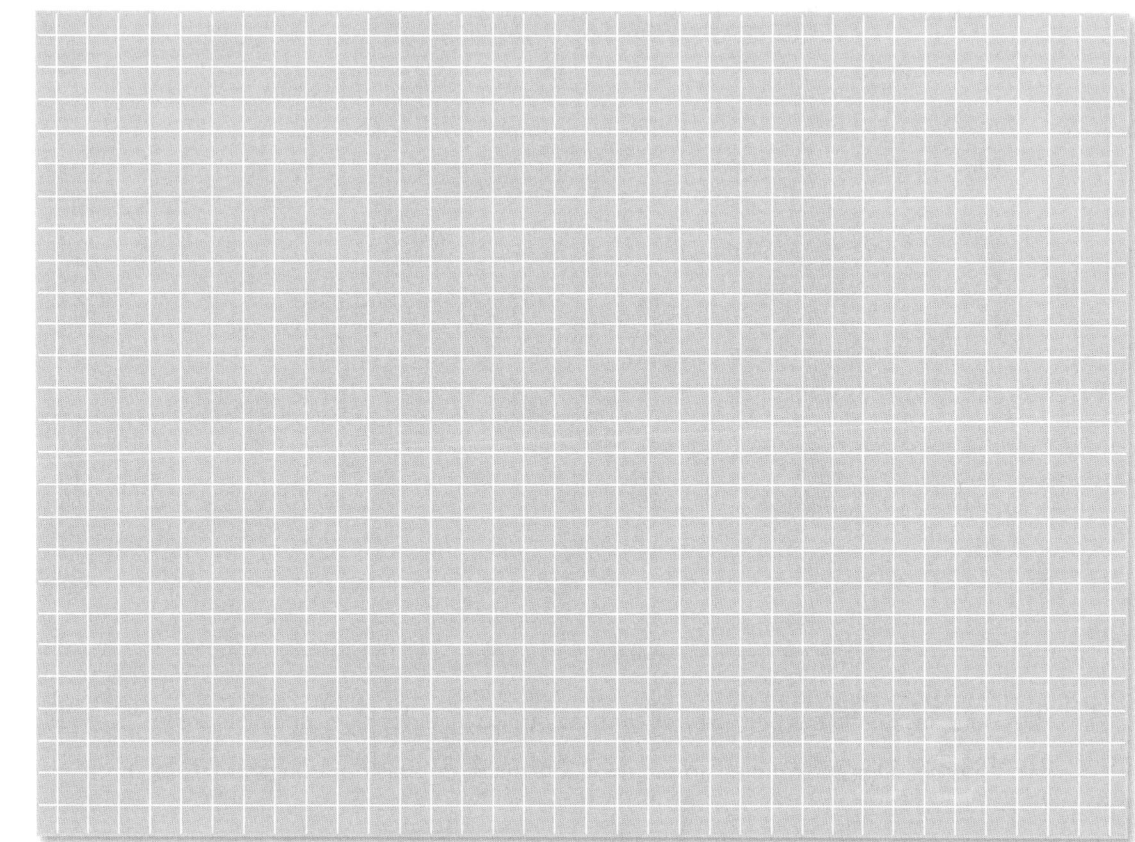

Ex. 6 7 8 9

9. Une voiture traverse une région boisée à la vitesse de 40 km/h. Soudain, la conductrice aperçoit un cerf immobile au milieu de la route, à exactement 20 m devant elle. Elle applique immédiatement les freins, produisant ainsi une décélération de 3,8 m/s^2. La voiture s'immobilisera-t-elle avant de toucher le cerf ?

© ERPI Reproduction interdite

10. Un avion de ligne passe de l'immobilité à sa vitesse de décollage, qui est de 278 km/h, en 35 s. Quelle est son accélération ?

______

11. Les coussins gonflables des voitures sont conçus pour se déployer entièrement en 50 millisecondes.

a) Quelle est l'accélération d'un sac gonflable qui se déploie dans un rayon de 25 cm ?

______

b) L'accélération se calcule parfois en *g*. Quelle est la valeur de l'accélération du sac gonflable par rapport à celle due à la gravité ?

______

______

______

© ERPI Reproduction interdite

12. a) Quelle est la vitesse moyenne d'une sprinteuse pouvant réussir l'épreuve du 100 m en 10 s ?

b) Quelle serait la vitesse instantanée de l'athlète à la fin de la course si son accélération était constante ?

c) Dans ces conditions, quelle serait son accélération ?

13. On lance une balle verticalement vers le haut. Quelle est son accélération au sommet de sa course ?

14. Une pomme tombe d'un arbre. Elle atteint le sol après une seconde.

a) Quelle est sa vitesse instantanée lorsqu'elle touche le sol ?

b) Quelle est sa vitesse moyenne pendant sa chute ?

c) À quelle hauteur la pomme se trouvait-elle avant sa chute ?

© ERPI Reproduction interdite

Nom : ______ Groupe : ______ Date : ______

Ex. 10 11

15. **a)** Si une pierre en chute libre était équipée d'un indicateur de vitesse, comment la vitesse indiquée sur ce dispositif varierait-elle tout au long de la chute ?

______

b) Quelle serait la vitesse de cette pierre après 5,0 s, considérant que sa vitesse au départ est nulle ?

______

c) Si la même pierre était équipée d'un odomètre, comment la distance indiquée sur ce dispositif varierait-elle ?

______

d) Quelle serait la distance parcourue par la pierre après 5,0 s ?

______

16. Du haut d'une tour, Pierre-Luc lance une balle vers le haut en lui donnant une vitesse initiale de 40 km/h. Puis, il lance une seconde balle vers le bas en lui donnant la même vitesse initiale.

a) Au moment où les deux balles toucheront le sol, est-ce que la première balle aura une vitesse supérieure, inférieure ou égale à celle de la seconde balle ? Expliquez votre réponse.

______

© ERPI Reproduction interdite

b) Quelle sera la hauteur maximale atteinte par la première balle ?

17. Marion calcule que les gouttes d'eau qui tombent de la gouttière du toit de l'immeuble où elle habite mettent 1,5 s à atteindre le sol. Quelle est la hauteur de l'immeuble ?

18. Un morceau de glace se détache d'une cheminée et dévale un toit couvert de verglas. La pente du toit est de 25°.

a) Quelle est l'accélération du morceau de glace ?

© ERPI Reproduction interdite

b) Quelle sera la vitesse du morceau de glace après 2 s si la vitesse de départ est de 4,9 m/s ?

______

c) Quelle distance le morceau de glace aura-t-il parcourue après 2 s ?

______

Ex. 12

19. Une voiture roulant à 100 km/h tombe en panne alors qu'elle grimpe une côte dont la pente est de 20°. Quelle distance la voiture parcourra-t-elle avant de s'arrêter et de commencer à descendre la côte en reculant ?

______

© **ERPI** Reproduction interdite

Résumé

Le mouvement en une dimension

2.1 LE MOUVEMENT RECTILIGNE UNIFORME

- Un mouvement rectiligne uniforme est un mouvement dans lequel la grandeur et l'orientation de la vitesse sont constantes en tout temps.
- Dans un mouvement rectiligne uniforme, la vitesse moyenne est égale à la vitesse instantanée.
- On peut représenter le mouvement rectiligne uniforme à différents moments à l'aide d'un axe de position, comme l'axe des x.
  - On peut ainsi trouver le déplacement (Δx) et sa durée (Δt).
  - La distance parcourue entre deux intervalles de temps égaux consécutifs est constante.
- Un graphique de la position en fonction du temps permet en plus de trouver la vitesse (v).
  - La vitesse (v) correspond à la pente de la courbe du graphique.

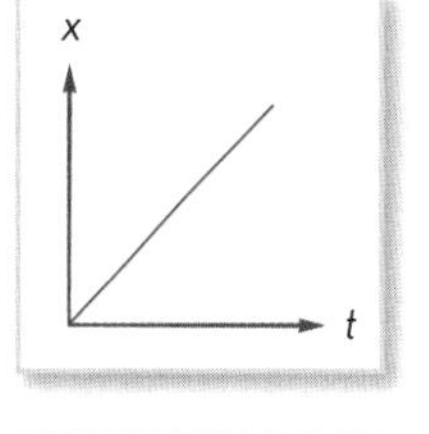

- Un graphique de la vitesse en fonction du temps peut permettre de trouver le déplacement (Δx). Il suffit pour cela de mesurer l'aire sous la courbe entre deux instants donnés.
- Le mouvement rectiligne uniforme peut être représenté mathématiquement à l'aide de l'équation suivante :

$$v = \frac{\Delta x}{\Delta t}$$

2.2 LE MOUVEMENT RECTILIGNE UNIFORMÉMENT ACCÉLÉRÉ

- Un mouvement rectiligne uniformément accéléré est un mouvement dans lequel la grandeur et l'orientation de l'accélération sont constantes en tout temps.
- Dans un mouvement rectiligne uniformément accéléré, l'accélération moyenne est égale à l'accélération instantanée.
- On peut représenter le mouvement rectiligne uniformément accéléré à différents moments à l'aide d'un axe de position, comme l'axe des x. On trouve ainsi le déplacement et sa durée. Si le sens de l'accélération est le même que celui du déplacement, la distance parcourue entre deux intervalles de temps égaux consécutifs augmente de façon constante.

© ERPI Reproduction interdite

- Un graphique de la position en fonction du temps permet en plus de trouver la vitesse moyenne (v_{moy}) et la vitesse instantanée (v).
  - La vitesse moyenne correspond à la pente de la droite qui relie deux instants donnés de la courbe.
  - La vitesse instantanée correspond à la pente de la tangente de la courbe à un moment précis.

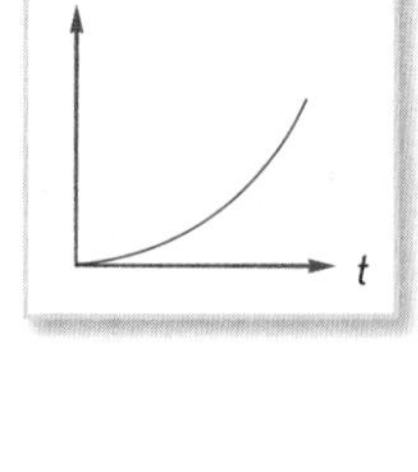

- Un graphique de la vitesse en fonction du temps permet en plus de trouver l'accélération (a). Celle-ci correspond en effet à la pente de la courbe entre deux points quelconques.

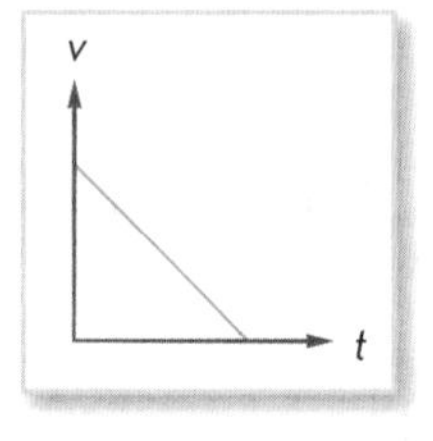

- Un graphique de l'accélération en fonction du temps peut permettre de trouver le changement de vitesse (Δv). Il suffit pour cela de mesurer l'aire sous la courbe entre deux instants donnés.

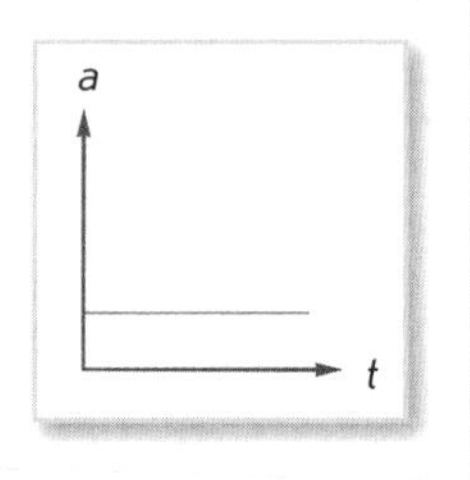

- Un mouvement rectiligne uniformément accéléré peut être représenté mathématiquement à l'aide des quatre équations suivantes:
  - $x_f = x_i + \frac{1}{2}(v_i + v_f)\Delta t$, qui met en relation la position, la vitesse et le temps écoulé;
  - $x_f = x_i + v_i\Delta t + \frac{1}{2}a(\Delta t)^2$, qui met en relation la position, l'accélération et le temps écoulé;
  - $v_f = v_i + a\Delta t$, qui met en relation la vitesse, l'accélération et le temps écoulé;
  - $v_f^2 = v_i^2 + 2a\Delta x$, qui met en relation la vitesse, l'accélération et la position.
- Le mouvement en chute libre est un mouvement qui subit uniquement l'effet de la gravité. Le mouvement en chute libre vertical est un cas particulier de mouvement rectiligne uniformément accéléré.
- Le mouvement en chute libre vertical peut être décrit à l'aide des équations du mouvement rectiligne uniformément accéléré. Généralement, on utilise l'axe des y plutôt que l'axe des x et on pose que $a = -g$. Les équations du mouvement prennent alors la forme suivante:
  - $y_f = y_i + \frac{1}{2}(v_i + v_f)\Delta t$
  - $y_f = y_i + v_i\Delta t - \frac{1}{2}g(\Delta t)^2$
  - $v_f = v_i - g\Delta t$
  - $v_f^2 = v_i^2 - 2g\Delta y$
- Un plan incliné est une surface plane dont une des extrémités est plus haute que l'autre.
- Un objet qui glisse ou qui roule librement sur un plan incliné décrit un mouvement rectiligne uniformément accéléré dont l'accélération peut être déterminée à l'aide de l'équation suivante:

$$a = g\sin\theta$$

© ERPI Reproduction interdite

Nom : ______________________ Groupe : ________ Date : ______________

Exercices sur l'ensemble du chapitre 2

ENS. CHAP. 2

1. Un joueur de hockey se trouve à 5 m de la ligne bleue. Il s'avance vers elle à la vitesse de 4 m/s. Son coéquipier, qui possède la rondelle, se trouve à 20 m derrière lui. À quelle vitesse ce coéquipier devrait-il lancer la rondelle pour qu'elle atteigne le joueur juste au moment où il franchit la ligne bleue ?

$x_1 = 5 m$
$v_1 = 4 m/s$
$x_2 = 20 m + 5 m = 25 m$
$v_2 = ?$

$\Delta t_1 = \Delta t_2$

$v = \frac{x}{\Delta t}$

$\Delta t = \frac{5 m}{4 m/s} = 1,25$ sec.

$v_2 = \frac{x_2}{\Delta t_2} = \frac{25 m}{1,25 s} = 20 m/s$

---

2. Un pont s'élève de 5,0 m au-dessus d'une rivière. Caroline, qui se trouve sur ce pont, jette une pierre dans la rivière. Au moment où la pierre entre dans l'eau, sa vitesse devient constante. La pierre touche le fond de la rivière 3,0 s plus tard. Quelle est la profondeur de cette rivière ?

$x_1 = 5 m$
$v_{1i} = 0 m/s$
$\Delta t = 3 s$
$a = g = 9,8 m/s$
V_1 finale =

$v_f^2 = v_i^2 + 2ax$

$v_f^2 = 0^2 + 2 \cdot 9,8 m/s \cdot 5 m$

$v_f = \sqrt{2 \cdot 9,8 m/s^2 \cdot 5 m} \approx 10 \frac{m}{s}$

Ex. 1 3 9 10 11 12

PHYSIQUE ■ CHAPITRE 2

© ERPI Reproduction interdite

Nom: ______________________ Groupe: __________ Date: ______________

Ex. 2 4 7

3. Observez les quatre graphiques suivants. Trouvez un exemple pouvant s'appliquer à chacun.

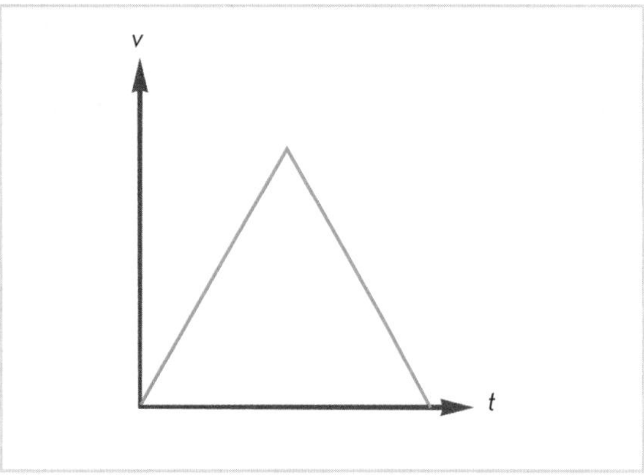

v t

a) ______________________

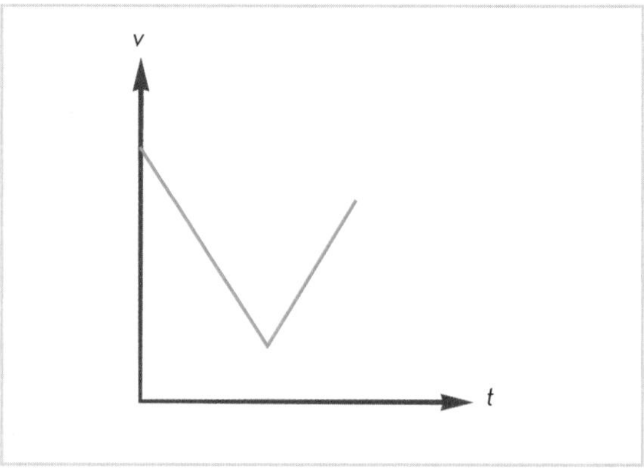

b) ______________________

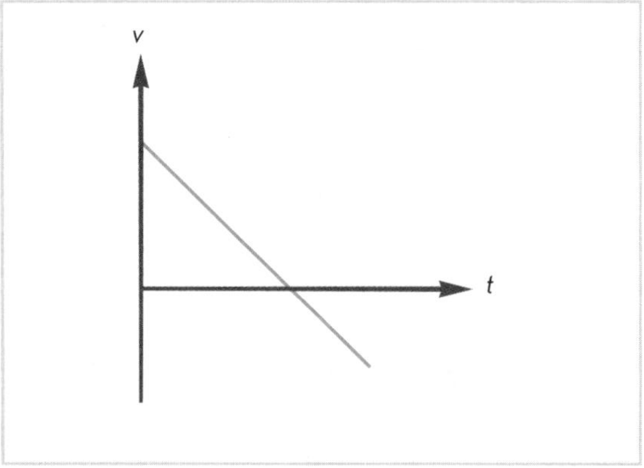

c) ______________________

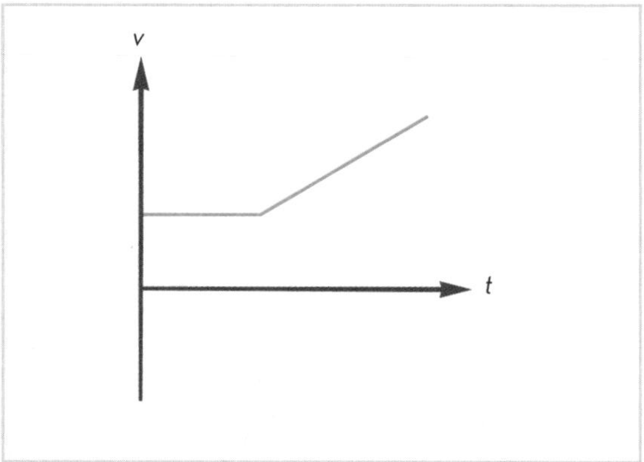

d) ______________________

4. Un être humain marche en moyenne à une vitesse de 1 km par 10 min.

a) Quelle est la vitesse moyenne d'un être humain en km/h et en m/s ?

____

b) Combien de temps faut-il à un être humain pour parcourir 100 km à pied ?

____

c) Quelle est la distance parcourue par un être humain qui marche pendant 1,5 h ?

____

© ERPI Reproduction interdite

Nom : ______________________ Groupe : ________ Date : ______________

Ex. 5

5. Un train de banlieue quitte une gare et accélère de 0,50 m/s^2. Alors que sa vitesse est de 2,0 m/s, le train croise une route.

a) Quelle sera la vitesse du train lorsqu'il aura terminé de traverser la route, compte tenu du fait que le train fait 50 m de longueur ?

b) Pendant combien de temps les voitures devront-elles attendre avant que la route soit dégagée ?

6. Un guépard peut atteindre 108 km/h en 2 s et maintenir cette vitesse pendant 15 s. Après quoi, il doit s'arrêter. Une antilope peut atteindre 90 km/h en 2 s et maintenir cette vitesse très longtemps. Un guépard prend en chasse une antilope située à 100 m devant lui.

a) Quelle est la vitesse du guépard et de l'antilope en m/s ?

© ERPI Reproduction interdite

b) Remplissez le tableau suivant.

Temps écoulé (en s)	Position du guépard (en m)	Position de l'antilope (en m)	Temps écoulé (en s)	Position du guépard (en m)	Position de l'antilope (en m)
0	0	100	9		
1	7,5	106,3	10		
2	15	112,5	11		
3			12		
4			13		
5			14		
6			15		
7			16		
8			17		

c) Tracez le graphique de la position en fonction du temps de cette situation.

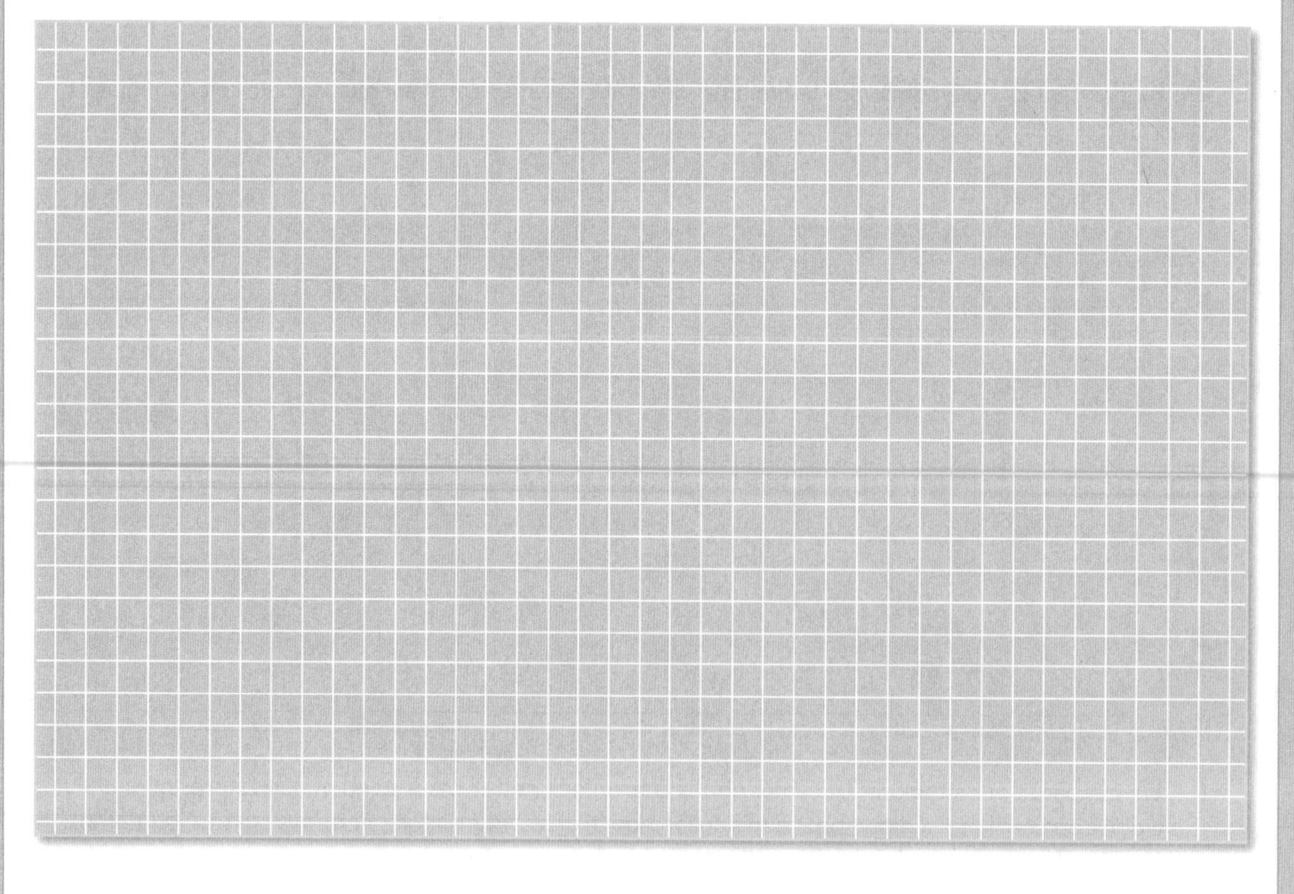

d) Le guépard réussira-t-il à attraper l'antilope ?

______

© ERPI Reproduction interdite

Nom : ______________________ Groupe : __________ Date : ______________

Ex. 6 8

7. Pour rattraper son autobus, Jennifer court à la vitesse constante de 4,5 m/s. Elle passe devant l'arrêt 2 s après le départ de l'autobus. L'accélération de l'autobus est de 1 m/s^2.

a) Remplissez le tableau suivant.

Temps écoulé (en s)	Position de Jennifer (en m)	Position de l'autobus (en m)
0	-9	0
1	-4,5	0,5
2	0	2
3		
4		
5		
6		

b) Tracez le graphique de la position en fonction du temps de cette situation.

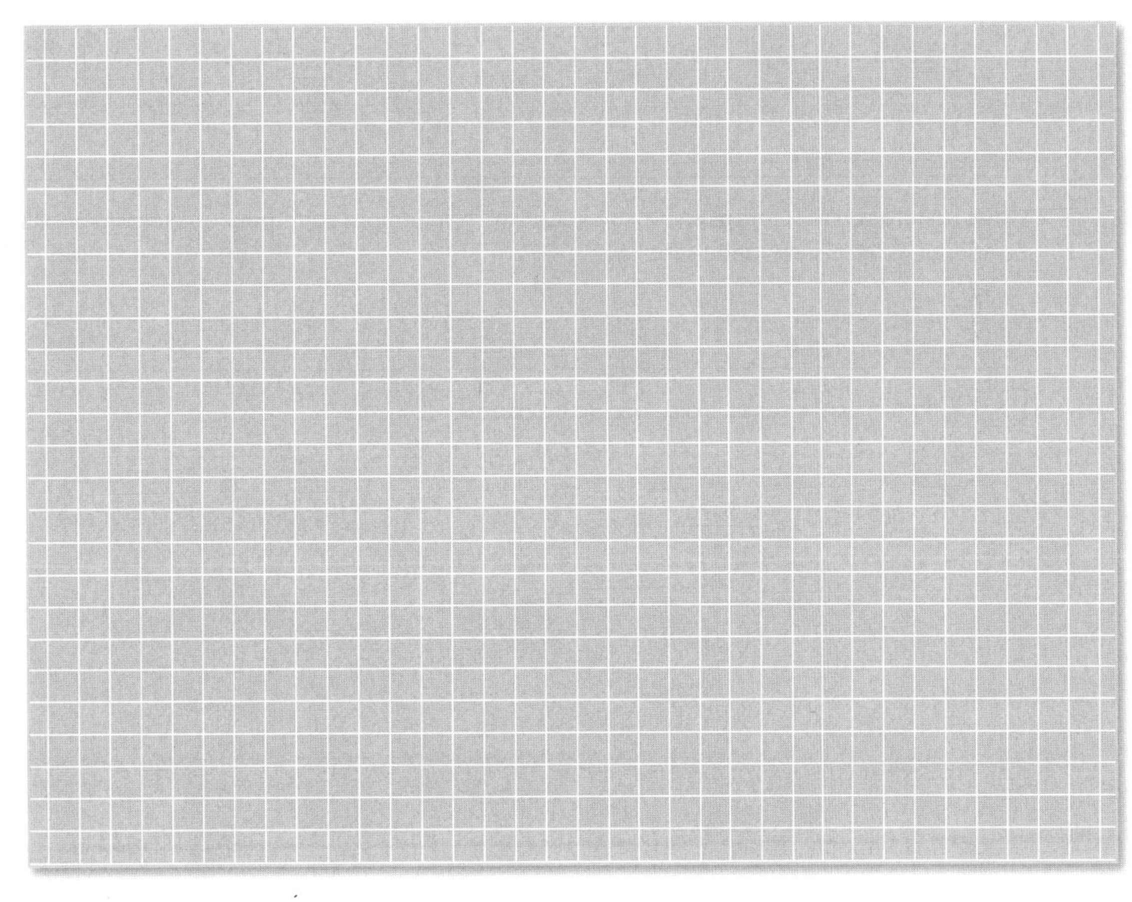

c) Jennifer réussira-t-elle à rejoindre l'autobus ?

____

____

PHYSIQUE ■ CHAPITRE 2

© ERPI Reproduction interdite

Nom : ______________________ Groupe : __________ Date : ______________

8. Une voiture roule à 50 km/h. Devant elle, un feu de circulation devient rouge et le conducteur applique les freins. La voiture décélère alors de 10 km/h par seconde.

a) Combien de temps la voiture mettra-t-elle à s'immobiliser ?

____

b) Quelle sera la distance de freinage de la voiture ?

____

c) Si la voiture roulait 2 fois plus vite, soit à 100 km/h, le temps requis pour qu'elle s'immobilise varierait. Quelle serait cette variation ?

____

____

d) À 100 km/h, quelle serait la distance de freinage ?

____

© ERPI Reproduction interdite

Nom : ______________________ Groupe : __________ Date : ______________

Défis

1. Une camionnette roule à 60 km/h dans une zone scolaire, où la limite de vitesse est de 30 km/h. Elle passe devant une voiture de police qui la prend aussitôt en chasse. Si la camionnette maintient une vitesse constante de 60 km/h et que la voiture de police accélère de façon constante de 8 km/h par seconde, où et quand les 2 véhicules se rejoindront-ils ?

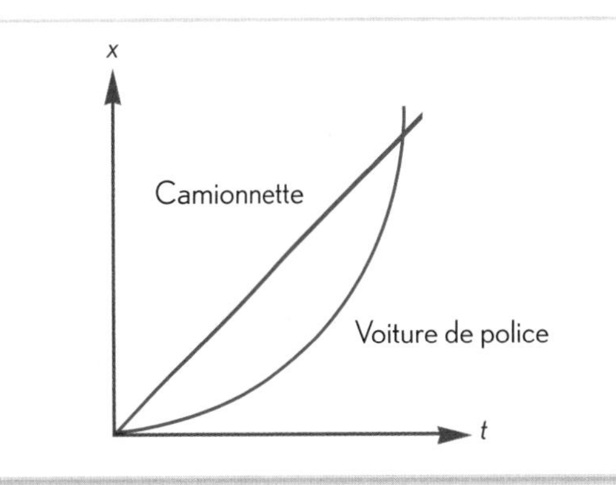

© ERPI Reproduction interdite

Nom : ______________________ Groupe : __________ Date : ______________

2. Michael Jordan, un ancien joueur de basket-ball, pouvait exécuter des sauts de 48 cm de hauteur.

a) Quelle était la durée d'un tel saut ?

____

b) Quelle était sa vitesse de départ lors de ces sauts ?

____

© ERPI Reproduction interdite

CHAPITRE 3

3.1 Un tir au but au soccer.

Le mouvement en deux dimensions

LABOS
5. L'ÉTUDE DU MOUVEMENT DES PROJECTILES
6. L'ÉTUDE DE LA RELATIVITÉ DU MOUVEMENT

Les champions de soccer sont passés maîtres dans l'art de botter le ballon pour l'envoyer dans le but tout en déjouant le gardien.
Comment savent-ils où viser ?
Comment déterminent-ils la trajectoire du ballon dans les airs ?
Comment arrivent-ils à anticiper la position du gardien au moment où le ballon atteindra le but ?

Au cours de ce chapitre, nous aborderons l'exploration du mouvement en deux dimensions par une représentation de quelques variables du mouvement à l'aide de vecteurs (*voir* Les préalables mathématiques *de cet ouvrage pour de l'information sur les vecteurs*). Nous serons ensuite en mesure d'examiner le mouvement des projectiles. Pour clore l'exploration du mouvement, nous discuterons de la relativité des points de vue que deux personnes peuvent avoir sur un même mouvement.

3.1 Les vecteurs du mouvement

CONCEPTS DÉJÀ VUS

- Types de mouvements
- Tracés géométriques
- Échelles
- Mesure directe (règle)

Dans les chapitres précédents, nous avons étudié les variables du mouvement en une dimension, soit selon l'axe des x ou des y. L'orientation des vecteurs était alors donnée par les signes + ou –. Néanmoins, si l'on veut étudier un mouvement plus complexe, comme celui d'un projectile ou d'une automobile dans une courbe, il faut plutôt utiliser une représentation et un mode de calcul des vecteurs qui tiennent compte des angles (pouvant être différents de 0° et 180°).

Quatre des variables liées à la description du mouvement sont des vecteurs: la position, le déplacement, la vitesse vectorielle et l'accélération. En effet, chacune de ces variables comporte à la fois une grandeur et une orientation. Dans cette section, nous verrons comment représenter ces variables à l'aide de vecteurs.

ÉTYMOLOGIE

«Vecteur» vient du mot latin *vehere*, qui signifie «conduire».

Il est à noter que la méthode mathématique des composantes est un outil très utile pour additionner des vecteurs en physique, mais une représentation graphique aide à comprendre la situation. En effet, le calcul de l'angle à l'aide de la calculatrice comporte certaines limites: cet outil effectue des opérations dans un ordre bien précis et il produit des résultats uniquement pour des angles se situant dans les quadrants 1 et 4. D'où l'utilité d'un dessin pour s'aider. Il faudra donc parfois additionner 180° à certaines réponses obtenues avec la calculatrice pour rectifier cette limitation et calculer la mesure d'angles se situant dans les quadrants 2 et 3.

Le vecteur position

Pour indiquer graphiquement la position à l'aide d'un vecteur, on place généralement l'origine du vecteur à l'origine du système d'axes. L'extrémité du vecteur correspond alors à l'emplacement de la position cherchée.

Mathématiquement, le vecteur position $\vec{r}$ peut être décrit à l'aide de ses composantes (r_x, r_y) ou de ses caractéristiques (r, θ). Ainsi, il est possible de décrire la position indiquée par le vecteur de la **FIGURE 3.2** à l'aide des coordonnées (20, 35) ou des coordonnées (40,3, 60,3°).

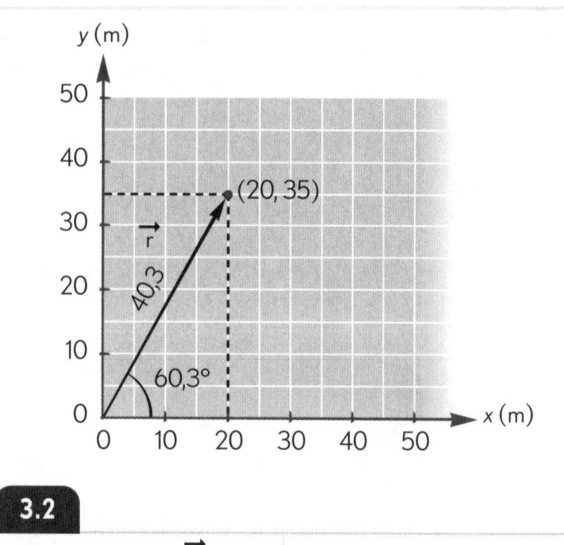

3.2 Le vecteur position $\vec{r}$.

© ERPI Reproduction interdite

Le vecteur déplacement

Un vecteur déplacement correspond à la différence entre deux vecteurs position : un vecteur position finale ($\vec{r}_f$) et un vecteur position initiale ($\vec{r}_i$). On peut donc le voir comme la soustraction de deux vecteurs position ($\Delta\vec{r} = \vec{r}_f - \vec{r}_i$) ou, après une transformation simple, comme une addition de deux vecteurs ($\vec{r}_f = \vec{r}_i + \Delta\vec{r}$).

La **FIGURE 3.3** montre comment déterminer graphiquement un vecteur déplacement à partir de deux vecteurs position et de la méthode du triangle.

L'exemple qui suit présente la façon de calculer la grandeur et l'orientation du déplacement à l'aide des composantes vectorielles.

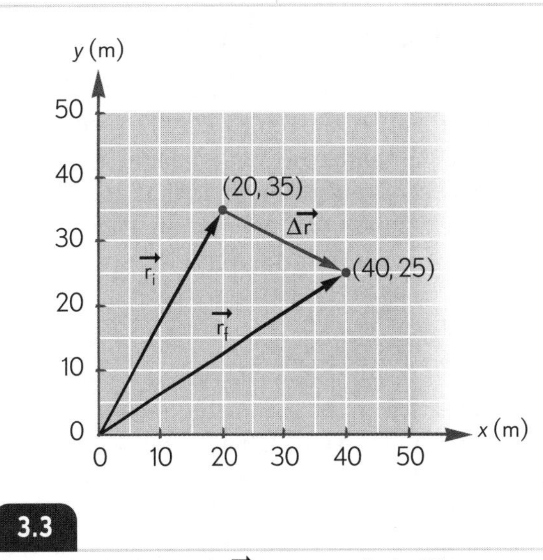

3.3

Le vecteur déplacement $\vec{r}$ correspond à la différence entre les vecteurs position $\vec{r}_i$ et $\vec{r}_f$.

EXEMPLE

Claire doit se rendre chez Victor en parcourant 3,00 km vers le nord, puis 2,00 km vers le nord-est. Quelles sont la grandeur et l'orientation du déplacement effectué depuis son point de départ ?

MÉTHO, p. 328

1. Quelle est l'information recherchée ?

$\vec{r}_f = ?$

2. Quelles sont les données du problème ?

$\vec{r}_1$ = 3,00 km vers le nord, soit 3,00 km à 90°

$\vec{r}_2$ = 2,00 km vers le nord-est, soit 2,00 km à 45°

3. Quelles formules contiennent les variables dont j'ai besoin ?

Formules déjà vues

$A_x = A \cos \theta \quad A_y = A \sin \theta$

$A = \sqrt{(A_x^2 + A_y^2)}$

$\tan \theta = \dfrac{A_x}{A_y}$

4. J'effectue les calculs.

Je dois décomposer les deux déplacements selon leurs composantes en x et en y.

$r_{1x} = 3{,}00 \text{ km} \times \cos 90° = 0 \text{ km}$ $\quad r_{1y} = 3{,}00 \text{ km} \times \sin 90° = 3{,}00 \text{ km}$

$r_{2x} = 2{,}00 \text{ km} \times \cos 45° = 1{,}41 \text{ km}$ $\quad r_{2y} = 2{,}00 \text{ km} \times \sin 45° = 1{,}41 \text{ km}$

J'additionne les composantes en x pour trouver le déplacement en x.

$r_{fx} = r_{1x} + r_{2x} = 0 \text{ km} + 1{,}41 \text{ km} = 1{,}41 \text{ km}$

J'additionne les composantes en y pour trouver le déplacement en y.

$r_{fy} = r_{1y} + r_{2y} = 3{,}00 \text{ km} + 1{,}41 \text{ km} = 4{,}41 \text{ km}$

Je reconstruis la grandeur du vecteur résultant à l'aide du théorème de Pythagore.

$$r_f = \sqrt{(r_{fx}^2 + r_{fy}^2)}$$
$$= \sqrt{((1{,}41 \text{ km})^2 + (4{,}41 \text{ km})^2)}$$
$$= \sqrt{(1{,}99 \text{ km}^2 + 19{,}45 \text{ km}^2)}$$
$$= \sqrt{21{,}44 \text{ km}^2}$$
$$= 4{,}63 \text{ km}$$

Pour l'orientation, j'utilise la trigonométrie.

$$\tan \theta = \frac{r_{fy}}{r_{fx}}$$
$$= \frac{4{,}41 \text{ km}}{1{,}41 \text{ km}}$$
$$= 3{,}12$$
$$\theta = 72{,}2°$$

5. Je réponds à la question.

Le déplacement effectué par Claire est de 4,63 km à 72°.

© ERPI Reproduction interdite

Le vecteur vitesse

Un vecteur vitesse indique le rapport entre un vecteur déplacement et un temps écoulé (*voir la* **FIGURE 3.4**). Comme le temps est un scalaire, la grandeur d'un vecteur vitesse est le quotient d'un vecteur et d'un scalaire. Quant à son orientation, elle est la même que celle de $\Delta\vec{r}$. On peut donc écrire :

$$\vec{v} = \frac{(\vec{r}_f - \vec{r}_i)}{\Delta t} = \frac{\Delta\vec{r}}{\Delta t}$$

La **FIGURE 3.5** montre comment représenter le vecteur vitesse instantanée ($\vec{v}$), qui indique la grandeur et l'orientation de la vitesse à un instant précis, c'est-à-dire lorsque Δt tend vers zéro.

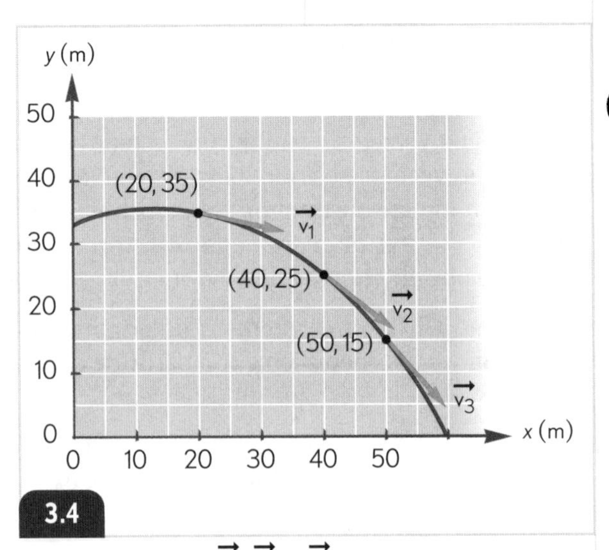

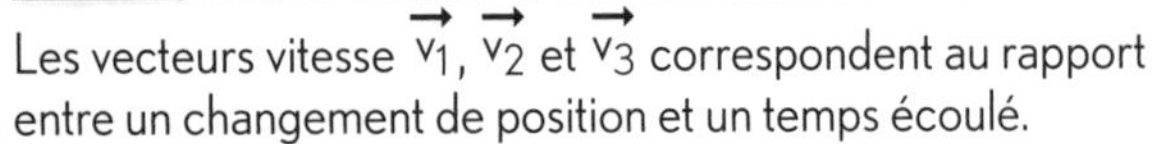
Les vecteurs vitesse $\vec{v}_1$, $\vec{v}_2$ et $\vec{v}_3$ correspondent au rapport entre un changement de position et un temps écoulé.

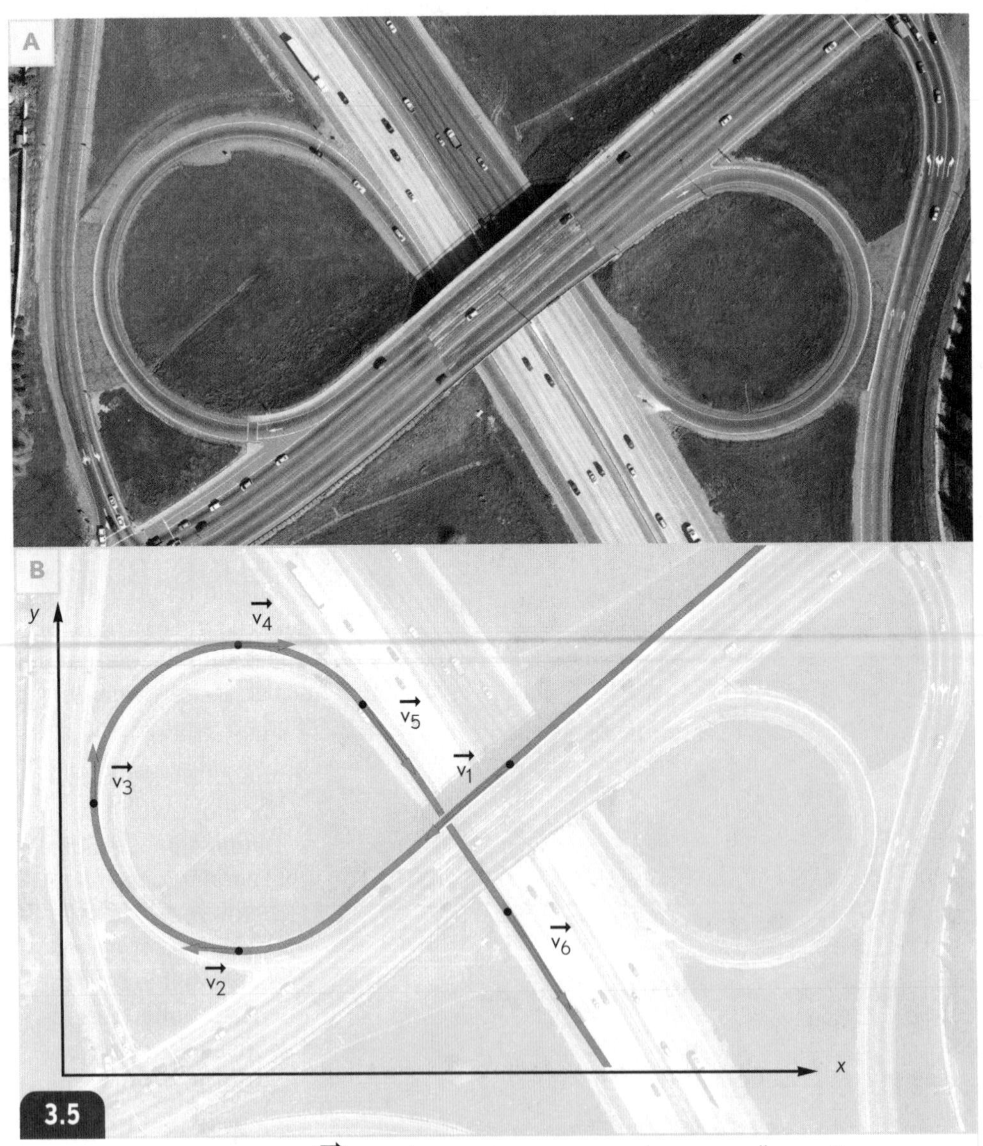

Le vecteur vitesse instantanée ($\vec{v}$) à quelques positions au cours du passage d'une voiture d'une autoroute à une autre.

© ERPI Reproduction interdite

EXEMPLE

Dans l'exemple de la page 99, si le trajet s'était fait à bicyclette en 15 min, quelles auraient été les composantes de la vitesse ?

MÉTHO, p. 328

1. Quelle est l'information recherchée ?

$v_x = ?$

$v_y = ?$

2. Quelles sont les données du problème ?

r_{ix} = 0 km, soit 0 m — r_{iy} = 0 km, soit 0 m

r_{fx} = 1,41 km, soit 1410 m — r_{fy} = 4,41 km, soit 4410 m

Δt = 15 min, soit 900 s

3. Quelles formules contiennent les variables dont j'ai besoin ?

$$v_x = \frac{r_{fx} - r_{ix}}{\Delta t}$$

$$v_y = \frac{r_{fy} - r_{iy}}{\Delta t}$$

4 J'effectue les calculs.

$$v_x = \frac{1410 \text{ m} - 0 \text{m}}{900 \text{ s}}$$

$$= 1{,}57 \text{ m/s}$$

$$v_y = \frac{4410 \text{ m} - 0 \text{m}}{900 \text{ s}}$$

$$= 4{,}90 \text{ m/s}$$

5. Je réponds à la question.

La composante de la vitesse en *x* aurait été de 1,57 m/s et celle en *y*, de 4,90 m/s.

ARTICLE TIRÉ D'INTERNET

L'aéronavale plein gaz sur le Charles-de-Gaulle

La flotte aérienne française achève une période d'entraînement sur le porte-avions Charles-de-Gaulle, au large de la ville de Nice.

L'officier d'appontage, chargé de guider les avions lorsqu'ils doivent se poser sur le Charles-de-Gaulle, donne de précieux conseils à un pilote de 28 ans, seul dans son cockpit. «Quatre cents pieds[1], trois cent cinquante pieds. Soutiens le nez, tiens-le comme ça. Pas plus bas. Voilà, c'est comme ça que je l'aime.» L'officier dicte ses commandes dans le casque audio de l'aviateur. Le ton est calme et posé. On en oublierait presque que le pilote va poser dans quelques secondes sa bête à réaction, d'un poids de 8,1 tonnes, face à un vent de 31 nœuds.

Vecteur de vitesse, cap, horizon artificiel : dans son habitacle étroit, le pilote aura 90 m pour arrêter son engin. Et remettre à fond la manette des gaz de son réacteur de 4,6 tonnes de poussée pour un posé-décollé. Pas de tout repos. La respiration saccadée du pilote à l'atterrissage final en dit long. Mais l'exercice est réussi !

Au moment de l'appontage, la plate-forme d'un porte-avions sert de piste d'atterrissage.

Adapté de : Ouest-France, *L'aéronavale plein gaz sur le Charles-de-Gaulle* [en ligne]. (Consulté le 7 janvier 2009.)

1. Le pied est une unité de mesure anglo-saxonne utilisée internationalement en aéronautique. Il vaut 0,3048 m.

© ERPI Reproduction interdite

Le vecteur accélération

Le vecteur accélération correspond au rapport entre un changement de vitesse et un temps écoulé (*voir la* **FIGURE 3.6**). Comme dans le cas du vecteur déplacement, le changement de vitesse peut être considéré comme la différence entre deux vecteurs: un vecteur vitesse finale ($\vec{v}_f$) et un vecteur vitesse initiale ($\vec{v}_i$):

$$\vec{a} = \frac{(\vec{v}_f - \vec{v}_i)}{\Delta t}$$

$$= \frac{\Delta\vec{v}}{\Delta t}$$

Lorsque l'orientation de la vitesse d'un objet change, celui-ci accélère. En fait, le vecteur vitesse a souvent la même orientation que le déplacement, tandis que le vecteur accélération a souvent une orientation différente. La **FIGURE 3.7** montre que, lorsque le vecteur vitesse et le vecteur accélération sont à angle droit, seule l'orientation de la vitesse change. De même, lorsque ces deux vecteurs sont parallèles, seule la grandeur de la vitesse change.

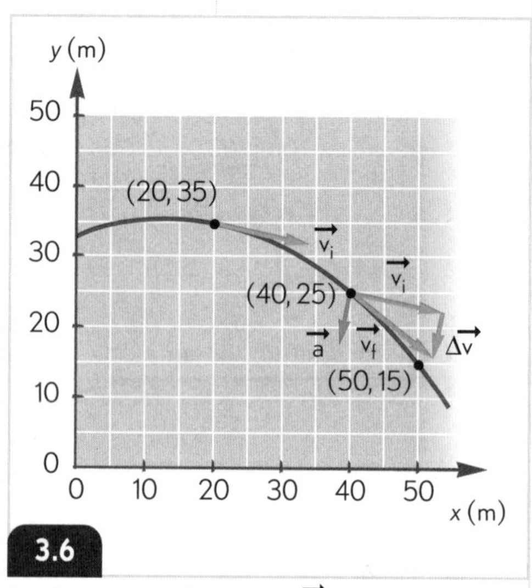

Le changement de vitesse $\Delta\vec{v}$ correspond à la différence entre deux vecteurs vitesse. Le vecteur accélération $\vec{a}$ est le rapport entre un changement de vitesse et un temps écoulé.

Les vecteurs vitesse et accélération n'ont pas toujours la même orientation. Au point 1, le cycliste ralentit. Au point 2, il effectue un virage à gauche. Au point 3, il tourne à droite. Au point 4, il prend de la vitesse.

© ERPI Reproduction interdite

Exercices

SECTION 3.1

3.1 Les vecteurs du mouvement

Ex. 1 2 5

1. Une montgolfière, initialement au repos, se déplace à vitesse constante. En 5 min, elle avance de 625,0 m et se rend à une hauteur de 255,0 m. À quelle distance se situe-t-elle de son point de départ au niveau du sol ?

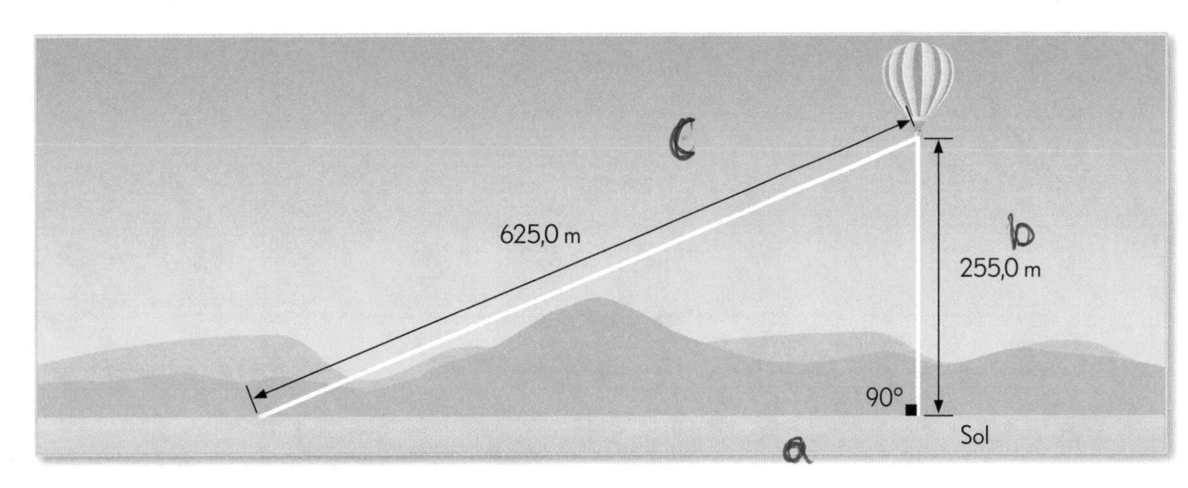

$c^2 = a^2 + b^2$

$625\,m^2 = a^2 + 255^2\,m$

$625\,m^2 - 255\,m^2 = a^2$

$325\,600\,m = a^2$

$\sqrt{325\,600\,m} = a \approx 570{,}61\,m$

Réponse : ≈ 570,61 m

2. Un bateau qui navigue à 35 km/h lutte contre un courant perpendiculaire de 35 km/h. Quelle sera la grandeur du vecteur vitesse résultant ?

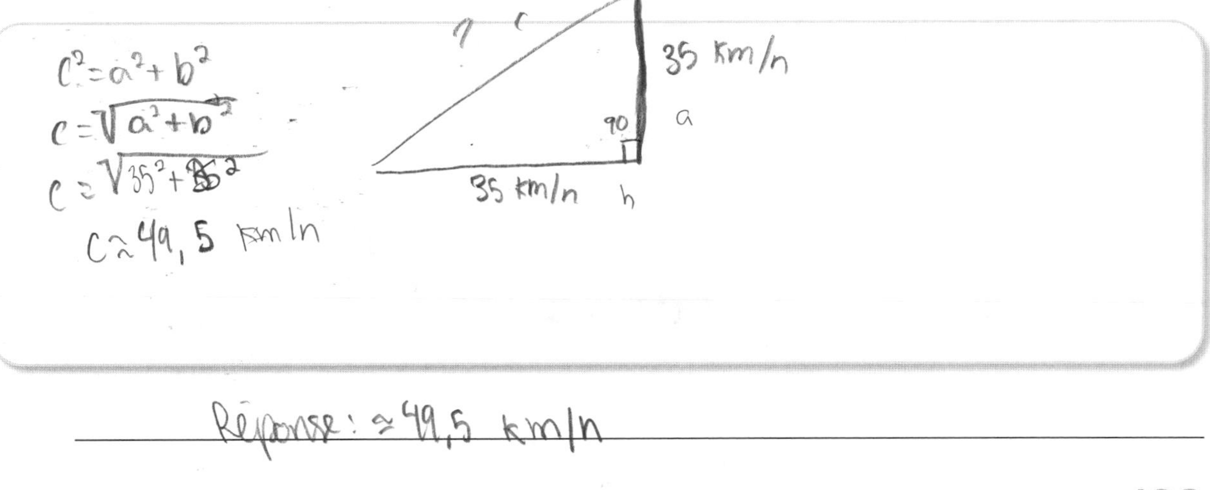

Réponse : ≈ 49,5 km/h

© ERPI Reproduction interdite

Ex. 3 4 6

3. Marie-William fait du ski de randonnée. Elle part de la position (0, 0). Elle avance à vitesse constante pendant 20 s. Les composantes de son vecteur vitesse sont alors les suivantes : v_x = 3,6 m/s et v_y = -5,2 m/s.

a) Quelle est sa position finale ?

Vx = 3,6 m/s
et
Vy = -5,2 m/s
T = 20 s

x = 3,6 × 20 = 72
y = -5,2 × 20 = -104

Position :
(72, -104)

____

b) Quelles sont la grandeur et l'orientation de son déplacement ?

orientation :
Tan α (104/72)   tan⁻¹ (104/72) ≈ 55,3°

grandeur :
c² = a² + b²
c² = 104² + 72²
c² = 10816 + 5184
c = √16 000 ≈ 126,49 u

____

____

4. L'illustration suivante montre un avion en train d'atterrir. Représentez l'orientation du vecteur vitesse et celle du vecteur accélération de cet avion.

© ERPI Reproduction interdite

5. À un instant donné, les composantes du vecteur vitesse d'un cerf-volant sont les suivantes : $v_x = 19$ m/s et $v_y = -12$ m/s. Deux secondes plus tard, les mêmes composantes se lisent ainsi : $v_x = 11$ m/s et $v_y = 6$ m/s.

a) Quelles sont les composantes du vecteur accélération moyenne du cerf-volant pendant ces deux secondes ?

b) Quelles sont la grandeur et l'orientation du vecteur accélération ?

© ERPI Reproduction interdite

Ex. 7

6. Un hélicoptère de reportage survole une autoroute. Si l'on considère que l'axe des x pointe vers l'est et l'axe des y, vers le nord, les composantes du vecteur vitesse de l'appareil sont les suivantes : v_x = 9,0 m/s et v_y = 6,4 m/s. À la suite d'un appel, le pilote met 5,0 s à se rendre sur les lieux d'un accident. La grandeur du vecteur accélération est de 1,1 m/s^2 et l'orientation, de 52°.

a) Quelles sont les composantes du vecteur accélération de l'hélicoptère ?

b) Quelles sont les composantes du vecteur vitesse finale de l'hélicoptère ?

© ERPI Reproduction interdite

3.2 Le mouvement des projectiles

Au chapitre précédent, nous avons décrit le mouvement d'un objet en chute libre verticale, c'est-à-dire un objet tombant d'une certaine hauteur ou lancé avec une certaine vitesse verticale (*voir les pages 70 à 73*). Nous allons maintenant donner une deuxième dimension à cette discussion en décrivant le mouvement d'un objet lancé avec une vitesse possédant une composante horizontale ($v_x \neq 0$). En science, un tel objet porte le nom de « projectile ».

ÉTYMOLOGIE

« Projectile » vient du mot latin *projecere*, qui signifie « lancer en avant ».

LABO
5. L'ÉTUDE DU MOUVEMENT DES PROJECTILES

DÉFINITION

Un **projectile** est un objet lancé avec une vitesse possédant une composante horizontale.

Une balle lancée à une amie, un chat bondissant vers une souris et une flèche propulsée au moyen d'un arc constituent des exemples de projectiles. Une fois le projectile lancé, son mouvement ne dépend que de son vecteur vitesse initiale et de la gravité.

Dans la discussion qui suit, nous posons les trois conditions suivantes:

- La gravité est constante et orientée vers le bas (la gravité sera vue plus à fond au chapitre 5).
- La résistance de l'air n'est pas prise en considération (les conséquences de cette résistance seront abordées au chapitre 5).
- Ni la courbure ni la rotation de la Terre ne sont considérées.

Une représentation graphique du mouvement des projectiles

La **FIGURE 3.8** permet de comparer le mouvement d'une balle en chute libre verticale à celui d'une balle lancée avec une certaine vitesse horizontale. Si l'on examine le mouvement de ces deux balles à l'aide de leurs composantes verticales et horizontales, on constate que le mouvement vertical des deux balles est identique: à tout instant, elles sont exactement à la même hauteur. Quant au mouvement horizontal de la balle de droite, il correspond à une vitesse constante: à intervalles de temps réguliers, le vecteur déplacement horizontal (position finale – position initiale) est toujours le même.

3.8 La balle de gauche est en chute libre verticale, tandis que la balle de droite, lancée avec une certaine vitesse horizontale, est un projectile. À tout moment, les deux balles se trouvent à la même hauteur.

© ERPI Reproduction interdite

Le mouvement d'un projectile est en effet la combinaison d'un mouvement rectiligne uniforme (lié à la composante horizontale de sa vitesse initiale) et d'un mouvement rectiligne uniformément accéléré (lié à la gravité). Chacun de ces deux mouvements est indépendant. Autrement dit, chacun se déroule comme si l'autre n'avait pas lieu.

Ce fait peut paraître surprenant, car un objet lancé avec une certaine vitesse horizontale décrit une trajectoire plus longue qu'un objet en chute libre. Si l'on parcourait ces deux trajectoires à pied, on mettrait plus de temps à parcourir la trajectoire la plus longue. On peut donc penser qu'il en est de même pour un projectile. Pourtant, ce n'est pas le cas: quelle que soit sa vitesse initiale, un projectile met le même temps à tomber qu'un objet en chute libre verticale.

La **FIGURE 3.9** permet de constater que la combinaison d'un mouvement rectiligne uniforme (composante horizontale) et d'un mouvement rectiligne uniformément accéléré (composante verticale) produit une trajectoire parabolique.

ÉTYMOLOGIE

«Parabolique» vient des mots grecs *para* et *bolê*, qui signifient respectivement «à côté» et «action de jeter, lancer».

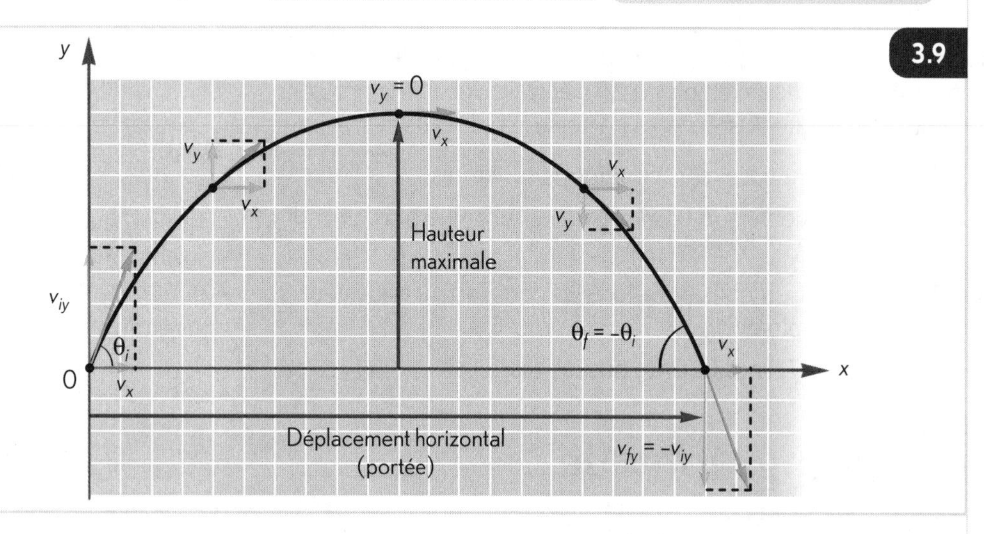

3.9 En l'absence de résistance de l'air, un projectile décrit une courbe parabolique.

La FIGURE 3.9 montre que le vecteur vitesse résultant est toujours plus long que chacune de ses composantes, car l'hypoténuse d'un triangle rectangle est toujours plus longue que chacun de ses côtés, sauf en un point: le sommet de la trajectoire parabolique. À ce point précis, la composante verticale de la vitesse vaut zéro et le vecteur vitesse résultant est égal à la composante horizontale de la vitesse. Mesurer le vecteur vitesse d'un projectile au sommet de sa course est donc une façon de trouver la composante horizontale de sa vitesse initiale.

LIEN MATHÉMATIQUE

La parabole est une courbe qui peut être décrite par une équation du second degré ($y = ax^2 + bx + c$). Elle possède un foyer, un sommet et un axe de symétrie.

Autre conséquence d'une trajectoire parabolique : un projectile lancé à partir du sol retombe toujours au sol à une vitesse dont la grandeur est la même que celle de départ, et dont l'angle est également le même, si on le mesure dans le sens des aiguilles d'une montre. Pour constater ce fait, il suffit d'observer la symétrie des portions ascendante et descendante de la courbe de la FIGURE 3.9. De plus, le temps que le projectile met à monter verticalement est toujours égal au temps qu'il met à descendre à la même hauteur.

La **FIGURE 3.10** montre que la grandeur du déplacement horizontal (aussi appelée la «portée») dépend de l'angle de lancement.

© ERPI Reproduction interdite

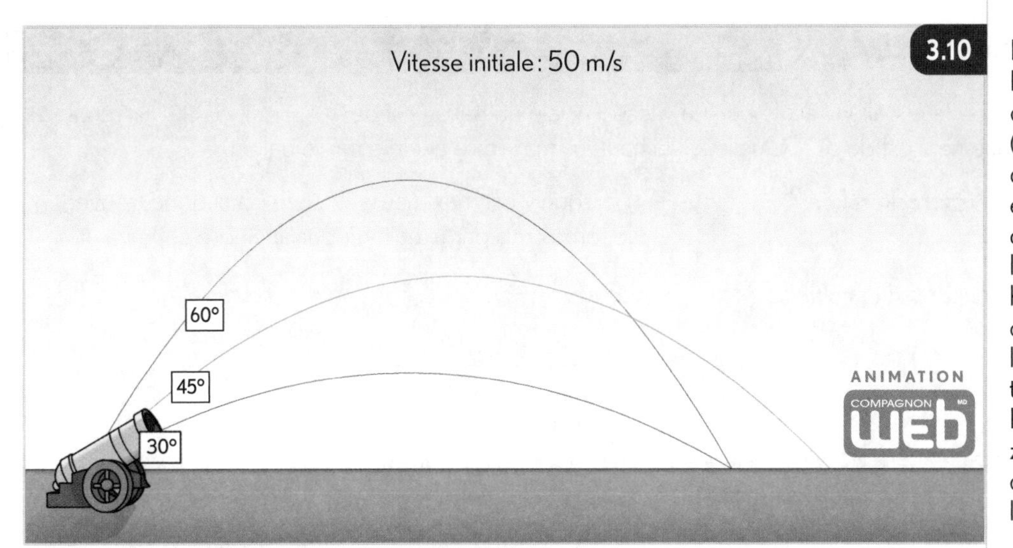

Deux projectiles dont la somme des angles de lancement fait 90° (par exemple, un angle de lancement de 60° et un autre de 30°) donnent tous les deux le même déplacement horizontal. Cependant, celui dont l'angle est le plus élevé décrit une trajectoire plus haute. Le déplacement horizontal maximal se produit lorsque l'angle de lancement est de 45°.

Une représentation mathématique du mouvement des projectiles

Un projectile décrit une trajectoire en deux dimensions. En tous points, celle-ci peut être résolue en une composante horizontale, où la vitesse est constante, et en une composante verticale, où l'accélération équivaut à l'accélération causée par la gravité, c'est-à-dire une accélération constante de 9,8 m/s^2 orientée vers le bas.

On peut donc décrire mathématiquement le mouvement d'un projectile en procédant comme suit :

- On utilise les équations du mouvement rectiligne uniformément accéléré vues au chapitre 2 (*voir la page 67*).
- On les résout en composantes horizontale (selon l'axe des x) et verticale (selon l'axe des y).
- On les adapte au cas des projectiles en posant que $v_{fx} = v_{ix}$ (puisque la vitesse horizontale est constante), que $a_x = 0$ (puisqu'il n'y a pas d'accélération horizontale) et que $a_y = -g$ (puisque l'accélération verticale est liée à la gravité).

Le **TABLEAU 3.11** présente le résultat de ces opérations.

3.11 LES ÉQUATIONS DU MOUVEMENT DES PROJECTILES

Variables reliées	Équation du mouvement rectiligne uniformément accéléré	Équations du mouvement des projectiles ($v_{fx} = v_{ix}$, $a_x = 0$, $a_y = -g$)
La position, la vitesse et le temps écoulé	$x_f = x_i + \frac{1}{2}(v_i + v_f)\Delta t$	$x_f = x_i + v_{ix}\Delta t$ $y_f = y_i + \frac{1}{2}(v_{iy} + v_{fy})\Delta t$
La position, l'accélération et le temps écoulé	$x_f = x_i + v_i\Delta t + \frac{1}{2}a(\Delta t)^2$	$x_f = x_i + v_{ix}\Delta t$ $y_f = y_i + v_{iy}\Delta t - \frac{1}{2}g(\Delta t)^2$
La vitesse, l'accélération et le temps écoulé	$v_f = v_i + a\Delta t$	$v_{fx} = v_{ix}$ $v_{fy} = v_{iy} - g\Delta t$
La vitesse, l'accélération et la position	$v_f^2 = v_i^2 + 2a\Delta x$	$v_{fx}^2 = v_{ix}^2$ $v_{fy}^2 = v_{iy}^2 - 2g\Delta y$

© ERPI Reproduction interdite

EXEMPLE

Une joueuse de soccer botte le ballon vers le but. La vitesse initiale du ballon est de 15 m/s et l'angle de lancement est de 37°. Quelle est la hauteur maximale atteinte par le ballon ?

MÉTHO, p. 328

1. Quelle est l'information recherchée ?

$y_f = ?$

2. Quelles sont les données du problème ?

$v_i = 15$ m/s
$\theta = 37°$
$y_i = 0$ m

3. Quelles formules contiennent les variables dont j'ai besoin ?

- Formule déjà vue
  $v_y = v \sin \theta$
- Nouvelles formules
  $v_{fy} = v_{iy} - g\Delta t$
  $y_f = y_i + v_{iy}\Delta t - \frac{1}{2} g \Delta t^2$

4. J'effectue les calculs.

Je trouve d'abord la composante verticale du vecteur vitesse initiale.

$v_{iy} = 15 \text{ m/s} \times \sin 37°$
$= 9{,}03 \text{ m/s}$

Lorsque y est maximal, $v_{fy} = 0$. Je peux donc trouver le temps mis par le ballon pour atteindre cette hauteur.

$$\Delta t = \frac{v_{fy} - v_{iy}}{-g}$$
$$= \frac{0 \text{ m/s} - 9{,}03 \text{ m/s}}{-9{,}8 \text{ m/s}^2}$$
$$= 0{,}92 \text{ s}$$

Je peux maintenant calculer la hauteur maximale du ballon.

$$y_f = 0 \text{ m} + (9{,}03 \text{ m/s} \times 0{,}92 \text{ s}) - (\frac{1}{2} \times 9{,}8 \text{ m/s}^2 \times 0{,}92 \text{ s} \times 0{,}92 \text{ s})$$
$$= 4{,}16 \text{ m}$$

5. Je réponds à la question.

La hauteur maximale atteinte par le ballon est de 4,2 m.

ARTICLE TIRÉ D'INTERNET

Le golf, ça swingue !

Trop éloigné, le terrain de golf, pour y faire un saut entre deux rendez-vous ? Voici le golf virtuel ! On joue avec de vrais bâtons et de vraies balles… que l'on tape de toutes ses forces. Lorsque celles-ci heurtent une toile, elles se transforment en balles virtuelles, puis retombent sur l'herbe modélisée qu'on aperçoit sur un écran.

Le secret ? Un radar balistique capable de détecter 7000 fois par seconde le moindre mouvement dans la salle. Ses relevés tridimensionnels permettent d'analyser la trajectoire de la balle jusqu'au moment où elle heurte la toile, puis de simuler la fin de son parcours avec une précision étonnante.

Le radar balistique fournit aussi aux golfeurs professionnels des statistiques précises sur leurs coups. De la vitesse de la tête du bâton à la distance précise du coup, en passant par l'angle vertical et horizontal formé par la trajectoire. Le radar capte même la vitesse de rotation horizontale et verticale de la balle.

Adapté de Nicolas SIX, 01Net, *Le golf, ça swingue !* [en ligne]. (Consulté le 29 janvier 2009.)

Le simulateur de golf, idéal pour perfectionner les coups délicats !

© ERPI Reproduction interdite

Nom : ______ Groupe : ______ Date : ______

Exercices

SECTION 3.2

3.2 Le mouvement des projectiles

Dans les exercices qui suivent, on ne tient pas compte de la résistance de l'air.

Ex. 1 2 7 8

1. À quel endroit de sa trajectoire un projectile a-t-il :

a) une vitesse minimale ?

au point de départ

b) une accélération minimale ?

Jamais c'est tjrs la m accélération sois 9,8 (gravité)

Ex. 3

2. Pénélope place 2 pièces de 25 ¢ tout près du bord de son pupitre. Elle frappe simultanément les deux pièces d'une chiquenaude. La première quitte son pupitre à l'horizontale, tandis que la seconde tombe en droite ligne vers le sol. Laquelle touchera le plancher en premier ? Expliquez votre réponse.

3. Au cours d'une partie de base-ball, le receveur lance la balle au joueur qui se trouve au premier but. La grandeur de la vitesse initiale de la balle est de 20 m/s. Au moment où elle est attrapée, est-ce que la grandeur de sa vitesse est inférieure, égale ou supérieure à 20 m/s ? (Indice : On considère que la balle est attrapée à la même hauteur que celle où elle a été lancée.)

Ex. 4

4. Dans un parc d'attractions, un jeu consiste à lancer une fléchette dans un ballon accroché à un mur situé à une distance de 2,5 m. Un joueur vise directement le centre du ballon et lance sa fléchette. Atteindra-t-il sa cible ? Expliquez votre réponse.

© ERPI Reproduction interdite

Ex. 5 6 9

5. Un système mécanique est conçu de façon que, au moment exact où on laisse tomber une bille (*la bille 1*) le long d'une paroi d'une cage métallique de 1,00 m de hauteur et de largeur, une autre bille (*la bille 2*) est projetée à l'horizontale de l'autre côté de la cage en direction de la première bille. À quelles conditions la bille 2 touchera-t-elle la bille 1 ? (Exprimez ces conditions à l'aide de valeurs numériques.)

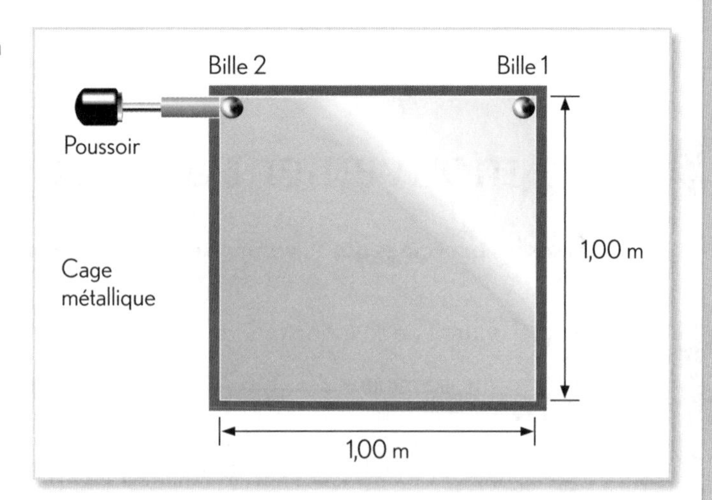

© ERPI Reproduction interdite

6. Lors d'un match de base-ball, Rachid frappe la balle à une vitesse de 37 m/s et selon un angle de 53°.

a) Quelles sont les composantes du vecteur vitesse initiale de la balle ?

b) Combien de temps la balle met-elle à revenir à sa hauteur de départ ?

c) À quelle distance du marbre la balle se trouve-t-elle lorsqu'elle revient à sa hauteur de départ ?

d) Si la distance pour frapper un circuit au champ centre est d'environ 122 m, cette balle permettra-t-elle de marquer un coup de circuit ? Expliquez votre réponse.

e) Quelle est la grandeur de la vitesse initiale de cette balle en km/h ?

© ERPI Reproduction interdite

Nom : ______________________ Groupe : ________ Date : ______________

7. Les avions citernes servent souvent à éteindre les incendies, particulièrement les feux de forêt. Au cours de son entraînement, un pilote s'exerce à lancer des contenants d'eau colorée sur une cible placée au sol. L'avion citerne vole horizontalement à 70 m au-dessus du sol, à la vitesse de 54 m/s.

a) Combien de temps la chute du contenant durera-t-elle ?

____

b) À quelle distance horizontale de la cible le pilote devra-t-il larguer son contenant d'eau colorée ?

____

____

© ERPI Reproduction interdite

3.3 La relativité du mouvement

La **FIGURE 3.12** montre un ballon qui tombe du haut du mât d'un navire. Que voit la personne qui se trouve sur le bateau ? Un mouvement en chute libre vertical, c'est-à-dire un mouvement rectiligne. Que voit la personne qui se trouve sur le quai ? Le mouvement d'un projectile, c'est-à-dire un mouvement comportant une composante verticale et une composante horizontale (dont la vitesse équi-vaut à celle du navire). Ces deux personnes décrivent donc le même mouvement de deux façons différentes. Ont-elles toutes les deux raison ? Oui, car le mouvement est relatif.

LABO
6. L'ÉTUDE DE LA RELATIVITÉ DU MOUVEMENT

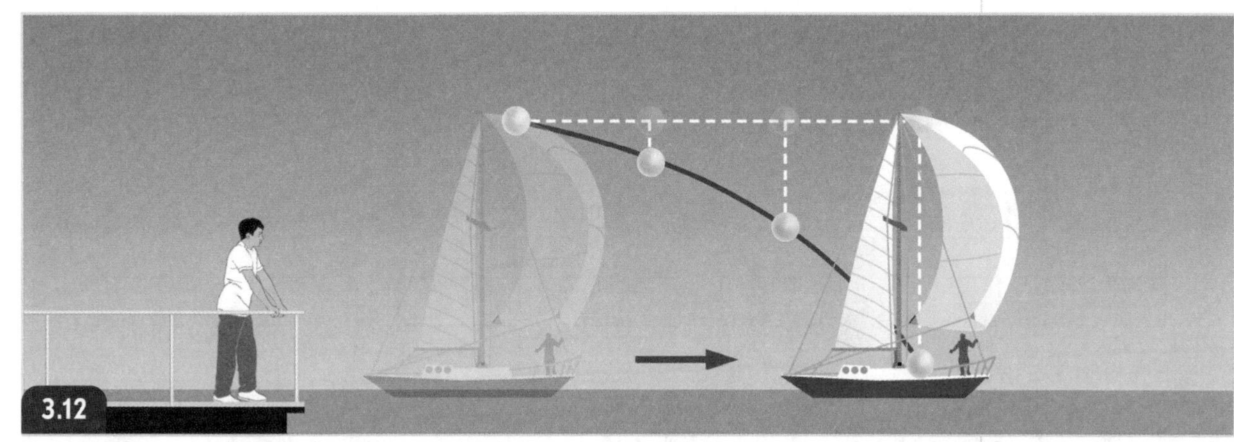

Deux observateurs différents cherchent à décrire le même mouvement. Parviendront-ils au même résultat ?

La relativité du mouvement devient apparente lorsqu'il y a plus d'un système de référence. C'est le cas des deux observateurs de la FIGURE 3.12, puisqu'ils sont en mouvement l'un par rapport à l'autre. L'observateur qui se trouve sur le navire est immobile par rapport au navire, puisqu'il se déplace en même temps que celui-ci. Il ne perçoit donc pas le déplacement horizontal du ballon. Par contre, l'observateur qui se trouve sur le quai se déplace par rapport au navire, puisque la distance qui le sépare du navire change avec le temps. Il perçoit donc le mouvement horizontal du bateau et du ballon.

Nous avons vu au chapitre 1 qu'un objet est en mouvement lorsque sa position par rapport à une référence change avec le temps (*voir la page 29*). Si l'on passe d'un système de référence à un autre, la perception du mouvement peut donc changer.

Un système de référence est un système de coordonnées incluant une mesure du temps. Toute personne munie d'une règle et d'une montre (ou d'instruments équivalents) peut donc constituer un système de référence.

Il est possible de passer d'un système de référence à un autre. Ainsi, dans l'exemple présenté à la FIGURE 3.12, si l'on pose que le bateau est le système de référence 1 et que le quai est le système de référence 2, alors la vitesse du ballon par rapport au quai (vitesse dans le système 2) est égale à sa vitesse par rapport au navire (vitesse dans le système 1) additionnée à la vitesse du navire par rapport au quai (vitesse du système 1 par rapport au système 2).

© ERPI Reproduction interdite

Voici la formule mathématique qui permet de passer d'un système de référence à un autre.

Correspondance entre deux systèmes de référence

$\vec{v}_2 = \vec{v}_1 + \vec{v}_{1\rightarrow 2}$ où $\vec{v}_2$ indique la vitesse de l'objet dans le système 2

$\vec{v}_1$ indique la vitesse de l'objet dans le système 1

$\vec{v}_{1\rightarrow 2}$ indique la vitesse du système 1 par rapport au système 2

Bien que des vecteurs vitesse aient été utilisés dans cet exemple, le principe s'applique à tout autre type de vecteurs.

EXEMPLE

MÉTHO, p. 328

Une femme se déplace dans un train. Selon les autres passagers du train, cette femme marche à la vitesse de 1,4 m/s. Cependant, le train roule à 17 m/s dans le même sens que la femme. Quelle est la vitesse de cette femme du point de vue d'un observateur qui se trouve à l'extérieur du train ?

1. Quelle est l'information recherchée ?

v_2 = ? (grandeur du vecteur vitesse de la femme par rapport au sol)

2. Quelles sont les données du problème ?

v_1 = 1,4 m/s (grandeur du vecteur vitesse de la femme par rapport au train)

$v_{1\rightarrow 2}$ = 17 m/s (grandeur du vecteur vitesse du train par rapport au sol)

3. Quelle formule contient les variables dont j'ai besoin ?

$\vec{v}_2 = \vec{v}_1 + \vec{v}_{1\rightarrow 2}$

4. J'effectue les calculs.

v_2 = 1,4 m/s + 17 m/s
= 18,4 m/s

5. Je réponds à la question.

Du point de vue d'un observateur extérieur au train, la femme avance à la vitesse de 18,4 m/s.

© ERPI Reproduction interdite

En réalité, on peut démontrer que tout est en mouvement. En effet, ce qui semble immobile d'un certain point de vue peut paraître en mouvement d'un autre point de vue. Ainsi, un crayon sur une table semble immobile aux yeux d'une personne située juste à côté. Pourtant, une personne située sur la Lune verrait ce même crayon, ainsi que tout ce qui se trouve à la surface de la Terre, effectuer une rotation complète en 24 heures. Dans le même ordre d'idée, on peut citer la révolution de la Terre autour du Soleil, la course du Soleil autour de la Voie lactée et ainsi de suite, jusqu'à l'expansion de l'Univers lui-même.

Nom : ______ Groupe : ______ Date : ______

Exercices

SECTION 3.3

3.3 La relativité du mouvement

Ex. 1 2 3 4

1. Une personne observe un avion qui vole dans le ciel. L'avion lui semble immobile. Comment expliquez-vous ce fait ?

2. Une personne assise dans un train lance une balle en l'air. Où la balle retombera-t-elle si :

a) le train roule à vitesse constante et en ligne droite ?

b) le train effectue un virage ?

c) le train accélère ?

d) le train ralentit ?

3. Dans un aéroport, un corridor roulant permet aux voyageurs de franchir une distance de 80 m à la vitesse de 2 m/s. Une femme emprunte ce corridor à une extrémité et le parcourt en marchant à la vitesse de 2 m/s. En combien de temps atteindra-t-elle l'autre extrémité ?

© ERPI Reproduction interdite

4. Une voiture roulant à 110 km/h se trouve à 100 m derrière un camion qui se déplace à 90 km/h. Combien de temps la voiture mettra-t-elle à rejoindre le camion ?

____

Ex. 5 6

5. Un avion vole vers l'est à une vitesse de 200 km/h. Il croise un vent de 50 km/h soufflant du sud au nord. Vues du sol, quelles sont la grandeur et l'orientation du vecteur vitesse de l'avion ?

____

© ERPI Reproduction interdite

Résumé

Le mouvement en deux dimensions

3.1 LES VECTEURS DU MOUVEMENT

- On peut représenter quatre des variables du mouvement à l'aide de vecteurs: la position, le déplacement, la vitesse vectorielle et l'accélération.
  - Le vecteur position est un vecteur dont l'origine correspond à l'origine du système d'axes et dont l'extrémité correspond à l'emplacement de la position.

    Représentation mathématique: $\vec{r}$

  - Le vecteur déplacement correspond à la différence entre deux vecteurs position: un vecteur position finale et un vecteur position initiale.

    Représentation mathématique: $\Delta\vec{r} = \vec{r}_f - \vec{r}_i$

  - Le vecteur vitesse indique le rapport entre un changement de position et un temps écoulé.

    Représentation mathématique: $\vec{v} = \dfrac{\Delta\vec{r}}{\Delta t}$

  - Le vecteur accélération correspond à la différence entre deux vecteurs vitesse pour une période de temps donné.

    Représentation mathématique: $\vec{a} = \dfrac{\Delta\vec{v}}{\Delta t}$

3.2 LE MOUVEMENT DES PROJECTILES

- Un projectile est un objet lancé avec une vitesse possédant une composante horizontale. Une fois un projectile lancé, son mouvement ne dépend que de sa vitesse initiale et de la gravité.
- Si l'on ne tient pas compte de la résistance de l'air, on peut démontrer que le mouvement des projectiles est la combinaison d'un mouvement rectiligne uniforme (lié à la composante horizontale de sa vitesse initiale) et d'un mouvement rectiligne uniformément accéléré (lié à la gravité).
- Graphiquement, le mouvement des projectiles est une parabole.
- Mathématiquement, on peut décrire le mouvement des projectiles à l'aide des équations du mouvement rectiligne uniformément accéléré en les adaptant comme suit:
  - on les résout en composantes;
  - on pose que $v_{fx} = v_{ix}$, que $a_x = 0$ et que $a_y = -g$.

3.3 LA RELATIVITÉ DU MOUVEMENT

- Un même mouvement peut être décrit différemment par des personnes différentes. C'est le cas notamment lorsque ces personnes sont en mouvement l'une par rapport à l'autre. Cela vient du fait que le mouvement est relatif à un système de référence.
- On peut passer d'un système de référence à un autre à l'aide d'une formule comme la suivante:

$$\vec{v}_2 = \vec{v}_1 + \vec{v}_{1\rightarrow2}$$

© ERPI Reproduction interdite

Autres informations importantes

© ERPI Reproduction interdite

Exercices sur l'ensemble du chapitre 3

1. Un béluga émerge à la surface du fleuve Saint-Laurent pour respirer. Il replonge ensuite en formant un angle de 20° avec la surface. Si le béluga poursuit son chemin en ligne droite, à quelle profondeur se trouvera-t-il après avoir parcouru 150 m ?

2. À l'aide d'un ruban à mesurer et d'un rapporteur d'angles, Angelo détermine que, lorsqu'il se place à 5 m d'un arbre, l'angle entre le sol et le sommet de l'arbre est de 34°. Quelle est la hauteur de l'arbre ?

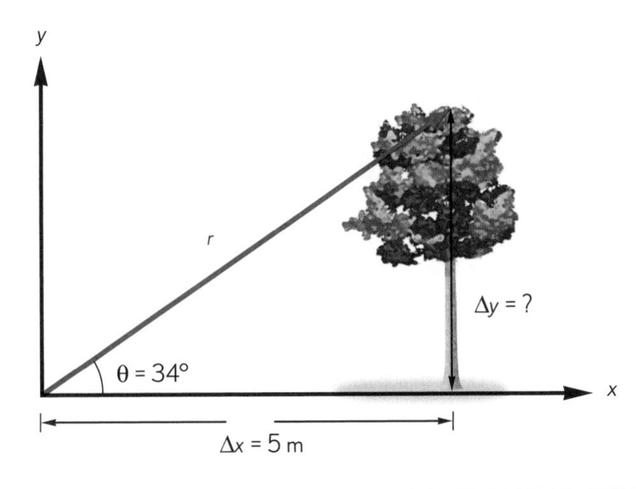

© ERPI Reproduction interdite

Ex. 1 3 4

3. Une cascadeuse au volant d'une motocyclette quitte une rampe de lancement horizontale à une vitesse de 5,0 m/s.

a) Quelle sera sa position après 3,0 s ?

b) Quelles seront la grandeur et l'orientation de son vecteur vitesse après 3,0 s ?

© ERPI Reproduction interdite

4. Le graphique suivant représente la grandeur de la vitesse en fonction du temps d'une automobile. Les changements brusques dans la courbe correspondent aux changements de la boîte de vitesses.

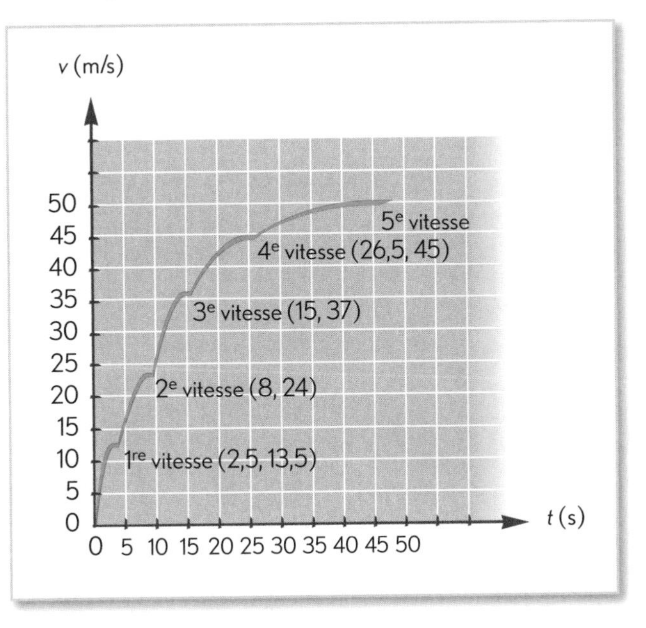

a) Estimez la distance parcourue par la voiture en 1re vitesse.

______

b) Estimez la vitesse moyenne de la voiture en 2e, puis en 3e vitesse.

© ERPI Reproduction interdite

c) Estimez l'accélération moyenne de la voiture en 2e, puis en 3e vitesse.

d) D'une vitesse à l'autre, comment la vitesse moyenne varie-t-elle par rapport à l'accélération moyenne ?

Ex. 2

5. Une bille roule sur une table dont la hauteur est de 1,0 m. Elle en atteint le bord, tombe et touche le sol 2,2 m plus loin.

a) Quelle est la durée de sa chute ?

© ERPI Reproduction interdite

b) Quelle était la vitesse de la bille au début de sa chute ?

______

c) Quelle était la grandeur de sa vitesse juste avant le moment où elle a touché le sol ?

______

6. Un ballon est lancé horizontalement à une vitesse de 15 m/s. Il se déplace de 30 m à l'horizontale avant de toucher le sol. À quelle hauteur le ballon se trouvait-il au départ ?

______

© ERPI Reproduction interdite

Nom : ______________________ Groupe : ________ Date : ______________

Défis

1. Un enfant s'amuse avec une voiture téléguidée. Au départ, la voiture se trouve aux coordonnées (0, 0). Après deux secondes, elle se trouve aux coordonnées (3,5, 8,5). Après deux autres secondes, la voiture téléguidée se trouve aux coordonnées (12, 12).

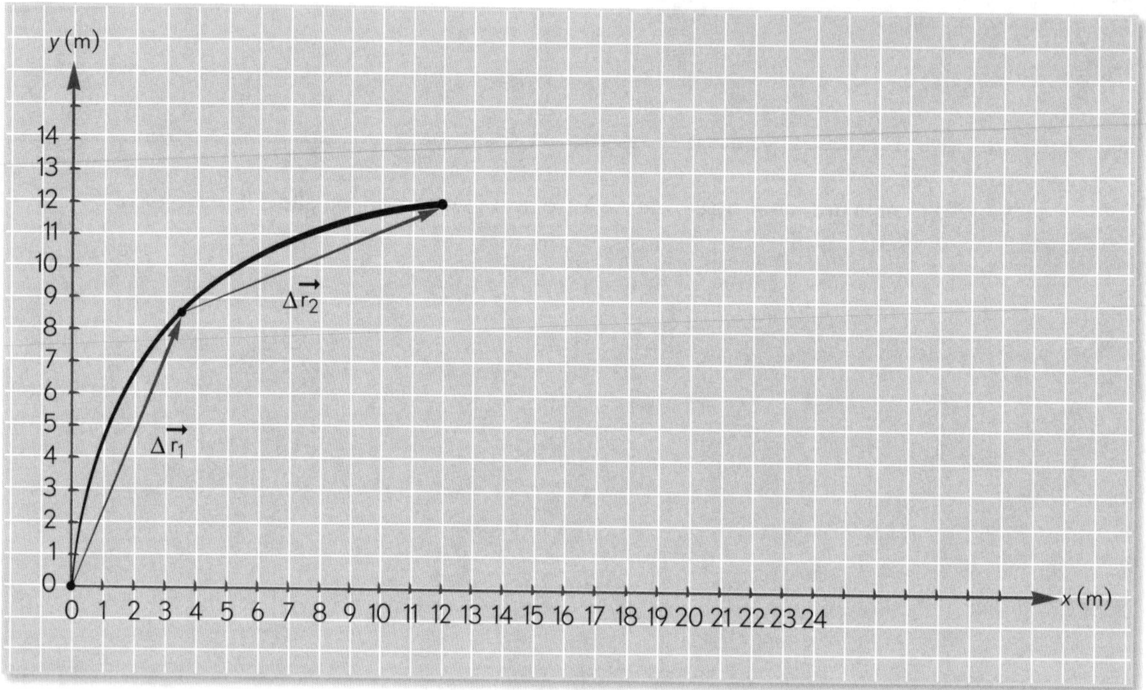

a) Quelles sont la grandeur et l'orientation du déplacement de la voiture entre 0,0 s et 2,0 s ?

© ERPI Reproduction interdite

b) Quelles sont la grandeur et l'orientation du déplacement de la voiture entre la 2e et la 4e seconde ?

c) Si la voiture poursuit sa trajectoire circulaire avec une vitesse de même grandeur, où se trouvera-t-elle à la 6e seconde ?

2. Un joueur de football botte le ballon vers un coéquipier, situé 30 m plus loin. Il donne au ballon une vitesse de 14 m/s et un angle de 40° par rapport au sol.

a) Quelles sont les composantes du vecteur vitesse initiale du ballon ?

© ERPI Reproduction interdite

b) Combien de temps le ballon mettra-t-il à retourner au sol ?

c) Quelle distance horizontale le ballon aura-t-il parcourue lorsqu'il touchera le sol ?

d) Au moment du botté, le coéquipier s'élance afin de rejoindre le ballon. À quelle vitesse doit-il courir pour attraper le ballon juste avant que celui-ci ne touche le sol ?

© ERPI Reproduction interdite

PARTIE

II

LA DYNAMIQUE

La première partie de cet ouvrage a été consacrée à la description du mouvement, c'est-à-dire à la cinématique. Cette deuxième partie porte sur la cause du mouvement qui, la plupart du temps, est une ou plusieurs forces. La branche de la physique qui étudie les forces et leur interaction avec le mouvement est la dynamique. Elle utilise pour cela des variables liées au mouvement, comme le déplacement, la vitesse vectorielle et l'accélération, mais également d'autres variables, comme la force et la masse, qui seront présentées au cours des pages qui suivent.

CHAPITRE 4

4.1 Un avion de ligne commercial.

La première loi de Newton

LABOS

7. L'ÉTUDE DES EFFETS D'UNE FORCE APPLIQUÉE SUR UN CORPS
8. LA COMBINAISON DE DEUX OU PLUSIEURS FORCES

Une fois les manœuvres de décollage achevées, un avion atteint habituellement une altitude et une vitesse de croisière. Il se déplace alors en ligne droite et à vitesse constante. Comment l'avion arrive-t-il à maintenir son mouvement constant ? Y a-t-il des forces qui agissent sur lui ? Si oui, quelles sont-elles et quels sont leurs effets ? Comment est-il possible de modifier le mouvement de cet avion ?

Au cours de ce chapitre, nous définirons ce qu'est une force. Nous aborderons ensuite la première des trois lois du mouvement de Newton, qui décrit ce qui se passe lorsque aucune force ne s'exerce sur un objet. Nous verrons que, pour formuler cette loi, Newton s'est basé sur la notion d'inertie élaborée par Galilée. Nous examinerons ensuite une conséquence de cette première loi : l'état d'équilibre, qui se produit lorsque la résultante de toutes les forces appliquées sur un objet est nulle.

4.1 Le concept de force

Il est impossible de voir une force. Heureusement, il est possible d'observer l'effet d'une force sur la matière. On constate alors que son effet principal est de modifier l'état de mouvement d'un objet. Il est important de retenir ici le mot «modifier». En effet, une force peut mettre en mouvement un objet, l'accélérer, le ralentir, l'arrêter ou le dévier (*voir le* **TABLEAU 4.2**). En d'autres termes, l'effet d'une force est de modifier la vitesse ou l'orientation d'un objet, selon l'orientation de cette force et le mouvement qu'avait l'objet avant que la force ne s'exerce sur lui.

CONCEPTS DÉJÀ VUS
- Propriétés mécaniques
- Effets d'une force

4.2 L'EFFET D'UNE FORCE SUR LE MOUVEMENT

Mouvement préalable de l'objet	Orientation de la force	Effet sur le mouvement
Immobile	Sans importance	Met l'objet en mouvement (l'accélère dans le même sens que la force).
En mouvement rectiligne uniforme	Parallèle et dans le même sens que le mouvement de l'objet	Accélère le mouvement.
	Parallèle et dans le sens inverse du mouvement de l'objet	Ralentit le mouvement, l'arrête, inverse son sens.
	Perpendiculaire au mouvement de l'objet	Modifie l'orientation du mouvement.

Une force peut également déformer un objet. Cela se produit lorsqu'une force est appliquée sur une partie seulement d'un objet. Cette partie tend alors à bouger, tandis que le reste de l'objet tend à rester immobile. Selon les propriétés mécaniques de l'objet, il y aura alors résistance, déformation ou rupture. Ainsi, sous l'action d'une force, l'argile se déforme, les ressorts se compriment ou s'étirent, le bois se courbe ou se casse (*voir la* **FIGURE 4.3**).

4.3 Sous l'action d'une force, telle que celle engendrée par le poids de la neige, certaines branches se courbent, d'autres se cassent, tandis que les troncs d'arbre résistent.

Une force est toujours exercée par un objet sur un autre objet. En effet, un objet ne peut pas exercer de force sur lui-même. De ce point de vue, une force peut donc être considérée comme l'action d'un objet sur un autre. Cette action prend généralement la forme d'une poussée ou d'une traction. Par exemple, quand une personne pousse sur une automobile pour la dégager d'un banc de neige, elle exerce une force sur celle-ci. De même, quand une locomotive tire sur les wagons d'un train, elle exerce une force sur eux.

© ERPI Reproduction interdite

DÉFINITION

Une **force** est une poussée ou une traction qui modifie l'état de mouvement d'un objet ou qui le déforme.

Si une modification de l'état de mouvement d'un objet provient toujours d'une force, l'inverse n'est pas toujours vrai : une force ne réussit pas toujours à modifier un mouvement. Par exemple, un individu peut pousser de toutes ses forces sur un gros meuble sans réussir à le faire bouger. Dans ce cas, la force exercée n'est pas suffisante pour surmonter le frottement entre le meuble et le sol. Le frottement sera vu plus en détail au chapitre 5.

Les forces peuvent également être représentées par des vecteurs (*voir* Les préalables mathématiques, *à la page 4*). Elles possèdent en effet une grandeur et une orientation. Graphiquement, une force est habituellement représentée par une flèche accompagnée d'une indication de l'intensité de cette force. Mathématiquement, une force peut être représentée à l'aide de ses composantes. Celles-ci sont généralement orientées selon les axes x, y ou z. Les notations « composante parallèle » et « composante perpendiculaire » sont parfois utilisées. Ces notations sont particulièrement utiles dans le cas du plan incliné où le mouvement n'est ni horizontal, ni vertical, comme le montre la **FIGURE 4.4**.

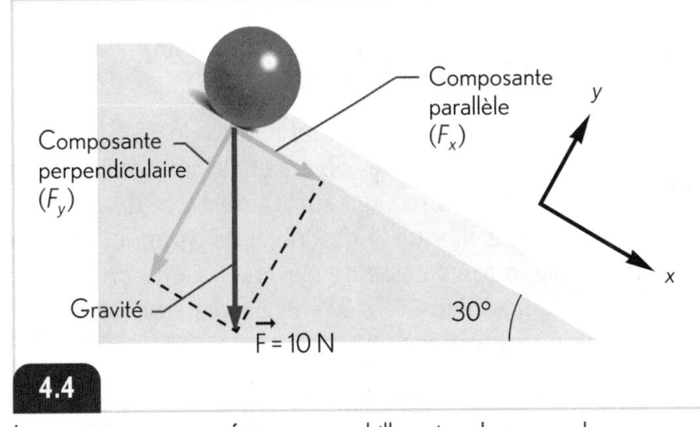

4.4

La gravité exerce une force sur une bille qui roule sur un plan incliné. Cette force peut être décomposée en composantes parallèle et perpendiculaire au plan incliné.

ARTICLE TIRÉ D'INTERNET

Le vol de la mouche du vinaigre démystifié

La mouche du vinaigre, ou drosophile, est une vraie acrobate. Comment ce minuscule insecte arrive-t-il à accomplir des figures aériennes si étonnantes ? Des chercheurs zurichois ont trouvé une partie de la réponse en filmant une mouche à l'aide d'une caméra à grande vitesse qui permet de détailler les mouvements des ailes et la rotation du corps.

Ils ont constaté qu'afin de contrôler sa vitesse, la mouche accomplit des mouvements très faiblement dissemblables de ses deux ailes qui la mettent en rotation. Puis, pour contrecarrer cette rotation, elle produit un moment de force contraire grâce à des battements d'ailes finement dosés : elle donne alors une poussée et une contre-poussée.

Cette découverte pourrait ouvrir de nouvelles perspectives en robotique, espèrent les chercheurs.

Adapté de : Tribune de Genève (ats), *Le vol de la mouche disséqué par des spécialistes zurichois* [en ligne]. (Consulté le 21 janvier 2009.)

La mouche du vinaigre.

© ERPI Reproduction interdite

4.2 La loi de l'inertie

La plupart des observations faites sur Terre donnent à penser que l'état naturel des objets serait l'immobilité. En effet, lorsqu'un ballon roule au sol, il ralentit et finit toujours par s'arrêter. De même, les moteurs cessent de fonctionner dès qu'ils ne sont plus alimentés en énergie. De plus, les objets déjà au repos ne se mettent jamais spontanément en mouvement. Par conséquent, il semble rationnel de croire qu'une force est nécessaire pour mettre un objet en mouvement ou pour le maintenir en mouvement.

CONCEPT DÉJÀ VU
» Masse

LABO
7. L'ÉTUDE DES EFFETS D'UNE FORCE APPLIQUÉE SUR UN CORPS

Le concept d'inertie

Aristote, un philosophe grec qui a vécu de 384 à 322 avant notre ère, croyait lui aussi que l'état naturel des objets était l'immobilité. Il soutenait que, tant et aussi longtemps qu'une force agit sur un objet, ce dernier se déplace; que plus la force est grande, plus la vitesse de l'objet est grande; et qu'un objet redevient immobile dès que la force cesse de s'exercer. Cette croyance a dominé toute la pensée occidentale jusqu'au 16e siècle et elle est encore vivante de nos jours en dehors des milieux scientifiques.

Au début du 17e siècle, le savant italien Galilée (1564-1642) est le premier à réfuter officiellement les idées d'Aristote et à proposer une autre théorie. Galilée a réalisé plusieurs expériences à l'aide d'un plan incliné. Il a observé que, lorsqu'une bille roule sur un plan incliné, puis remonte sur un second plan incliné, elle se rend approximativement à la même hauteur que sa hauteur de départ (*voir la* **FIGURE 4.5**). Galilée s'est alors demandé jusqu'où irait la bille si le second plan incliné devenait horizontal. Bien qu'il s'agisse là d'une expérience impossible à réaliser concrètement, Galilée a compris que la bille poursuivrait son mouvement en ligne droite indéfiniment. Il s'est en effet rendu compte que, si l'application d'une force était nécessaire pour faire passer la bille de l'immobilité au mouvement, aucune force n'était nécessaire pour la maintenir en mouvement.

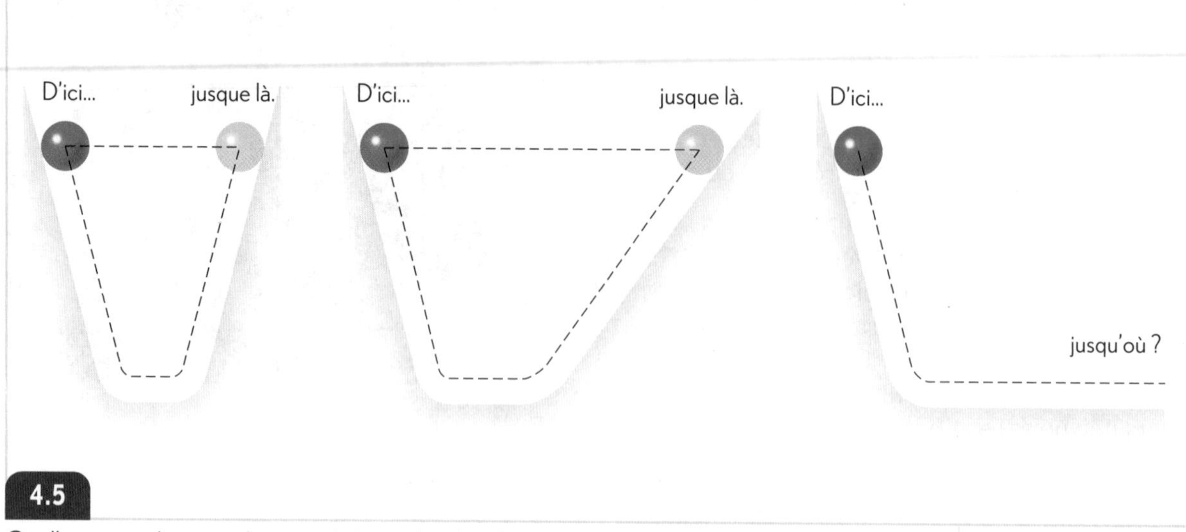

4.5

Quelle que soit la pente du second plan incliné, la bille remonte toujours pratiquement à la même hauteur que celle de son point de départ. Sur un plan horizontal, elle pourrait poursuivre sa course indéfiniment.

© ERPI Reproduction interdite

Galilée a ainsi découvert que l'état naturel des objets n'est pas l'immobilité, mais plutôt la conservation de l'état de mouvement. Cette tendance porte le nom d'«inertie». La définition scientifique du mot *inertie* diffère donc de celle du langage courant, où ce mot réfère plutôt à l'inactivité.

L'inertie peut être considérée comme la tendance à résister à un changement de vitesse ou d'orientation. En effet, les objets montrent la même résistance à augmenter leur vitesse qu'à la ralentir. C'est donc l'inertie qui explique pourquoi les passagers d'une voiture qui freine brusquement se sentent projetés vers l'avant et pourquoi ils se sentent écrasés contre leur siège lors d'une accélération rapide.

DÉFINITION

L'**inertie** est la tendance naturelle d'un objet à conserver son état de mouvement.

ENRICHISSEMENT

Lorsque Nicholas Copernic (1473-1543) a émis l'idée que c'est la Terre qui tourne autour du Soleil, et non l'inverse, plusieurs arguments ont été invoqués pour réfuter cette idée révolutionnaire. L'un d'eux était que, dans ce cas, la Terre devait se mouvoir à la vitesse d'environ 107 000 km/h pour décrire une orbite autour du Soleil en un an, ce qui équivaut à une vitesse d'environ 30 km/s. Comment expliquer alors qu'un oiseau perché sur une branche puisse se poser au sol ? En effet, si la Terre bouge si vite, ne devrait-elle pas se déplacer de 30 km si l'oiseau met une seconde à descendre de l'arbre ?

Le concept d'inertie permet de répliquer à cet argument. Ainsi, ce n'est pas seulement la Terre qui tourne autour du Soleil à une vitesse d'environ 30 km/s, mais également tout ce qui se trouve à sa surface. Comme ce mouvement est constant, son existence peut donc passer totalement inaperçue.

4.6

Un passager d'un train en mouvement à vitesse constante fait l'expérience de l'inertie lorsqu'il lance une pièce de monnaie en l'air et que celle-ci retombe dans sa main.

Lorsqu'on botte un ballon, celui-ci se met en mouvement immédiatement. Toutefois, si l'on donne un coup de pied équivalent sur une pierre ayant la même taille que le ballon, il est possible que la pierre ne bouge pas. Qu'est-ce qui distingue le ballon de la pierre dans cette petite expérience ? C'est la masse. En effet, l'inertie dépend de la masse. En fait, la masse peut même être considérée comme une mesure de l'inertie.

© ERPI Reproduction interdite

La masse correspond à la quantité de matière présente dans un objet. Plus la masse est élevée, plus la force nécessaire pour modifier son état de mouvement est élevée. La présence d'une plus grande quantité de matière explique donc pourquoi il est plus difficile et plus douloureux de frapper sur une pierre que sur un ballon.

Dans son livre intitulé *Men from Earth*, paru en 1989, l'astronaute Buzz Aldrin témoigne ainsi de la problématique du déplacement sur la Lune: «Sur Terre, le système de survie que nous portions sur notre dos ainsi que notre combinaison spatiale pesaient 190 livres, mais sur la Lune, ils ne pesaient plus que 30 livres. Si l'on ajoute à cela le poids de mon propre corps, cela donnait un poids total d'environ 60 livres sur la Lune. Un des tests que nous devions faire était de courir pour vérifier la mobilité d'un astronaute à la surface de notre satellite. Je me suis alors rappelé ce qu'Isaac Newton (1642-1727) nous a enseigné, il y a trois siècles: la masse et le poids sont deux choses différentes. En effet, je ne pesais que 60 livres, mais ma masse était restée la même que sur Terre. L'inertie était donc un problème. Je devais planifier soigneusement chacun de mes mouvements afin de m'arrêter ou de changer de direction sans tomber.» (*Traduction libre.*)

4.7 L'astronaute Buzz Aldrin est le deuxième être humain à marcher sur la Lune.

L'apport de Newton

Trois lois résument les relations entre les forces et le mouvement, c'est-à-dire tout le domaine de la dynamique. Il s'agit des trois lois du mouvement qu'Isaac Newton a établies en se basant sur les travaux de plusieurs de ses prédécesseurs, ainsi que sur quelques découvertes personnelles. Elles ont été publiées pour la première fois en 1687.

Les trois lois de Newton sont universelles, c'est-à-dire qu'elles s'appliquent à tous les objets de l'Univers. Auparavant, les lois de la physique s'appliquaient soit aux objets situés sur la Terre, soit aux objets situés dans l'espace. Grâce aux lois de Newton, la physique a acquis un côté mathématique et prédictif, qui a permis notamment à Edmund Halley (1656-1742) de prédire le retour de la comète qui porte désormais son nom (*voir la* **FIGURE 4.8**, *à la page suivante*).

© ERPI Reproduction interdite

Edmund Halley a appliqué les lois de Newton au mouvement des comètes. Cela lui a permis de décrire l'orbite de la comète de Halley et d'annoncer son retour prochain. La comète de Halley est visible de la Terre tous les 76 ans. Son prochain passage est prévu en 2062.

Aujourd'hui, soit plus de trois siècles plus tard, ces lois constituent encore un des piliers de la physique. Elles restent en effet valables dans toutes les situations dans lesquelles la vitesse est notablement inférieure à la vitesse de la lumière (sinon, elles sont remplacées par la théorie de la relativité d'Einstein) et dans tous les cas où la taille est supérieure à celle de l'atome (autrement, il faut faire appel aux équations de la mécanique quantique).

Ce chapitre présente la première des trois lois du mouvement établies par Newton. Les deuxième et troisième lois seront examinées respectivement aux chapitres 5 et 6.

La première loi du mouvement de Newton est une reformulation de la découverte de Galilée sur l'inertie. Elle stipule en effet que, si aucune force n'est exercée sur un objet, le mouvement de ce dernier ne changera pas. Si l'objet est immobile, il restera immobile. S'il est en mouvement, il restera en mouvement.

© ERPI Reproduction interdite

DÉFINITION

La **première loi du mouvement de Newton** indique qu'un objet au repos ou en mouvement rectiligne uniforme conservera cet état de mouvement indéfiniment, à moins qu'une force ne vienne modifier cet état de mouvement.

ENRICHISSEMENT

La première loi de Newton indique que les objets ont naturellement tendance à être soit immobiles, soit en mouvement rectiligne uniforme. Ces deux mouvements ont la particularité d'être physiquement équivalents. Ils correspondent en effet à une accélération nulle. Tel qu'il a été démontré au chapitre 3 (*voir la page 115*), la description du même mouvement peut changer d'un système de référence à un autre et rien ne permet d'affirmer qu'un système de référence est préférable à un autre. Par conséquent, pour tout objet qui se déplace en mouvement rectiligne uniforme, il est possible de trouver un système de référence dans lequel cet objet est immobile. D'où l'équivalence de ces deux mouvements.

HISTOIRE DE SCIENCE

Pour amortir les chocs !

Depuis plus de 100 ans, les inventeurs ne cessent de faire preuve d'imagination pour créer des mécanismes de sécurité afin de protéger les conducteurs et les passagers des voitures.

Le premier brevet relatif à des bretelles protectrices a été déposé en 1903 par le Canadien Gustave Désiré Lebeau. Ce dispositif permettait de maintenir sur leur siège les occupants d'un véhicule lors d'un arrêt brusque. Ce système de retenue a fait beaucoup de chemin, et depuis, d'autres inventions ont vu le jour.

La ceinture de sécurité

Les premières ceintures de sécurité n'avaient que deux points d'ancrage et retenaient uniquement l'abdomen. Il a fallu attendre jusqu'en 1959 pour voir les premières voitures équipées de ceintures avec trois points d'ancrage. Grâce à ce système inventé par Nils Bohlin (1920-2002), ingénieur chez un constructeur d'automobiles suédois, le choc était dorénavant absorbé par le thorax et le bassin, les parties les plus résistantes du corps.

Après plusieurs tests d'impact, le port de la ceinture est vite devenu une norme.

Le siège d'enfant

En 1963, une société allemande a présenté le premier dispositif de sécurité qui tenait compte de la petite taille d'un enfant : le siège d'auto pour enfant.

Contrairement aux autres mécanismes de sécurité, le siège d'enfant ne fait pas partie des équipements de série de la plupart des voitures, car il doit être régulièrement modifié selon la croissance de l'enfant.

Le coussin gonflable

Le coussin gonflable a été inventé au début des années 1950 par l'Américain John Hetrick et l'Allemand Walter Linder. À la fin de cette décennie, des ingénieurs de deux constructeurs d'automobiles américains se sont penchés sur cette invention. Finalement, les premières voitures dotées d'un coussin gonflable sont arrivées sur le marché en 1973.

Le coussin gonflable n'est utile qu'avec le port de la ceinture de sécurité. En effet, il s'agit d'un dispositif complémentaire à la ceinture qui, à elle seule, fait 90 % du boulot ! Le coussin gonflable a été conçu pour éviter les blessures à la tête ou à la poitrine lors d'un impact.

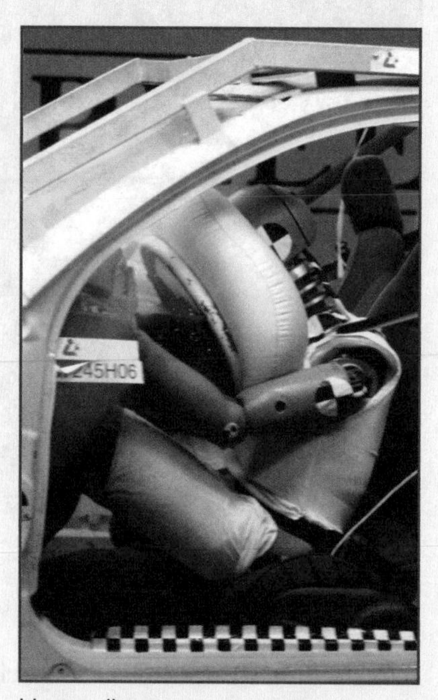

Un test d'impact.

Il renferme notamment un gaz sous pression qui, lors d'une décélération brusque du véhicule, est libéré et le gonfle automatiquement en quelques millisecondes.

Ces trois dispositifs de sécurité installés dans les véhicules permettent de limiter les mouvements indépendants de la volonté des passagers lors d'un impact. D'une certaine façon, ce sont des secouristes présents avant même que survienne un accident. Pas étonnant qu'ils contribuent à sauver de nombreuses vies !

© ERPI Reproduction interdite

LA SÉCURITÉ À BORD DES VÉHICULES

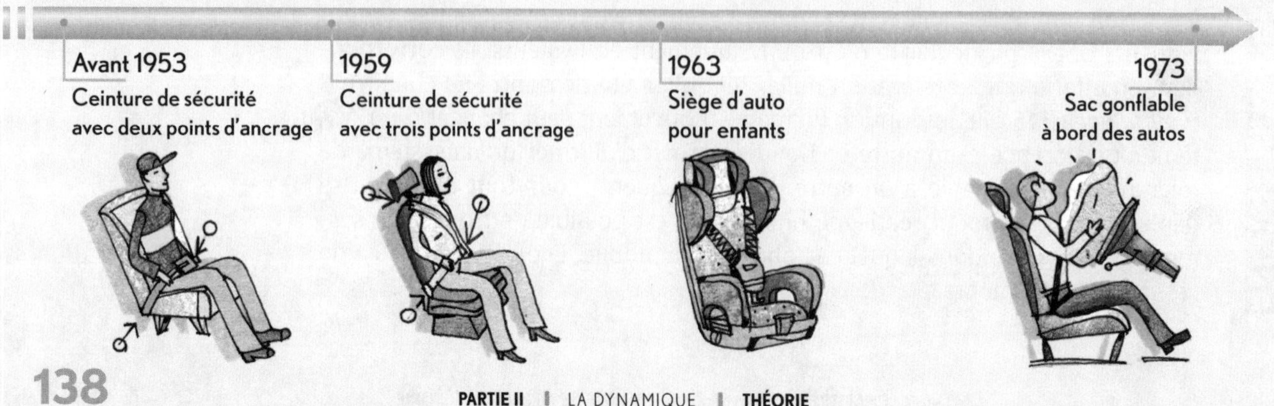

Nom: ____________________ Groupe: ________ Date: ____________

~~Exercices~~

COMPAGNON WEB
SECTION 4.1

4.1 Le concept de force

Ex. 1 2 4 5

1. Quelle est l'orientation de la force qui s'exerce sur les objets suivants ?

a) Une balle lancée en l'air ralentit, s'arrête, puis repart en sens inverse.

orientation : sud (vers le bas)

b) Une rondelle de hockey glissant sur une patinoire change brusquement d'orientation.

c) Un œuf se casse en deux.

Ex. 3

2. Une voiture se déplace dans le même sens que l'axe des *x*. Sa vitesse décroît régulièrement.

a) Laquelle des affirmations suivantes décrit correctement ce mouvement ?

A. L'accélération de la voiture est positive.

B. La force appliquée sur la voiture diminue.

C. La force appliquée sur la voiture augmente.

D. L'accélération de la voiture est négative.

b) Représentez le déplacement de cette voiture sur un axe des *x*. Ajoutez un vecteur vitesse et un vecteur accélération.

© ERPI Reproduction interdite

Nom : ____________ Groupe : ________ Date : ____________

4.2 La loi de l'inertie

COMPAGNON WEB
SECTION 4.2

Ex. 1 5

1. Si l'on double la masse d'un objet, quel sera l'effet sur son inertie ?

2. Deux livres sont posés sur une table. La masse de l'un est de 0,5 kg, celle de l'autre est de 1,5 kg.
   a) Quel est le rapport entre les masses de ces deux livres ?
   b) Quel est le rapport entre les inerties de ces deux livres ?

Ex. 2

3. Marilou pousse un panier d'épicerie à vitesse constante dans l'allée d'un supermarché.
   a) Comment Aristote expliquerait-il le mouvement de ce panier ?
   b) Comment Galilée expliquerait-il ce mouvement ?
   c) Tout à coup, les roues avant du panier heurtent un gros contenant de litière pour chats. Selon la première loi de Newton, que va-t-il se passer ?

© ERPI Reproduction interdite

Nom : ______ Groupe : ______ Date : ______

Ex. 3 4

4. Pourquoi appelle-t-on parfois la première loi de Newton la « loi de l'inertie » ?

5. Si aucune force n'agit sur un objet en mouvement, que pouvez-vous déduire à propos du mouvement de cet objet ?

il est infini

6. La première loi de Newton stipule qu'aucune force n'est nécessaire pour maintenir un objet en mouvement. En ce cas, pourquoi doit-on pédaler pour maintenir une vitesse constante à bicyclette ?

7. Lors d'un impact violent, les passagers d'un véhicule n'ayant pas bouclé leur ceinture risquent d'être éjectés de la voiture en passant au travers du pare-brise. Pour mieux comprendre ce phénomène, décrivez les forces horizontales qui s'exercent sur les passagers dans chacun des cas suivants.

a) Les passagers se déplacent en ligne droite et à vitesse constante.

b) Les passagers se déplacent en ligne droite à vitesse croissante (c'est-à-dire avec une accélération positive).

c) Les passagers se déplacent en ligne droite à vitesse décroissante (soit avec une accélération négative).

d) Les passagers sont retenus par une ceinture de sécurité et ils se trouvent dans un véhicule qui s'arrête brusquement.

© ERPI Reproduction interdite

e) Quelle est la conséquence de cette dernière situation sur le mouvement des passagers ?

f) Les passagers ne sont pas retenus par une ceinture de sécurité et ils se trouvent dans un véhicule qui s'arrête brusquement.

g) Quelle est la conséquence de cette dernière situation sur le mouvement des passagers ?

8. En général, un ballon lancé vers le plancher rebondit lorsqu'il frappe le plancher. Une force est-elle nécessaire pour provoquer le rebondissement du ballon ? Expliquez votre réponse.

9. Mathieu frappe une rondelle de hockey avec son bâton. La rondelle glisse sur une certaine distance, ralentit, puis s'immobilise. Comment peut-on concilier ce mouvement avec la première loi de Newton ?

10. Un ours poursuit une souris. Pour échapper à son prédateur, la souris se met à zigzaguer. En quoi cette stratégie est-elle efficace du point de vue de l'inertie ?

© ERPI Reproduction interdite

4.3 La force résultante et l'état d'équilibre

Comme les forces sont des vecteurs, cela implique qu'il est possible de combiner deux ou plusieurs forces en les additionnant de façon vectorielle. On obtient ainsi la «force résultante». (Dans le prochain chapitre, nous verrons plus en détail différentes forces qui peuvent s'exercer sur un objet et une façon de les représenter.)

La force résultante

Lorsque deux forces ou plus agissent en même temps sur le même objet, leur effet est exactement le même que celui d'une seule force représentant la somme vectorielle de ces deux forces.

DÉFINITION

La **force résultante** est une force virtuelle équivalente à la somme vectorielle de toutes les forces qui agissent sur un objet à un moment donné.

Les **FIGURES 4.9** à **4.11** présentent quelques exemples de force résultante.

4.9 Deux forces qui s'appliquent sur un objet dans le même sens s'additionnent.

4.10 Deux forces de même intensité qui s'appliquent sur un objet en sens inverses s'annulent.

4.11 Deux forces qui s'appliquent sur un même objet en formant un angle s'additionnent de façon vectorielle.

L'état d'équilibre

Un livre placé sur une table de bois est immobile. Pourtant, deux forces agissent sur lui. D'abord, il y a la gravité qui tire le livre vers le sol. Cette force agit constamment sur tous les objets qui se trouvent à la surface de la Terre. Puis, il y a la force exercée par la table qui, grâce à la force des liaisons entre les atomes qui la composent, maintient le livre au-dessus du sol. En effet, si la table était un fluide ou si elle était faite de gélatine, elle n'arriverait pas à maintenir le livre à sa position et celui-ci tomberait vers le sol.

© ERPI Reproduction interdite

Le mouvement d'un objet est soumis à la somme vectorielle de toutes les forces appliquées sur lui. Lorsque deux forces de même intensité et de sens opposés agissent en même temps, elles s'annulent. De même, lorsque toutes les composantes selon l'axe des *x* s'annulent et que toutes les composantes selon l'axe des *y* s'annulent, la force résultante est également nulle. En ce cas, le mouvement de l'objet n'est pas modifié : il est en « état d'équilibre ».

DÉFINITION

Un objet est en **état d'équilibre** si aucune force n'agit sur lui ou si la force résultante est nulle.

Voici trois exemples permettant de mieux comprendre l'état d'équilibre.

L'état d'équilibre dans le cas de deux cordes verticales.

L'état d'équilibre dans le cas de deux cordes verticales présentant une composante horizontale.

L'état d'équilibre dans le cas d'une corde horizontale soutenant un certain poids.

À la **FIGURE 4.12**, la gravité entraîne la trapéziste vers le bas, tandis que les deux cordes parallèles l'entraînent vers le haut. Puisqu'il y a une corde à gauche et une autre à droite, la tension dans chaque corde correspond exactement à la moitié de la force exercée par la gravité sur la trapéziste.

À la **FIGURE 4.13**, les deux cordes auxquelles est suspendu l'athlète sont légèrement éloignées l'une de l'autre. La tension dans chaque corde possède alors une composante verticale et une composante horizontale. Puisque l'athlète est en état d'équilibre, les deux composantes horizontales s'annulent entre elles, tandis que les deux composantes verticales sont annulées par la force que la gravité exerce sur l'athlète.

À la **FIGURE 4.14**, les composantes horizontales du hamac de chaque côté de la personne s'annulent entre elles, tandis que les composantes verticales sont annulées par la force que la gravité exerce sur cette personne. C'est pourquoi le hamac prend une forme caractéristique en « U ».

© ERPI Reproduction interdite

Nom : ____________________ Groupe : ________ Date : ____________

Exercices

COMPAGNON WEB
SECTION 4.3

4.3 La force résultante et l'état d'équilibre

Ex. 1 3

1. **a)** Quel est l'effet d'une force résultante nulle sur l'état de mouvement d'un objet ?

b) Quel est l'effet d'une force résultante non nulle sur l'état de mouvement d'un objet ?

Ex. 2

2. Deux enfants tirent sur le même livre en même temps. Pourtant, le livre ne bouge pas. Comment expliquez-vous cette situation ?

les 2 enfants tire avec la m force, dont l'orientation est différente de 180°

3. Trois forces différentes agissent en même temps sur un objet. La force résultante peut-elle être nulle ? Expliquez votre réponse.

Oui,

4. Un objet au repos peut-il n'avoir qu'une seule force agissant sur lui ? Si oui, donnez un exemple. Si non, expliquez pourquoi.

Non, si une seul force agis sur un objet, l'objet aura une accélération proportionnelle à la force appliqué

5. Un objet peut-il se déplacer selon une orientation tandis qu'une force agit sur lui selon la même orientation, mais en sens inverse ? Si oui, donnez un exemple. Si non, expliquez pourquoi.

Oui,

© ERPI Reproduction interdite

Nom : ______________________ Groupe : ________ Date : ______________

Ex. 4

6. Un avion de ligne vole à 700 km/h à une altitude de 10 000 m. Ses moteurs exercent une force de poussée de 70 000 N. Quelle est la force exercée par l'air sur l'avion ? (Indice : Ne tenez compte que des forces horizontales.)

____

____

____

____

____

____

7. On suspend un anneau de métal à l'aide d'une corde à deux crochets situés au plafond. L'angle formé par les deux sections de la corde est de 90°. Si la tension dans chacune des sections est de 22,0 N, quelle est la grandeur de la force exercée par la gravité sur l'anneau métallique ?

____

© ERPI Reproduction interdite

8. Trois masses sont reliées par deux cordes à un système de poulies. La gravité tire sur la masse 1 avec une force de 35 N, sur la masse 2 avec une force de 26 N et sur la masse 3 avec une force de 15 N. Selon la verticale, la masse 1 est-elle en équilibre ? Si non, quel est son mouvement ?

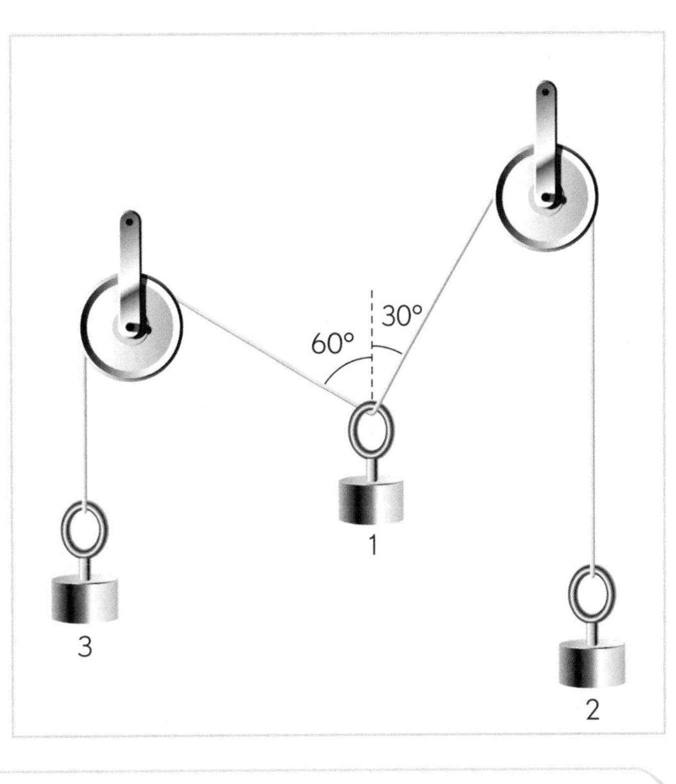

© ERPI Reproduction interdite

Nom : ______ Groupe : ______ Date : ______

9. Tous ces blocs ont la même masse. Classez-les selon l'ordre croissant de la tension dans les cordes qui les retiennent.

a)

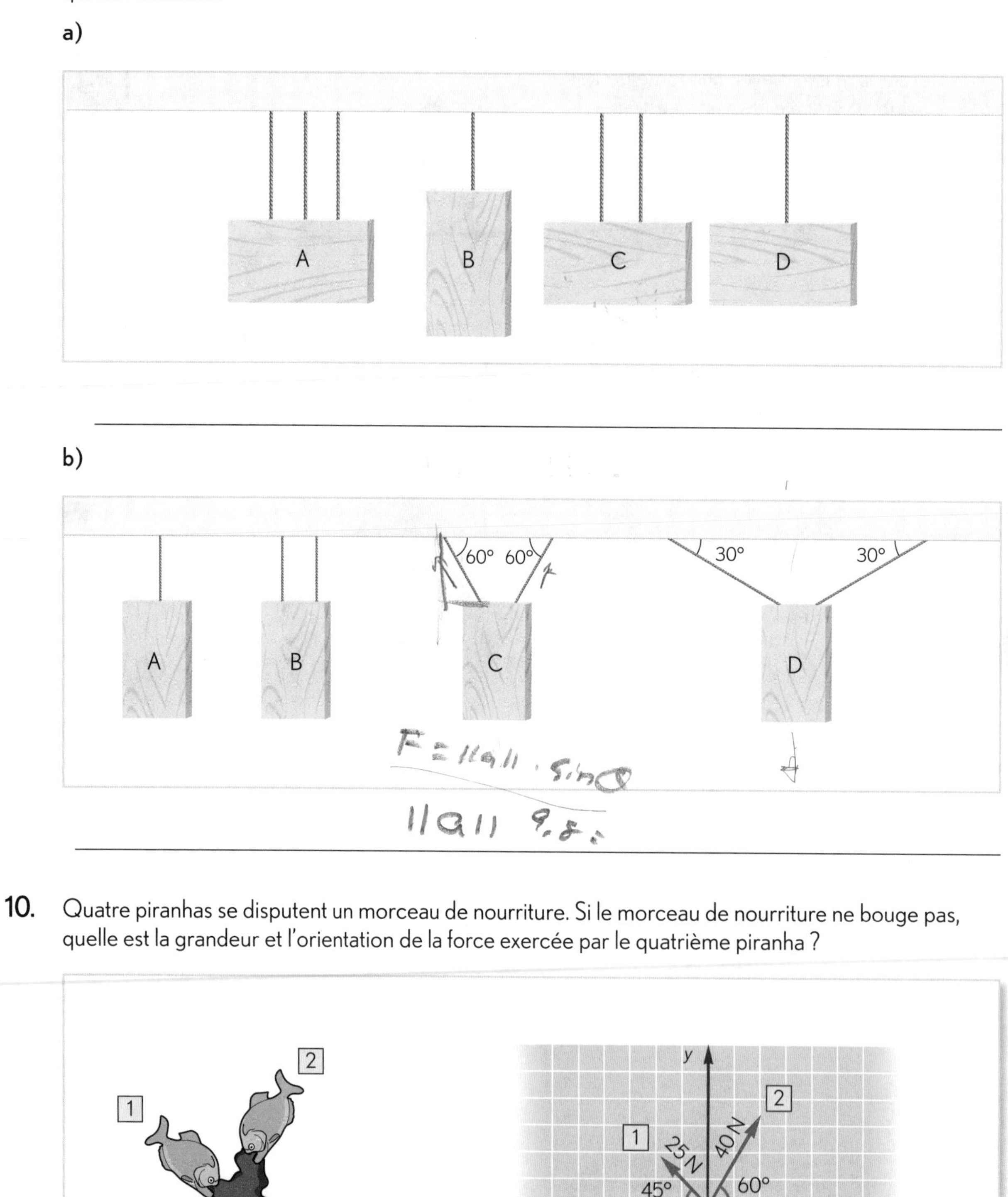

______

b)

______

Ex. 5 **10.** Quatre piranhas se disputent un morceau de nourriture. Si le morceau de nourriture ne bouge pas, quelle est la grandeur et l'orientation de la force exercée par le quatrième piranha ?

© ERPI Reproduction interdite

Nom: Groupe: Date:

①

	x	y
2 40 N à 60°	20 N	34,64 N
1 25 N à 135°	-17,67 N	17,67 N
3 40 N à 300°	20 N	-34,64 N
F_R	22,33 N	17,67 N
$F_É$	-22,33 N	-17,67 N

$$\|F\| = \sqrt{F_x^2 + F_y^2} = \sqrt{(-22,33)^2 + (-17,67)^2}\ N = 28,48\ N$$

$$\alpha = \arctan\left(\frac{F_y}{F_x}\right) + \beta = 218,4°$$

②

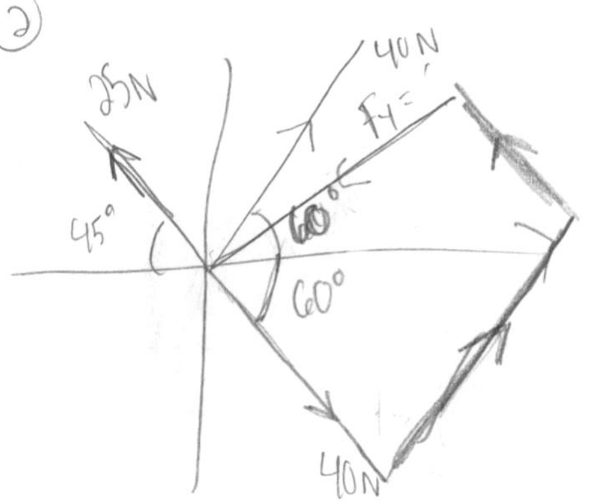

25N
40N
F_4 =
45°
60°
60°
40N

© ERPI Reproduction interdite

Nom : ______________________ Groupe : ________ Date : ______________

11. Dans chacun des cas suivants, deux forces s'exercent sur un objet. Ajoutez une troisième force ($\vec{F_3}$) afin que l'objet soit en équilibre.

a)

b)

c)

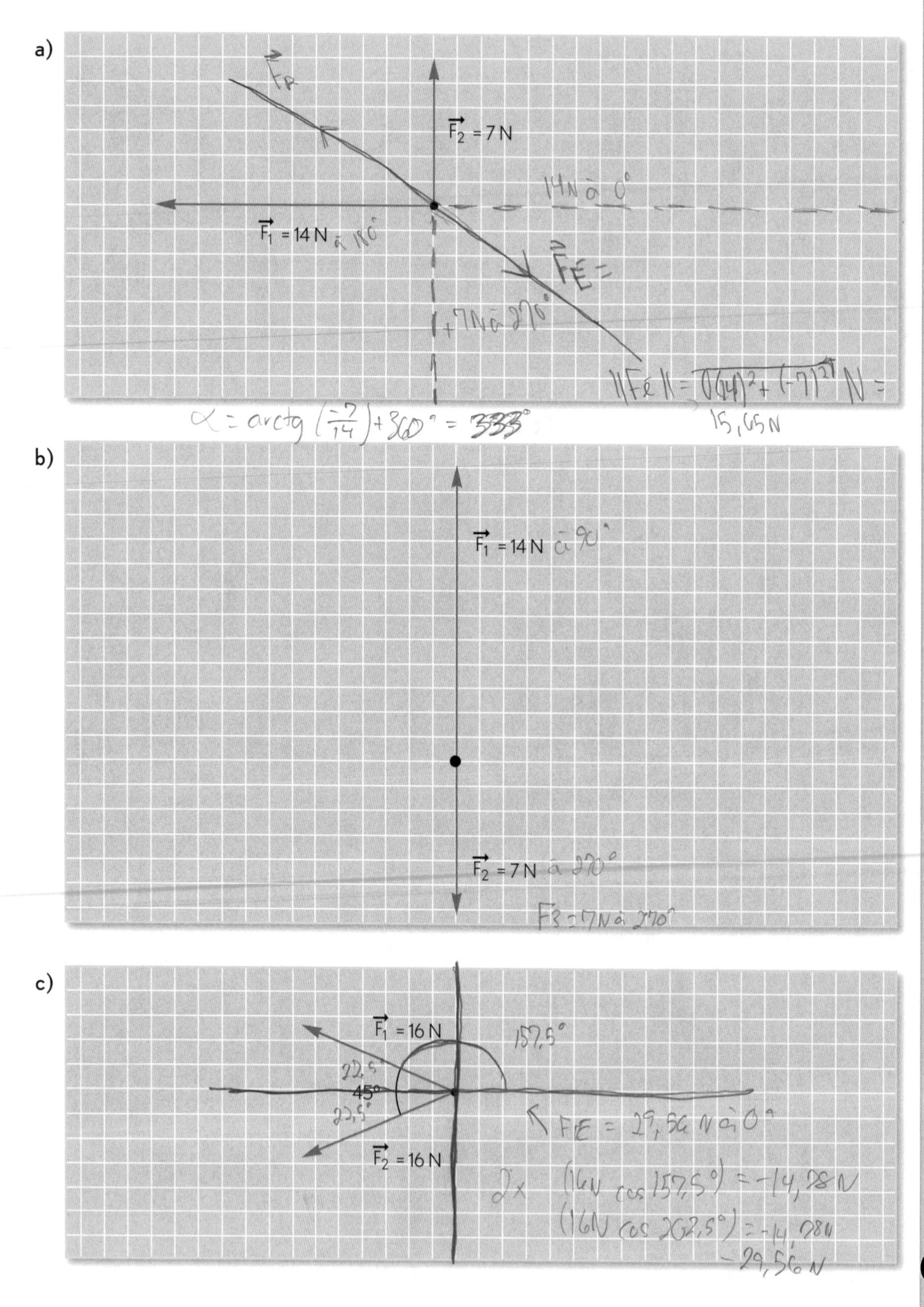

© ERPI Reproduction interdite

Résumé

La première loi de Newton

4.1 LE CONCEPT DE FORCE

- Une force est une poussée ou une traction qui modifie l'état de mouvement d'un objet ou qui le déforme.
  - Une force peut mettre en mouvement, accélérer, ralentir, arrêter ou dévier un objet.
  - Une force qui ne s'applique que sur une partie d'un objet peut, selon les propriétés mécaniques de ce dernier, provoquer une résistance, une déformation ou une rupture.
  - Une force est toujours exercée par un objet sur un autre objet.
- Les forces peuvent également être représentées par des vecteurs. On peut donc les décrire à l'aide de leurs caractéristiques (grandeur et orientation) ou de leurs composantes (par exemple, une composante selon l'axe des x et une composante selon l'axe des y).

4.2 LA LOI DE L'INERTIE

- La plupart des observations faites sur Terre donnent à penser que l'état naturel des objets serait l'immobilité. Le philosophe grec Aristote, ainsi que toute la pensée occidentale jusqu'au 16e siècle, était d'ailleurs de cet avis.
- Au 17e siècle, le savant italien Galilée, grâce notamment à des expériences sur le plan incliné, a découvert que, sans l'apport d'une force, un objet en mouvement rectiligne peut conserver ce mouvement indéfiniment en raison de son inertie.
  - L'inertie est la tendance naturelle d'un objet à conserver son état de mouvement.
  - L'inertie est liée à la masse d'un objet, autrement dit, à la quantité de matière qu'il contient.
- En 1687, Isaac Newton a publié trois lois du mouvement qui résument les relations entre les forces et le mouvement.
- La première de ces lois porte sur l'inertie. Elle stipule qu'un objet au repos ou en mouvement rectiligne uniforme conservera ce mouvement indéfiniment, à moins qu'une force ne vienne modifier ce mouvement.

© ERPI Reproduction interdite

4.3 LA FORCE RÉSULTANTE ET L'ÉTAT D'ÉQUILIBRE

- Comme les forces sont des vecteurs, on peut donc combiner deux ou plusieurs forces en les additionnant de façon vectorielle.
- La force résultante est une force virtuelle équivalente à la somme vectorielle de toutes les forces qui agissent sur un objet à un moment donné.
- Un objet est en état d'équilibre si aucune force n'agit sur lui ou si la résultante de toutes les forces qui agissent sur lui est nulle.

Autres informations importantes

© ERPI Reproduction interdite

Nom : ______________ Groupe : ________ Date : ______________

Exercices sur l'ensemble du chapitre 4

ENS. CHAP. 4

Ex. 1 2 3 6

1. Une amie vous dit que, puisque sa chaise est immobile, aucune force n'agit sur celle-ci. Que lui répondez-vous ?

que la gravité et le plancher agissent sur la chaise et que si aucune force ne s'appliquait sur elle, elle serait en mouvement

Ex. 4 5

2. Un tableau est accroché au mur par un fil de fer. La gravité tire le tableau vers le bas avec une force de 44 N et chaque section de fil forme un angle de 30° avec l'horizontale. Quelle est la tension dans chaque section de fil ?

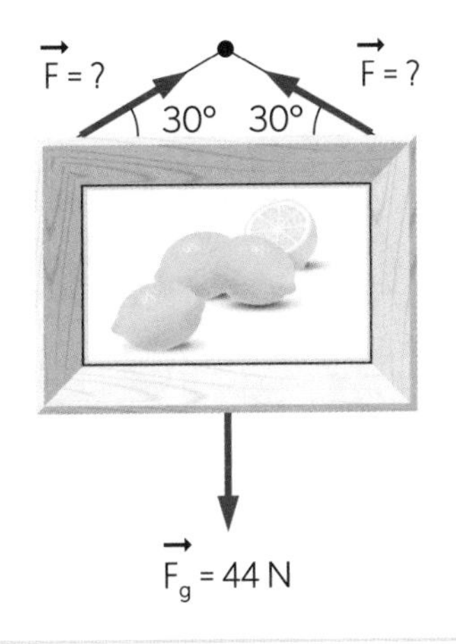

© ERPI Reproduction interdite

3. Quelle est la force gravitationnelle exercée vers le bas sur le cadre représenté ci-dessous si la force exercée par le fil 1 est de 16,00 N et celle exercée par le fil 2 est de 27,71 N ?

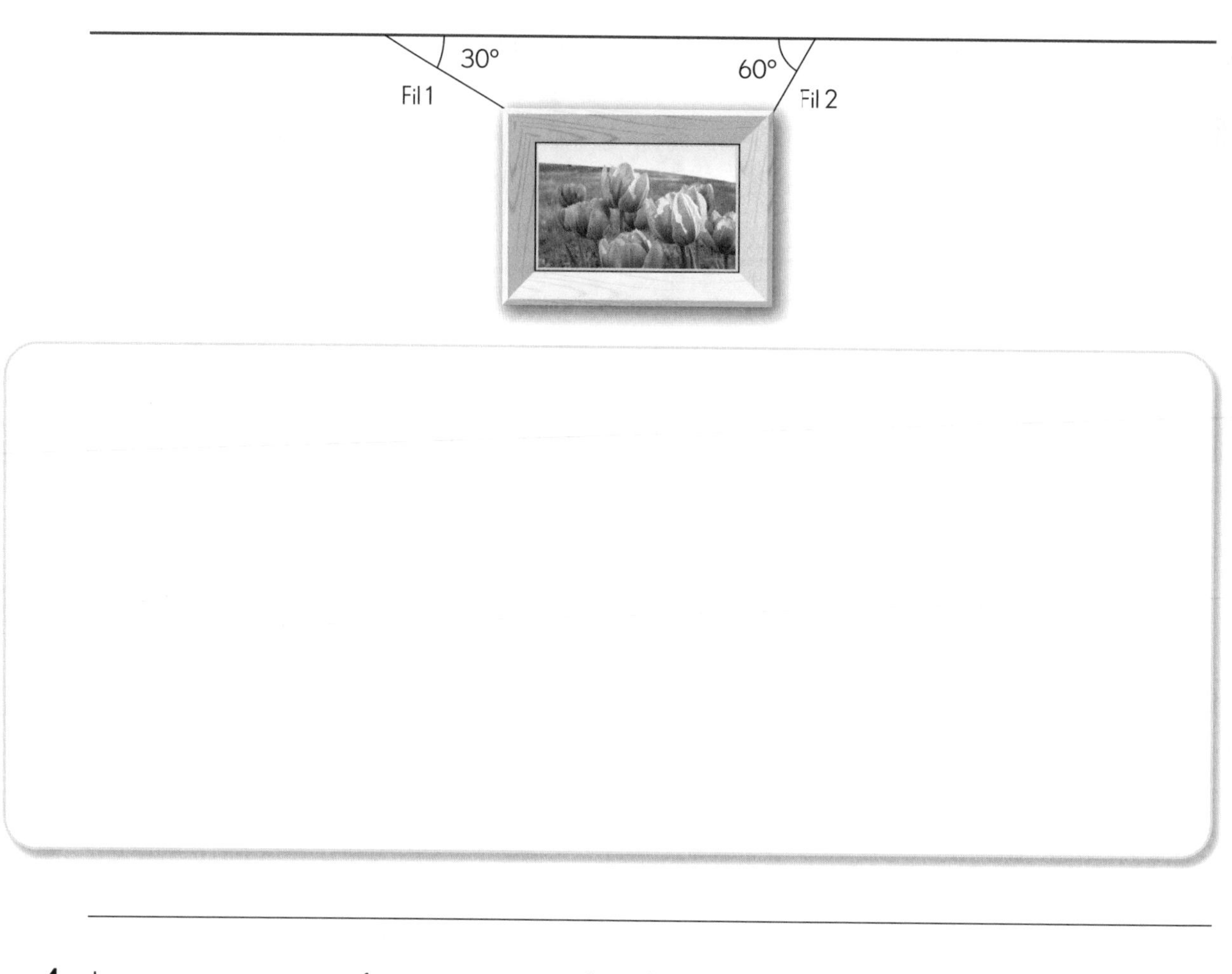

4. Jacques pousse sur un réfrigérateur avec une force horizontale de 70 N. Julien pousse sur le même réfrigérateur avec une force de 60 N dont l'orientation est de 30° au-dessus de l'horizontale. Représentez graphiquement la force résultante.

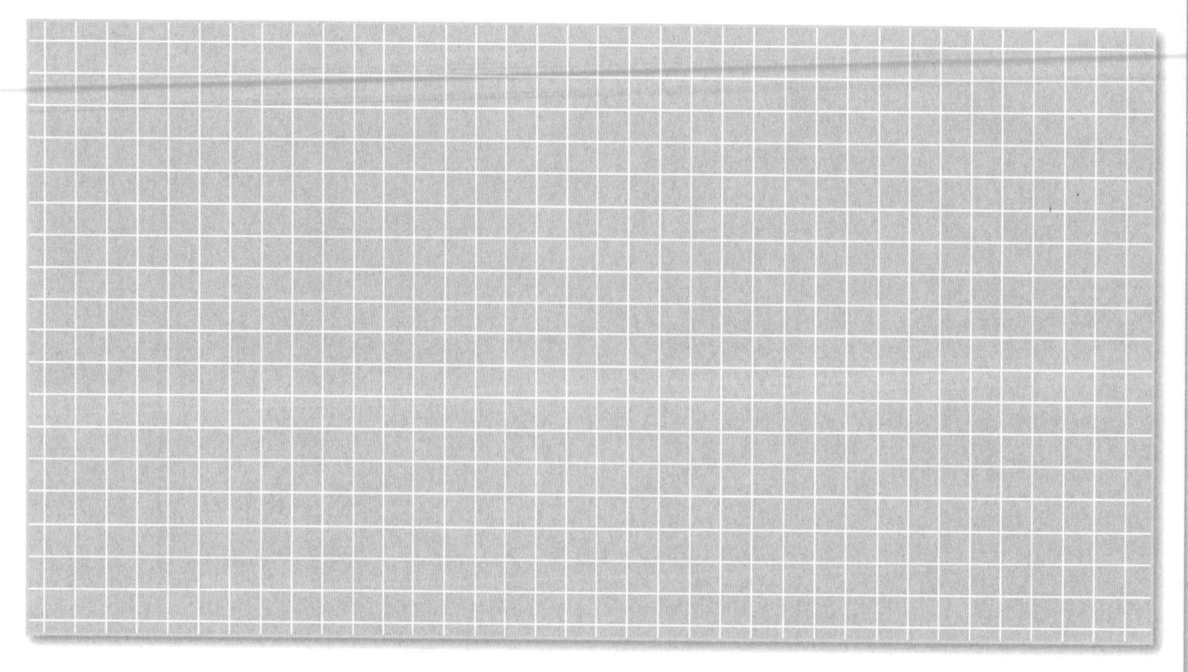

© ERPI Reproduction interdite

5. La force $\vec{F_1}$ est de 120 N, tandis que la force $\vec{F_2}$ est de 150 N. Trouvez la grandeur et l'orientation de la force résultante, $\vec{F_R}$, dans chacun des cas suivants.

a) 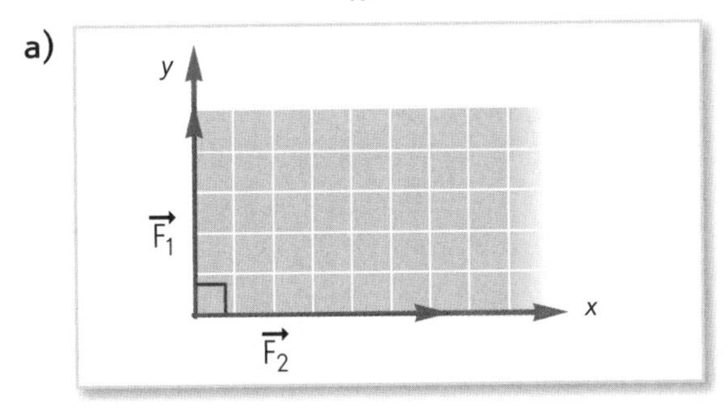

© ERPI Reproduction interdite

Nom: ______________________ Groupe: ________ Date: ______________

b)

____

____

© ERPI Reproduction interdite

Nom: ______ Groupe: ______ Date: ______

c)

y

$\vec{F}_1$

x

45°

$\vec{F}_2$

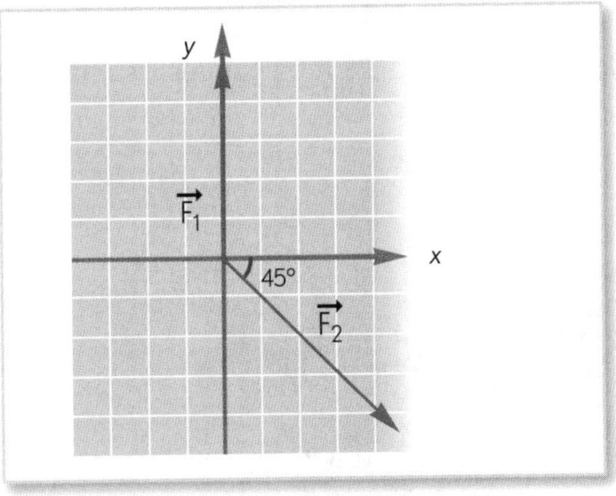

© ERPI Reproduction interdite

6. Deux enfants poussent sur une boîte chacun avec une force de 30,0 N et un angle de 45°. Ils ne réussissent pas à faire bouger la boîte. Quelle est la force exercée par le sol sur la boîte qui garde cette dernière immobile ?

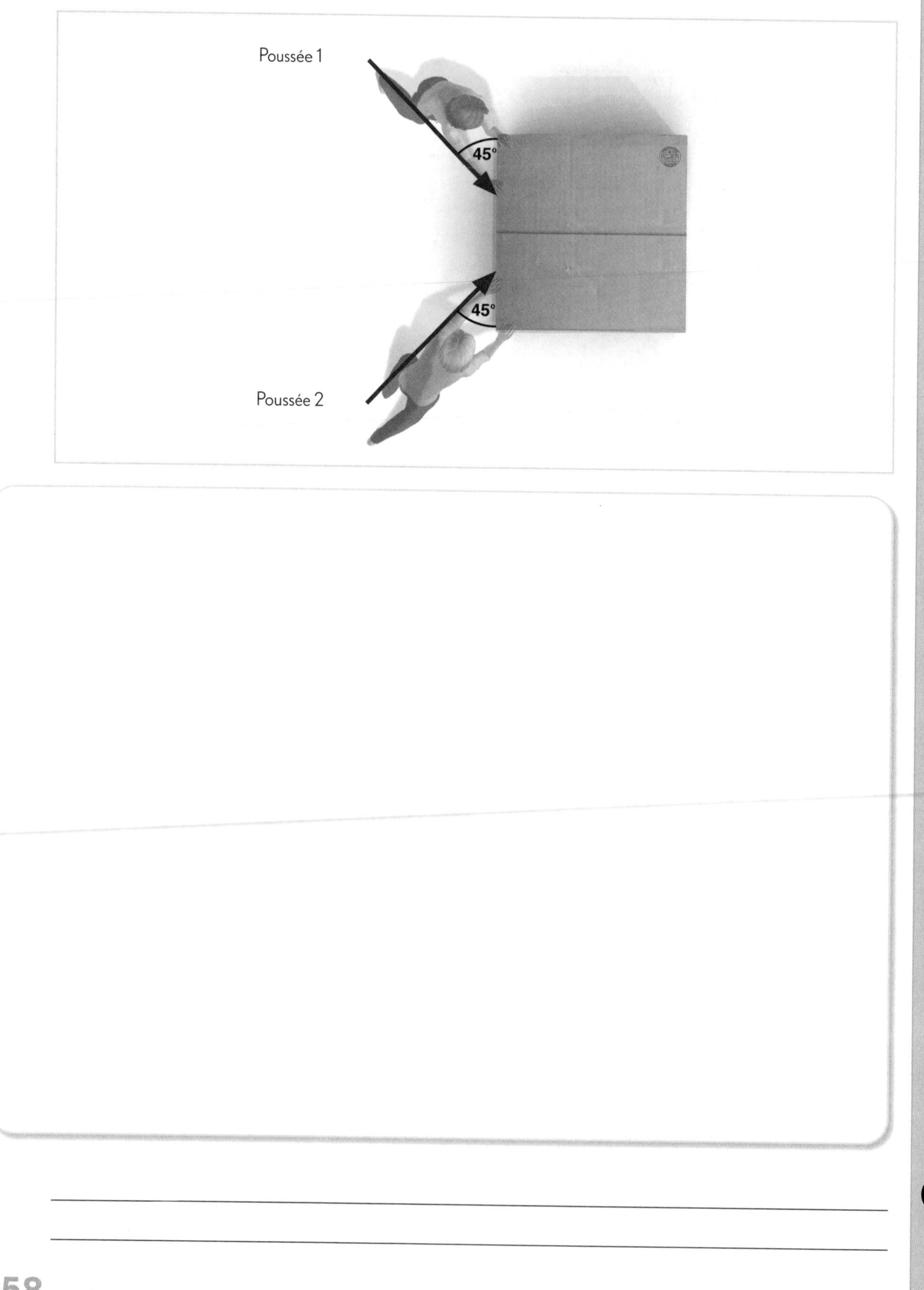

© ERPI Reproduction interdite

Nom : ______________________ Groupe : ________ Date : ______________

Défis

1. Imaginez qu'on vous engage comme consultant scientifique dans un film de science-fiction et qu'on vous demande de commenter les scènes suivantes. Répondez en vous servant de vos connaissances sur l'inertie et sur la première loi de Newton.

a) Le héros se trouve à bord d'un vaisseau spatial voyageant dans le vide intersidéral. Soudain, les moteurs flanchent et le vaisseau ralentit, puis s'arrête. Le héros appelle alors à l'aide, espérant être secouru avant de manquer d'oxygène.

b) L'héroïne du film fait une sortie dans l'espace. Elle s'agrippe au vaisseau spatial et allume un propulseur à réaction installé sur son dos. Elle réussit ainsi à donner une accélération importante au vaisseau.

c) Un méchant extraterrestre met le feu dans une soute du vaisseau spatial, puis s'enfuit à l'aide d'un câble suspendu au plafond. Il décrit alors un grand mouvement de balancier. Soudain, le câble se rompt. Une vue en plongée montre alors le méchant extraterrestre en chute libre verticale.

© ERPI Reproduction interdite

Nom : ______________________ Groupe : ________ Date : ____________

2. a) Pour convaincre un taureau d'entrer dans son enclos, une éleveuse le tire vers le sud-est. Son assistant s'apprête à lui prêter main forte. Vers quelle orientation devrait-il tirer l'animal si l'enclos se trouve à l'est ?

b) L'éleveuse tire avec une force de 700 N ($\vec{F_1}$). Son assistant déploie également une force de 700 N ($\vec{F_2}$). De son côté, le taureau cherche à reculer avec une force de 1250 N ($\vec{F_3}$). Est-ce que le taureau avancera ou reculera ? Expliquez votre réponse.

c) Que pourraient faire l'éleveuse et son assistant pour augmenter la force qu'ils exercent sur le taureau ?

© ERPI Reproduction interdite

CHAPITRE 5

5.1 Un test de collision frontale entre une voiture et un camion.

La deuxième loi de Newton

LABOS

9. L'ÉTUDE DE L'ACCÉLÉRATION D'UN CORPS EN RELATION AVEC LA FORCE ET LA MASSE
10. L'ÉTUDE DES EFFETS DE LA GRAVITATION
11. LE COEFFICIENT DE FROTTEMENT (FORCE DE FROTTEMENT)

Les conséquences d'un impact entre deux véhicules peuvent être catastrophiques. Pourquoi la voiture se déforme-t-elle autant ? Pourquoi l'arrière de la voiture tend-il à se soulever ? En cas d'accident, est-il plus risqué de se trouver à bord d'un véhicule de faible masse ou de masse élevée ? La force gravitationnelle et la rigidité de la chaussée jouent-elles un rôle lors d'une collision ? Pourquoi les freins ne permettent-ils pas à la voiture de s'immobiliser instantanément ?

Au cours de ce chapitre, nous présenterons la deuxième loi de Newton, qui permet d'établir le lien entre le mouvement et les forces. Nous décrirons ensuite une méthode permettant de représenter graphiquement les forces qui s'exercent sur un objet, ce qui nous aidera à trouver la force résultante et à déterminer les conséquences de cette force sur le mouvement de l'objet. Nous aborderons ensuite différentes forces, soit la force gravitationnelle, la force normale et les forces de frottement.

5.1 La relation entre la force, la masse et l'accélération

CONCEPTS DÉJÀ VUS
- Force
- Types de force
- Effets d'une force
- Équilibre de deux forces
- Relation entre vitesse constante, distance et temps

Pour modifier la vitesse ou l'orientation d'une rondelle de hockey, il suffit de la frapper. Chaque coup de bâton permet en effet de la mettre en mouvement, d'augmenter ou de diminuer sa vitesse, de l'arrêter ou de la dévier. La principale conséquence de l'application d'une force, comme nous l'avons vu au chapitre précédent, est de modifier l'état de mouvement d'un objet (*voir les pages 132 et 133*). Nous avons également vu que la variable qui décrit le changement de mouvement est l'accélération (*voir le chapitre 1, aux pages 39 et 40*). En effet, l'accélération représente le taux de changement de la vitesse en fonction du temps.

Une force appliquée sur un objet produit donc une accélération, comme le montre la **FIGURE 5.2**. De plus, cette accélération est proportionnelle à la force appliquée : si l'on double la force, l'accélération doublera et si l'on diminue la force de moitié, l'accélération diminuera de moitié.

LABO
9. L'ÉTUDE DE L'ACCÉLÉRATION D'UN CORPS EN RELATION AVEC LA FORCE ET LA MASSE

Nous avons également vu que la matière résiste au changement de mouvement et que la masse peut être considérée comme la mesure de cette résistance. C'est ce qu'on appelle l'« inertie » (*voir le chapitre 4, à la page 135*). L'accélération produite par une force est inversement proportionnelle à la masse : si la masse double, l'accélération deviendra moitié moindre et si la masse diminue de moitié, l'accélération-

5.2 Une rondelle de hockey frappée avec une certaine force a une certaine accélération. Pour qu'elle ait une accélération deux fois plus grande, il suffit de la frapper deux fois plus fort.

© ERPI Reproduction interdite

tion doublera. Par exemple, s'il faut appliquer une certaine force pour donner à une rondelle de hockey une accélération de 2 m/s^2, la même force appliquée sur une rondelle 2 fois plus lourde ne donnera qu'une accélération de 1 m/s^2.

La deuxième loi de Newton décrit ce qui se passe lorsqu'une force s'exerce sur un objet : cette force provoque une accélération, qui dépend à la fois de l'intensité de la force et de la masse de l'objet. De plus, son orientation est toujours identique à celle de la force appliquée (*voir la* **FIGURE 5.3**). La deuxième loi de Newton établit donc une correspondance entre un mouvement et une force. Elle permet en effet de passer de la cinématique à la dynamique.

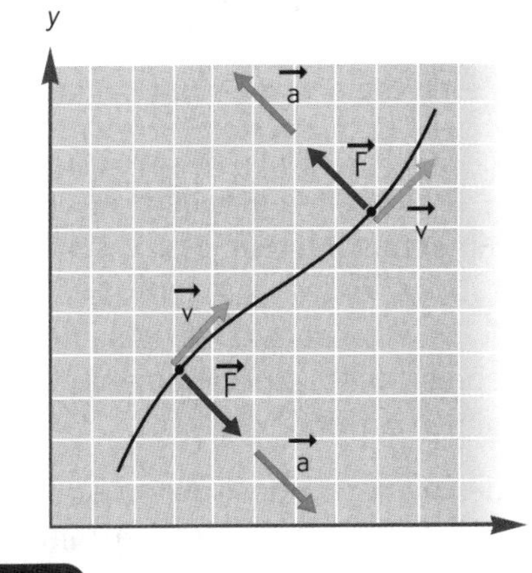

5.3

La conséquence de l'application d'une force est une accélération de même orientation que cette force.

DÉFINITION

La **deuxième loi du mouvement de Newton** stipule que la force résultante exercée sur un objet est toujours égale à la masse de cet objet multipliée par son accélération. L'accélération produite a toujours la même orientation que la force résultante.

Voici la formule mathématique de la deuxième loi du mouvement de Newton.

Deuxième loi du mouvement de Newton

$\vec{F} = m\vec{a}$ où $\vec{F}$ est la force résultante appliquée sur un objet (en N)
m est la masse de l'objet (en kg)
$\vec{a}$ est l'accélération produite (en m/s^2)

$\vec{F} = m \cdot \vec{a}$
$(N) = (kg) \cdot (m/s^2)$

EXEMPLE

La grandeur de la force résultante exercée sur une voiture est de 1610 N, ce qui produit une accélération de 1,15 m/s^2. Quelle est la masse de la voiture ?

MÉTHO, p. 328

1. Quelle est l'information recherchée ?
m = ?

2. Quelles sont les données du problème ?
F = 1610 N a = 1,15 m/s^2

3. Quelle formule contient les variables dont j'ai besoin ?
$F = ma$ D'où $m = \frac{F}{a}$

4. J'effectue les calculs.
$m = \frac{1610\ N}{1,15\ m/s^2}$
= 1400 kg

5. Je réponds à la question.
La masse de la voiture est de 1400 kg.

Examinons d'un peu plus près les unités de mesure de la deuxième loi de Newton. Par définition, un newton équivaut à la force nécessaire pour donner à un objet de 1 kg une accélération de 1 m/s^2. Un newton équivaut donc à 1 $(kg \times m)/s^2$, ce qui correspond à peu près au poids d'une pomme de taille moyenne.

Une force divisée par une masse donne une accélération. Une accélération peut donc s'exprimer en m/s^2 ou en N/kg. Les deux notations sont équivalentes. En effet :

$$\text{si } 1\ N = 1\ \frac{kg \times m}{s^2}, \text{ alors } 1\ \frac{N}{kg} = 1\ \frac{\cancel{kg} \times m}{s^2 \times \cancel{kg}} = 1\ \frac{m}{s^2}.$$

© ERPI Reproduction interdite

La deuxième loi de Newton permet de formuler différemment le concept de force. En effet, comme l'accélération correspond à un changement de vitesse, la force peut être vue comme étant la capacité de modifier la vitesse d'un objet.

Une force se caractérise aussi par le fait qu'elle est une quantité vectorielle. Elle possède donc une grandeur et une orientation. L'accélération qui en résulte est également un vecteur. Mathématiquement, il est souvent plus aisé de réaliser des opérations sur les forces en les écrivant sous forme de composantes. La deuxième loi de Newton peut donc également s'écrire ainsi : $F_x = ma_x$ et $F_y = ma_y$, où F_x et F_y représentent respectivement les composantes en x et en y de la force résultante appliquée sur un objet.

La deuxième loi de Newton sous-entend qu'une force résultante constante appliquée sur un objet dont la masse est constante produit une accélération constante. Autrement dit, la grandeur ou l'orientation de la vitesse change tant et aussi longtemps que la force est appliquée. Par exemple, un automobiliste qui maintient l'accélérateur enfoncé fait augmenter la vitesse de sa voiture, et ce, jusqu'à une certaine limite, imposée par la capacité de rotation du moteur ou par les conditions extérieures (vent, glace, escarpement de la chaussée, résistance de l'air, etc.). Lorsque la force cesse de s'exercer, la grandeur et l'orientation de la vitesse redeviennent constantes (*voir la* **FIGURE 5.4**).

5.4 La force exercée par la fronde sur la pierre la contraint à décrire un cercle, autrement dit, à changer constamment d'orientation. Cependant, dès que la pierre quitte la fronde, elle voyage en ligne droite.

Lorsque la force résultante est nulle, l'accélération est nulle. En ce cas, la vitesse vectorielle devient constante et le mouvement reste inchangé, ce qui nous ramène à la première loi de Newton. Rappelons que, selon cette loi, lorsqu'un objet ne subit aucune force ou lorsqu'il est soumis à une force résultante nulle, son mouvement demeure inchangé.

5.2 Les diagrammes de corps libre

Il existe une façon pratique de représenter graphiquement chacune des forces qui s'appliquent sur un objet à un moment donné et d'en dégager la force résultante. Il s'agit du « diagramme de corps libre ». L'expression « de corps libre » réfère au fait qu'on s'intéresse à un seul objet, indépendamment de son environnement.

DÉFINITION

Un **diagramme de corps libre** est la représentation graphique de toutes les forces qui s'exercent sur un objet.

Avant de tracer un diagramme de corps libre, il faut d'abord sélectionner l'objet à examiner. Par exemple, dans le cas d'une locomotive qui tire plusieurs wagons, il pourrait s'agir de la locomotive, d'un wagon ou de l'ensemble locomotive et wagons.

© ERPI Reproduction interdite

Une fois l'objet choisi, il faut représenter chacune des forces qui s'exercent sur lui. Pour ce faire, il faut prêter attention aux points de contact de l'objet avec d'autres objets. À chacun de ces points, une force peut en effet s'exercer. Cependant, il faut également tenir compte des forces qui agissent à distance, comme la gravité.

Une fois les forces représentées, il faut trouver la force résultante. Pour y parvenir, il est généralement utile de tracer un système d'axes de référence et de résoudre chacune des forces en composantes. Si l'objet est en mouvement, il est souvent avantageux de faire correspondre un des axes du système de référence à l'orientation de ce mouvement. Il peut aussi être pratique d'aligner un des axes avec une des forces, par exemple, d'aligner l'axe des *y* avec l'orientation de la gravité.

Voici les étapes à suivre pour construire un diagramme de corps libre:

- choisir l'objet à examiner et le représenter par un gros point;
- représenter graphiquement toutes les forces qui agissent sur lui en prenant soin de placer l'origine de chaque force sur le point qui symbolise l'objet;
- choisir et tracer un système d'axes de référence;
- résoudre chacune des forces en composantes;
- trouver la force résultante.

Lorsque la force résultante est connue, on peut appliquer la deuxième loi de Newton, afin de déterminer l'effet de cette force sur le mouvement de l'objet.

EXEMPLE

MÉTHO, p. 328

Au cours d'une sortie dans l'espace, un astronaute tire sur un satellite dont la masse est de 726 kg afin de le sortir du compartiment où il se trouve, dans la navette spatiale. Après 5 s de traction constante, l'accélération du satellite est de 0,0500 m/s^2. Quelle est la force exercée par l'astronaute sur le satellite ?

726 · 0,0500 = 36,3 N

Dans cette situation, la force gravitationnelle peut être négligée, puisque la navette, le satellite et l'astronaute sont en orbite autour de la Terre, donc en état d'apparente apesanteur.

L'objet à représenter est le satellite. La seule force qui s'exerce sur lui est la traction exercée par l'astronaute. Comme il n'y a qu'une force, il est inutile de tracer un système d'axes de référence ou de résoudre la force en composantes.

Croquis de la situation

Diagramme de corps libre

$\vec{F}$

Une seule force s'exerce sur le satellite : la force de traction provenant de l'astronaute ($\vec{F}$).

© ERPI Reproduction interdite

Selon la deuxième loi de Newton, la grandeur de cette force est la suivante : $F = ma$

$$= 726 \text{ kg} \times 0{,}0500 \text{ m/s}^2$$
$$= 36{,}3 \text{ N}$$

Imaginons maintenant que le satellite est sorti de son compartiment et que deux astronautes, munis de leur propulseur portatif, poussent dessus. Si la grandeur de la force exercée par le premier astronaute est toujours de 36,3 N, que celle exercée par le second astronaute est de 41,0 N et que l'angle entre les forces des deux astronautes est de 32°, que devient la force résultante exercée sur le satellite ?

L'objet est toujours le satellite. Cette fois, deux forces s'appliquent sur lui. Nous ajoutons donc un système d'axes et nous choisissons de faire correspondre l'axe des x à l'orientation de la force exercée par le premier astronaute.

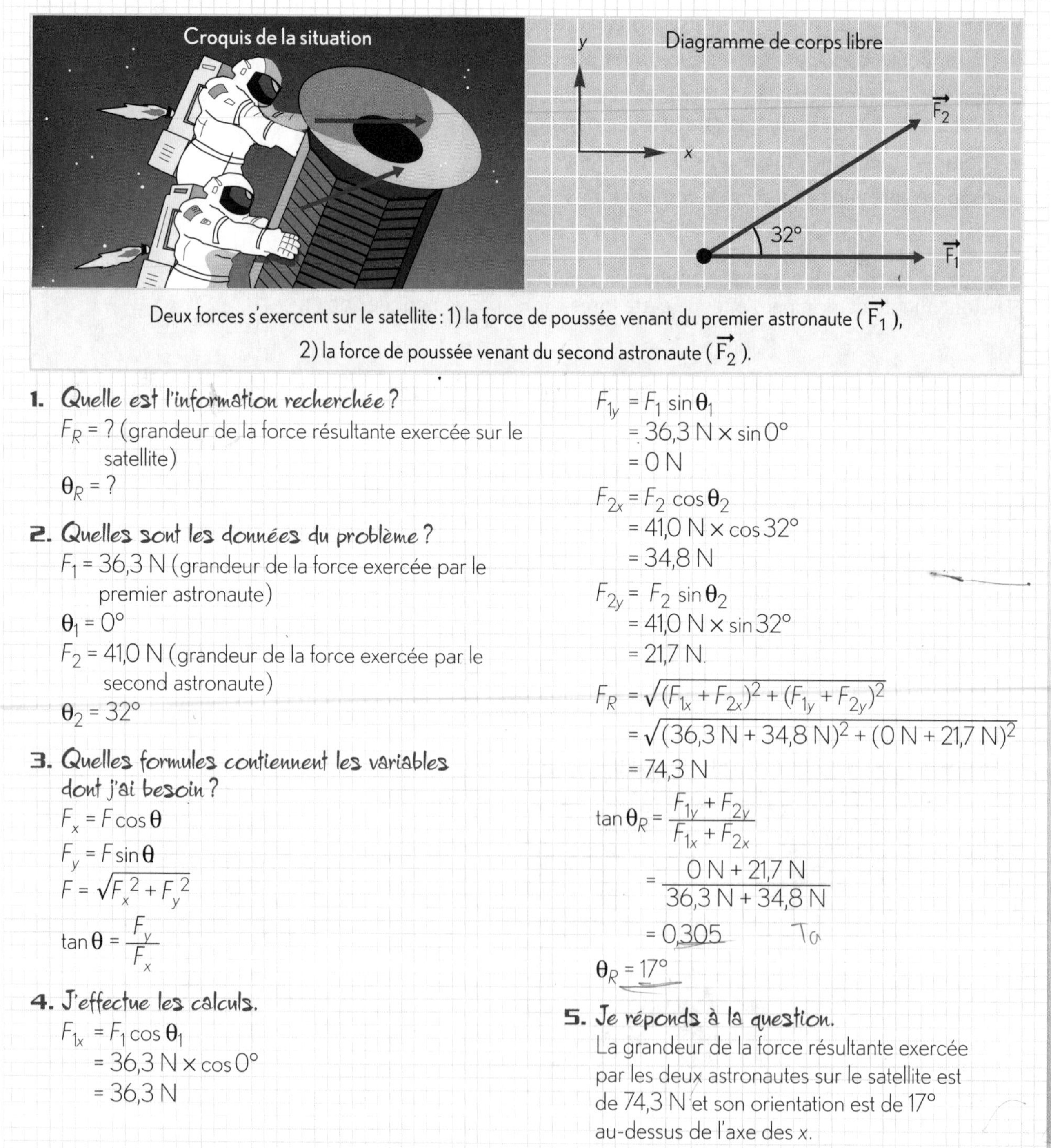

Deux forces s'exercent sur le satellite : 1) la force de poussée venant du premier astronaute ($\vec{F_1}$), 2) la force de poussée venant du second astronaute ($\vec{F_2}$).

1. Quelle est l'information recherchée ?

F_R = ? (grandeur de la force résultante exercée sur le satellite)

θ_R = ?

2. Quelles sont les données du problème ?

$F_1 = 36{,}3$ N (grandeur de la force exercée par le premier astronaute)

$\theta_1 = 0°$

$F_2 = 41{,}0$ N (grandeur de la force exercée par le second astronaute)

$\theta_2 = 32°$

3. Quelles formules contiennent les variables dont j'ai besoin ?

$$F_x = F \cos \theta$$

$$F_y = F \sin \theta$$

$$F = \sqrt{F_x^{\,2} + F_y^{\,2}}$$

$$\tan \theta = \frac{F_y}{F_x}$$

4. J'effectue les calculs.

$$F_{1x} = F_1 \cos \theta_1 = 36{,}3 \text{ N} \times \cos 0° = 36{,}3 \text{ N}$$

$$F_{1y} = F_1 \sin \theta_1 = 36{,}3 \text{ N} \times \sin 0° = 0 \text{ N}$$

$$F_{2x} = F_2 \cos \theta_2 = 41{,}0 \text{ N} \times \cos 32° = 34{,}8 \text{ N}$$

$$F_{2y} = F_2 \sin \theta_2 = 41{,}0 \text{ N} \times \sin 32° = 21{,}7 \text{ N}$$

$$F_R = \sqrt{(F_{1x} + F_{2x})^2 + (F_{1y} + F_{2y})^2} = \sqrt{(36{,}3 \text{ N} + 34{,}8 \text{ N})^2 + (0 \text{ N} + 21{,}7 \text{ N})^2} = 74{,}3 \text{ N}$$

$$\tan \theta_R = \frac{F_{1y} + F_{2y}}{F_{1x} + F_{2x}} = \frac{0 \text{ N} + 21{,}7 \text{ N}}{36{,}3 \text{ N} + 34{,}8 \text{ N}} = 0{,}305$$

$$\theta_R = 17°$$

5. Je réponds à la question.

La grandeur de la force résultante exercée par les deux astronautes sur le satellite est de 74,3 N et son orientation est de 17° au-dessus de l'axe des x.

© ERPI Reproduction interdite

Exercices

COMPAGNON WEB
SECTION 5.1

5.1 La relation entre la force, la masse et l'accélération

1. a) Si une seule force s'exerce sur un objet, son accélération peut-elle être nulle ? Expliquez votre réponse.

non, car aucune autres forces ne la retient

b) Sa vitesse peut-elle être nulle ? Expliquez votre réponse.

Non,

Ex. 1

2. Lors du lancement d'une fusée, la quantité de carburant contenue dans ses réservoirs diminue constamment. Si la poussée du moteur demeure constante, qu'arrive-t-il à son accélération ? Expliquez votre réponse.

elle augmente, car plus la fusée monte moins la force gravitationnel a d'attraction sur elle

Ex. 2 3 4

3. Quelle est la force nécessaire pour donner à un électron (masse = $9{,}11 \times 10^{-31}$ kg) une accélération de $3{,}5 \times 10^{3}$ m/s^{2} ?

4. Peu après son décollage, un avion s'élève dans les airs avec une accélération constante. À l'intérieur, un passager lance un sachet de sucre à une passagère. Pour atteindre son but, devra-t-il viser normalement ? Si non, comment devra-t-il ajuster son lancer ?

© ERPI Reproduction interdite

5. Une astronaute dispose de 5,0 s pour déplacer de 0,75 m un satellite de 550 kg en orbite dans l'espace à l'aide de son propulseur portatif. Quelle force devra-t-elle appliquer sur ce satellite ? (Indice : Au départ, l'astronaute et le satellite se déplacent à la même vitesse et possèdent la même orientation.)

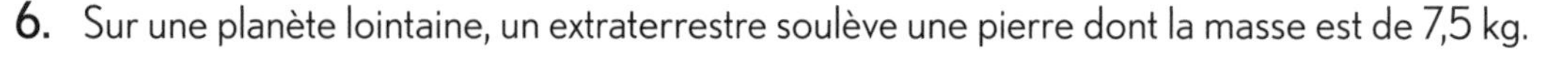

6. Sur une planète lointaine, un extraterrestre soulève une pierre dont la masse est de 7,5 kg.

a) Si le poids de la pierre est de 60 N sur cette planète et que la force exercée vers le haut par l'extraterrestre est de 70 N, quelle sera l'accélération de la pierre ?

© ERPI Reproduction interdite

b) Quelle est la valeur de l'accélération gravitationnelle sur cette planète ?

7. Jessica pousse sa petite sœur Karine, assise sur un grand carton, sur une patinoire. Si la poussée horizontale de Jessica est de 132 N et que l'accélération de Karine est de 3,0 m/s^2, quelle est la masse de Karine ? (Indice : On considère qu'il n'y a pas de friction.)

8. Quelle est la force résultante nécessaire pour faire passer un skieur nautique, dont la masse est de 82 kg, de l'immobilité à une vitesse de 15 m/s sur une distance de 30 m ? (Indice : On considère que l'accélération est constante.)

© ERPI Reproduction interdite

Nom: ______________ Groupe: ______ Date: ______________

9. Le graphique suivant montre l'accélération produite sur trois objets différents en fonction de la force résultante appliquée. Quelle est la masse de ces trois objets ?

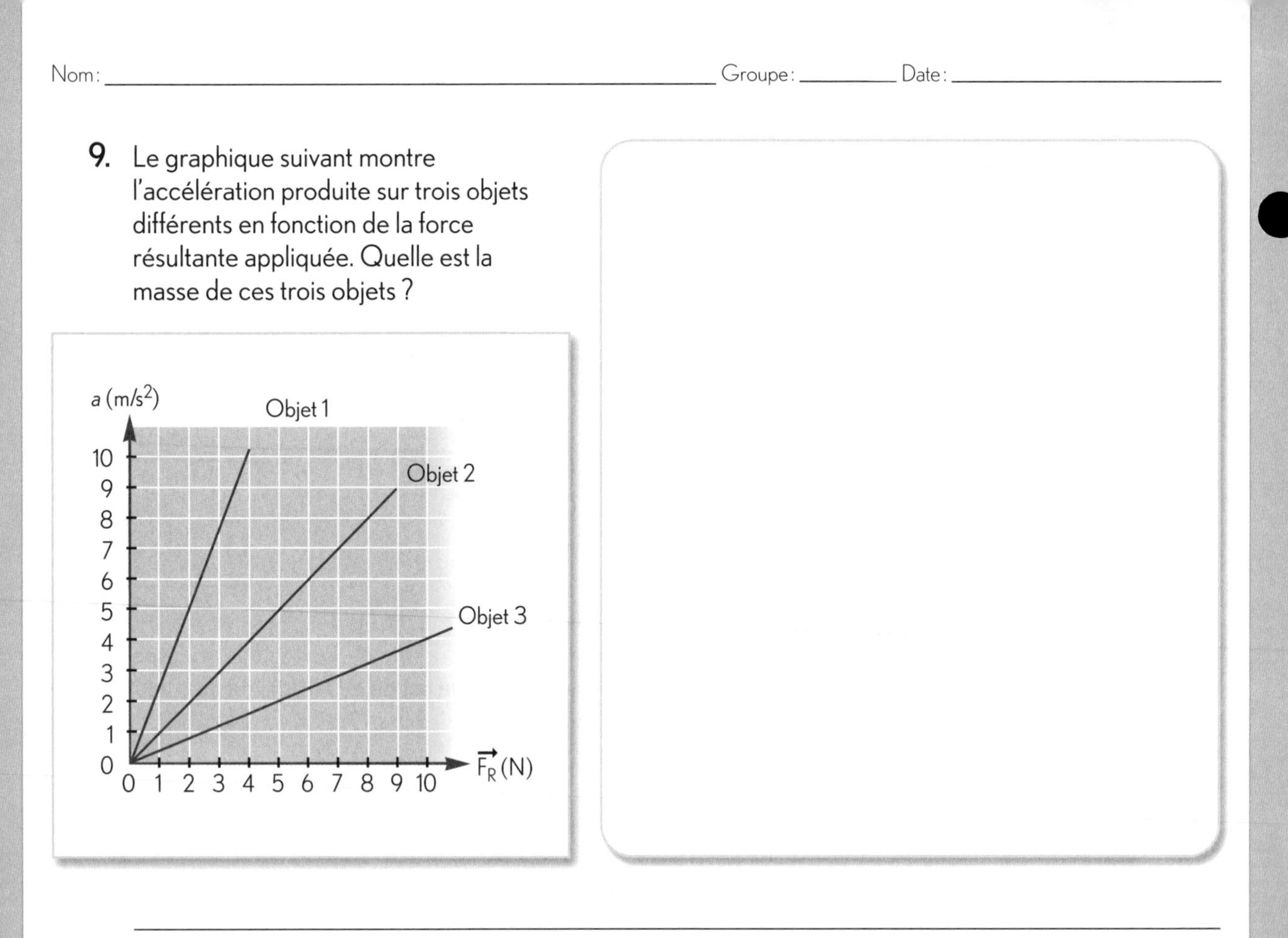

____

____

10. Ce graphique montre l'accélération produite sur un objet de 800 g en fonction de la force résultante appliquée. Ajoutez les graduations appropriées sur l'axe vertical.

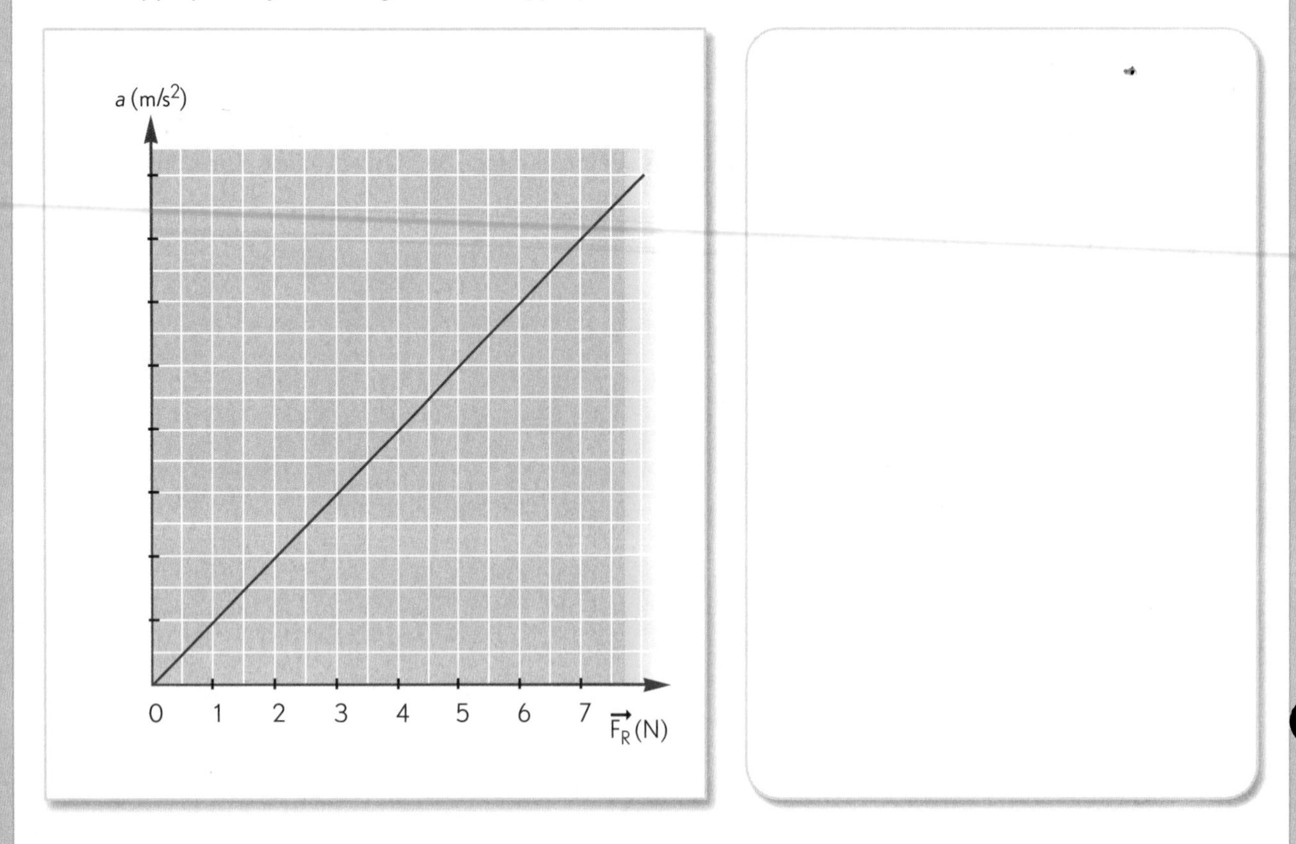

© ERPI Reproduction interdite

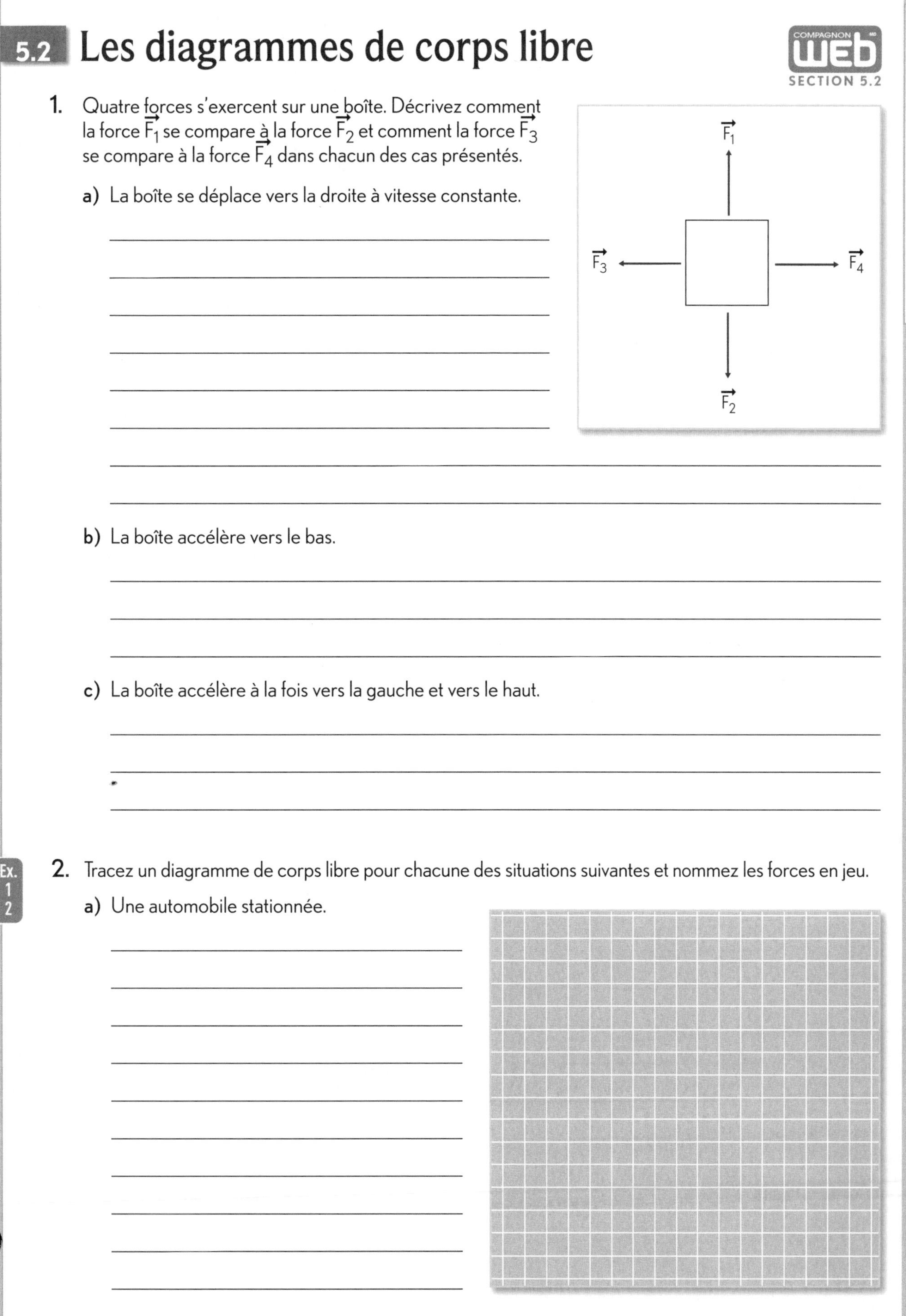

5.2 Les diagrammes de corps libre

COMPAGNON WEB MD
SECTION 5.2

1. Quatre forces s'exercent sur une boîte. Décrivez comment la force $\vec{F}_1$ se compare à la force $\vec{F}_2$ et comment la force $\vec{F}_3$ se compare à la force $\vec{F}_4$ dans chacun des cas présentés.

a) La boîte se déplace vers la droite à vitesse constante.

b) La boîte accélère vers le bas.

c) La boîte accélère à la fois vers la gauche et vers le haut.

Ex. 1 2

2. Tracez un diagramme de corps libre pour chacune des situations suivantes et nommez les forces en jeu.

a) Une automobile stationnée.

© ERPI Reproduction interdite

b) Une automobile qui accélère après avoir effectué un arrêt obligatoire.

c) Deux personnes qui poussent sur une automobile. La première exerce une poussée horizontale, la seconde exerce une poussée formant un angle de 15° au-dessus de l'horizontale.

© ERPI Reproduction interdite

5.3 La force gravitationnelle

Tous les objets situés à la surface de la Terre subissent une force orientée vers le bas ou, plus précisément, vers le centre de la Terre. On donne le nom de «force gravitationnelle» ou de «gravité» à cette force. Son unité est le newton. Dans cet ouvrage, cette force est décrite à l'aide de la variable $\vec{F}_g$.

CONCEPTS DÉJÀ VUS
- Gravitation universelle (étude qualitative)
- Masse
- Poids

DÉFINITION

La **force gravitationnelle** est la force d'attraction exercée par la Terre sur tous les objets qui se trouvent à sa surface ou à proximité de celle-ci.

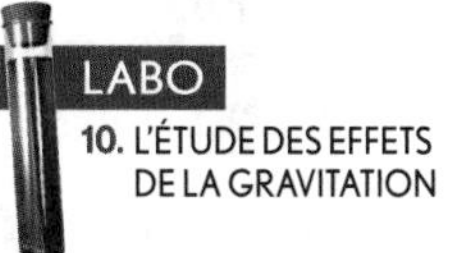
LABO
10. L'ÉTUDE DES EFFETS DE LA GRAVITATION

Cette force produit une accélération qui porte le nom d'«accélération gravitationnelle». Son symbole est $\vec{g}$. À la surface de la Terre, la grandeur de cette accélération est considérée comme étant constante et équivalente à 9,8 m/s^2. Son orientation pointe toujours vers le centre de la Terre.

DÉFINITION

L'**accélération gravitationnelle** est l'accélération qui résulte de la force gravitationnelle.

Voici la formule mathématique qui permet de calculer la force gravitationnelle à la surface de la Terre.

Force gravitationnelle (à la surface de la Terre)

$\vec{F}_g = m\vec{g}$ où $\vec{F}_g$ correspond à la force gravitationnelle (en N)
m correspond à la masse de l'objet (en kg)
$\vec{g}$ correspond à l'accélération gravitationnelle (dont la valeur est de 9,8 m/s^2)

Si la grandeur de l'accélération gravitationnelle est une constante, la grandeur de la force gravitationnelle, pour sa part, n'est pas constante puisqu'elle varie proportionnellement à la masse. Par exemple, un boulet de canon de 10 kg, qu'on laisse tomber du haut d'une tour, subira une force gravitationnelle de 98 N, tandis qu'une pierre de 1 kg, qu'on laisse tomber du haut de la même tour, subira une force gravitationnelle de 9,8 N (*voir la* **FIGURE 5.5**). On voit donc que, à mesure que la masse d'un objet augmente, la force gravitationnelle augmente aussi. De ce point de vue, l'accélération gravitationnelle peut être considérée comme étant la constante de proportionnalité de l'équation de la force gravitationnelle à la surface de la Terre. Ainsi:

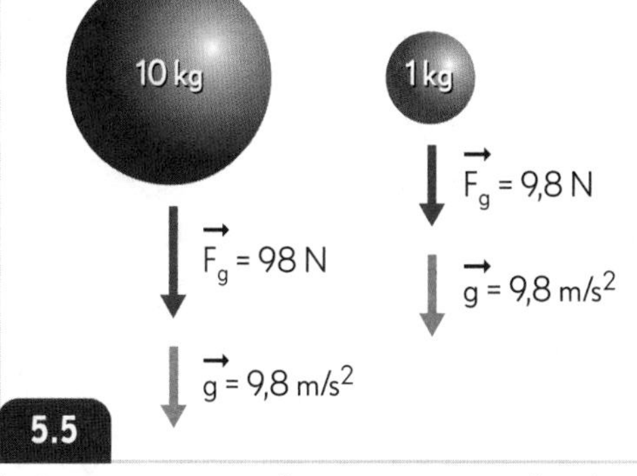
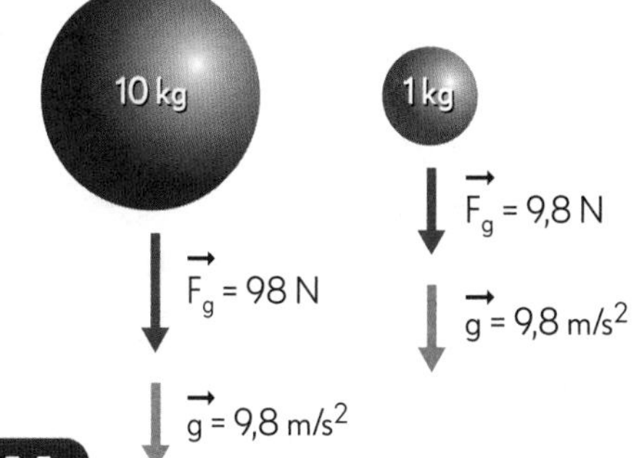

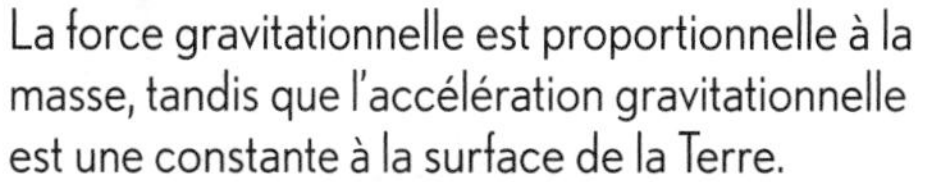
5.5 La force gravitationnelle est proportionnelle à la masse, tandis que l'accélération gravitationnelle est une constante à la surface de la Terre.

$F_g = mg$

D'où $g = \dfrac{F_g}{m}$

$= \dfrac{98\text{ N}}{10\text{ kg}}$ (accélération gravitationnelle du boulet de canon)

$= \dfrac{9{,}8\text{ N}}{1\text{ kg}}$ (accélération gravitationnelle de la pierre)

$= 9{,}8$ m/s^2 (quelle que soit la masse de l'objet considéré)

© ERPI Reproduction interdite

EXEMPLE

MÉTHO, p. 328

À l'occasion de leur déménagement, Michèle et Ghislain doivent transporter une boîte de 32,9 kg. Michèle tient la boîte selon un angle de 60° par rapport à l'horizontale et exerce sur elle une force de 144 N. Ghislain, qui est plus grand, la tient selon un angle de 110°. Quelle force Ghislain doit-il appliquer sur la boîte pour contrebalancer la force gravitationnelle exercée par la Terre et celle exercée par Michèle ?

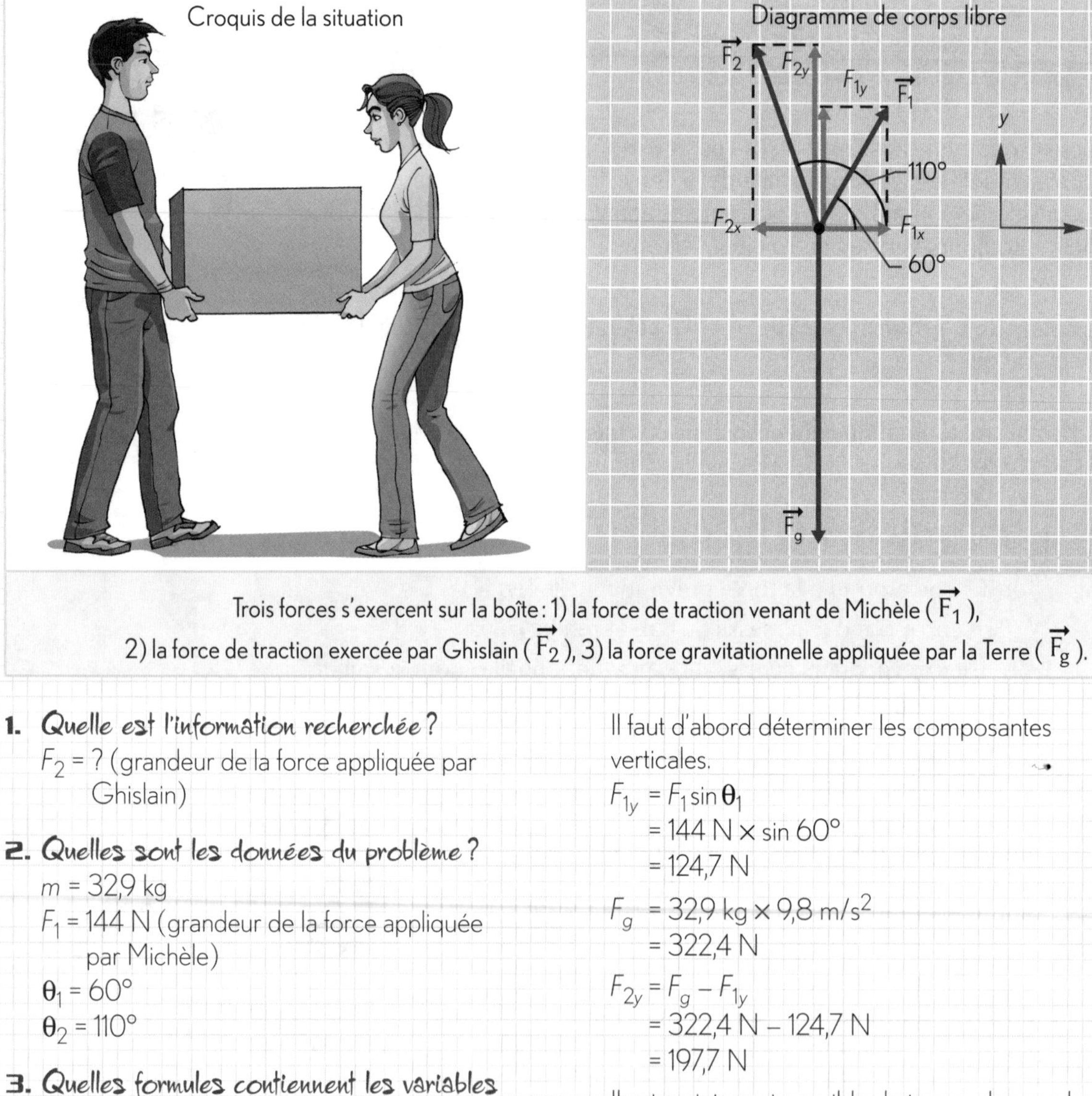

Trois forces s'exercent sur la boîte : 1) la force de traction venant de Michèle ($\vec{F_1}$), 2) la force de traction exercée par Ghislain ($\vec{F_2}$), 3) la force gravitationnelle appliquée par la Terre ($\vec{F_g}$).

1. ***Quelle est l'information recherchée ?***
   F_2 = ? (grandeur de la force appliquée par Ghislain)

2. ***Quelles sont les données du problème ?***
   $m = 32{,}9 \text{ kg}$
   $F_1 = 144 \text{ N}$ (grandeur de la force appliquée par Michèle)
   $\theta_1 = 60°$
   $\theta_2 = 110°$

3. ***Quelles formules contiennent les variables dont j'ai besoin ?***
   $F_x = F \cos \theta$ $\quad F_y = F \sin \theta$
   $F = ma$ $\quad F_g = mg$

4. ***J'effectue les calculs.***
   Pour que la boîte se maintienne à une certaine hauteur, les composantes verticales doivent s'annuler. Autrement dit :
   $F_{1y} + F_{2y} = F_g$

   Il faut d'abord déterminer les composantes verticales.
   $F_{1y} = F_1 \sin \theta_1$
   $= 144 \text{ N} \times \sin 60°$
   $= 124{,}7 \text{ N}$
   $F_g = 32{,}9 \text{ kg} \times 9{,}8 \text{ m/s}^2$
   $= 322{,}4 \text{ N}$
   $F_{2y} = F_g - F_{1y}$
   $= 322{,}4 \text{ N} - 124{,}7 \text{ N}$
   $= 197{,}7 \text{ N}$

   Il est maintenant possible de trouver la grandeur de la force appliquée par Ghislain.
   $F_{2y} = F_2 \sin \theta_2$
   $$\text{D'où } F_2 = \frac{F_{2y}}{\sin \theta_2} = \frac{197{,}7 \text{ N}}{\sin 110°} = 210{,}3 \text{ N}$$

5. ***Je réponds à la question.***
   Ghislain doit appliquer une force de 210 N sur la boîte pour la maintenir en état d'équilibre vertical.

© ERPI Reproduction interdite

Une généralisation de la force gravitationnelle

Newton a découvert que la force gravitationnelle n'est pas exercée uniquement par la Terre. En fait, tous les objets qui possèdent une masse exercent une force d'attraction les uns sur les autres. Cependant, à la surface de la Terre, la force gravitationnelle exercée par deux objets autres que la Terre l'un sur l'autre est généralement si faible, comparativement à celle exercée par la Terre, qu'elle peut être négligée.

L'intensité de la force gravitationnelle dépend de deux facteurs: la masse et la distance. Voici la formule mathématique permettant de calculer la grandeur de la force gravitationnelle que deux objets exercent l'un sur l'autre.

Force gravitationnelle généralisée

$$F_g = \frac{Gm_1m_2}{d^2}$$

où F_g est la grandeur de la force gravitationnelle (en N)
G est la constante de proportionnalité (dont la valeur est de $6{,}67 \times 10^{-11}$ Nm²/kg²)
m_1 est la masse du premier objet (en kg)
m_2 est la masse du second objet (en kg)
d est la distance qui sépare les deux objets (en m)

EXEMPLE

MÉTHO, p. 328

Deux chiens de 8,00 kg sont situés à 0,50 m l'un de l'autre.

a) Quelle est la grandeur de la force gravitationnelle exercée par ces chiens l'un sur l'autre ?

1. Quelle est l'information recherchée ?

$F_g = ?$

2. Quelles sont les données du problème ?

$m_1 = 8{,}00$ kg

$m_2 = 8{,}00$ kg

$d = 0{,}50$ m

3. Quelle formule contient les variables dont j'ai besoin ?

$$F_g = \frac{Gm_1m_2}{d^2}$$

4. J'effectue les calculs.

$$F_g = \frac{6{,}67 \times 10^{-11}\ \text{Nm}^2/\text{kg}^2 \times 8{,}00\ \text{kg} \times 8{,}00\ \text{kg}}{(0{,}50\ \text{m})^2}$$

$$= 1{,}71 \times 10^{-8}\ \text{N}$$

5. Je réponds à la question.

La grandeur de la force gravitationnelle exercée par ces chiens l'un sur l'autre est de $1{,}7 \times 10^{-8}$ N.

→

© ERPI Reproduction interdite

EXEMPLE

b) Quelle est la grandeur de la force gravitationnelle exercée par la Terre sur chacun de ces chiens ?

1. Quelle est l'information recherchée ?

$F_g = ?$

2. Quelles sont les données du problème ?

$m_1 = 8{,}00$ kg (masse d'un des chiens)

$m_2 = 5{,}98 \times 10^{24}$ kg (masse de la Terre)

$d = 6{,}37 \times 10^6$ m (rayon de la Terre)

3. Quelle formule contient les variables dont j'ai besoin ?

$$F_g = \frac{Gm_1m_2}{d^2}$$

4. J'effectue les calculs.

$$F_g = \frac{6{,}67 \times 10^{-11}\ \text{Nm}^2/\text{kg}^2 \times 8{,}00\ \text{kg} \times 5{,}98 \times 10^{24}\ \text{kg}}{(6{,}37 \times 10^6\ \text{m})^2}$$

$$= 78{,}6\ \text{N}$$

5. Je réponds à la question.

La grandeur de la force gravitationnelle exercée par la Terre sur chacun de ces chiens est de 78,6 N, ce qui est 10 milliards de fois plus intense que la force gravitationnelle que les chiens exercent l'un sur l'autre.

La deuxième loi de Newton permet de vérifier que la force obtenue dans l'exemple précédent produit bien une accélération gravitationnelle de 9,8 m/s². En effet :

$$\vec{F} = m\vec{a}, \text{ d'où } \vec{a} = \frac{\vec{F}}{m} = \frac{78{,}6\ \text{N}}{8{,}0\ \text{kg}} = 9{,}8\ \text{m/s}^2$$

La distinction entre la masse et le poids

Dans le langage courant, on utilise souvent indifféremment les mots «masse» et «poids». En science, cependant, ce sont deux notions différentes qu'il importe de distinguer.

La masse est une mesure de la quantité de matière présente dans un objet. C'est un scalaire dont l'unité de mesure est le kilogramme. Le poids est une mesure de la force gravitationnelle exercée par la Terre sur un objet. On peut donc poser que $\vec{F}_g$, la force gravitationnelle exercée par la Terre sur un objet, est égale à $\vec{w}$, le poids de cet objet. Le poids est donc un vecteur et son unité de mesure est le newton.

Dans un endroit donné, deux objets qui ont la même masse ont également le même poids. C'est pourquoi on utilise souvent des balances à plateaux, comme à la **FIGURE 5.6**, afin de trouver une masse inconnue.

À la surface de la Terre, tout objet de 1 kg possède un poids de 9,8 N. En effet, le poids (9,8 N) est égal à la masse (1 kg) multipliée par l'accélération gravitationnelle (9,8 m/s²), qui est constante. Sur la Lune, ou ailleurs que sur la surface de la Terre, le poids d'un objet change, puisque la force gravitationnelle qui s'exerce sur lui n'est plus la même. La masse, par contre, ne change jamais, puisque la quantité de matière présente dans un objet reste toujours la même, quel que soit l'endroit où il se trouve.

5.6 Une balance à plateaux compare le poids d'un objet dont la masse est connue avec le poids d'un autre objet dont la masse est à déterminer.

© ERPI Reproduction interdite

Exercices

SECTION 5.3

5.3 La force gravitationnelle

Ex. 1 3 4 6

1. Une équipe d'ingénieurs doit concevoir les plans d'un vaisseau spatial capable de se poser sur la planète Mars. Sur Terre, le poids prévu de ce vaisseau est de 37 500 N. Quel en serait le poids sur Mars, où l'accélération gravitationnelle vaut environ 3,5 m/s^2 ?

Ex. 2

2. a) Si vous pouviez vous rendre sur une planète dont la masse est la même que celle de la Terre, mais dont le rayon est le double, comment votre poids changerait-il ?

b) Si vous pouviez vous rendre sur une planète dont la masse et le rayon valent deux fois ceux de la Terre, comment votre poids changerait-il ?

c) Si vous pouviez vous rendre sur une planète dont le rayon est le même que celui de la Terre, mais dont la masse est 10 fois plus élevée, quel serait votre poids ?

d) Si la Terre et la Lune avaient la même masse, à la surface duquel de ces astres votre poids serait-il le plus élevé ?

© ERPI Reproduction interdite

Ex. 5

3. Le satellite d'observation canadien Radarsat 2 a une masse de 2200 kg. Il orbite autour de la Terre à une altitude de 798 km.

a) Quel est le poids de ce satellite au sol ?

______

b) Quelle est la force gravitationnelle exercée par la Terre sur ce satellite lorsqu'il est en orbite ?

______

© ERPI Reproduction interdite

5.4 La force normale

La force gravitationnelle agit constamment sur tous les objets à la surface de la Terre. Pourtant, la plupart des objets ne sont pas en chute libre. Un grand nombre est plutôt immobile. C'est le cas, par exemple, des objets posés sur une surface solide. Un objet immobile continue de subir la force gravitationnelle exercée par la Terre, comme en témoigne le fait qu'il a un poids lorsqu'on le pèse à l'aide d'une balance et qu'il provoque une fatigue musculaire lorsqu'on le soutient avec les mains ou avec les bras. Son immobilité démontre donc la présence d'une autre force, de même grandeur que la gravité, mais de sens inverse. Lorsqu'elle est exercée par une surface solide, cette force porte le nom de «force normale». On appelle ainsi toute force de contact perpendiculaire à une surface solide. Dans cet ouvrage, sa variable est $\vec{F}_n$.

ÉTYMOLOGIE

«Normale» vient du mot latin *norma*, qui signifie «équerre».

DÉFINITION

La **force normale** est une force exercée sur un objet par une surface solide en contact avec lui. Cette force est toujours perpendiculaire à la surface.

Nous allons examiner comment déterminer la force normale dans les trois cas suivants:

- celui d'une surface horizontale stable;
- celui d'une surface horizontale en mouvement vertical;
- celui d'un plan incliné.

Le cas d'une surface horizontale stable

Prenons l'exemple d'un livre sur une table. La Terre exerce sur lui une force orientée vers le bas. Si le livre est immobile, c'est que la table exerce également sur lui une force vers le haut de même grandeur que la gravité, mais de sens inverse.

Cependant, la grandeur de la force normale n'est pas toujours égale à celle de la force gravitationnelle. En effet, lorsqu'on pousse ou qu'on tire sur un objet au sol avec une force ayant une certaine composante vers le haut, par exemple, lorsqu'on tire un traîneau avec une corde, la grandeur de la force normale exercée par le sol devient plus faible que celle de la gravité (*voir l'exemple à la page 181*). Inversement, lorsqu'on pousse ou qu'on tire avec une force comportant une composante vers le bas, par exemple, lorsqu'on pousse sur une chaise pour la déplacer, la grandeur de la force normale exercée par le sol devient plus grande que celle de la gravité.

© ERPI Reproduction interdite

Le cas d'une surface horizontale en mouvement vertical

Examinons maintenant le cas d'un objet posé sur une surface solide en mouvement vertical, par exemple, le plancher d'un ascenseur.

- Lorsque l'ascenseur est immobile, la grandeur de la force exercée par le plancher sur l'objet équivaut à celle de la gravité.

- Lorsque l'ascenseur accélère vers le haut, le plancher exerce une force qui surpasse celle de la gravité. Si l'objet était placé sur une balance, on verrait alors la mesure de son poids augmenter.

- Lorsque l'ascenseur accélère vers le bas, la force exercée par le plancher devient plus faible que celle de la gravité. Une balance indiquerait alors que l'objet semble de plus en plus léger.
- À la limite, si l'accélération de l'ascenseur vers le bas devenait équivalente à l'accélération gravitationnelle, tout se passerait comme si l'objet était en chute libre. On le verrait alors flotter librement dans l'ascenseur et une balance ne mesurerait plus aucun poids.
- Dans un ascenseur qui se déplace à vitesse constante, il n'y a pas de variation de la force normale et, conséquemment, pas de variation apparente du poids de l'objet.

Le cas d'un plan incliné

Voyons un dernier cas: celui d'une surface qui n'est pas horizontale. Lorsque la surface sur laquelle se trouve un objet est inclinée, la force normale qu'elle exerce sur l'objet est également inclinée, puisqu'elle est toujours perpendiculaire à la surface (*voir l'exemple à la page 182*). On constate alors que la grandeur de la force normale est inférieure à celle de la gravité. C'est d'ailleurs ce qui provoque le déplacement de l'objet vers le bas, c'est-à-dire son glissement ou son roulement le long du plan incliné. Pour analyser ce genre de situation, il est généralement utile de faire correspondre l'orientation d'un des axes du système de référence choisi à l'orientation de la surface et à celle, éventuellement, du mouvement.

ARTICLE TIRÉ D'INTERNET

Le champ gravitationnel terrestre: d'infimes variations

L'accélération de la pesanteur n'est pas constante à la surface de notre planète. Certes, il s'agit de variations infimes, de l'ordre de 1 pour 10 000, autour de sa valeur moyenne (9,81 m/s^2). Mais l'étude de ces «anomalies» gravitationnelles peut fournir une moisson d'informations aux scientifiques.

Selon Mark Drinkwater de l'Agence spatiale européenne, le gradiomètre pourrait mesurer la force d'impact d'un flocon de neige pesant 0,2 gramme sur un pétrolier d'un million de tonnes, soit une fraction de 10 000 milliardièmes de la valeur de g.

Le satellite Goce de l'Agence spatiale européenne (ESA) fabriqué par un groupe franco-italien, avec le concours d'une quarantaine d'industriels de 13 pays d'Europe, sera capable de mesurer les variations du champ gravitationnel terrestre au millionième près. Afin de mener à bien sa mission prévue pour durer 20 mois, à 250 km en orbite autour de la Terre, l'engin de 1,1 tonne pour 5 m de long, en forme de torpille, est équipé d'un gradiomètre conçu par des ingénieurs français. Lequel est composé de 6 accéléromètres disposés selon 3 axes pour obtenir des mesures 3D.

Adapté de: Marc MENNESSIER, «Un nouveau satellite européen pour mieux prévoir les séismes», *Le Figaro* [en ligne]. (Consulté le 17 avril 2009.)

© ERPI Reproduction interdite

EXEMPLE

MÉTHO, p. 328

Un enfant tire un chariot de 15,0 kg avec une force de 50,0 N selon un angle de 30° par rapport à l'horizontale. Quelle est la grandeur de la force normale exercée par le sol sur le chariot ?

Commençons par tracer un diagramme de corps libre de cette situation.

Représentation de la situation

Diagramme de corps libre

$\vec{F}_n$, y, x, 30°, F_{1y}, $\vec{F}_1$, F_{1x}, $\vec{F}_g$

Trois forces s'exercent sur le chariot : 1) la force de traction exercée par l'enfant ($\vec{F}_1$), 2) la force gravitationnelle de la Terre ($\vec{F}_g$), 3) la force normale exercée par le sol ($\vec{F}_n$).

1. Quelle est l'information recherchée ?

$F_n = ?$

2. Quelles sont les données du problème ?

$m = 15{,}0$ kg

$F_1 = 50{,}0$ N (grandeur de la force appliquée par l'enfant)

$\theta_1 = 30°$

3. Quelles formules contiennent les variables dont j'ai besoin ?

$F_x = F \cos \theta$

$F_y = F \sin \theta$

$F_g = mg$

4. J'effectue les calculs.

$F_{1x} = F_1 \cos \theta_1$
$= 50{,}0 \text{ N} \times \cos 30°$
$= 43{,}3 \text{ N}$

$F_{1y} = F_1 \sin \theta_1$
$= 50{,}0 \text{ N} \times \sin 30°$
$= 25{,}0 \text{ N}$

$F_g = 15{,}0 \text{ kg} \times 9{,}8 \text{ m/s}^2$
$= 147 \text{ N}$

Comme le chariot se déplace uniquement de façon horizontale, les composantes selon l'axe des y s'annulent. Par conséquent :

$F_g = F_n + F_{1y}$

D'où $F_n = F_g - F_{1y}$
$= 147 \text{ N} - 25{,}0 \text{ N}$
$= 122 \text{ N}$

5. Je réponds à la question.

La grandeur de la force normale exercée par le sol sur le chariot est de 122 N.

© ERPI Reproduction interdite

EXEMPLE

MÉTHO, p. 328

Une fillette dont la masse est de 21,0 kg dévale une glissade dont l'inclinaison est de 22,5° par rapport à l'horizontale. Quelle est la grandeur de la force normale exercée sur elle par la surface de la glissade ?

Commençons par tracer un diagramme de corps libre, dans lequel l'orientation de l'axe des x correspond à celle du déplacement. La force normale devient alors parallèle à l'axe des y.

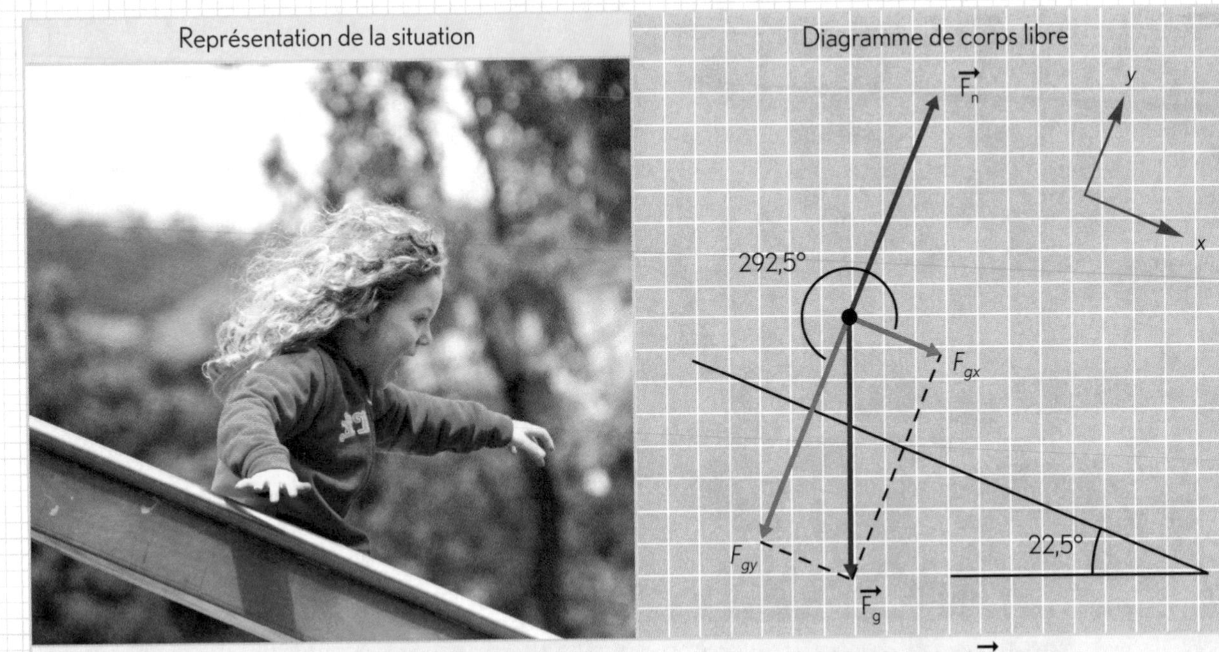

Deux forces s'exercent sur la fillette : 1) la force gravitationnelle de la Terre ($\vec{F}_g$), 2) la force normale exercée par la surface de la glissade ($\vec{F}_n$).

1. Quelle est l'information recherchée ?

$F_n = ?$

2. Quelles sont les données du problème ?

$m = 21{,}0$ kg

$\theta_p = 22{,}5°$ (angle du plan incliné)

3. Quelles formules contiennent les variables dont j'ai besoin ?

$F_g = mg$

$F_x = F \cos \theta$

$F_y = F \sin \theta$

4. J'effectue les calculs.

$F_g = 21{,}0 \text{ kg} \times 9{,}8 \text{ m/s}^2$
$= 205{,}8 \text{ N}$

L'angle formé par la force gravitationnelle par rapport à l'axe des x (θ_g) est de 292,5°.

$F_{gx} = F_g \cos \theta_g$
$= 205{,}8 \text{ N} \times \cos 292{,}5°$
$= 78{,}8 \text{ N}$

$F_{gy} = F_g \sin \theta_g$
$= 205{,}8 \text{ N} \times \sin 292{,}5°$
$= -190 \text{ N}$

Comme le mouvement en entier se produit selon l'axe des x, les composantes selon l'axe des y s'annulent. Par conséquent :

$F_{gy} + F_n = 0$

D'où $F_n = 0 - F_{gy}$
$= 190 \text{ N}$

5. Je réponds à la question.

La grandeur de la force normale exercée par la glissade sur la fillette est de 190 N.

© ERPI Reproduction interdite

Exercices

5.4 La force normale

Ex. 1 2 3

1. Un skieur de 95 kg dévale une pente dont l'inclinaison est de 30° par rapport à l'horizontale. (Indice : On considère qu'il n'y a pas de frottement.)

a) Tracez le diagramme de corps libre de cette situation. Nommez les forces en jeu.

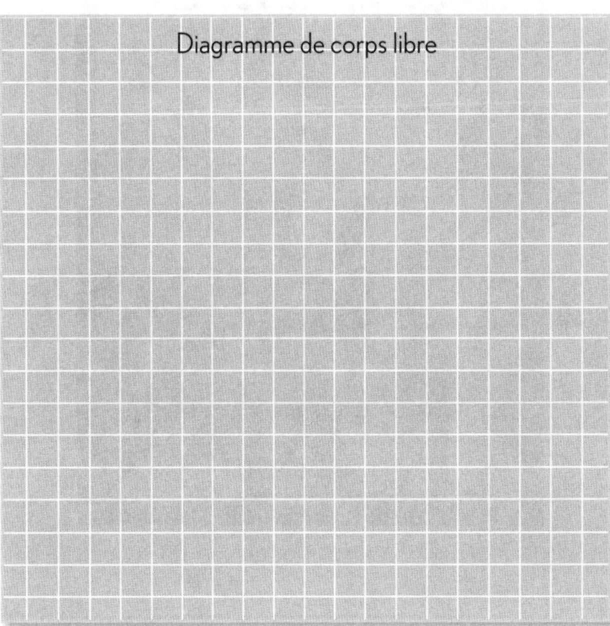

____

____

b) Quelle est la force résultante exercée sur le skieur ?

____

© ERPI Reproduction interdite

Ex. 4 5 6

2. Sur la terre ferme, le poids d'Helena est de 520 N. Helena emporte un pèse-personne dans l'ascenseur de son immeuble et y mesure un poids de 640 N.

a) Au moment où Helena a pris sa mesure, quel était le mouvement de l'ascenseur ?

b) Tracez le diagramme de corps libre de cette situation. Nommez les forces en jeu.

Croquis de la situation

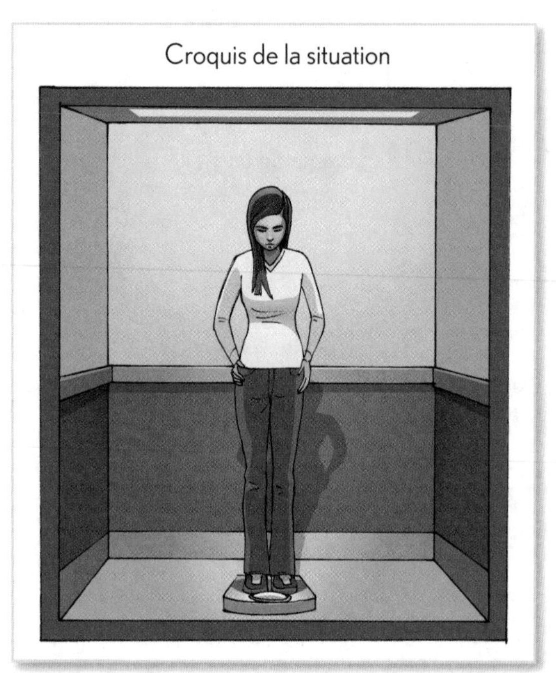

Diagramme de corps libre

c) Quelle était l'accélération de l'ascenseur ?

© ERPI Reproduction interdite

3. Un déménageur pousse un piano dont la masse est de 130 kg à vitesse constante le long d'un plan incliné dont l'angle est de 20°. (Indice : Le piano se trouve sur un chariot à roulettes ; il n'est donc pas nécessaire de tenir compte du frottement.)

a) Tracez le diagramme de corps libre des forces qui s'exercent sur le piano.

Représentation de la situation

Diagramme de corps libre

b) La poussée exercée sur le piano a la même orientation que le déplacement du piano. Quelle force le déménageur applique-t-il sur le piano ?

© ERPI Reproduction interdite

4. Une bille roule le long d'un plan incliné de 6°. Si la masse de la bille est de 7 g, quelle force faudrait-il appliquer sur cette bille pour lui faire remonter ce plan incliné avec une accélération ayant la même grandeur que lors de sa descente ?

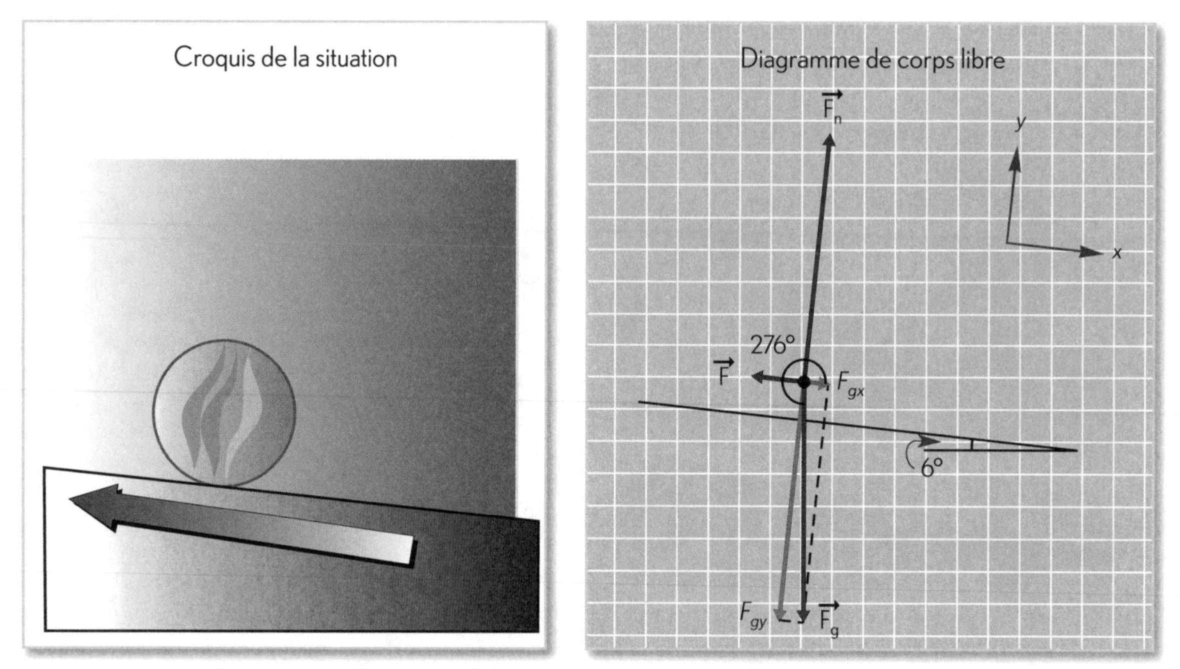

Trois forces s'exercent sur la bille : 1) la force gravitationnelle de la Terre, 2) la force normale appliquée par le plan incliné, 3) la force de poussée exercée sur la bille.

© ERPI Reproduction interdite

5. Audréanne et Laurie poussent simultanément sur une boîte de 15 kg posée sur une table. Les bras d'Audréanne forment un angle de 60° au-dessus de la table et exercent une poussée vers la droite de 25 N. Les bras de Laurie forment un angle de 30° et poussent la boîte vers la gauche avec une force de 22 N.

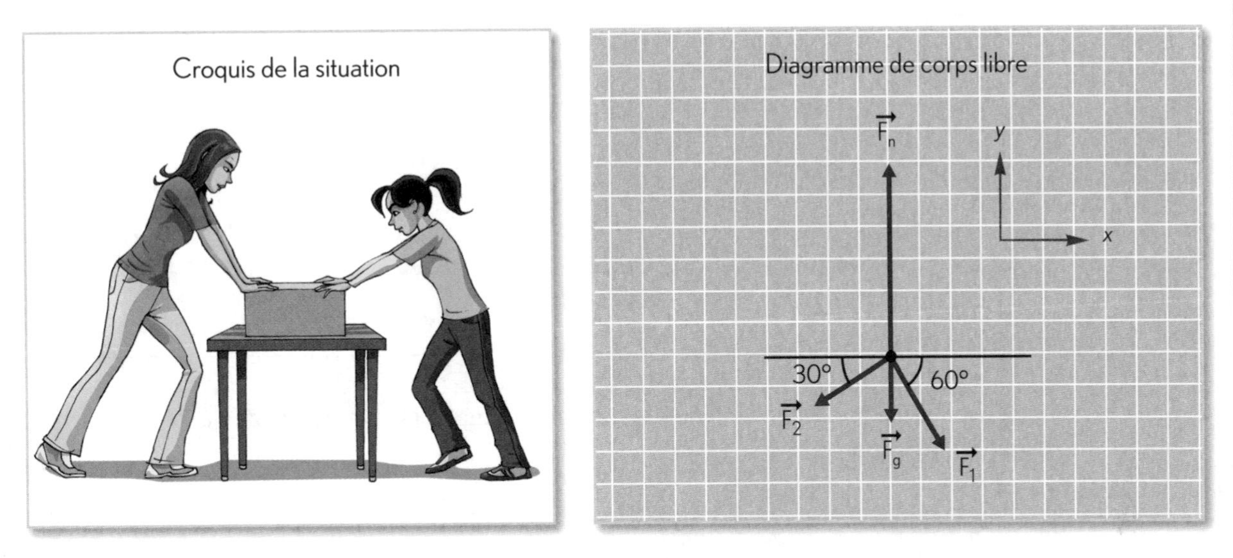

Quatre forces s'exercent sur la boîte : 1) la poussée de Audréanne, 2) la poussée de Laurie, 3) la force gravitationnelle de la Terre, 4) la force normale de la table.

a) Quelle est la grandeur de la force normale exercée par la table sur la boîte ?

© ERPI Reproduction interdite

Nom: ______ Groupe: ______ Date: ______

b) Quelle est la force résultante exercée sur la boîte ?

______

c) Que peuvent faire Audréanne et Laurie pour augmenter leurs chances de déplacer la boîte ? Expliquez votre réponse.

______

6. Le tableau suivant présente la force normale (en N) exercée par le sol sur une valise à roulettes en fonction de l'angle (en degrés) selon lequel on tire ce bagage. Si la masse de la valise est de 15,3 kg, quelle est la grandeur de la force exercée par la personne qui tire la valise dans chacun des trois cas présentés ?

1er cas		2e cas		3e cas	
θ (en degrés)	F_n (en N)	θ (en degrés)	F_n (en N)	θ (en degrés)	F_n (en N)
0	150	0	150	0	150
15	130,6	15	111,2	15	91,8
30	112,5	30	75	30	37,5
45	97	45	44	45	0
60	85,1	60	20,1	60	0
75	77,6	75	5,1	75	0
90	75	90	0	90	0

______

© ERPI Reproduction interdite

5.5 Les forces de frottement

CONCEPT DÉJÀ VU

» Adhérence et frottement entre les pièces

LABO

11. LE COEFFICIENT DE FROTTEMENT (FORCE DE FROTTEMENT)

Imaginons une rondelle de hockey sur un plancher en bois. Si on la frappe avec une certaine force, elle parcourra une certaine distance, ralentira, puis s'immobilisera. Si l'on place la même rondelle sur une patinoire et qu'on lui applique la même force, elle couvrira une distance beaucoup plus grande avant de s'arrêter. Et si l'on pouvait placer la rondelle sur une surface pneumatique (de façon à lui permettre de glisser sur un coussin d'air) et qu'on la frappait avec la même force, elle irait encore plus loin. La différence entre ces trois situations n'est ni la force appliquée, ni la masse de la rondelle, mais plutôt la friction associée aux différentes surfaces sur lesquelles la rondelle glisse. Plus cette friction est faible, plus la distance parcourue par la rondelle est élevée. À la limite, si l'on pouvait éliminer complètement la friction, la rondelle poursuivrait sa course indéfiniment, sans jamais ralentir, comme le prédit la première loi de Newton.

Chaque fois qu'un objet en mouvement ralentit et s'arrête, on peut en déduire qu'une force agit sur lui. La plupart des objets autour de nous subissent des forces qui s'opposent à leur mouvement et qu'on appelle les «forces de frottement».

DÉFINITION

Une **force de frottement** est une force qui s'oppose au mouvement relatif de deux objets dont les surfaces sont en contact.

Le frottement est généralement orienté en sens inverse du mouvement ou de la force appliquée. Il se produit chaque fois que deux objets en contact se déplacent l'un par rapport à l'autre, c'est-à-dire chaque fois qu'un objet glisse sur un autre ou dans un autre. Entre deux solides (*pour la friction fluide, voir plus loin la section sur la résistance de l'air*), le frottement est causé par les irrégularités des surfaces des deux objets. Ainsi, plus une surface est lisse, moins elle cause de friction (*voir la* **FIGURE 5.7**).

Une surface qui semble lisse à l'œil nu peut se révéler irrégulière lorsqu'on l'observe au microscope. C'est le cas, par exemple, des surfaces métalliques polies. Lorsqu'une surface solide rencontre une irrégularité, elle doit soit la surmonter, soit l'éroder. Ces deux actions requièrent l'utilisation d'une force. La quantité de force nécessaire pour surmonter la friction dépend de la nature de chacune des surfaces et des forces normales en présence.

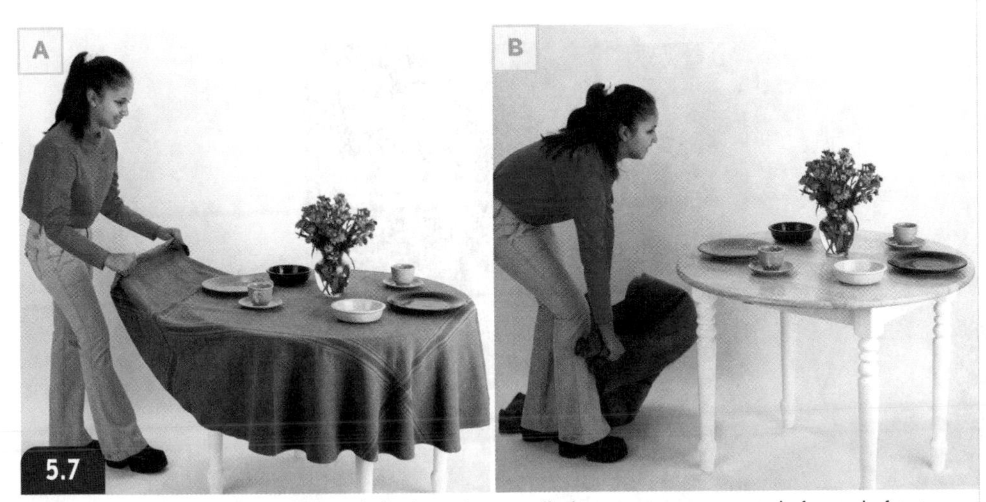

5.7 Le truc de la nappe qu'on retire sans déplacer la vaisselle fonctionne parce que la force de friction exercée par la nappe est faible et de trop courte durée pour vaincre l'inertie de la vaisselle.

© ERPI Reproduction interdite

La friction n'est ni bonne ni mauvaise en soi. Dans certaines situations, on cherche à la diminuer le plus possible. Par exemple, on met de l'huile dans le moteur d'une voiture, entre autres, pour diminuer le frottement, car celui-ci entraîne un réchauffement des pièces qui pourrait endommager le moteur. On fait couler de l'eau dans certaines glissades pour diminuer le frottement et augmenter la vitesse et le plaisir des glisseurs. On dote les véhicules de carrosseries aérodynamiques afin de réduire le ralentissement dû à la résistance de l'air, qui entraîne notamment une augmentation de la consommation de carburant.

Dans d'autres situations, le frottement est nécessaire: c'est grâce au frottement qu'on peut marcher sans glisser sur l'asphalte, que les freins ralentissent les roues des véhicules et que les parachutes fonctionnent. En fait, sans friction, il serait impossible de s'appuyer sur une surface solide pour avancer ou pour changer d'orientation (*voir la* **FIGURE 5.8**). Parfois, on cherche à augmenter la friction, par exemple, lorsqu'on épand du sable sur une entrée glacée.

5.8 Les pneus et les semelles des chaussures de sport sont en caoutchouc afin de maximiser l'adhérence au sol et, conséquemment, le frottement.

Il existe différentes sortes de friction. Nous aborderons trois d'entre elles au cours des pages qui suivent: la friction statique, la friction cinétique et la résistance de l'air.

La friction statique

La friction statique est liée à la force nécessaire pour mettre un objet en mouvement. En effet, les surfaces de deux objets en contact peuvent s'imbriquer plus ou moins profondément l'une dans l'autre. De plus, il peut parfois se former certaines liaisons chimiques entre elles. Ces imbrications et ces liaisons s'opposent au glissement des deux objets (*voir la* **FIGURE 5.9**).

ÉTYMOLOGIE

«Statique» vient du mot grec *statikos*, qui signifie «relatif à l'équilibre, au repos».

Pour mesurer la grandeur de la friction statique, on peut, par exemple, tirer sur un objet à l'aide d'un dynamomètre, c'est-à-dire un appareil servant à mesurer l'intensité des forces. On constate alors que, tant que l'objet n'est pas en mouvement, la grandeur de la friction statique correspond à la grandeur de la force appliquée. La friction statique augmente ainsi jusqu'à une valeur maximale, au-delà de laquelle l'objet se met en mouvement.

5.9 La pente d'un tas de sable, que ce soit dans un sablier ou au pied d'une falaise, est déterminée par la friction statique entre les grains de sable.

© ERPI Reproduction interdite

La friction cinétique

La friction cinétique se produit lorsque deux surfaces glissent l'une sur l'autre. Tout comme la friction statique, elle agit toujours de façon à s'opposer au mouvement relatif des deux objets en contact.

ÉTYMOLOGIE

«Cinétique» vient du mot grec *kinêtikos*, qui signifie «qui se meut, qui met en mouvement».

Lorsqu'un objet se met en mouvement, cela signifie que la grandeur de la force appliquée vient de dépasser la grandeur maximale de la friction statique. La friction décroît alors rapidement jusqu'à ce qu'elle atteigne la grandeur de la friction cinétique, qui est à peu près constante (*voir la* **FIGURE 5.10**). En effet, cette friction est généralement moins élevée que la friction statique, car lorsque les deux surfaces sont en mouvement, elles ne peuvent pas s'imbriquer aussi profondément l'une dans l'autre que lorsqu'elles sont immobiles. De plus, les éventuelles liaisons chimiques entre les deux surfaces n'ont généralement pas le temps de se former.

5.10 LA GRANDEUR DE LA FRICTION EN FONCTION DE CELLE DE LA FORCE APPLIQUÉE

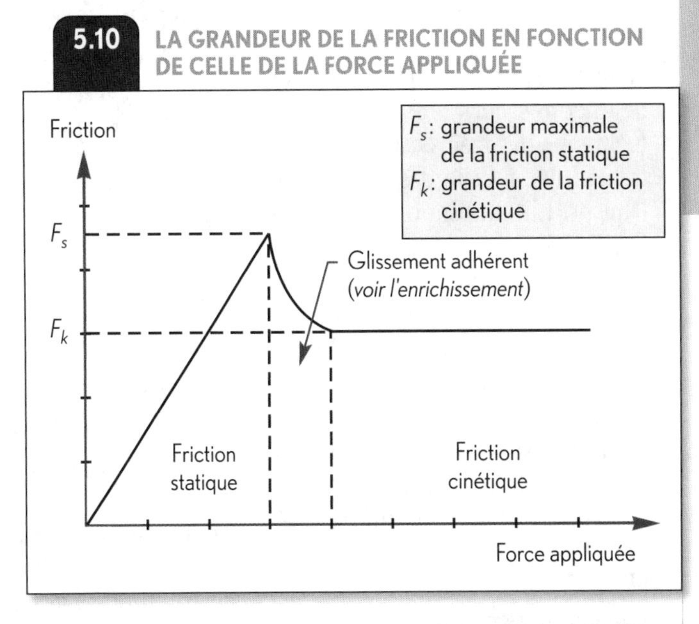

ENRICHISSEMENT

La partie du frottement au cours de laquelle la valeur diminue rapidement est parfois appelée «glissement adhérent». Il s'agit d'un mélange de friction statique et de friction cinétique. C'est généralement à ce moment qu'on entend les pneus crisser, les roues grincer, les planchers craquer, etc. Ce bruit ou ce son provient du fait qu'une des surfaces vibre (*voir la* **FIGURE 5.11**). En fait, l'objet qui vibre alterne rapidement entre friction statique et cinétique: il décolle, recolle plus loin, décolle à nouveau, etc. Lorsque la vitesse dépasse un certain seuil, le bruit cesse: la vibration n'est plus que glissement et la friction n'est plus que cinétique.

5.11 Le glissement adhérent peut produire un son agréable: c'est ce qui se passe lorsqu'un archet touche les cordes d'un violon.

Pour mesurer la friction cinétique, on peut noter la force nécessaire pour faire avancer un objet à vitesse constante. En effet, lorsqu'une force appliquée parallèlement à la surface sur laquelle un objet se déplace contrebalance exactement la friction cinétique, l'objet se déplace à vitesse constante.

Les roues d'une voiture ont besoin de frottement pour avancer. S'agit-il d'une friction statique ou cinétique? Il s'agit d'une friction statique puisque les roues adhèrent et poussent sur la chaussée au lieu de glisser. Lorsque les roues glissent, le frottement devient cinétique, ce qui entraîne généralement une perte de contrôle et une incapacité de freiner. D'où l'utilité des freins anti-blocage, qui cherchent à empêcher les roues de glisser. Comme la grandeur du frottement statique est supérieure à celle du frottement cinétique, les freins anti-blocage permettent aux roues de continuer à rouler même en cas d'urgence, ce qui augmente la friction, réduit la distance de freinage et améliore le contrôle du véhicule.

© ERPI Reproduction interdite

Le freinage ou comment modérer ses transports

À mesure que l'être humain a augmenté sa vitesse de déplacement, il a dû trouver des moyens efficaces pour ralentir ou s'arrêter de façon sécuritaire. L'évolution technique des freins est ainsi étroitement liée à celle des moyens de transport. L'utilisation d'un système de freinage est apparue avant même l'invention du moteur, mais elle s'est imposée dès lors que la force motorisée a commencé à remplacer celle du cheval. D'ailleurs, le premier chariot à moteur, mis au point par Nicholas-Joseph Cugnot (1725-1804) en 1770, s'est écrasé contre un mur dès le premier essai.

Le frein à sabot

Au 16e siècle, les mineurs ont recours à un frein à sabot pour contrôler la vitesse des chariots qui transportent le minerai. Ce frein consistait en une simple pièce de bois frottant contre la périphérie de la roue. Le mineur n'avait qu'à l'actionner de la main ou du pied dans les pentes.

Au fil de son évolution, le même principe sert aussi au freinage des diligences du 18e siècle et, au 19e siècle, il est utilisé dans les premiers trains d'abord tirés par des chevaux, puis actionnés par une locomotive à vapeur. Il est encore employé aujourd'hui dans les transports ferroviaires.

Le frein à tambour

Le frein à tambour est formé de deux mâchoires situées à l'intérieur d'un tambour relié à la roue. Lorsqu'elles s'écartent, les deux mâchoires frottent contre la garniture interne du tambour, provoquant le freinage. Ce système est apparu à la fin du 19e siècle, mais c'est en 1926 que son usage s'est généralisé dans l'industrie automobile.

Le frein à disque

En 1953, le constructeur automobile britannique Jaguar profite de la course des 24 heures du Mans, qui a lieu en France, pour présenter son innovation avec éclat. En effet, le frein à disque lui permet de remporter l'épreuve. Peu à peu, le frein à disque remplace le frein à tambour dans les automobiles jusqu'à ce que son usage soit généralisé. Ce type de frein fonctionne avec des plaquettes qui frottent contre un disque intégré à la roue. Comparativement au frein à tambour, il réagit mieux à l'élévation de la température due au freinage. Il permet ainsi un freinage plus progressif et, de ce fait, qui risque moins de provoquer un dérapage. Cela fut un avantage indéniable pour le vainqueur des 24 heures du Mans: contrairement à ses adversaires, il pouvait freiner au dernier moment.

Avant que le freinage des trains soit automatisé, des employés des chemins de fer avaient pour tâche d'actionner les freins des wagons en les serrant à l'aide d'un volant. Ces cheminots étaient appelés «serre-freins» ou «garde-freins».

Le frein magnétique

Ce type de frein a été utilisé pour la première fois en 1969 sur certaines voitures de train en Europe. Il est employé comme frein d'urgence sur les trains grande vitesse (TGV) depuis les années 1990, au moment où une nouvelle génération de TGV faisait passer la vitesse des trains de 320 km/h à 350 km/h. Son principe consiste en une force magnétique exercée par des patins aimantés frottant sur les rails. Cette force s'ajoute à l'effort de freinage du système de freinage principal, et s'avère essentiel en cas de pluie puisque l'eau atténue la force de frottement sur les rails.

© ERPI Reproduction interdite

PETIT FREIN VA LOIN

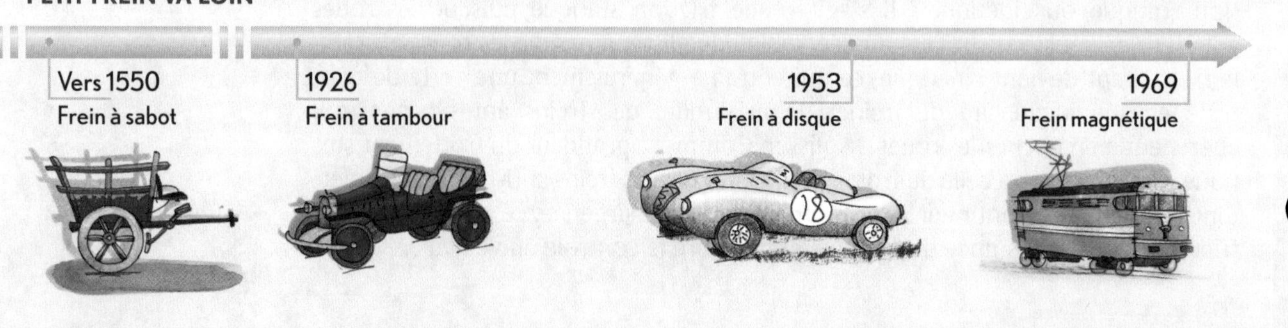

La résistance de l'air

Les substances liquides et gazeuses, c'est-à-dire les fluides, exercent elles aussi une friction sur les objets avec lesquels elles sont en contact. C'est la «friction fluide» (aussi appelée «friction visqueuse»). Pour avancer dans un fluide, un objet doit en effet repousser le fluide de chaque côté de lui. La friction fluide est un vaste sujet. Elle englobe par exemple tous les déplacements dans l'air, dans l'eau et dans l'huile. Nous nous contenterons de présenter ici quelques aspects liés à la résistance de l'air.

CONCEPT DÉJÀ VU
Air (composition)

Nous avons vu que les objets en chute libre sont soumis à la gravité et que cette force produit la même accélération pour tous les objets, peu importe leur masse (*voir la page 173*). Nous savons cependant qu'en réalité, les objets ne tombent pas tous avec la même accélération. Cela vient du fait qu'ils tombent dans l'air et que celui-ci est un fluide. Il existe donc une friction entre les objets en chute libre et ce fluide gazeux, c'est-à-dire une force qui agit dans le sens inverse de celui du mouvement (*voir la* **FIGURE 5.12**).

Ce qui rend le mouvement des projectiles complexe, et ce qui explique en partie pourquoi il a fallu attendre si longtemps avant de le comprendre, c'est le fait qu'il combine trois mouvements différents : un mouvement rectiligne uniforme (qui détermine sa composante horizontale), un mouvement rectiligne uniformément accéléré (qui correspond à sa composante verticale) et un mouvement dans un fluide.

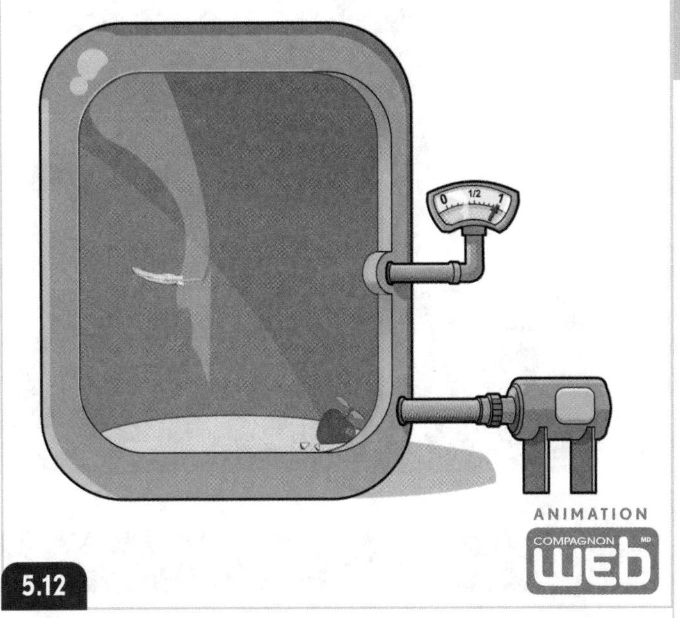

5.12 Dans le vide, tous les objets tombent avec la même accélération, quelle que soit leur masse. Dans l'air, par contre, la chute des objets est ralentie par la friction avec ce fluide gazeux.

ENRICHISSEMENT

On sent peu la résistance de l'air lorsqu'on marche, mais on commence à la sentir à bicyclette et on la sent très bien en voiture. En effet, à mesure que la vitesse d'un objet augmente, la résistance de l'air augmente également. À partir d'une certaine vitesse, la grandeur des deux forces devient égale et l'objet cesse d'accélérer. On dit alors qu'il a atteint sa «vitesse limite» (*voir la* **FIGURE 5.13**).

5.13 La vitesse limite d'un flocon de neige ou d'une plume est faible. Heureusement, sinon les flocons seraient des projectiles mortels, compte tenu de la hauteur d'où ils tombent.

© ERPI Reproduction interdite

Un objet qui tombe dans un fluide atteint plus ou moins rapidement une vitesse limite selon sa masse, l'étendue de sa surface et sa masse volumique. Par exemple, l'air influe beaucoup sur le mouvement des objets dont la masse volumique est faible, comme une plume ou une feuille de papier. Il influe moins sur les objets plus compacts, comme une pierre ou une balle de baseball. C'est d'ailleurs le principe du parachute. Comme on peut le voir à la **FIGURE 5.14**, l'augmentation brusque de la surface de contact augmente la résistance de l'air et diminue considérablement la vitesse de la chute.

5.14 La vitesse limite que les parachutistes peuvent atteindre avant d'ouvrir leur parachute est de l'ordre de 150 km/h à 200 km/h. Tout dépend de leur masse et de la position de leur corps (allongée ou rassemblée). Une fois qu'ils ont déployé leur parachute, leur vitesse limite est de l'ordre de 15 km/h à 25 km/h, ce qui réduit considérablement le danger lié à l'atterrissage.

ARTICLE TIRÉ D'INTERNET

La traversée de la Manche en chute libre

Felix Baumgartner, un parachutiste autrichien équipé d'un aileron en carbone, a réussi la traversée en chute libre des 34 km de la Manche qui séparent Douvres (Grande-Bretagne) et Calais (France), après un saut à 9000 m d'altitude.

Il a sauté d'un avion à 6 h 09, puis a chuté pendant une dizaine de minutes à une vitesse de plus de 200 km/h, avant d'ouvrir son parachute à environ 1000 m au-dessus du cap Blanc-Nez, à l'ouest de Calais, où il s'est posé à 6 h 23.

Le parachutiste de l'extrême a utilisé une assistance respiratoire au début de sa chute et revêtu une combinaison spéciale à une altitude où la température est inférieure à −50 °C. Pour obtenir un déplacement horizontal maximal lors de sa chute et franchir la trentaine de kilomètres de mer, il avait fixé sur son dos un aileron triangulaire aérodynamique en fibre de carbone d'une envergure de 1,80 m.

Adapté de : Nouvelobs, « Un Autrichien traverse la Manche en chute libre » [en ligne]. (Consulté le 2 février 2009.)

Felix Baumgartner et son Icare II. Dans la mythologie grecque, Icare s'échappe du Labyrinthe où il est retenu prisonnier à l'aide d'ailes fixées à son dos.

© ERPI Reproduction interdite

Nom : ________________ Groupe : ________ Date : ________________

Exercices

COMPAGNON WEB SECTION 5.5

5.5 Les forces de frottement

Ex. 1

1. Pourquoi une assiette placée sur un plan incliné glisse-t-elle vers le bas tandis qu'une brique placée à côté d'elle demeure en place ?

Ex. 2 3 4

2. Pourquoi les skieurs de randonnée préfèrent-ils que leurs skis aient un frottement statique élevé et un frottement cinétique faible ?

3. a) Quel type de frottement (statique ou cinétique) permet à un chat d'avancer ?

b) Dans quelle direction est orientée la force de frottement s'exerçant sur la patte du chat qui touche le sol ?

4. Sur le siège arrière d'une voiture, un paquet reste immobile si l'on freine avec une certaine force. Cependant, si l'on freine à peine plus brusquement, le paquet glisse vers l'avant. Comment expliquez-vous cela ?

5. On désire qu'une tige mobile d'une machine glisse librement sur un rail d'acier. On constate qu'au contraire la tige s'arrête rapidement à cause du frottement. Que doit-on faire pour remédier au problème ?

© ERPI Reproduction interdite

Nom : ______________________ Groupe : ________ Date : ______________

Ex. 5

6. Dans une caserne d'incendie, l'alarme retentit.

a) Aussitôt, une pompière se laisse glisser le long du poteau. À mesure qu'elle descend, elle resserre ses mains sur le poteau. Que se passe-t-il lorsque la force de frottement du poteau devient égale au poids de la pompière ?

____

____

____

b) L'instant d'après, un pompier de 98 kg se laisse glisser le long du poteau. Si la hauteur du poteau est de 3,0 m, que le pompier atteint le sol en 1,2 s et que son accélération est constante, quelle est la grandeur et l'orientation de la force de frottement cinétique exercée par le poteau ?

____

____

© ERPI Reproduction interdite

Résumé

La deuxième loi de Newton

5.1 LA RELATION ENTRE LA FORCE, LA MASSE ET L'ACCÉLÉRATION

- La deuxième loi du mouvement de Newton stipule que la force résultante agissant sur un objet est égale à la masse de cet objet multipliée par son accélération.
- La formule mathématique de la deuxième loi de Newton est la suivante:

$$\vec{F} = m\vec{a}$$

- Comme la force et l'accélération sont des vecteurs, on peut aussi écrire la deuxième loi sous forme de composantes:

$$F_x = ma_x, F_y = ma_y$$

- L'accélération peut être considérée comme le taux de changement de la vitesse en fonction du temps. On la note alors en m/s^2. On peut aussi la considérer comme une force par unité de masse. On la note alors en N/kg. Les deux notations sont équivalentes.

5.2 LES DIAGRAMMES DE CORPS LIBRE

- Pour représenter graphiquement toutes les forces qui s'exercent sur un corps et en dégager la force résultante, il est souvent utile de tracer un diagramme de corps libre.
- Les étapes à suivre pour tracer un diagramme de corps libre sont les suivantes:
  - choisir l'objet à examiner et le symboliser par un gros point;
  - représenter graphiquement chacune des forces qui s'exercent sur cet objet;
  - choisir et tracer un système d'axes;
  - résoudre chacune des forces en composantes;
  - trouver la force résultante en procédant à l'addition vectorielle des composantes de chacune des forces.

5.3 LA FORCE GRAVITATIONNELLE

- La Terre exerce une force d'attraction sur tous les objets qui se trouvent à sa surface. Cette force, qui est orientée vers le centre de la Terre, porte le nom de «force gravitationnelle», ou encore de «gravité».
- Pour les objets en chute libre, la conséquence de cette force est une accélération constante, l'accélération gravitationnelle, dont la valeur à la surface de la Terre est de 9,8 m/s^2.
- La formule mathématique de la force gravitationnelle à la surface de la Terre est la suivante:

$$\vec{F}_g = m\vec{g}$$

© ERPI Reproduction interdite

- Plus généralement, la formule mathématique de la force gravitationnelle entre deux objets, quel que soit leur emplacement, s'énonce ainsi :

$$F_g = \frac{Gm_1m_2}{d^2}$$

- En science, il importe de distinguer la masse et le poids.
  - La masse est la mesure de la quantité de matière présente dans un objet. On la mesure en kilogrammes et sa valeur ne change pas d'un endroit à un autre.
  - Le poids est la mesure de la force gravitationnelle exercée sur un objet. On le mesure en newtons et sa valeur peut changer d'un endroit à un autre.
  - À la surface de la Terre, deux objets qui ont la même masse ont également le même poids.

5.4 LA FORCE NORMALE

- La force normale est une force qu'une surface solide exerce sur un objet en contact avec elle. Cette force est toujours perpendiculaire à la surface de contact.
- Un objet immobile posé sur une surface horizontale elle-même immobile subit une force normale dont la grandeur équivaut à celle de la gravité. Cependant :
  - si l'on tire l'objet vers le haut, il subira une force normale plus faible que la gravité ;
  - si l'on pousse l'objet vers le bas, il subira une force normale plus élevée que la gravité ;
  - si la surface accélère vers le haut, l'objet subira une force normale plus grande que la gravité ;
  - si la surface accélère vers le bas, l'objet subira une force normale plus faible que la gravité ;
  - si la surface est inclinée, l'objet subira une force normale plus faible que la gravité.

5.5 LES FORCES DE FROTTEMENT

- Le frottement regroupe toutes les forces qui s'opposent au mouvement relatif de deux objets dont les surfaces sont en contact.
- Le frottement est causé par les irrégularités des surfaces en contact. Plus une surface est lisse, plus le frottement est faible.
- La valeur maximale de la friction statique correspond à la force nécessaire pour mettre un objet en mouvement.
- La friction cinétique se produit lorsque deux surfaces solides glissent l'une sur l'autre.
- La friction fluide se produit lorsqu'un objet solide se déplace dans un liquide ou dans un gaz. Les objets qui se déplacent dans l'air subissent un frottement de ce type, qui porte également le nom de « résistance de l'air ».

© ERPI Reproduction interdite

Nom : ______________________ Groupe : ________ Date : ______________

Exercices sur l'ensemble du chapitre 5

Ex. 1 8

1. Une sonde envoyée aux confins du système solaire vogue à la dérive dans l'espace. Peut-elle aboutir à un endroit où toute force gravitationnelle exercée sur elle serait nulle ?

2. Un lanceur de base-ball peut donner à une balle de 150 g une vitesse de 158 km/h en la déplaçant sur une distance de 2,00 m. Quelle force le lanceur exerce-t-il alors sur la balle ?

3. Un receveur peut attraper une balle de base-ball de 150 g lancée à 158 km/h et l'arrêter sur une distance de 0,200 m. Quelle est alors la grandeur et l'orientation de la force exercée par le receveur sur la balle ?

© ERPI Reproduction interdite

4. Une voiture de 980 kg roule à 60 km/h. Soudain, un chat traverse la rue juste devant la voiture. La conductrice applique alors les freins pendant 1,2 s, ce qui produit une force de 5200 N sur la voiture.

a) Quelle sera la vitesse de la voiture après 1,2 s ?

____

b) Quelle est la distance parcourue par la voiture pendant cette période de temps de 1,2 s ?

____

© ERPI Reproduction interdite

5. Les voitures actuelles sont construites selon le principe du caisson rigide dans une structure déformable. Les passagers prennent place dans le caisson, zone relativement incompressible, tandis que l'avant et l'arrière du véhicule constituent des zones compressibles, permettant d'étaler la décélération de la voiture lors d'une collision sur une distance d'environ 1 m.

a) Un passager ayant bouclé sa ceinture de sécurité décélère à la même vitesse environ que la voiture elle-même. Quelle est la force exercée sur un passager de 68 kg qui passe de 60 km/h à 0 km/h sur une distance de 1,0 m ?

______

b) Un passager n'ayant pas bouclé sa ceinture de sécurité poursuivra son mouvement vers l'avant en cas de collision jusqu'à ce qu'il rencontre une surface solide. La décélération aura alors lieu sur une distance beaucoup plus courte. Quelle est la force exercée sur un passager de 68 kg qui passe de 60 km/h à 0 km/h sur une distance de 1,0 cm ?

______

© ERPI Reproduction interdite

c) On considère que les accidentés de la route ont de bonnes chances de s'en sortir indemnes si la décélération qu'ils subissent ne dépasse pas 30 fois celle due à la gravité. Quelle est la décélération, en multiple de *g*, subie par les passagers des sous-questions a) et b) ?

Ex. 2 3 5

6. Un cascadeur saute d'une hauteur de 5,0 m. Au moment où il touche le sol, il plie les genoux, ce qui permet à son torse, à ses bras et à sa tête de décélérer sur une distance de 72 cm. La masse de son corps, sans les jambes, est de 52 kg.

a) Quelle était la vitesse du cascadeur, au moment où ses pieds ont touché le sol ?

© ERPI Reproduction interdite

b) Quelle est la force exercée sur le haut de son corps durant sa décélération ?

c) Si la masse totale de ce cascadeur est de 80 kg, quel multiple de son poids cette force représente-t-elle ?

© ERPI Reproduction interdite

Nom : ______ Groupe : ______ Date : ______

Ex. 4

7. Pendant qu'elle parcourt 25 m sur une patinoire, une rondelle de hockey de 170 g passe de 45 m/s à 44 m/s. Quelle est la force de friction cinétique de la glace ?

Ex. 7

8. Charles attend des voyageurs à l'aéroport. Pendant qu'il observe les avions qui prennent place sur la piste de décollage, il remarque que les gros-porteurs mettent en moyenne 35 s à atteindre leur vitesse de décollage et que la piste semble mesurer 1,4 km de long. Lors d'une conversation avec une agente de bord, il apprend que la masse de ces avions est d'environ 170 000 kg. Quelle force les moteurs d'un avion gros-porteur doivent-ils déployer pour permettre à l'avion de décoller ?

© ERPI Reproduction interdite

Ex. 6

9. La surface d'un plan incliné à 45° est formée d'une membrane rugueuse retenue par un cadre en bois. Cette membrane ne peut supporter une poussée plus grande que 30,75 N sans se briser. Quelle est la masse maximale de l'objet que l'on peut y déposer sans qu'elle se brise ?

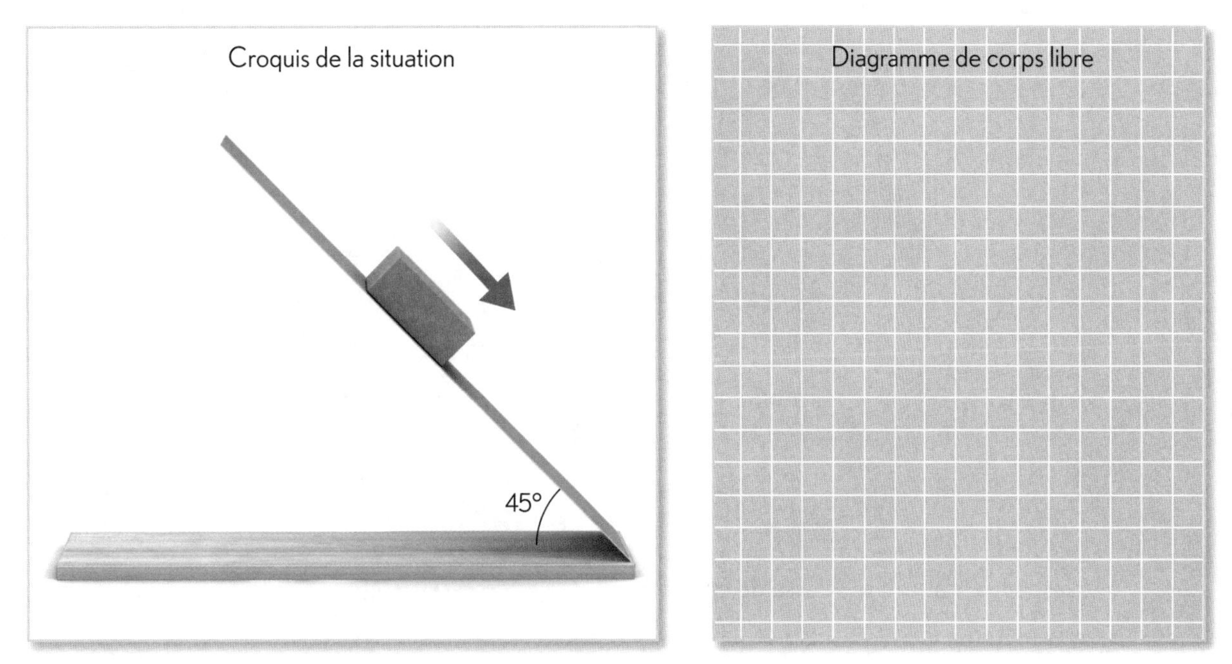

© ERPI Reproduction interdite

Nom : ______________________ Groupe : ________ Date : ______________

10. Dessinez un diagramme de corps libre pour chacune des situations suivantes.

a) Une personne monte dans un ascenseur au 10e étage et appuie sur le bouton du rez-de-chaussée. L'ascenseur accélère vers le bas.

b) L'ascenseur atteint sa vitesse de croisière.

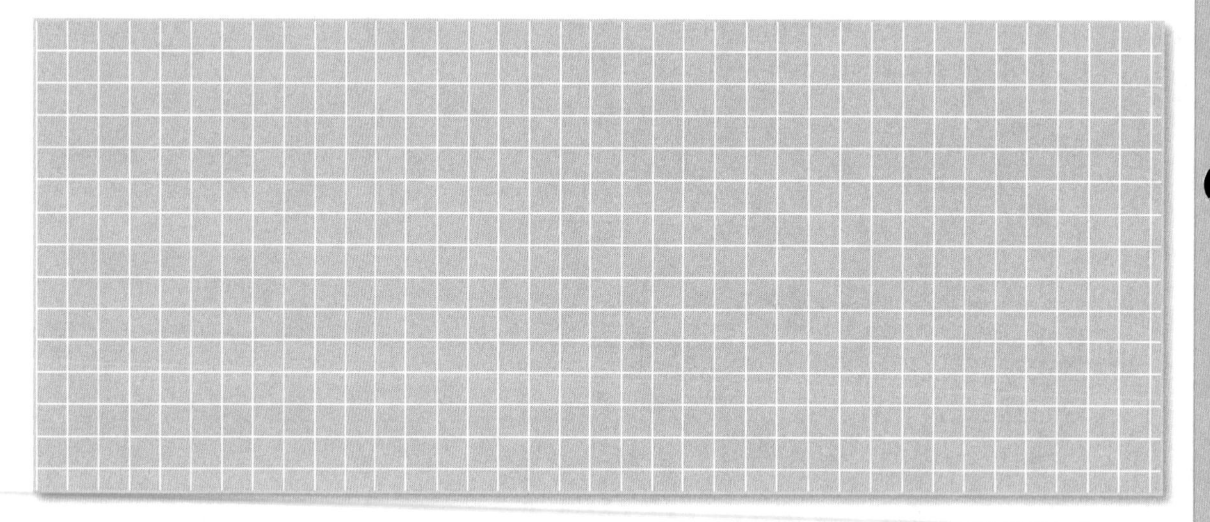

c) L'ascenseur ralentit afin de s'arrêter au rez-de-chaussée.

© ERPI Reproduction interdite

Défis

1. On dépose une boîte en bois de 5,75 kg sur une planche de chêne. Si on soulève l'une des extrémités de la planche, quel angle cette dernière formera-t-elle avec le sol lorsque la boîte commencera à glisser, la force de frottement n'étant plus suffisamment grande pour retenir la boîte ? (Indice : La force de frottement entre la boîte et la planche équivaut à 0,48 fois la force normale exercée sur la boîte.)

Croquis de la situation

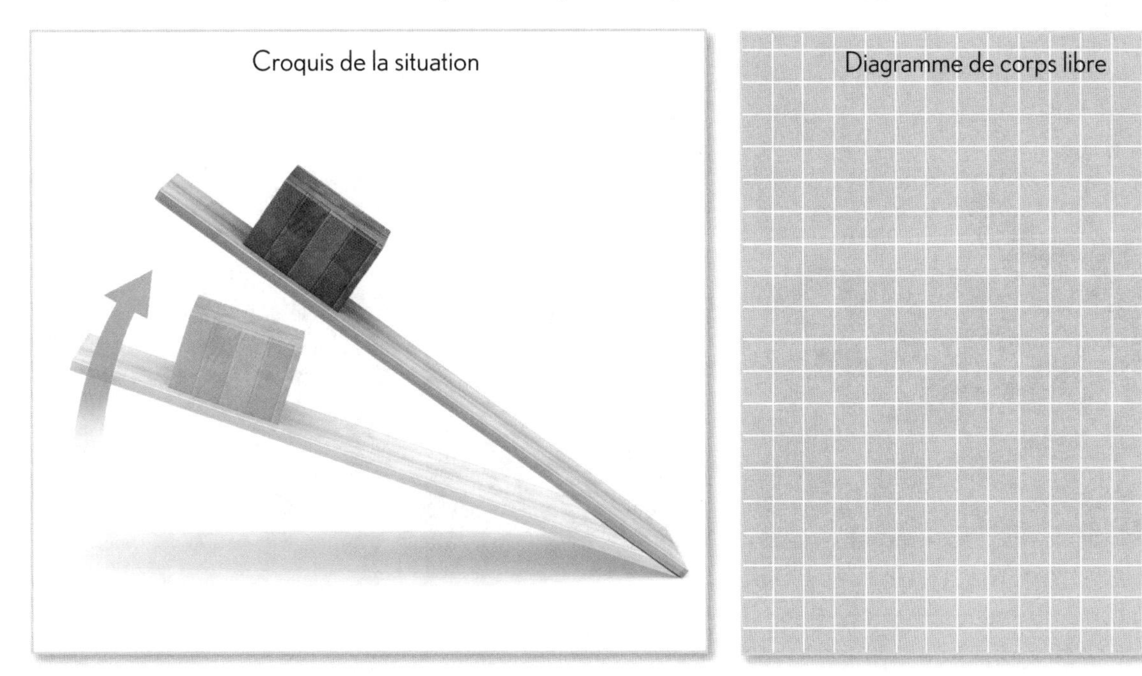

Diagramme de corps libre

© ERPI Reproduction interdite

Nom : ______________________ Groupe : __________ Date : ______________

2. La direction d'un supermarché confie à une ingénieure la tâche de concevoir des rampes d'accès pour les personnes qui se déplacent en fauteuil roulant. La direction souhaite que l'effort que ces personnes devront fournir pour pousser leur panier à provisions le long de la rampe ne dépasse pas 20 N. On suppose que la masse d'un panier à provisions peut atteindre 20 kg.

a) Tracez le diagramme de corps libre des forces qui s'exercent sur un panier à provisions poussé le long de cette future rampe.

Représentation de la situation

Diagramme de corps libre

____

____

____

b) Quelle valeur maximale l'ingénieure peut-elle donner à l'angle de la pente de la rampe d'accès ?

____

© ERPI Reproduction interdite

CHAPITRE 6

6.1 Pour nager, il faut repousser l'eau derrière soi.

La troisième loi de Newton

LABO
12. LA FORCE CENTRIPÈTE

Pour marcher ou pour courir, on pousse vers l'arrière sur le sol avec les pieds.
Pour nager, on repousse l'eau vers l'arrière avec les bras et les jambes.
Pour voler, les oiseaux poussent l'air derrière eux et sous eux avec leurs ailes.
Pourquoi, dans chacun de ces cas, faut-il qu'une force s'exerce en sens inverse de l'orientation souhaitée ?
Pourquoi un ballon qui se dégonfle se met-il à reculer ?
Comment la gravité peut-elle à la fois faire tomber une pomme au sol et maintenir la Lune en orbite autour de la Terre ?

Au cours de ce chapitre, nous découvrirons la troisième loi de Newton, qui décrit ce qui se passe lorsque deux objets exercent une force l'un sur l'autre. Nous serons alors en mesure de comprendre des phénomènes tels que le déplacement au sol (la marche et la course), dans l'eau (la nage), dans l'air (le vol des oiseaux et des avions) et même dans l'espace (le vol des fusées). Pour terminer, nous aborderons le cas d'un mouvement non linéaire, le mouvement circulaire uniforme, et la force qui l'engendre, soit la force centripète.

6.1 La loi de l'action et de la réaction

CONCEPTS DÉJÀ VUS
- Force
- Types de forces
- Équilibre de deux forces
- Masse et poids

Comme nous l'avons vu antérieurement, la première et la deuxième loi de Newton précisent respectivement ce qui se passe lorsque aucune force ne s'exerce sur un objet et lorsqu'une force s'exerce sur un objet. Que décrit la troisième loi de Newton ? Ce qui se passe lorsque deux objets exercent une force l'un sur l'autre.

Abordons la troisième loi de Newton à l'aide d'un exemple, soit celui d'un marteau qui cogne sur un clou. Que se passe-t-il ? La force exercée par le marteau enfonce le clou. Autrement dit, elle lui donne une certaine accélération. Cependant, le clou exerce aussi une force sur le marteau. La preuve ? Il arrête le mouvement descendant du marteau. Il y a donc production d'une paire de forces. Dans la nature, une force ne vient jamais seule, car aucun objet ne peut exercer une force sur un autre objet sans que ce dernier n'exerce sur lui une force en retour. Les forces viennent donc toujours par paires (*voir la* **FIGURE 6.2**).

Une force est toujours une interaction entre deux objets différents. En effet, un objet ne peut pas exercer de force sur lui-même, mais seulement sur un autre objet. Dans une paire de forces, A agit sur B et B agit sur A. Lorsque deux objets interagissent, on dit que l'un produit une «action» et l'autre, une «réaction». Cependant, il importe peu de savoir lequel agit et lequel réagit, car les deux forces s'exercent simultanément.

Selon la troisième loi du mouvement de Newton, pour chaque force s'exerçant sur un objet, il existe une seconde force s'exerçant sur le premier objet. De plus, ces deux forces sont de même grandeur, mais de sens opposés.

DÉFINITION

La **troisième loi du mouvement de Newton** stipule que, chaque fois qu'un objet exerce une force sur un autre objet, ce dernier exerce en retour sur lui une force égale, mais de sens opposé.

Si je me penche de plus en plus vers l'avant, je vais finir par tomber. Par contre, si je le fais en m'appuyant contre un mur, je ne tomberai pas, car le mur exerce sur moi la même force que j'exerce sur lui. Il peut sembler difficile d'admettre qu'un mur puisse pousser sur une personne. On comprend généralement assez facilement qu'un objet vivant (un être humain, un animal),

6.2 On ne peut pas toucher sans être touché. On ne peut pas exercer une force sur un objet sans que cet objet n'exerce en retour une force sur nous.

© ERPI Reproduction interdite

un mécanisme (un moteur, des roues) ou un objet élastique (un ressort) puissent exercer une force. Il peut sembler moins évident qu'un objet rigide (comme le sol ou un mur) en fasse autant. Pourtant, un objet qui en soutient un autre exerce une force sur lui, sinon celui-ci tomberait.

Pour tenter de cerner le phénomène, examinons séparément les deux forces de cette paire action-réaction (*voir la* **FIGURE 6.3**). Voyons d'abord la force que la personne exerce sur le mur. Cette force a une orientation : elle va de la personne au mur. La conséquence de cette force est une très légère compression des atomes qui composent la surface du mur. Cependant, le mur ne bouge pas, parce que les forces qui assurent sa cohésion, ainsi que le frottement statique, sont beaucoup plus élevées que la force exercée. Voyons maintenant l'autre force de cette paire, soit la force exercée par le mur sur la personne. Elle a pour conséquence de compresser les paumes et de pousser sur les bras de la personne. Si cette dernière portait des patins à roues alignées plutôt que des souliers de course, elle reculerait. Autrement dit, le sens de son mouvement s'inverserait, ce qui prouve bien qu'une force s'est exercée sur elle.

6.3 Sans le mur, cette sportive tomberait. Le mur exerce donc une force sur elle.

La troisième loi du mouvement de Newton peut s'écrire sous la forme d'une équation.

Troisième loi du mouvement de Newton

$\vec{F}_A = -\vec{F}_B$ où $\vec{F}_A$ correspond à la force exercée par l'objet A sur l'objet B

$\vec{F}_B$ correspond à la force exercée par l'objet B sur l'objet A

PHYSIQUE ■ CHAPITRE 6

EXEMPLE

MÉTHO, p. 328

Kali et sa mère font du patin à roues alignées dans un parc. La masse de l'enfant est de 20 kg et celle de la mère est de 65 kg. À un moment donné, ils se font face, joignent leurs mains, s'immobilisent, puis poussent tous les deux en même temps. Si l'accélération de Kali est de 2,6 m/s^2, quelle est l'accélération de sa mère ?

1. Quelle est l'information recherchée ?

a_2 = ? (accélération de la mère)

2. Quelles sont les données du problème ?

a_1 = 2,6 m/s^2 (accélération de Kali)

m_1 = 20 kg

m_2 = 65 kg

3. Quelles formules contiennent les variables dont j'ai besoin ?

$F = ma$

D'où $a = \dfrac{F}{m}$

$\vec{F}_A = -\vec{F}_B$

4. J'effectue les calculs.

$F_1 = m_1 a_1$

$= 20 \text{ kg} \times 2{,}6 \text{ m/s}^2$

$= 52 \text{ N}$

$= -F_2$

$a_2 = \dfrac{F_2}{m_2}$

$= \dfrac{-52 \text{ N}}{65 \text{ kg}}$

$= -0{,}80 \text{ m/s}^2$

5. Je réponds à la question.

L'accélération de la mère est de 0,80 m/s^2 en sens inverse de l'accélération de Kali.

© ERPI Reproduction interdite

Quelques applications de la troisième loi

Une paire action-réaction est composée de deux forces de même grandeur, mais de sens inverse. Pourtant, ces deux forces ne s'annulent pas. Pourquoi ? Parce qu'elles s'exercent sur deux objets différents.

Dans un diagramme de corps libre (*voir le chapitre 5, aux pages 164 à 166*), on indique toujours une seule des forces d'une paire action-réaction : celle qui s'exerce sur l'objet sélectionné. L'autre force de la paire appartient en effet au diagramme de corps libre d'un autre objet. D'où l'importance du choix de l'objet à examiner dans un diagramme de corps libre.

Pour tenter de saisir la portée de la troisième loi de Newton, appliquons-la à quatre cas particuliers.

PREMIER CAS : L'OBJET B EST INCAPABLE DE FOURNIR UNE FORCE ÉQUIVALENTE À CELLE DE L'OBJET A

Que se passe-t-il lorsqu'un objet est incapable de fournir une force équivalente à celle qui est exercée sur lui ? Le premier objet devient également incapable de fournir cette force (*voir la* **FIGURE 6.4**). Par exemple, il est impossible d'asséner un coup de poing avec une force de 40 N dans une feuille de papier qui ne peut exercer en retour qu'une force de 15 N. En effet, dès que le poing touche la feuille, la force qu'il exerce ne peut être que de 15 N, ce qui provoque généralement le déchirement de la feuille.

6.4 La force exercée par la plongeuse sur l'eau est supérieure à la force que la surface de l'eau peut exercer sur la plongeuse. Par conséquent, la surface de l'eau se brise et laisse pénétrer la plongeuse. Cependant, une fois celle-ci dans l'eau, la friction fluide la ralentit et l'arrête assez rapidement.

DEUXIÈME CAS : UNE MÊME FORCE PEUT PRODUIRE DES ACCÉLÉRATIONS DIFFÉRENTES

Comme nous le savons, une pomme qui se détache d'un arbre tombe sous l'effet de la gravité. La Terre exerce donc une force sur la pomme. Selon la troisième loi de Newton, la pomme exerce en retour une force de même intensité sur la Terre. Ces deux forces ont la même grandeur. Pourtant, selon la deuxième loi de Newton, l'accélération qui s'ensuit est très différente, puisqu'elle dépend également de la masse. Un objet peu massif, comme une pomme, subira une accélération relativement grande en réponse à la force donnée. Un objet très massif, comme la Terre, subira une accélération relativement petite après avoir subi la même force (*voir la* **FIGURE 6.5**).

6.5 La Terre exerce une force gravitationnelle sur l'avion ($\vec{F}_A$). Par conséquent, l'avion exerce une force égale et de sens opposé sur la Terre ($\vec{F}_B$).

© ERPI Reproduction interdite

TROISIÈME CAS : IL NE FAUT PAS CONFONDRE « FORCE RÉSULTANTE NULLE » ET « PAIRE ACTION-RÉACTION »

Un livre est immobile sur une table. Selon la première loi de Newton, la résultante de toutes les forces qui s'exercent sur cet objet est donc nulle (*voir le chapitre 4, à la page 143*). Si le livre ne tombe pas vers le sol, c'est que la gravité, qui agit sur lui comme sur tout objet à la surface de la Terre, est annulée par une autre force. Laquelle ? La force normale exercée par la table (*voir le chapitre 5, à la page 179*). Autrement dit, les forces exercées sur le livre par la gravité et la force normale ont la même intensité, mais elles ont des sens inverses (*voir la partie A de la* **FIGURE 6.6**). S'agit-il d'une paire action-réaction ? Non, car ces deux forces agissent sur le même objet (le livre). Or, les forces d'une paire action-réaction agissent toujours sur des objets différents.

Pour compléter les paires action-réaction à l'œuvre dans cette situation, il faut se demander sur quels objets le livre exerce les mêmes forces que celles qu'il subit (*voir la partie B de la* **FIGURE 6.6**). Comme la table exerce une force sur le livre ($\vec{F}_A$), le livre exerce en retour une force sur la table ($\vec{F}_B$). De même, comme la Terre exerce une force sur le livre ($\vec{F}_C$), le livre exerce en retour une force sur la Terre ($\vec{F}_D$).

Cet exemple fait ressortir l'importance de bien différencier « force résultante nulle » et « paire action-réaction ». Dans le premier cas, les forces s'appliquent sur le même objet et elles s'annulent, tandis que, dans le second cas, elles s'appliquent sur deux objets différents et elles ne s'annulent pas.

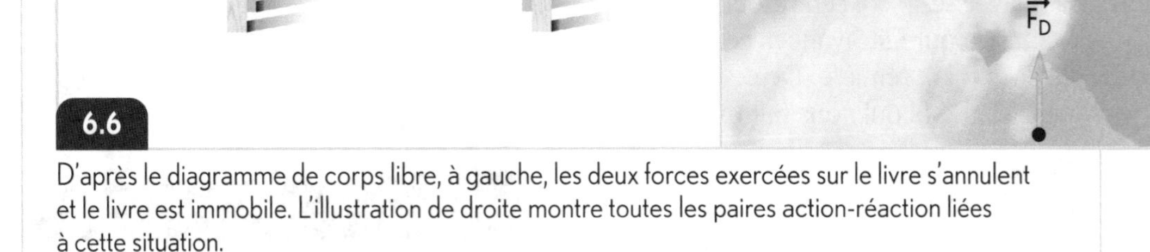

D'après le diagramme de corps libre, à gauche, les deux forces exercées sur le livre s'annulent et le livre est immobile. L'illustration de droite montre toutes les paires action-réaction liées à cette situation.

QUATRIÈME CAS : LE PARADOXE DU CHARIOT

Une enseignante entre en classe en poussant devant elle un chariot rempli de livres. Elle déclare à ses élèves : « Selon la troisième loi de Newton, à toute action correspond une réaction de même intensité et de sens contraire. Comment se fait-il alors que je sois capable de faire avancer ce chariot ? La force que j'exerce sur lui ne devrait-elle pas être annulée par la force qu'il exerce sur moi ? »

Dans cette situation, illustrée à la **FIGURE 6.7** (*page suivante*), deux forces d'intensité égale et de sens opposés sont en jeu. Cependant, elles ne s'annulent pas puisqu'elles ne s'exercent pas sur le même objet. Pour déterminer si le chariot avance ou non, il faut plutôt considérer l'ensemble des forces qui s'exercent sur lui. Il faut faire de même pour l'enseignante.

© ERPI Reproduction interdite

Nous savons que les composantes verticales des forces s'annulent, puisque aucun déplacement ne s'effectue vers le haut ou vers le bas. Si nous examinons les composantes horizontales, nous constatons que les forces de frottement diffèrent dans les deux cas: le frottement du sol sur les roues du chariot est inférieur au frottement du sol sur les chaussures de l'enseignante. Pour mettre le chariot en mouvement, celle-ci doit donc exercer sur le sol une force supérieure au frottement exercé par le sol sur les roues du chariot. Chose facile puisque l'adhérence de ses chaussures lui permet d'exercer une poussée relativement importante sur le sol vers l'arrière. En retour, le sol pousse l'enseignante avec la même intensité vers l'avant. Une fois que le chariot a commencé à bouger, l'enseignante doit cependant exercer une force égale au frottement exercé par le sol pour le maintenir en mouvement rectiligne uniforme.

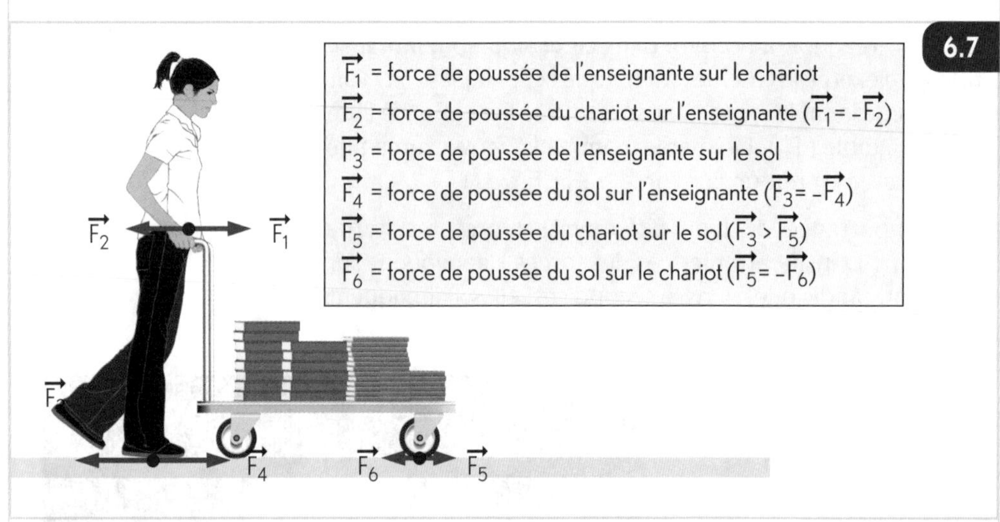

6.7 Puisque la poussée vers l'avant du sol sur l'enseignante est supérieure à la poussée vers l'arrière du sol sur le chariot, l'ensemble enseignante-chariot se met en mouvement vers l'avant.

Le principe de la marche

Voyons maintenant le principe de divers moyens de locomotion, notamment celui qui nous est le plus familier, soit la marche. Comme le montre la **FIGURE 6.8**, une personne qui marche ou qui court pousse sur le sol vers l'arrière avec ses pieds; en retour, le sol exerce une force sur elle vers l'avant. Ce qui fait avancer cette personne, c'est donc la seconde force et non la première. De ce point de vue, il est possible d'affirmer que c'est le sol qui nous fait marcher!

6.8 Lorsque nous marchons, nos pieds poussent sur le sol. En retour, le sol pousse sur nos pieds, ce qui nous permet d'avancer.

Le même principe s'applique à d'autres déplacements. Si nous sommes capables d'exécuter des sauts, c'est parce que le sol nous pousse vers le haut lorsque nos pieds poussent fortement vers le bas. Si nous sommes capables de nager, c'est parce que l'eau nous pousse vers l'avant, en réaction à la poussée exercée par nos bras et nos jambes vers l'arrière. Si les oiseaux volent, c'est parce que l'air les pousse vers l'avant et vers le haut, en réaction au mouvement de leurs ailes vers l'arrière et vers le bas.

Les véhicules munis de roues avancent selon ce même principe. En effet, lorsqu'une voiture roule, ses roues poussent sur le sol et celui-ci, en retour, pousse sur elles. Cependant, si la chaussée est glacée, les roues glissent. Comme elles ne parviennent pas à adhérer au sol, elles ne peuvent pas exercer une force sur lui. Conséquemment, le sol ne peut pas non plus exercer une force sur les roues. Résultat: il n'y a pas de poussée vers l'avant et la voiture reste sur place ou conserve son état de mouvement.

Le principe du moteur-fusée et du moteur à réaction

Abordons le principe du moteur-fusée et du moteur à réaction à l'aide d'un modèle simple, soit celui d'un ballon gonflé. Comme le montre la partie A de la **FIGURE 6.9**, lorsque le ballon est hermétiquement fermé, les particules d'air qu'il renferme créent une pression uniforme sur sa membrane intérieure. Toutes les forces exercées par les particules d'air sur la paroi intérieure du ballon sont alors équilibrées et la force résultante est nulle (*voir le chapitre 4, à la page 143*).

CONCEPT DÉJÀ VU
Modèle particulaire

Cependant, si les particules d'air peuvent s'échapper du ballon par une ouverture, comme le montre la partie B de la **FIGURE 6.9**, la pression qu'elles exercent diminue à cet endroit, mais continue d'agir du côté opposé. Les forces exercées par les particules d'air ne sont plus toutes équilibrées et la force résultante n'est plus nulle. Par conséquent, le ballon accélère en sens inverse de l'ouverture.

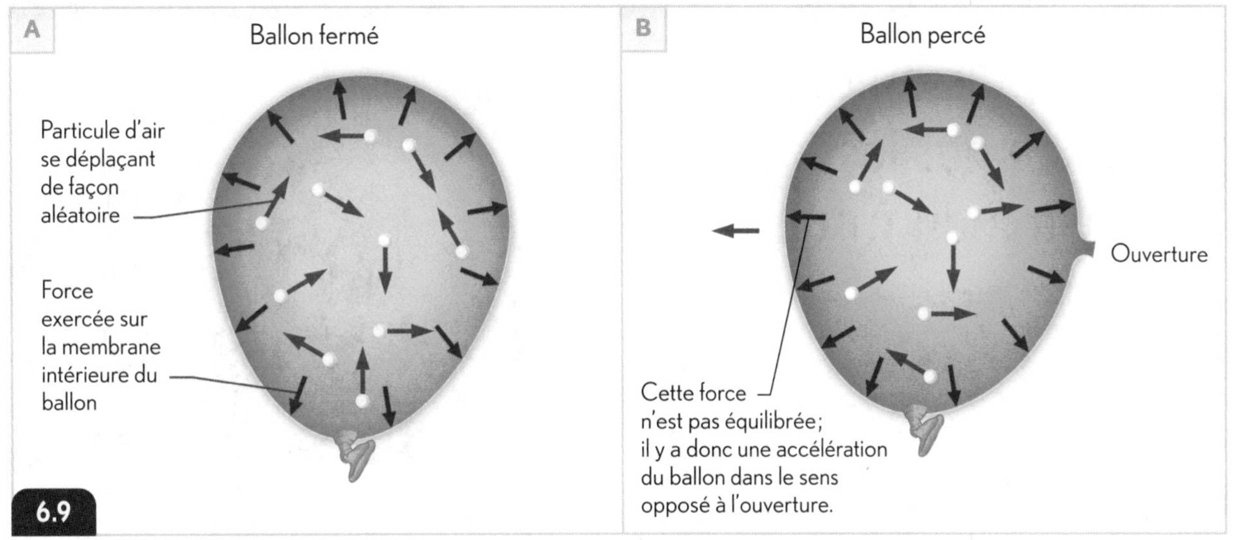

Lorsque les forces exercées sur la membrane interne sont équilibrées, le ballon ne se déplace pas. S'il y a une ouverture dans la membrane, les forces ne sont plus équilibrées du côté opposé à cette ouverture et le ballon accélère.

Comme le montre la **FIGURE 6.10**, les fusées et les avions munis d'un moteur à réaction fonctionnent selon le même principe que le ballon gonflé.

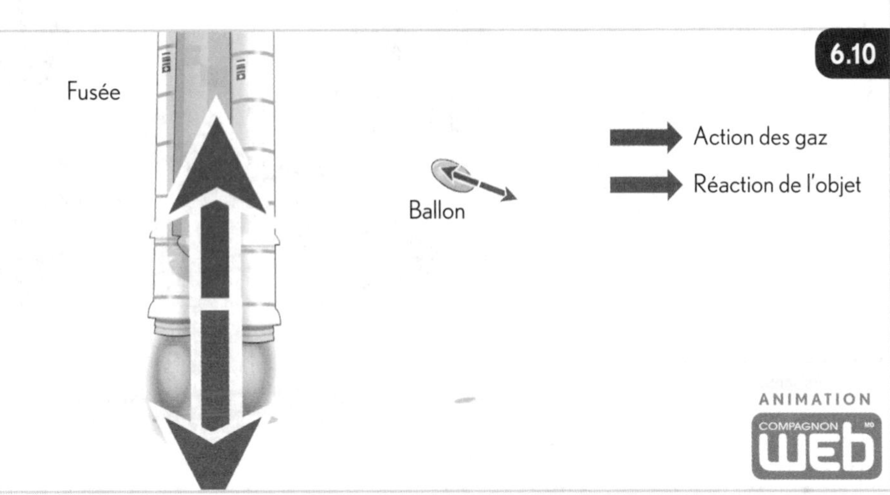

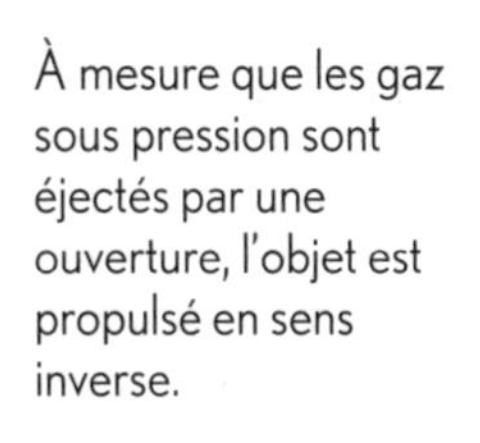
À mesure que les gaz sous pression sont éjectés par une ouverture, l'objet est propulsé en sens inverse.

© ERPI Reproduction interdite

Les moteurs des fusées et des avions à réaction possèdent une chambre de combustion où du carburant, mis en contact avec de l'oxygène, produit une importante quantité de gaz à très haute pression. Ceux-ci exercent une pression égale en tous points de la paroi de la chambre de combustion, sauf devant une ouverture située à l'arrière. La pression exercée par les gaz du côté opposé à cette ouverture n'est donc pas compensée, ce qui propulse ces appareils vers l'avant.

La principale distinction entre les fusées et les avions à réaction réside dans le fait que les fusées transportent à la fois du carburant et de l'oxygène, qui sont amenés et mélangés dans la chambre de combustion au moyen de pompes, tandis que, dans le cas des avions à réaction, une turbine comprime les particules d'air provenant de l'extérieur qui s'engouffrent à l'entrée du moteur, puis les amène dans la chambre de combustion, où elles sont mélangées au carburant transporté par l'appareil.

ARTICLE TIRÉ D'INTERNET

La propulsion dans l'espace par les moteurs à plasma du futur

Si l'être humain veut un jour s'aventurer dans l'espace au-delà de la Lune et de la proche banlieue de la Terre, il lui faudra s'affranchir d'un poids qui le freine comme un boulet: celui du carburant embarqué par les véhicules spatiaux.

C'est ce à quoi travaille l'Institut de combustion, aérothermique, réactivité et environnement (Icare) du Centre national de la recherche scientifique, en France. Une des options sera peut-être la propulsion à plasma, qu'on appelle aussi «ionique», beaucoup moins gourmande en combustible que les technologies de propulsion classiques.

Le principe consiste à produire, à partir d'un gaz comme le xénon, un gaz ionisé qu'on appelle «plasma». En accélérant à très grande vitesse les ions du plasma, on pourrait mettre en mouvement le vaisseau spatial.

Visionnaire – et bien conseillé par les ingénieurs de l'Agence spatiale américaine –, le créateur de la série *La guerre des étoiles* avait doté ses vaisseaux futuristes de moteurs à plasma.

Adapté de: Pierre LE HIR, *Le Monde, Sciences*, «La propulsion dans l'espace dopée par les moteurs à plasma du futur» [en ligne]. (Consulté le 16 février 2009.)

Au Costa Rica, on cherche à mettre au point un moteur à plasma qui permettrait aux humains d'accomplir des missions sur Mars.

Une représentation artistique de la sonde SMART-1 lors de son approche de la Lune en 2004. Les données transmises par cet engin spatial muni d'un moteur à plasma serviront notamment à déterminer des sites propices à de futurs alunissages.

© ERPI Reproduction interdite

Nom : ______ Groupe : ______ Date : ______

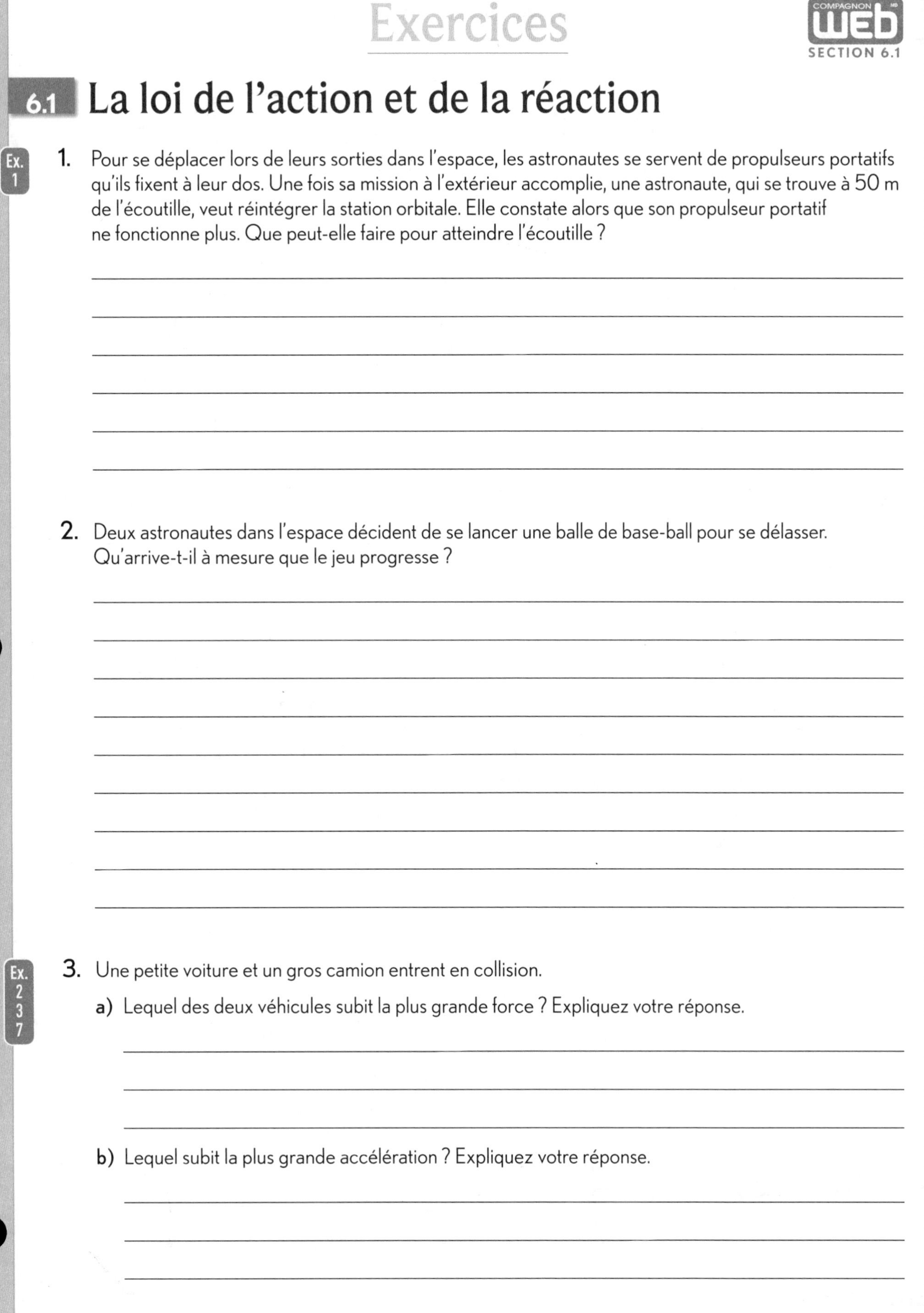

Exercices

COMPAGNON WEB
SECTION 6.1

6.1 La loi de l'action et de la réaction

Ex. 1

1. Pour se déplacer lors de leurs sorties dans l'espace, les astronautes se servent de propulseurs portatifs qu'ils fixent à leur dos. Une fois sa mission à l'extérieur accomplie, une astronaute, qui se trouve à 50 m de l'écoutille, veut réintégrer la station orbitale. Elle constate alors que son propulseur portatif ne fonctionne plus. Que peut-elle faire pour atteindre l'écoutille ?

2. Deux astronautes dans l'espace décident de se lancer une balle de base-ball pour se délasser. Qu'arrive-t-il à mesure que le jeu progresse ?

Ex. 2 3 7

3. Une petite voiture et un gros camion entrent en collision.

   a) Lequel des deux véhicules subit la plus grande force ? Expliquez votre réponse.

   b) Lequel subit la plus grande accélération ? Expliquez votre réponse.

© ERPI Reproduction interdite

Nom : ______________________ Groupe : ________ Date : ______________

Ex. 4

4. Si c'est la poussée de la route sur les roues qui fait avancer une voiture, pourquoi les roues ont-elles besoin d'un moteur ?

Ex. 5

5. D'où vient la force qui fait rebondir un ballon lancé vers le plancher ?

6. Une personne qui saute dans une piscine à partir d'un tremplin de 3 m touche généralement l'eau sans se faire mal. Pourtant, une personne qui saute de la même hauteur sur la terre ferme risque de se blesser. Expliquez la différence entre ces deux situations à l'aide de la troisième loi de Newton.

7. Une enfant assise dans une auto tamponneuse fonce vers trois de ses amis, qui prennent place dans une autre auto tamponneuse. La collision entre les 2 voitures produit une paire de forces de 45 N chacune. La masse de l'enfant et de la première voiture est de 150 kg, tandis que la masse de la seconde voiture et de ses passagers est de 250 kg.

a) Quelle accélération chaque auto tamponneuse subit-elle à la suite de la collision ?

© ERPI Reproduction interdite

b) Quelle est la distance entre les deux autos tamponneuses après deux secondes ?

______

Ex. 6

8. La poussée exercée par les gaz d'échappement sur le sol aide-t-elle une fusée à décoller ? Expliquez votre réponse.

______

© ERPI Reproduction interdite

Nom : ______ Groupe : ______ Date : ______

9. Au départ d'une course, une athlète de 58 kg pousse sur les blocs de départ avec une force de 945 N. Les jambes de la coureuse forment un angle de 20° avec le sol.

a) Tracez le diagramme de corps libre de cette situation. Nommez les forces en jeu.

Diagramme de corps libre

______

______

b) Quelle est l'accélération horizontale de la coureuse ?

______

c) Si la poussée dure 0,30 s, quelle est la vitesse de l'athlète au départ de la course ?

______

© ERPI Reproduction interdite

6.2 La force centripète

Pour clore l'exploration du mouvement et des forces, nous examinerons brièvement un mouvement non rectiligne, soit le mouvement circulaire uniforme. Voici quelques exemples de mouvements circulaires uniformes : un point sur une roue qui tourne sur son axe, une balle qui décrit un cercle au bout d'une corde, un satellite en orbite circulaire autour d'une planète.

Comme le montrent les **FIGURES 6.11** et **6.12**, la trajectoire décrite dans ce type de mouvement est un cercle. On le qualifie d'« uniforme » parce que la grandeur de la vitesse est constante. Cependant, son orientation change constamment. Il y a donc une accélération et celle-ci est toujours perpendiculaire à la vitesse. Plus précisément, elle est toujours orientée vers le centre du cercle décrit par l'objet. C'est pourquoi on lui donne le nom d'« accélération centripète ».

ÉTYMOLOGIE

« Centripète » vient des mots latins *centrum* et *petere*, qui signifient respectivement « centre » et « qui tend vers ».

DÉFINITION

L'**accélération centripète** est l'accélération dirigée vers le centre de la trajectoire d'un objet effectuant un mouvement circulaire.

6.11

En patinage artistique, une pirouette est une série de rotations sur place. Les bras, les jambes et même les cheveux de cette patineuse décrivent un mouvement circulaire uniforme.

6.12

Même si la grandeur de sa vitesse est constante, tout point situé sur la circonférence de cette roue de voiture subit une accélération, car son orientation change : elle dévie constamment vers le centre du cercle.

© ERPI Reproduction interdite

Une formule mathématique permet de décrire la grandeur de l'accélération due au mouvement circulaire uniforme.

Accélération centripète

$a_c = \frac{v^2}{r}$ où a_c est la grandeur de l'accélération centripète (en m/s^2)
v est la grandeur de la vitesse de l'objet (en m/s)
r est le rayon du cercle décrit par la trajectoire (en m)

L'orientation de l'accélération centripète est toujours perpendiculaire à celle de la vitesse et elle est toujours déviée vers le centre du cercle.

EXEMPLE

Dans un parc d'amusement, les passagers d'un manège dont le rayon est de 5,0 m tournent à la vitesse de 9,0 m/s. Quelle est leur accélération centripète ?

MÉTHO, p. 328

1. *Quelle est l'information recherchée ?*
   $a_c = ?$
2. *Quelles sont les données du problème ?*
   $r = 5{,}0$ m
   $v = 9{,}0$ m/s
3. *Quelle formule contient les variables dont j'ai besoin ?*
   $a_c = \frac{v^2}{r}$
4. *J'effectue les calculs.*
   $a_c = \frac{(9{,}0 \text{ m/s})^2}{5{,}0 \text{ m}}$
   $= 16{,}2 \text{ m/s}^2$
5. *Je réponds à la question.*
   Les passagers de ce manège subissent une accélération centripète de 16 m/s^2.

Un manège rotatif.

La cause de l'accélération centripète est la présence d'une force centripète. Il ne s'agit cependant pas d'un nouveau type de force, mais plutôt d'un nom particulier donné à une force dont l'orientation pointe constamment vers le centre d'un cercle. En effet, il peut s'agir d'une force de friction (c'est le cas d'une voiture qui effectue un virage), d'une force normale (comme une pierre retenue par une fronde), d'une force gravitationnelle (par exemple, un satellite en orbite autour d'une planète), etc.

DÉFINITION

La **force centripète** est une force appliquée sur un objet en mouvement qui l'oblige à dévier vers le centre du cercle décrit par sa trajectoire. Elle est dirigée vers le centre du cercle et perpendiculaire à la vitesse.

Mathématiquement, la grandeur d'une force centripète est donnée par la deuxième loi de Newton ($F = ma$). En effet, dans cette loi, la variable a correspond à l'accélération centripète.

© ERPI Reproduction interdite

Force centripète

$F_c = \frac{mv^2}{r}$ où F_c correspond à la grandeur de la force centripète (en N)

m correspond à la masse (en kg)

$\frac{v^2}{r}$ correspond à la grandeur de l'accélération centripète (en m/s^2)

L'orientation de la force centripète est la même que celle de l'accélération centripète : elle pointe toujours vers le centre du cercle décrit par l'objet.

EXEMPLE

Quelle est la grandeur de la force centripète appliquée par la Terre sur la Lune ?

MÉTHO, p. 328

1. **Quelle est l'information recherchée ?**
   $F_c = ?$
2. **Quelles sont les données du problème ?**
   $m = 7{,}35 \times 10^{22}$ kg (masse de la Lune)
   $v = 1020$ m/s (vitesse de la Lune)
   $r = 3{,}84 \times 10^8$ m (rayon de l'orbite lunaire)
3. **Quelle formule contient les variables dont j'ai besoin ?**
   $F_c = \frac{mv^2}{r}$
4. **J'effectue les calculs.**
   $F_c = \frac{7{,}35 \times 10^{22}\ \text{kg} \times (1020\ \text{m/s})^2}{3{,}84 \times 10^8\ \text{m}}$
   $= 1{,}99 \times 10^{20}$ N
5. **Je réponds à la question.**
   La force centripète exercée par la Terre sur la Lune est de $1{,}99 \times 10^{20}$ N.

La Terre et la Lune.

Il est à noter que, si nous avions utilisé la formule mathématique de la force gravitationnelle, $F_g = \frac{Gm_1m_2}{d^2}$, présentée au chapitre 5 (*voir la page 175*), nous aurions obtenu le même résultat.

Comme le montre la **FIGURE 6.13** (*à la page suivante*), dès l'instant où la force centripète cesse, le mouvement de l'objet devient rectiligne et tangentiel au point où la force a cessé de s'appliquer.

LIEN MATHÉMATIQUE

Une tangente en un point est une droite qui touche une courbe en un seul point sans la traverser.

© ERPI Reproduction interdite

6.13

Pour éliminer l'eau de leur fourrure, les chiens se secouent. L'efficacité de ce réflexe est liée à la première loi de Newton et à la force centripète. En effet, les muscles du chien produisent une succession rapide de mouvements circulaires, tandis que les gouttelettes, à cause de l'inertie, adoptent un mouvement rectiligne dès qu'elles se détachent de la fourrure.

ARTICLE TIRÉ D'INTERNET

Contrer les effets de l'apesanteur

Comment contrecarrer les effets négatifs de l'apesanteur sur l'organisme humain ? Un éventuel voyage aller-retour vers la planète rouge, prévu au plus tôt vers 2030, devrait prendre deux bonnes années. Or, même sur des périodes beaucoup plus courtes, les astronautes éprouvent à leur retour bon nombre de troubles physiologiques: pertes de l'équilibre, atrophie musculaire, modification de la composition osseuse, problèmes circulatoires, etc.

Pour pallier ces difficultés, l'Institut de Médecine et de Physiologie Spatiales de Toulouse, en France, vient de s'équiper d'une centrifugeuse humaine de trois tonnes dont un modèle réduit pourrait un jour être installé à bord des vaisseaux spatiaux.

Les centrifugeuses peuvent aussi contribuer à la recherche médicale «terrestre». Les spécialistes s'en servent notamment pour comprendre les effets de la gravité sur le système cardiovasculaire et les fonctions d'équilibre.

L'appareil possède quatre bras équipés de nacelles, comme un manège, en position allongée ou assise. À plus de 20 tours par minute, la force centrifuge générée par la rotation recrée une gravité apparente.

On espère que cette technologie permettra aux astronautes de reprendre plus facilement leur existence de Terriens, une fois leur mission terminée.

Adapté de : Le Figaro, *Contrer les effets de l'apesanteur* [en ligne]. (Consulté le 17 février 2009.)

© ERPI Reproduction interdite

Exercices

6.2 La force centripète

Ex. 1 3

1. Si l'on fait tourner rapidement un seau plein d'eau autour d'un point fixe, aucune goutte ne s'en échappera. Comment expliquez-vous ce phénomène ?

2. Dans une sécheuse, le mouvement rotatif du tambour favorise l'extraction de l'eau contenue dans les vêtements mouillés. Expliquez ce phénomène.

3. Un objet sur une surface plane subit une accélération de grandeur constante. Si l'orientation de cette accélération est perpendiculaire à celle de la vitesse de l'objet, quelle trajectoire cet objet décrira-t-il ?

4. Pourquoi la Lune ne tombe-t-elle pas sur la Terre ?

© ERPI Reproduction interdite

Nom : ______ Groupe : ______ Date : ______

Ex. 2

5. Pour étudier les effets de l'accélération sur le corps humain, la NASA, c'est-à-dire l'Agence spatiale américaine, a mis au point de grandes centrifugeuses dans lesquelles les astronautes peuvent prendre place.

a) Si le rayon d'une de ces centrifugeuses est de 15 m et qu'un astronaute y tourne à la vitesse de 36 m/s, quelle accélération subit-il ?

______

b) Cette accélération est supérieure à celle due à la gravité. Combien de fois lui est-elle supérieure ?

______

Ex. 4

6. Une voiture de 1400 kg négocie un virage dont le diamètre est de 200 m à la vitesse de 35 km/h.

a) Quelles sont la grandeur et l'orientation de la force centripète exercée sur la voiture ?

______

b) D'où cette force centripète provient-elle ?

______

© ERPI Reproduction interdite

Résumé

La troisième loi de Newton

6.1 LA LOI DE L'ACTION ET DE LA RÉACTION

- La troisième loi du mouvement de Newton indique que, chaque fois qu'un objet exerce une force sur un autre objet, ce dernier exerce en retour sur lui une force de même intensité, mais de sens inverse.
- Dans la nature, les forces viennent toujours par paire : une action et une réaction.
- Mathématiquement, la troisième loi s'énonce ainsi :

$$\vec{F}_A = -\vec{F}_B$$

- Il importe de bien différencier «force résultante nulle» et «paire action-réaction». Dans le premier cas, deux forces égales et de sens inverses s'exercent sur le même objet. Par conséquent, les deux forces s'annulent. Dans le second cas, les forces s'appliquent sur deux objets différents. Elles ne s'annulent donc pas.
- Lorsqu'on trace le diagramme de corps libre d'un objet, on n'indique toujours qu'une seule des deux forces d'une paire action-réaction, soit celle qui s'exerce sur l'objet choisi. L'autre force de la paire appartient au diagramme de corps libre d'un autre objet.
- Lorsque nous marchons, c'est la force de réaction exercée par le sol sur nos pieds qui nous permet d'avancer. Il en va de même pour la nage, le vol et le mouvement de tous les véhicules sur roues : la force vers l'arrière exercée par l'objet sur le sol ou sur le milieu produit une force vers l'avant exercée par le sol ou le milieu sur l'objet, ce qui permet à ce dernier d'avancer.
- Lorsqu'un ballon se dégonfle, la pression exercée par les particules d'air emprisonnées devient plus faible devant l'ouverture. Par conséquent, la pression exercée du côté opposé n'est plus compensée et le ballon accélère en sens inverse de l'ouverture. Les fusées et les avions à réaction fonctionnent selon le même principe.

6.2 LA FORCE CENTRIPÈTE

- Un objet qui décrit un cercle et dont la vitesse a une grandeur uniforme effectue un mouvement circulaire uniforme. La grandeur de sa vitesse est alors constante, mais son orientation est sans cesse déviée vers le centre du cercle. On parle alors d'accélération centripète.
- La formule mathématique de l'accélération centripète est la suivante :

$$a_c = \frac{v^2}{r}$$

- La cause de l'accélération centripète est une force centripète. Il ne s'agit pas d'un nouveau type de force, mais simplement d'un nom particulier donné à une force qui oblige un objet en mouvement à dévier constamment vers le centre du cercle qu'il décrit.
- La formule mathématique de la force centripète est la suivante :

$$F_c = \frac{mv^2}{r}$$

- Dès que l'application de la force centripète cesse, le mouvement de l'objet devient rectiligne et tangentiel au point où la force a cessé de s'appliquer.

© ERPI Reproduction interdite

Autres informations importantes

© ERPI Reproduction interdite

Nom : ______ Groupe : ______ Date : ______

Exercices sur l'ensemble du chapitre 6

ENS. CHAP. 6

Ex. 1 2 4 5

1. Quelles sont les paires action-réaction présentes dans les situations suivantes ?

a) Une joueuse de basket-ball lance le ballon vers le panier.

b) Une voiture emboutit un lampadaire.

c) Le vent pousse un voilier naviguant sur la mer.

Ex. 3

2. Une éprouvette placée dans une centrifugeuse subit une accélération équivalant à 49 000 fois celle due à la gravité.

a) Si le rayon de la centrifugeuse est de 8,00 cm, à quelle vitesse l'éprouvette tourne-t-elle ?

© ERPI Reproduction interdite

Nom : _______________ Groupe : _______ Date : _______________

b) Si la masse d'une éprouvette est de 12,0 g, quelle force centripète cette éprouvette subit-elle ?

3. Certains scientifiques examinent la possibilité de faire effectuer à l'être humain de longs vols interplanétaires. Un des inconvénients d'un tel voyage a trait aux effets nuisibles de la faible gravité dans l'espace. C'est pourquoi ils songent à créer des vaisseaux spatiaux capables de générer leur propre gravité. Parmi les solutions envisagées, on note la construction d'un gigantesque anneau tournant, pouvant produire une gravité artificielle grâce à une force centripète.

Si le diamètre d'un anneau de ce genre est de 1500 m, à quelle vitesse devrait-il tourner pour simuler une force gravitationnelle semblable à celle de la Terre ?

© ERPI Reproduction interdite

4. Quelle est la force centripète exercée sur une gouttelette d'eau de 0,10 g lorsqu'elle se trouve sur la paroi intérieure du tambour d'une sécheuse tournant à la vitesse de 25 m/s et dont le diamètre est de 0,70 m ?

______

5. Arthur attache un écrou de 25 g au bout d'une corde de 0,50 m et le fait tourner sur un plan horizontal au rythme de 1,0 tour par seconde.

a) Quelle est la tension dans la corde ?

______

© ERPI Reproduction interdite

b) Si la corde se rompt lorsque la tension devient plus grande que 1,23 N, quelle est la vitesse maximale à laquelle peut planer l'écrou ?

c) La fréquence de rotation d'un objet correspond à la distance parcourue en une seconde divisée par la grandeur de la circonférence. Quelle est la fréquence maximale de rotation que peut atteindre l'écrou attaché au bout de la corde ?

© ERPI Reproduction interdite

Défis

1. Pour effectuer un saut, un insecte de 3,0 g pousse sur le sol à l'aide de ses pattes arrière tout en les dépliant rapidement. Il exerce ainsi une poussée de 0,45 N selon un angle de 57°.

   a) Tracez le diagramme de corps libre de ce saut.

Diagramme de corps libre

______

   b) Calculez la force résultante.

© ERPI Reproduction interdite

2. Le rayon de la Terre est de $6{,}38 \times 10^6$ m. La planète décrit une rotation complète autour de son axe en 24 h. Quelle accélération centripète une personne située à l'équateur subit-elle ?

3. La Terre met 365,25 jours à décrire une révolution complète autour du Soleil. Si l'orbite de la Terre était circulaire plutôt qu'elliptique, son rayon serait de $1{,}49 \times 10^{11}$ m. Dans ces conditions, quelle accélération centripète une personne située sur la Terre subirait-elle ?

© ERPI Reproduction interdite

PARTIE

III

LE TRAVAIL ET L'ÉNERGIE

Dans cette troisième et dernière partie, nous aborderons brièvement une branche très féconde de la mécanique: l'énergie. Pour effectuer la transition entre les forces et l'énergie, nous passerons par le concept de travail, qui est le produit d'une force et d'un déplacement. Nous serons ainsi amenés à constater que le travail est en fait un échange d'énergie. Nous pourrons alors énoncer un des principes universels de conservation en science, soit la loi de la conservation de l'énergie.

LE TRAVAIL ET LA PUISSANCE

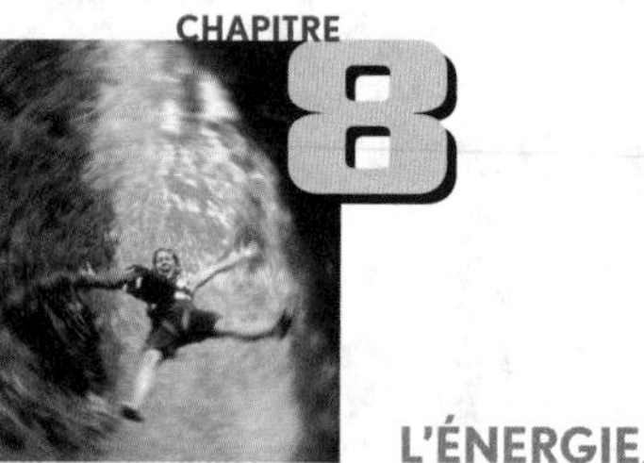

L'ÉNERGIE

CHAPITRE 7

7.1 La machinerie lourde permet d'abattre une importante quantité de travail en peu de temps.

Le travail et la puissance

Sur un chantier de construction ou d'excavation, la machinerie lourde est devenue indispensable. Plusieurs des tâches à accomplir dépassent en effet la force musculaire d'un être humain. Comment mesure-t-on le travail accompli par une machine ? Quel est le lien entre les forces exercées sur une machine et le travail qu'elle peut accomplir ? Comment compare-t-on la puissance de deux machines ?

Au cours de ce chapitre, nous amorcerons un passage du concept de force vers le concept d'énergie. Nous commencerons par décrire le travail, qui est le produit d'une force et d'un déplacement. Puis, nous appliquerons le travail à deux cas particuliers: celui d'une force constante, telle que la force gravitationnelle à la surface de la Terre, et celui d'une force variable, comme la force exercée par un ressort. Nous décrirons ensuite la puissance, qui établit un rapport entre un travail et le temps mis pour l'exécuter.

7.1 Le concept de travail

Dans le langage courant, on utilise souvent le mot «travail» pour désigner un emploi ou une activité qui exige la participation des muscles ou du cerveau. En science, ce mot est plutôt utilisé pour lier le déplacement d'un objet aux forces qui agissent sur lui. Par exemple, une personne exécute un travail lorsqu'elle tire sur un livre pour le sortir d'un sac à dos, lorsqu'elle prend un aliment sur une tablette pour le déposer dans un panier d'épicerie ou encore lorsqu'elle pousse sur un meuble pour le déplacer.

CONCEPT DÉJÀ VU

Relation entre le travail, la force et le déplacement

DÉFINITION

Un **travail** est effectué lorsque des forces agissent sur un objet qui se déplace.

Pourquoi a-t-on défini le travail de cette façon ? En fait, cette définition permet de lier les forces à l'énergie, comme nous le verrons au prochain chapitre. Plus précisément, elle permet de faire le passage entre les forces et l'énergie cinétique, tout comme la deuxième loi de Newton permettait de faire le passage entre le mouvement et les forces.

Dans cette section, nous commencerons par examiner le cas le plus simple, soit celui d'une force qui provoque un déplacement parallèle à l'orientation de cette force. Nous examinerons ensuite le cas d'une force qui produit un déplacement dont l'orientation diffère de celle de la force. Nous verrons finalement comment décrire le travail effectué lorsque deux forces ou plus agissent simultanément sur le même objet.

Le travail effectué lorsque la force et le déplacement sont parallèles

Lorsqu'une force est appliquée selon la même orientation que le déplacement d'un objet, le travail produit correspond tout simplement à la grandeur de la force multipliée par la grandeur du déplacement, comme le montre la **FIGURE 7.2**. Dans un tel cas, si la force ou le déplacement est doublé, le travail est également doublé.

Cela implique qu'il n'y a pas de travail sans déplacement, et ce, quelle que soit la grandeur de la force appliquée. Par exemple, une personne qui pousse en vain sur une voiture afin de la dégager d'un banc de neige n'effectue aucun travail sur ce véhicule.

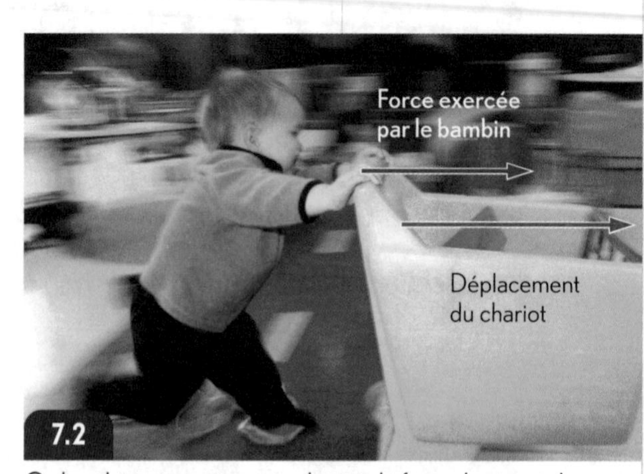

Ce bambin pousse sur son chariot de façon horizontale, tout en avançant. L'orientation de la force et celle du déplacement sont donc les mêmes.

© ERPI Reproduction interdite

Voici la formule qui permet de représenter mathématiquement le travail lorsque la force appliquée est parallèle au déplacement d'un objet.

Travail d'une force parallèle au déplacement

$W = \vec{F} \times \vec{\Delta x}$ où W correspond au travail (en J)
F correspond à la grandeur de la force appliquée (en N)
Δx correspond à la grandeur du déplacement (en m)

Le travail est le produit de deux grandeurs. Il s'agit donc d'un scalaire et non d'un vecteur. De plus, la quantité de travail effectué lorsqu'on déplace un objet avec une force de un newton sur une distance de un mètre porte le nom de «joule». En effet, 1 J = 1 N × 1 m, ce qui correspond environ à la force requise pour soulever une pomme au-dessus de sa tête.

EXEMPLE

MÉTHO, p. 328

La voiture de Steve tombe en panne au milieu de la route. Comme il se trouve en terrain plat, il sort de son véhicule et le pousse jusqu'à l'accotement. Si Steve applique une force horizontale constante de 215 N sur une distance de 23 m, quel travail exerce-t-il sur sa voiture ?

1. **Quelle est l'information recherchée ?**
   $W = ?$
2. **Quelles sont les données du problème ?**
   $F = 215$ N
   $\Delta x = 23$ m
3. **Quelle formule contient les variables dont j'ai besoin ?**
   $W = F \times \Delta x$
4. **J'effectue les calculs.**
   $W = 215 \text{ N} \times 23 \text{ m}$
   $= 4945 \text{ J}$
5. **Je réponds à la question.**
   Le travail exercé par Steve sur sa voiture est de 4900 J.

Le travail effectué lorsque la force et le déplacement ne sont pas parallèles

Lorsque la force n'est pas appliquée selon la même orientation que le déplacement, il faut résoudre la force en composantes et ne tenir compte que de la composante de la force parallèle au déplacement. Le travail correspond alors à la composante de la force parallèle au déplacement multipliée par la grandeur du déplacement. La **FIGURE 7.3** montre une personne qui tire une valise en formant un angle avec l'horizontale. Par conséquent, la force qu'elle exerce sur la valise n'est pas parallèle à son déplacement.

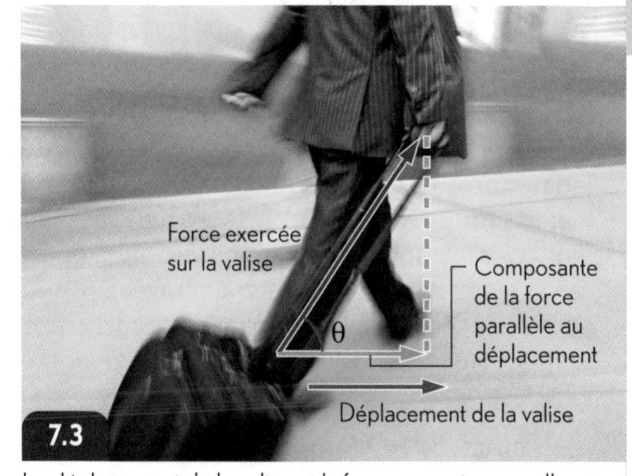

Le déplacement de la valise et la force exercée sur celle-ci n'ont pas la même orientation.

© ERPI Reproduction interdite

Voici la formule qui permet de représenter mathématiquement le travail lorsque la force appliquée n'est pas parallèle au déplacement d'un objet.

Travail d'une force non parallèle au déplacement

$W = F\cos\theta \times \Delta x$ où W correspond au travail (en J)
$F\cos\theta$ correspond à la composante de la force parallèle au déplacement (en N), θ étant l'angle entre le vecteur force et le vecteur déplacement
Δx correspond à la grandeur du déplacement (en m)

Cette formule peut aussi être présentée sous forme de composantes, soit:
$W_x = F_x\Delta x$ ou $W_y = F_y\Delta y$ ou $W_z = F_z\Delta z$

EXEMPLE

MÉTHO, p. 328

Norma fait du ski nautique. La corde à laquelle elle s'agrippe forme un angle de 15° par rapport à l'horizontale. Si la corde exerce sur elle une force de 130 N et que son déplacement est de 150 m, quel est le travail effectué par la corde sur Norma ?

1. *Quelle est l'information recherchée ?*
   $W = ?$

2. *Quelles sont les données du problème ?*
   $\theta = 15°$
   $F = 130$ N
   $\Delta x = 150$ m

3. *Quelle formule contient les variables dont j'ai besoin ?*
   $W = F\cos\theta \times \Delta x$

4. *J'effectue les calculs.*
   $W = 130 \text{ N} \times \cos 15° \times 150 \text{ m}$
   $= 18\,835 \text{ J}$

5. *Je réponds à la question.*
   Le travail exercé par la corde sur Norma est de 18 800 J.

Cette conception du travail implique que le déplacement doit avoir la même orientation qu'une des composantes des forces appliquées. Autrement dit, une force qui ne sert qu'à maintenir un objet à une certaine position ne produit pas de travail. Par exemple, une personne qui porte un sac à dos en marchant n'exerce aucun travail sur celui-ci, puisque la force exercée par ses muscles sert uniquement à maintenir ce sac à une certaine distance du sol, tandis que le déplacement est horizontal.

Alors, pourquoi cette personne ressent-elle une fatigue musculaire en portant son sac à dos ? Cette fatigue provient des contractions et des relâchements successifs des cellules de ses muscles qui luttent contre la force gravitationnelle. Il y a donc un certain mouvement (et un certain travail), mais uniquement à l'échelle microscopique. À l'échelle macroscopique, le sac à dos ne bouge pas par rapport aux muscles.

Les **FIGURES 7.4** et **7.5** montrent deux exemples de forces qui s'exercent sur un objet, mais qui n'effectuent aucun travail sur celui-ci.

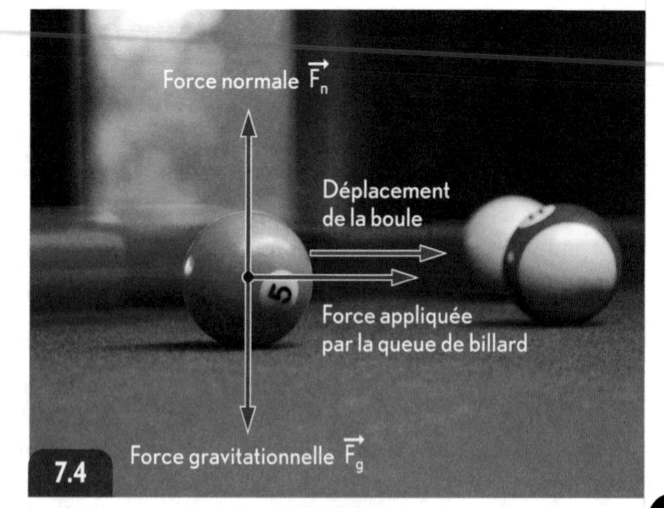

7.4 Le déplacement de la boule de billard est uniquement horizontal. La force gravitationnelle et la force normale n'effectuent donc aucun travail sur celle-ci.

© ERPI Reproduction interdite

La force centripète exercée par cette centrifugeuse d'entraînement est perpendiculaire au déplacement de l'astronaute. Cette force n'effectue donc aucun travail sur lui.

Le travail dépend donc de l'angle entre la force appliquée et le déplacement. Voyons quelles sont les différentes possibilités, les trois dernières étant illustrées à la **FIGURE 7.6** de la page suivante.

- Si l'angle est de 0°, alors cos 0° = 1, ce qui nous ramène à la formule du travail lorsque la force et le déplacement sont parallèles.
- Si l'angle se situe entre 0° et 90°, alors la composante de la force résultante parallèle au déplacement produit un changement de vitesse positif. On dit alors que le travail qu'elle effectue est positif.
- Si l'angle est de 90°, alors cos 90° = 0, ce qui nous ramène au cas d'une force perpendiculaire au déplacement, dans lequel le travail est nul.
- Si l'angle se situe entre 90° et 180°, alors la composante de la force résultante parallèle au déplacement produit un changement de vitesse négatif, ce qui correspond à un travail négatif.

ARTICLE TIRÉ D'INTERNET

Pour faciliter la vie des cavaliers handicapés

Le credo de Dolores Bernier est de permettre aux personnes handicapées de faire de l'équitation.

Pour réaliser son projet, cette propriétaire d'un centre équestre en France a imaginé une machine qui permet d'installer les cavaliers handicapés sur leur monture. Il s'agit d'une sorte d'élévateur mobile qui soulève la personne à la hauteur du cheval.

Tout en facilitant grandement le travail du personnel encadrant, cette machine protège les chevaux, car elle permet de moins tirer sur leur dos.

L'invention de Mme Bernier a reçu un accueil très chaleureux de la part du public et de l'industrie. Pour l'instant, il s'agit d'un prototype qui sera perfectionné avant sa mise en marché.

Adapté de : Ouest France Multimédia, Actualité Maine et Loire, *Pour faciliter l'équitation aux handicapés* [en ligne]. (Consulté le 14 février 2009.)

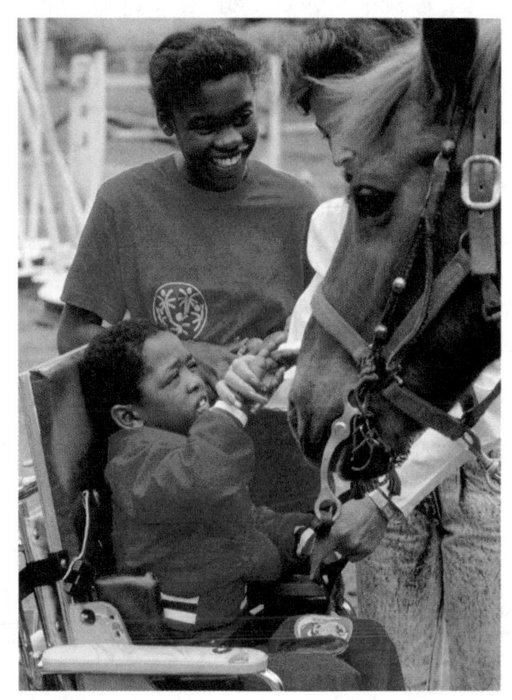

Un futur cavalier.

© ERPI Reproduction interdite

Ainsi, l'exemple **A** de la FIGURE 7.6 indique un travail positif, puisque la force possède une composante dans le même sens que le déplacement. L'exemple **B** montre un travail nul, car la force ne possède aucune composante dans le même sens que le déplacement. Enfin, l'exemple **C** indique que le travail est négatif, car la force possède une composante en sens inverse du déplacement.

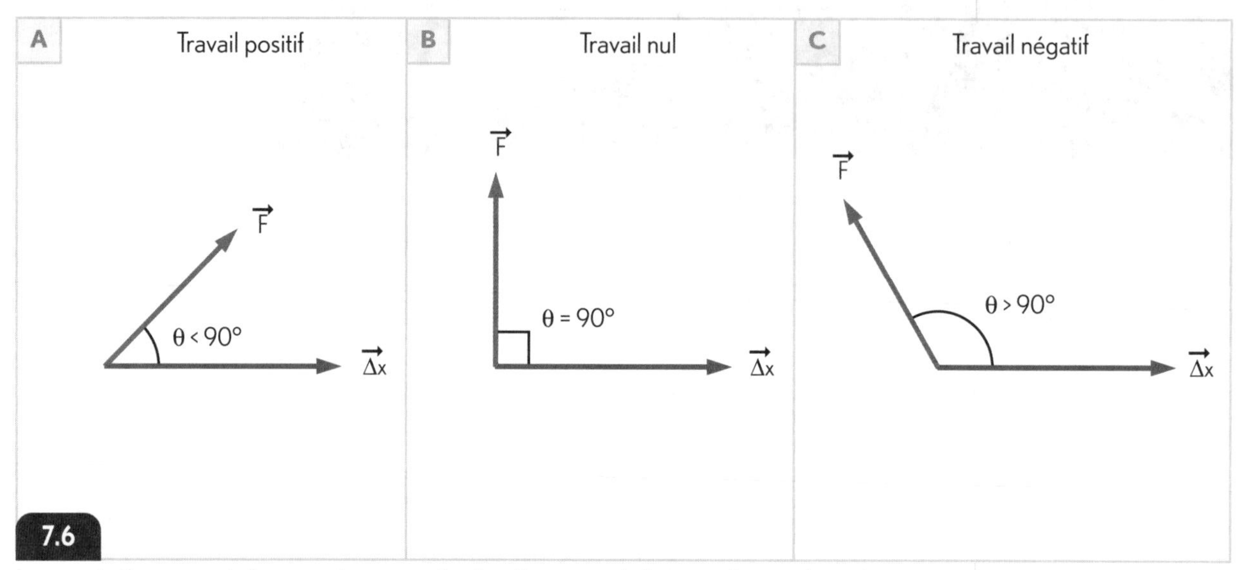

Le travail effectué par la force en A est positif, celui effectué par la force en B est nul et celui effectué par la force en C est négatif.

Pour mieux comprendre le travail positif et le travail négatif, on peut penser à un jongleur qui lance des balles (*voir la* **FIGURE 7.7**). Lorsqu'une balle se trouve en haut de sa course et redescend, elle subit la force de la gravité. Puisque son déplacement se produit dans le même sens que celui de la force gravitationnelle, le travail exercé par la gravité est «positif» et la vitesse de la balle augmente.

Par contre, lorsque la balle monte, la gravité exerce sur elle une force en sens inverse de son déplacement. Le travail exercé par la gravité est alors «négatif» et la vitesse de la balle diminue.

Le travail effectué par plus d'une force

Lorsque plus d'une force agit simultanément sur le même objet, on doit alors trouver le «travail total», c'est-à-dire le travail qui équivaut à celui qu'effectuerait la résultante de toutes les forces appliquées sur l'objet. Il existe deux méthodes pour déterminer le travail total:

- trouver d'abord la force résultante, puis calculer le travail total;
- calculer le travail accompli par chaque force, puis trouver le travail total en additionnant tous les résultats.

La force gravitationnelle effectue un travail positif sur la balle A et un travail négatif sur la balle B.

© ERPI Reproduction interdite

Ces deux méthodes servant à déterminer le travail total sont équivalentes. En effet, quelle que soit la méthode utilisée, le résultat sera le même, comme le démontre l'exemple suivant.

EXEMPLE

MÉTHO, p. 328

Un véhicule s'est enlisé dans la boue. Pour le dégager, un autre véhicule le tire à l'aide d'un câble de remorquage. Le câble forme un angle de 38° avec l'horizontale et exerce une force constante de 5000 N. Quel est le travail total effectué sur le véhicule enlisé si son poids est de 14 500 N, que la friction exercée par le sol est de 3000 N et que la distance parcourue est de 10 m ?

Représentation de la situation

Diagramme de corps libre

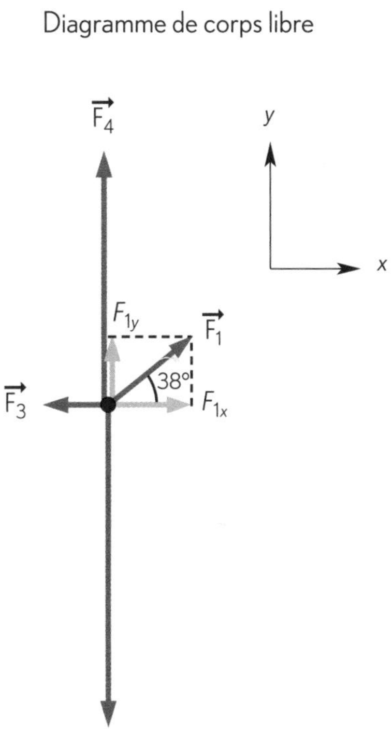

Quatre forces s'exercent sur le véhicule enlisé :

1) la force de traction venant du câble ($\vec{F_1}$),
2) la force gravitationnelle exercée par la Terre ($\vec{F_2}$),
3) la force de friction produite par le sol ($\vec{F_3}$),
4) la force normale provenant du sol ($\vec{F_4}$).

1. Quelle est l'information recherchée ?

$W = ?$

2. Quelles sont les données du problème ?

$\theta = 38°$

$F_1 = 5000$ N (force exercée par le câble)

$F_2 = 14\,500$ N (force gravitationnelle exercée par la Terre)

$F_3 = 3000$ N (force de friction exercée par le sol)

$\Delta x = 10$ m

→

© ERPI Reproduction interdite

3. Quelles formules contiennent les variables dont j'ai besoin ?

$W = F\cos\theta \times \Delta x$

$W_x = F_x \Delta x$

$F_x = F\cos\theta$

$F_y = F\sin\theta$

4. J'effectue les calculs.

Selon la première méthode, il faut d'abord trouver la force résultante. Pour cela, on doit résoudre chacune des forces en composantes.

$F_{1x} = F_1\cos\theta$
$= 5000\ \text{N} \times \cos 38°$
$= 3940\ \text{N}$

$F_{1y} = F_1\sin\theta$
$= 5000\ \text{N} \times \sin 38°$
$= 3078\ \text{N}$

$F_{2x} = 0\ \text{N}$

$F_{2y} = -14\,500\ \text{N}$

$F_{3x} = -3000\ \text{N}$

$F_{3y} = 0\ \text{N}$

La force normale est uniquement verticale. Puisqu'il n'y a pas de déplacement vertical de la voiture, la force normale équilibre donc toutes les autres forces verticales.

$F_{4x} = 0\ \text{N}$

$F_{4y} = -(F_{1y} + F_{2y} + F_{3y})$
$= -(3078\ \text{N} - 14\,500\ \text{N} + 0\ \text{N})$
$= 11\,422\ \text{N}$

Nous pouvons maintenant calculer la force résultante (F_R).

$F_{Rx} = F_{1x} + F_{2x} + F_{3x} + F_{4x}$
$= 3940\ \text{N} + 0\ \text{N} - 3000\ \text{N} + 0\ \text{N}$
$= 940\ \text{N}$

$F_{Ry} = 0\ \text{N}$

Il ne reste qu'à calculer le travail.

$W_x = F_{Rx} \times \Delta x$
$= 940\ \text{N} \times 10\ \text{m}$
$= 9400\ \text{J}$

Selon la seconde méthode, il faut d'abord trouver le travail associé à chaque force. Comme le déplacement est uniquement horizontal, seules les composantes horizontales des forces doivent être considérées.

$F_{1x} = F_1\cos\theta$
$= 5000\ \text{N} \times \cos 38°$
$= 3940\ \text{N}$

$W_1 = F_{1x} \times \Delta x$
$= 3940\ \text{N} \times 10\ \text{m}$
$= 39\,400\ \text{J}$

$F_{2x} = 0\ \text{N}$

$W_2 = F_{2x} \times \Delta x$
$= 0\ \text{N} \times 10\ \text{m}$
$= 0\ \text{J}$

$F_{3x} = -3000\ \text{N}$

$W_3 = F_{3x} \times \Delta x$
$= -3000\ \text{N} \times 10\ \text{m}$
$= -30\,000\ \text{J}$

$F_{4x} = 0\ \text{N}$

$W_4 = F_{4x} \times \Delta x$
$= 0\ \text{N} \times 10\ \text{m}$
$= 0\ \text{J}$

$W = W_1 + W_2 + W_3 + W_4$
$= 39\,400\ \text{J} + 0\ \text{J} - 30\,000\ \text{J} + 0\ \text{J}$
$= 9400\ \text{J}$

5. Je réponds à la question.

Selon les deux méthodes, le travail total effectué sur le véhicule enlisé est de 9400 J.

© ERPI Reproduction interdite

L'exemple précédent permet de noter deux avantages liés à l'utilisation de la seconde méthode. En effet, le calcul du travail associé à chaque force plutôt que le calcul du travail associé à la force résistante permet:

- d'utiliser des scalaires plutôt que des vecteurs, ce qui est souvent plus simple;
- de ne tenir compte que des composantes des forces parallèles au déplacement.

De plus, si on exclut les forces de frottement, on peut citer un troisième avantage lié à cette méthode. En effet, en utilisant le travail plutôt que les forces, il suffit de connaître la position initiale et la position finale de l'objet. Le trajet suivi entre ces deux positions n'a pas d'importance, car le travail total est toujours le même, quel que soit ce trajet.

La **FIGURE 7.8** montre le travail total effectué par la gravité sur un bloc au terme de deux trajets différents. Selon le trajet de l'illustration **A**, le bloc est soulevé verticalement, déplacé horizontalement, puis déposé verticalement. Selon le trajet de l'illustration **B**, le même bloc est déplacé de façon oblique, puis déposé verticalement. Dans les deux cas, le travail effectué sur le bloc est le même, puisque les positions initiale et finale sont les mêmes.

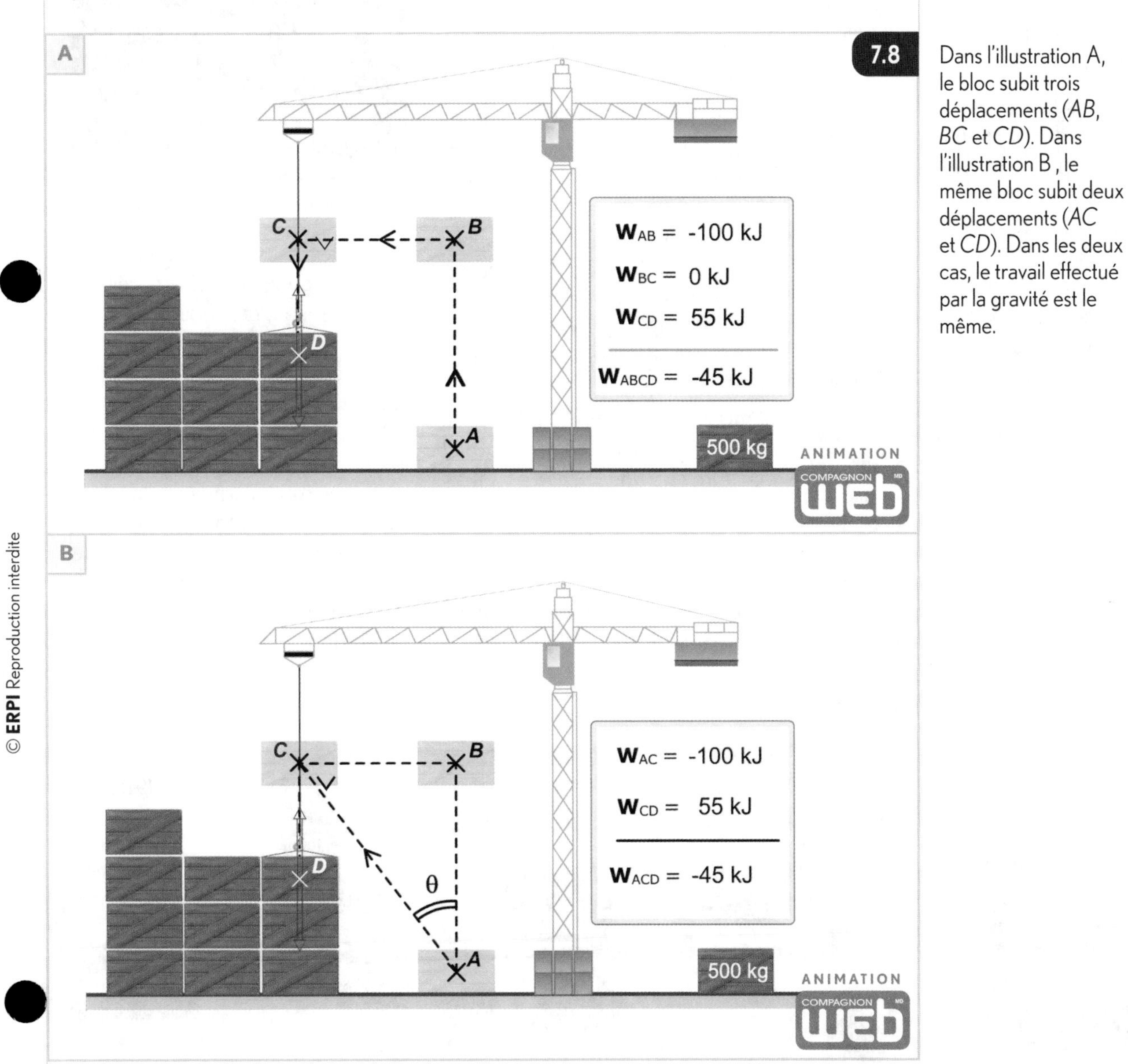

Dans l'illustration A, le bloc subit trois déplacements (*AB*, *BC* et *CD*). Dans l'illustration B, le même bloc subit deux déplacements (*AC* et *CD*). Dans les deux cas, le travail effectué par la gravité est le même.

© ERPI Reproduction interdite

HISTOIRE DE SCIENCE

La puissance des engins d'excavation

La machinerie lourde a fortement contribué à la réalisation de grands projets souterrains comme celui du métro de Montréal ou du tunnel sous la Manche reliant la France au Royaume-Uni. En effet, l'arrivée des camions, des grues, des foreuses et des pelles hydrauliques sur les chantiers a permis aux ouvriers d'abattre plus de travail plus rapidement et avec moins d'effort. Mais qu'en était-il des chantiers souterrains, tels que les mines, avant l'arrivée de la machinerie lourde ?

Dans les années 1870, l'exploitation des mines se faisait presque entièrement à la main. Coiffés d'un chapeau de feutre sur lequel était placée une bougie, les mineurs utilisaient à cette époque un fleuret pour forer la mine. Il fallait quatre heures à deux ouvriers pour percer un trou dans la paroi rocheuse à l'aide de cette tige d'acier pointue et tranchante. Par la suite, les mineurs remplissaient le trou avec de la poudre détonante afin de faire exploser la pierre. Puis, ils plaçaient le minerai ainsi obtenu dans des convoyeurs sur rail tirés par un cheval afin de le transporter à l'extérieur de la mine où d'autres ouvriers triaient le bon minerai du mauvais avant de le pelleter dans un immense convoyeur sur rails. Et c'est ainsi que, d'explosion en explosion, les mineurs pénétraient plus avant dans le gisement.

Vers 1920, l'arrivée de l'électricité dans les mines est venue transformer le dur labeur des ouvriers. Durant cette décennie, les mineurs ont délaissé leurs fleurets pour des perforatrices à air comprimé, le cheval a été remplacé par des convoyeurs électriques et, à l'extérieur des mines, les pelles ont laissé leur place aux grues.

Dans les années 1950, l'environnement des mines a radicalement changé alors que le génie mécanique et électrique s'associait au génie minier. On a alors vu apparaître sur les chantiers des foreuses, des bouteurs et des camions de plus en plus gros. Ces puissants outils et équipements permettaient enfin d'imaginer et de réaliser d'immenses travaux souterrains, comme celui du métro de Montréal inauguré en 1966.

Depuis, de nombreux projets souterrains ont été concrétisés grâce à la machinerie lourde. Parmi ceux-ci, la construction du tunnel ferroviaire sous la Manche reste

La machinerie lourde sur un chantier.

l'une des plus impressionnantes réussites. Long de 49,7 km, ce tunnel a été inauguré moins de 7 ans après la première pelletée de terre et a permis de constater la puissance des tunneliers. Ces engins de 580 tonnes utilisés durant l'excavation comptaient chacun 8 têtes de forage rotatives munies de lames hérissées de grattoirs permettant de broyer la roche à une vitesse de 3 mètres à l'heure. De quoi rendre jaloux n'importe quel mineur du début du 20e siècle !

© ERPI Reproduction interdite

DU PETIT FLEURET À L'IMMENSE FOREUSE

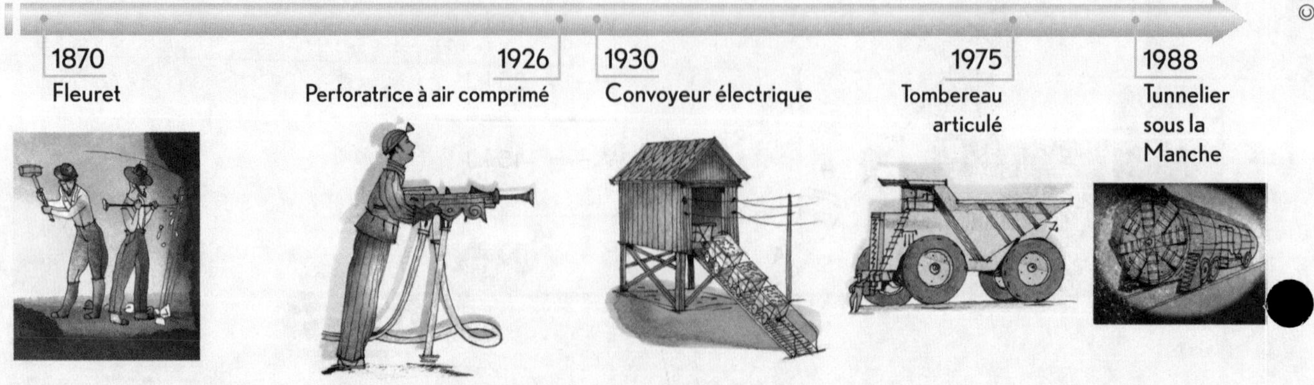

Nom : ______ Groupe : ______ Date : ______

Exercices

SECTION 7.1

7.1 Le concept de travail

Ex. 1

1. Parmi les situations suivantes, laquelle ou lesquelles décrivent un travail ?

A. Botter un ballon de soccer.

B. Presser un timbre sur une enveloppe pour le coller.

C. Tenir un parapluie ouvert.

D. Transporter un bébé dans ses bras.

E. Tirer un traîneau.

Ex. 2 4 7 8

2. Le travail effectué dans la situation A est-il plus petit, égal ou plus grand que celui effectué dans la situation B ?

A. Une grue déploie une force de 30 N pour soulever un outil sur une distance de 4 m.

B. Une grue déploie une force de 40 N pour soulever un outil sur une distance de 3 m.

A = W = $F_{//} \cdot \Delta x$ = 30 N · 4 m = 120 J

B = 40 N · 3 m = 120 J

A = B

3. Une ambulancière pousse horizontalement un blessé sur une civière sur une distance de 3,00 m et en lui donnant une accélération de 0,600 m/s^2. Si la masse du blessé et de la civière est de 81,0 kg, quel est le travail effectué par l'ambulancière ?

______

7 CHAPITRE ■ PHYSIQUE

© ERPI Reproduction interdite

Nom : ____________________ Groupe : ________ Date : ____________

Ex. 3

4. Un cycliste de 75,0 kg dévale une pente de 12° sur une distance de 5,00 m. (Indice : On suppose qu'il n'y a pas de frottement.)

a) Tracez le diagramme de corps libre de cette situation.

Représentation de la situation

Diagramme de corps libre

b) Quel est le travail total effectué sur le cycliste ?

© ERPI Reproduction interdite

5. Une voiture dont la masse est de 1600 kg descend une pente de 6,0° sur une longueur de 22,0 m. La force due à la résistance de l'air est de 18,0 N.

a) Tracez le diagramme de corps libre de cette situation.

Diagramme de corps libre

b) Quel est le travail total effectué sur la voiture ?

© ERPI Reproduction interdite

Nom: ________________ Groupe: ________ Date: ________________

Ex. 5 6

6. Observez la photo ci-contre.

a) À chaque endroit nommé par une lettre, indiquez si le travail accompli par la gravité est positif, négatif ou nul.

b) À chaque endroit nommé par une lettre, décrivez la vitesse et la grandeur du changement de vitesse d'un wagon.

c) Quel est le travail total accompli par la gravité lorsqu'un wagon a complété son circuit ?

© ERPI Reproduction interdite

7.2 Le travail d'une force constante et d'une force variable

Puisque le travail correspond au déplacement d'un objet à la suite de l'application d'une force, il s'ensuit que le point d'application de cette force se déplace à mesure que le travail s'accomplit. Dans certains cas, la grandeur de la force exercée ne dépend pas de la position. On dit alors qu'il s'agit d'une «force constante». Dans d'autres cas, la grandeur de la force varie avec la position. On parle alors d'une «force variable».

Le travail effectué par une force constante

Un objet qui tombe de 10 m en chute libre depuis le sommet du mont Everest présente pratiquement la même accélération qu'un objet qui tombe de 10 m à partir du mât d'un navire qui vogue sur l'océan. À la surface de la Terre, la force gravitationnelle est un exemple de force constante. La force de traction qu'une voiture exerce sur une roulotte est également une force constante, puisqu'une force de 500 N provoque la même accélération de la roulotte, que la voiture se trouve à Montréal, à Vancouver ou à Mexico.

Il est possible de représenter graphiquement le travail accompli par une force constante à l'aide d'un graphique indiquant la grandeur de la composante de la force parallèle au déplacement (F_x) en fonction de la position. Le travail correspond alors à l'aire sous la courbe comprise entre les deux positions correspondant au déplacement considéré.

La **FIGURE 7.9** permet de constater que le tracé de ce graphique est une droite horizontale, ce qui démontre bien que la force ne dépend pas de la position. En ce cas, l'aire sous la courbe se mesure de la même façon que celle d'un rectangle: il suffit de multiplier la base par la hauteur, c'est-à-dire de multiplier la grandeur de la force par la grandeur du déplacement.

7.9 UN GRAPHIQUE DE LA FORCE EN FONCTION DE LA POSITION POUR UNE FORCE CONSTANTE

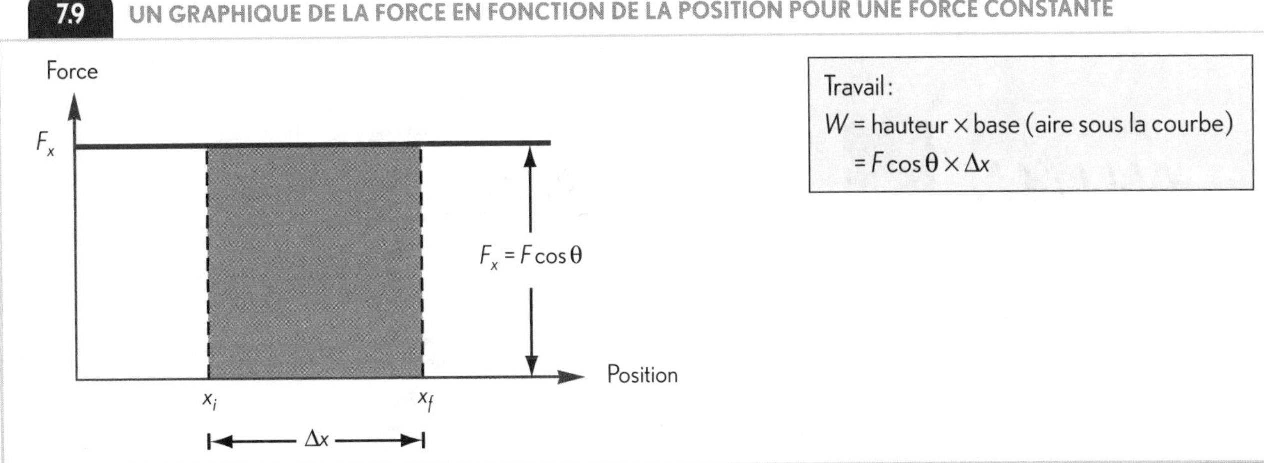

© ERPI Reproduction interdite

Le travail effectué par une force variable

Reprenons l'exemple de la force gravitationnelle. Si l'on s'éloigne radicalement de la surface de la Terre, en considérant par exemple l'ensemble du système solaire, on constate alors que la force que le Soleil exerce sur les planètes qui l'entourent diminue avec la distance. En effet, la force exercée par le Soleil pour maintenir Saturne sur son orbite est beaucoup plus faible que celle qu'il exerce pour maintenir Mercure sur la sienne. À cette échelle, la gravité varie avec la position. C'est pourquoi il s'agit alors d'une force variable.

Il existe d'autres forces variables, par exemple, la force exercée par les élastiques et les ressorts. Nous allons maintenant examiner de plus près le cas des ressorts hélicoïdaux.

LES RESSORTS HÉLICOÏDAUX

Un ressort hélicoïdal est tout simplement un ressort à boudin. Ce type de ressort peut généralement être étiré sur une certaine longueur. De plus, il peut être comprimé sur une certaine longueur si ses spires ne se touchent pas au repos.

ÉTYMOLOGIE

«Spire» vient du mot latin *spira*, qui signifie «spirale».

La **FIGURE 7.10** montre un ressort hélicoïdal dont une extrémité est fixée à un mur et l'autre, à une masse. Dans l'illustration **A**, le ressort est au repos. La masse est à la position $x_i = 0$ et le ressort n'exerce aucune force sur elle. En **B**, le ressort est étiré sur une distance Δx. Il exerce une force $\vec{F}$ sur la masse. En **C**, le ressort est étiré sur une distance $2\Delta x$. Il exerce alors une force $2\vec{F}$ sur la masse. Finalement, en **D**, le ressort est comprimé sur une distance $½\Delta x$. Il exerce une force $½\vec{F}$ sur la masse.

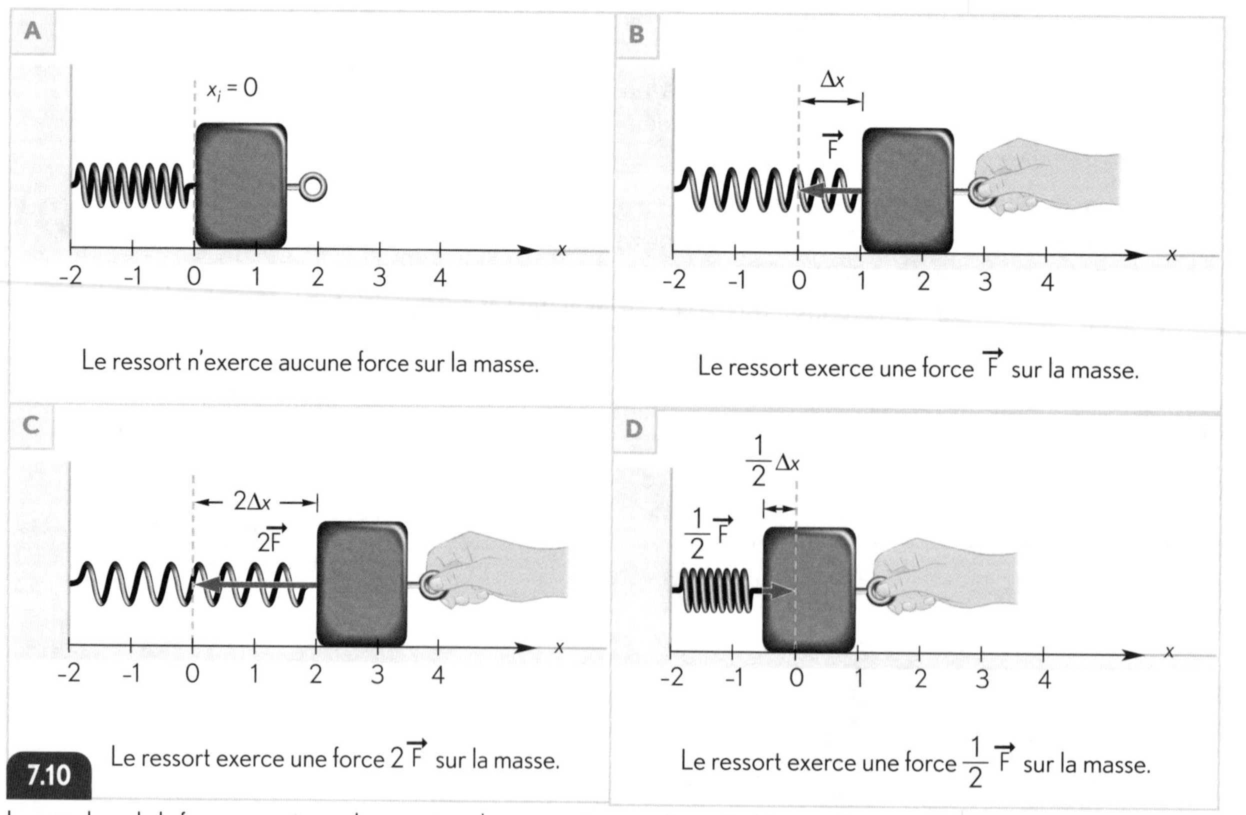

7.10 La grandeur de la force exercée par le ressort sur la masse est proportionnelle à la grandeur du déplacement de la masse.

© ERPI Reproduction interdite

La grandeur de la force exercée par le ressort, appelée aussi «force élastique», est donc proportionnelle à la grandeur du déplacement du ressort par rapport à sa position au repos. Autrement dit, plus le ressort est étiré ou comprimé, plus il cherche à reprendre sa forme initiale. La force élastique n'est donc pas constante et elle agit toujours dans le sens inverse du déplacement du ressort.

DÉFINITION

La **loi de Hooke** stipule que la force élastique exercée par un ressort est proportionnelle à la distance d'étirement ou de compression du ressort. De plus, elle est toujours orientée en sens inverse du déplacement du ressort.

En réalité, il s'agit là d'une règle plutôt que d'une loi. En effet, elle n'est valable qu'à l'intérieur de certaines limites. Si le ressort est trop étiré, il se déformera de façon permanente et ne respectera plus la loi de Hooke. Voici la formule mathématique de cette relation.

Force élastique exercée par un ressort hélicoïdal selon l'axe des *x*

$F_{él} = -k\Delta x$ où $F_{él}$ est la grandeur de la force élastique exercée par le ressort (en N)
k est la constante de rappel du ressort (en N/m)
Δx est le déplacement du ressort par rapport à sa position au repos (en m)

La constante de proportionnalité de cette formule porte aussi le nom de «constante de rappel». Plus cette constante est élevée, plus le ressort est rigide (difficile à comprimer ou à étirer). Inversement, plus elle est faible, plus le ressort est souple (facile à comprimer ou à étirer). Le signe négatif indique qu'on s'intéresse à la force exercée par le ressort. Si l'on s'intéresse plutôt à la force exercée sur le ressort, le signe devient alors positif.

EXEMPLE

Une extrémité d'un ressort hélicoïdal est fixée à un plafond. Un saumon de 1,50 kg est suspendu à l'autre extrémité. Quelle est la distance d'étirement du ressort si k = 250 N/m ?

MÉTHO, p. 328

1. Quelle est l'information recherchée ?
$\Delta x = ?$

2. Quelles sont les données du problème ?
m = 1,50 kg
k = 250 N/m

3. Quelles formules contiennent les variables dont j'ai besoin ?
$F_{él} = -k\Delta x$, d'où $\Delta x = \frac{F_{él}}{-k}$

$F_g = mg$

4. J'effectue les calculs.
Deux forces s'exercent sur le saumon : une force gravitationnelle équivalente au poids du saumon est orientée vers le bas, et une force élastique proportionnelle à la distance d'étirement du ressort est orientée vers le haut.

$F_g = mg$
$= 1{,}50 \text{ kg} \times 9{,}8 \text{ m/s}^2$
$= 14{,}7 \text{ N}$

$F_{él} = -F_g$

$\Delta x = \frac{-F_g}{-k} = \frac{-14{,}7 \text{ N}}{-250 \text{ N/m}} = 0{,}059 \text{ m}$

5. Je réponds à la question.
La distance d'étirement du ressort est de 0,059 m, soit environ 6 cm.

© ERPI Reproduction interdite

LE TRAVAIL EFFECTUÉ SUR UN RESSORT

La **FIGURE 7.11** montre un graphique de la grandeur de la force requise pour étirer un ressort en fonction de la position. Puisque le tracé correspond à une droite ascendante, il s'agit donc d'une force variable et non d'une force constante.

7.11 UN GRAPHIQUE DE LA FORCE EN FONCTION DE LA POSITION POUR UNE FORCE VARIABLE

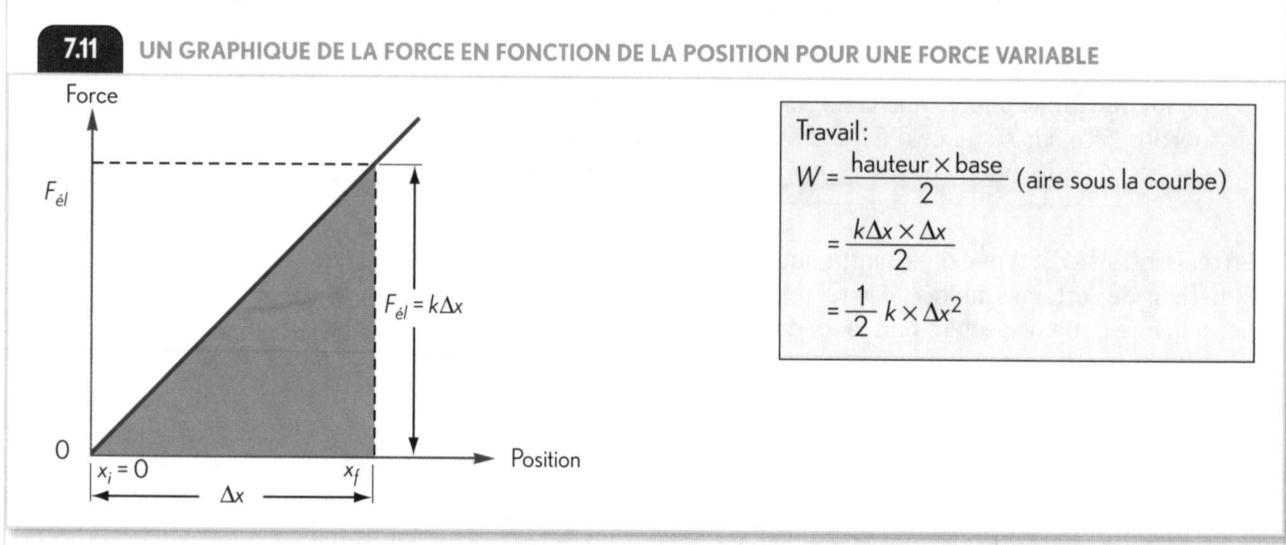

Il est possible de trouver le travail exercé sur un ressort en calculant l'aire sous la courbe entre les deux positions correspondant au déplacement du ressort. Comme la position initiale correspond toujours à la position du ressort au repos ($x_i = 0$), l'aire sous la courbe correspond à la surface d'un triangle, c'est-à-dire à la base multipliée par la hauteur divisée par deux.

Voici la formule qui permet de calculer le travail effectué sur un ressort.

Travail pour étirer ou comprimer un ressort hélicoïdal

$W = \frac{1}{2}k\Delta x^2$ où W est le travail exercé sur le ressort (en J)
k est la constante de rappel (en N/m)
Δx est le déplacement du ressort par rapport à sa position au repos (en m)

Démonstration des unités de mesure

$1 \text{ N/m} \times 1 \text{ m}^2 = 1 (\text{N} \times \text{m}) = 1 \text{ J}$

EXEMPLE

La constante de rappel d'un ressort servant à propulser la bille d'un jeu de billard électronique vaut 400 N/m. Quel est le travail nécessaire pour étirer ce ressort sur une distance de 3,0 cm ?

MÉTHO, p. 328

1. Quelle est l'information recherchée ?

$W = ?$

2. Quelles sont les données du problème ?

$k = 400$ N/m
$\Delta x = 3{,}0$ cm, soit 0,030 m

3. Quelle formule contient les variables dont j'ai besoin ?

$W = \frac{1}{2}k\Delta x^2$

4. J'effectue les calculs.

$W = \frac{1}{2} \times 400 \text{ N/m} \times (0{,}030 \text{ m})^2$
$= 0{,}18 \text{ J}$

5. Je réponds à la question.

Le travail nécessaire pour étirer ce ressort est de 0,18 J.

© ERPI Reproduction interdite

Nom : ________________ Groupe : ________ Date : ________________

Exercices

COMPAGNON WEB SECTION 7.2

7.2 Le travail d'une force constante et d'une force variable

1. La force exercée sur un ressort par un objet et la force exercée sur cet objet par ce ressort forment-ils une paire action-réaction ? Expliquez votre réponse.

____

____

Ex. 1 2 5

2. a) Représentez graphiquement la grandeur de la force requise pour comprimer un ressort en fonction de la position.

b) Représentez graphiquement la grandeur de la force exercée par un ressort étiré en fonction de la position.

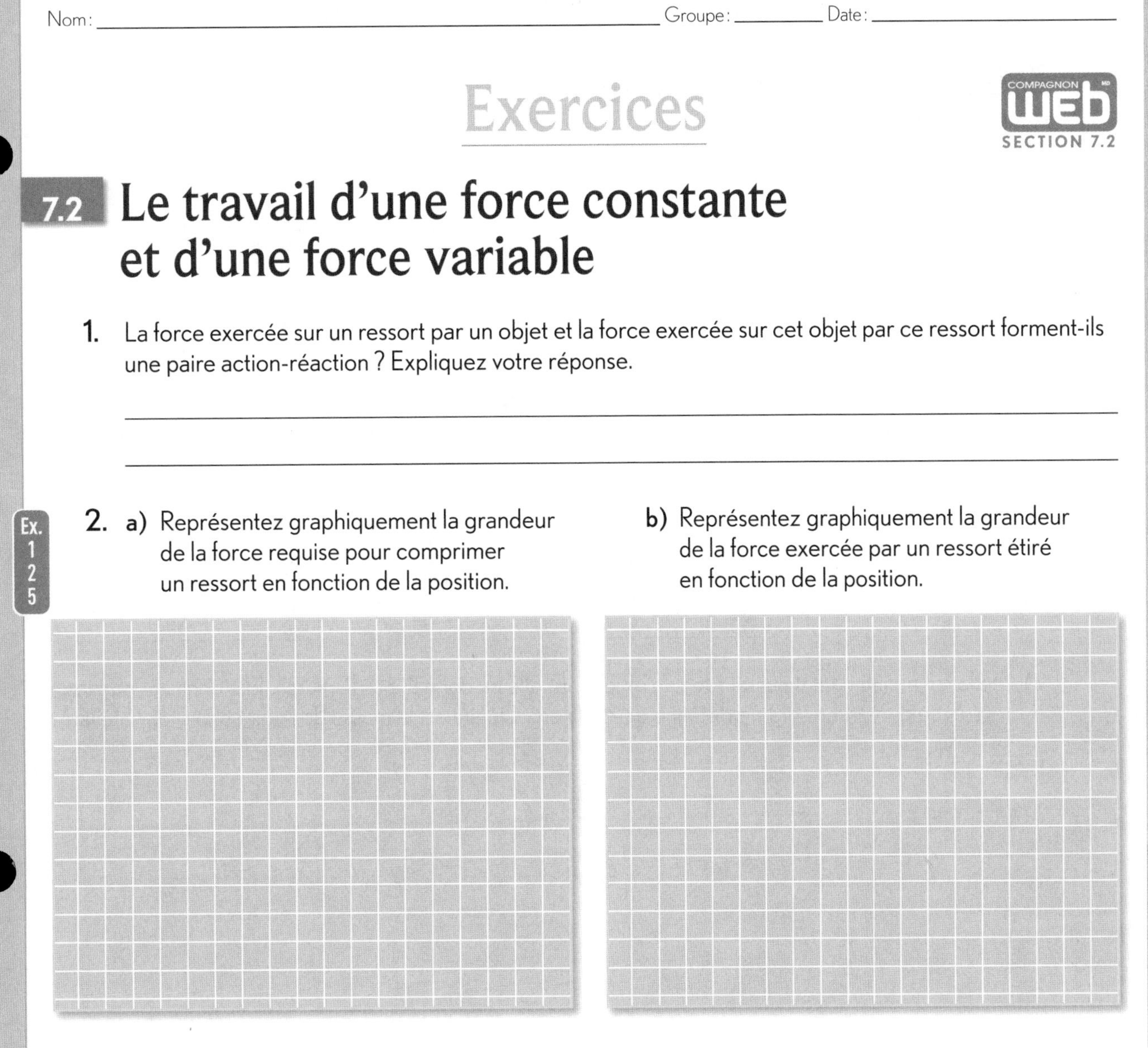

Ex. 3 4 6 7

3. Stella doit concevoir le modèle d'une balance à ressort. Elle choisit un ressort, en fixe une extrémité à une planche de bois et le place ensuite verticalement. Elle dépose alors quelques masses sur l'extrémité libre. Elle détermine ainsi qu'une masse de 1,50 kg comprime le ressort sur une distance de 12,0 cm.

a) Quelle est la constante de rappel de ce ressort ?

____

PHYSIQUE ■ CHAPITRE 7

© ERPI Reproduction interdite

Nom : ______ Groupe : ______ Date : ______

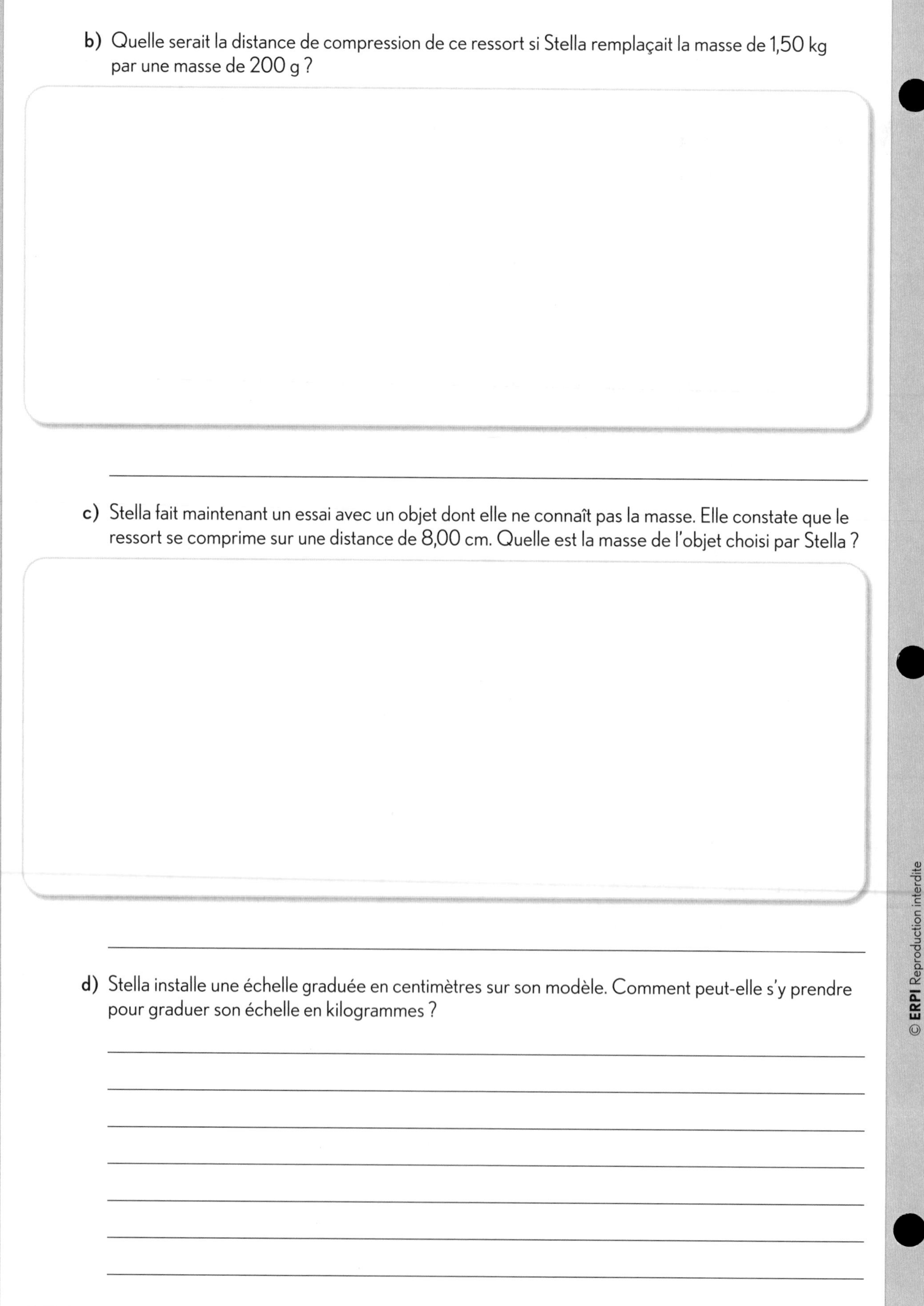

b) Quelle serait la distance de compression de ce ressort si Stella remplaçait la masse de 1,50 kg par une masse de 200 g ?

c) Stella fait maintenant un essai avec un objet dont elle ne connaît pas la masse. Elle constate que le ressort se comprime sur une distance de 8,00 cm. Quelle est la masse de l'objet choisi par Stella ?

d) Stella installe une échelle graduée en centimètres sur son modèle. Comment peut-elle s'y prendre pour graduer son échelle en kilogrammes ?

© ERPI Reproduction interdite

7.3 Le concept de puissance

En science, la puissance est une variable qui permet de prendre en considération le temps nécessaire pour exécuter un travail. La puissance décrit en effet la quantité de travail effectué au cours d'une certaine période de temps. Elle correspond donc à un taux, soit le rapport entre le travail et le temps.

DÉFINITION

La **puissance** est le rapport entre la quantité de travail effectué et le temps écoulé pendant son exécution.

Voici la formule mathématique qui permet de calculer la puissance.

Puissance

$$P = \frac{W}{\Delta t}$$

où P correspond à la puissance (en W)
W correspond au travail (en J)
Δt correspond au temps écoulé (en s)

Cette formule permet de constater que l'unité de mesure de la puissance, le watt, correspond à l'exécution d'un travail de un joule pendant une seconde. Cela équivaut environ à la puissance requise pour soulever une pomme au-dessus de sa tête en une seconde.

ARTICLE TIRÉ D'INTERNET

Un puissant robot dans le cerveau

En neurochirurgie, les techniques non invasives permettent de réaliser certaines opérations à partir du cou, sans ouvrir la boîte crânienne. Malheureusement, la taille des instruments ne permet pas aux chirurgiens d'accéder à toutes les parties du cerveau.

Des chercheurs australiens ont peut-être résolu ce problème en fabriquant un nanorobot d'un diamètre de 250 nanomètres, soit l'épaisseur de 2 à 3 cheveux, potentiellement capable de circuler dans le cerveau. La difficulté était de développer, pour un robot de cette taille, un moteur assez puissant pour résister aux flux parfois violents à l'intérieur des vaisseaux sanguins.

Un cerveau humain.

Le nanorobot serait injecté dans le cou et contrôlé à distance par des ondes d'une puissance de deux à trois watts, soit la puissance d'un téléphone portable ordinaire. Il sera dans un premier temps utilisé à des fins d'observation, mais les chercheurs espèrent pouvoir lui confier prochainement d'autres tâches, comme le découpage ou le ciselage.

Adapté de : Le Nouvel Observateur, *Un robot dans les artères* [en ligne]. (Consulté le 14 février 2009.)

© ERPI Reproduction interdite

EXEMPLE

Pour soulever une boîte à une hauteur de 1,0 m, Ève-Marie exerce une force verticale de 70 N pendant 2,0 s. Quelle puissance a-t-elle déployée pour soulever cette boîte ?

MÉTHO, p. 328

1. Quelle est l'information recherchée ?

$P = ?$

2. Quelles sont les données du problème ?

$\Delta x = 1{,}0 \text{ m}$

$F = 70 \text{ N}$

$\Delta t = 2{,}0 \text{ s}$

3. Quelles formules contiennent les variables dont j'ai besoin ?

$$P = \frac{W}{\Delta t}$$

$$W = F \times \Delta x$$

4. J'effectue les calculs.

$$W = 70 \text{ N} \times 1{,}0 \text{ m} = 70 \text{ J}$$

$$P = \frac{70 \text{ J}}{2{,}0 \text{ s}} = 35 \text{ W}$$

5. Je réponds à la question.

La puissance déployée par Ève-Marie a éte de 35 W.

Un appareil deux fois plus puissant qu'un autre est un appareil qui fournit deux fois plus de travail au cours d'une période de temps donnée ou qui prend deux fois moins de temps pour exécuter une quantité donnée de travail. Par exemple, une automobile qui passe de 0 km/h à 100 km/h en 5 s est 2 fois plus puissante qu'une autre qui réussit le même test en 10 s. Toutefois, cela ne signifie pas que la première voiture peut rouler deux fois plus vite que la seconde.

7.12

Déneiger une entrée avec une pelle ou avec une souffleuse à neige représente le même travail. Toutefois, la souffleuse est plus puissante, car elle permet d'effectuer cette tâche plus rapidement.

© ERPI Reproduction interdite

Nom : ______ Groupe : ______ Date : ______

Exercices

COMPAGNON WEB MD
SECTION 7.3

7.3 Le concept de puissance

1. Quelle quantité de travail un moteur de un kilowatt peut-il accomplir en une heure ?

______

2. Une remorqueuse exerce une force de 12 000 N pendant 30 s sur une voiture pour la sortir d'un fossé. Elle la tire ainsi sur une distance de 5 m. Quelle est la puissance déployée par la remorqueuse ?

Ex. 1 2 3 5

______

3. Lequel de ces appareils consomme le plus d'énergie : un sèche-cheveux de 1,2 kW utilisé pendant 5 min ou une veilleuse de 15 W laissée allumée pendant 12 h ?

Ex. 4

______

© ERPI Reproduction interdite

4. Quelle est la puissance nécessaire pour monter un panier de vêtements du sous-sol au rez-de-chaussée ? On considère que la distance entre les 2 étages est de 2,5 m, que le temps requis est de 5,0 s et que le poids du panier est de 25 N.

5. À midi, la puissance venant du Soleil qui atteint la surface de la Terre est d'environ 1,0 kW par mètre carré. Quelle doit être la taille d'un panneau solaire capable de capter jusqu'à 150 MJ par heure ?

© ERPI Reproduction interdite

Résumé

Le travail et la puissance

7.1 LE CONCEPT DE TRAVAIL

- Un travail est effectué lorsque des forces agissent sur un objet qui se déplace.
  - Lorsque la force et le déplacement sont parallèles, la formule mathématique du travail est :

$$W = F \times \Delta x$$

  - Lorsque la force et le déplacement ne sont pas parallèles, la formule mathématique du travail devient :

$$W = F \cos \theta \times \Delta x$$

- L'angle entre la force et le déplacement permet de déterminer si un travail est positif ou négatif.
  - Si l'angle est situé entre 0° et 90°, le travail est positif.
  - Si l'angle est de 90°, le travail est nul.
  - Si l'angle est situé entre 90° et 180°, le travail est négatif.

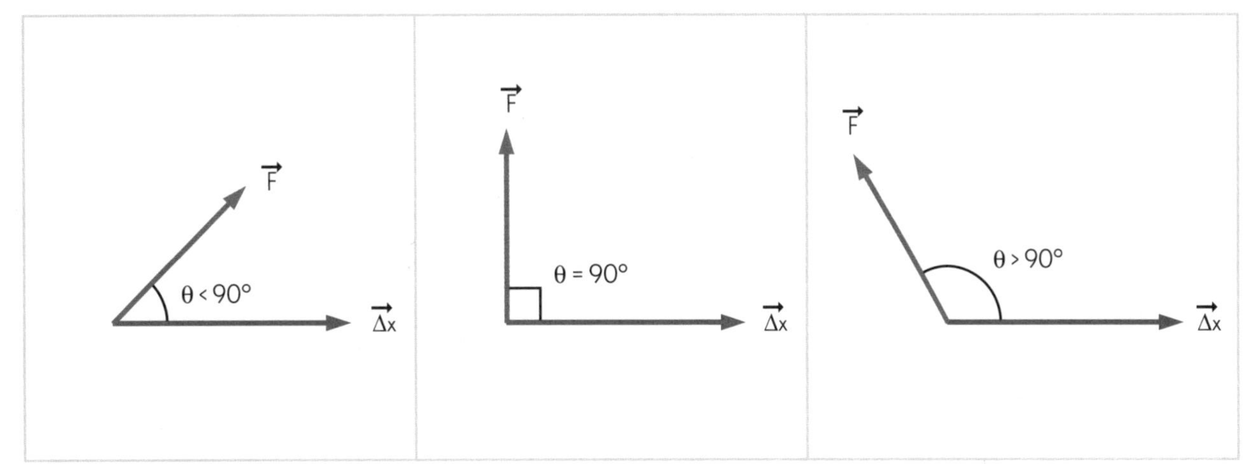

- Lorsque plus d'une force agit sur un objet, on peut utiliser une des deux méthodes suivantes.
  - Trouver d'abord la force résultante et calculer ensuite le travail total.
  - Calculer d'abord le travail accompli par chaque force et additionner ensuite tous les résultats pour trouver le travail total.

7.2 LE TRAVAIL D'UNE FORCE CONSTANTE ET D'UNE FORCE VARIABLE

- La grandeur d'une force constante ne dépend pas de sa position, tandis que la grandeur d'une force variable varie selon sa position.
- La force exercée par un ressort hélicoïdal porte le nom de «force élastique». Cette force est variable. De plus, elle est toujours orientée en sens inverse du déplacement du ressort.
- La formule mathématique de la force élastique, ou loi de Hooke, est :

$$F_{él} = -k\Delta x$$

© ERPI Reproduction interdite

- Sur un graphique de la grandeur de la composante de la force parallèle au déplacement (F_x) en fonction de la position, le travail correspond à l'aire sous la courbe entre deux positions.
  - Dans le cas d'une force constante, le tracé de cette courbe est une droite horizontale et l'aire est celle d'un rectangle.

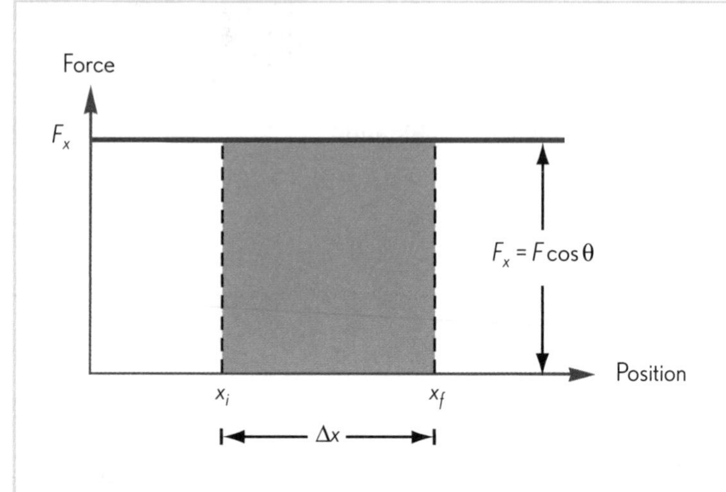

Travail :

W = hauteur × base (aire sous la courbe)

$= F\cos\theta \times \Delta x$

  - Dans le cas d'une force élastique, le tracé montre une droite ascendante et l'aire est celle d'un triangle.

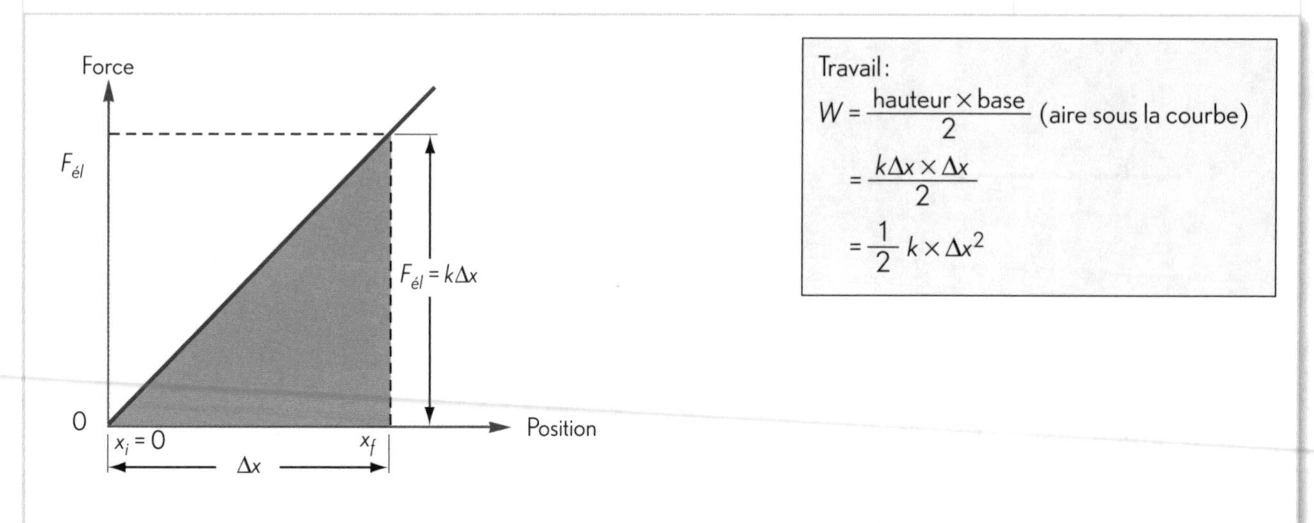

- La formule mathématique du travail effectué sur un ressort hélicoïdal est :

$$W = \frac{1}{2}k\Delta x^2$$

7.3 LE CONCEPT DE PUISSANCE

- La puissance est le rapport entre la quantité de travail effectué et le temps écoulé pendant son exécution.
- La formule mathématique de la puissance est :

$$P = \frac{W}{\Delta t}$$

© ERPI Reproduction interdite

Nom: ______________________ Groupe: ________ Date: ______________

Exercices sur l'ensemble du chapitre 7

ENS. CHAP. 7

Ex. 1 2 3

1. Le cœur humain est essentiellement une pompe, dont le travail est comparable à celui de soulever 7500 L de sang par jour sur une hauteur égale à 1,65 m (la taille moyenne d'un être humain).

a) Quelle est la quantité quotidienne de travail effectué par le cœur ? (Indice : La masse de 1 L de sang est de 1,00 kg.)

____

b) Quelle est la puissance du cœur humain ?

____

© ERPI Reproduction interdite

Nom : ______ Groupe : ______ Date : ______

Ex. 4

2. Lorsque Martin et Alice prennent place dans leur voiture, les 4 ressorts qui forment la suspension s'abaissent de 2,00 cm. Si la masse combinée de Martin et d'Alice est de 150 kg, quelle est la constante de rappel de chacun des ressorts ? (Indice : On considère que la masse des passagers est répartie uniformément sur tous les ressorts.)

______

3. Le 23 mars 2001, l'Agence spatiale russe mettait fin à la mission de la station spatiale MIR en provoquant sa chute contrôlée vers le sol. Celle-ci s'est alors désintégrée en partie dans l'atmosphère terrestre, puis les derniers débris ont plongé dans l'océan Pacifique. Si la masse initiale de MIR était de 137 tonnes et son altitude de 230 km, quel travail la gravité a-t-elle exercé sur cette station pour la ramener au sol ?

______

© ERPI Reproduction interdite

4. Le conducteur d'une automobile dont la masse est de 1250 kg désire dépasser un camion. Il met 3,00 s à passer de 72 km/h à 90 km/h. Quelle est la puissance moyenne nécessaire pour effectuer cette manœuvre ?

______

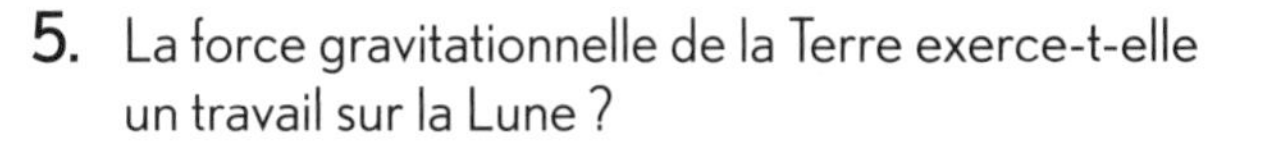

5. La force gravitationnelle de la Terre exerce-t-elle un travail sur la Lune ?

______
______
______
______
______
______
______
______

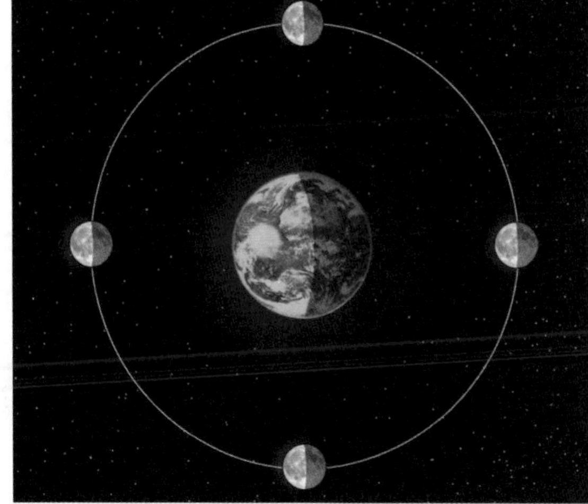

© ERPI Reproduction interdite

6. Un hélicoptère porte secours à quatre naufragés. Le poids moyen des naufragés est de 710 N et l'hélicoptère élève chacun d'eux à 15,0 m au-dessus de l'eau. Lorsqu'ils sont soulevés par l'hélicoptère, les naufragés subissent une accélération de 1,00 m/s^2. Quel est le travail accompli par l'hélicoptère ?

7. Le graphique suivant montre la force exercée par une masse pour comprimer ou étirer un ressort au maximum sans le déformer ni le briser.

a) Quel est le travail nécessaire pour comprimer ou étirer ce ressort au maximum sans le déformer ?

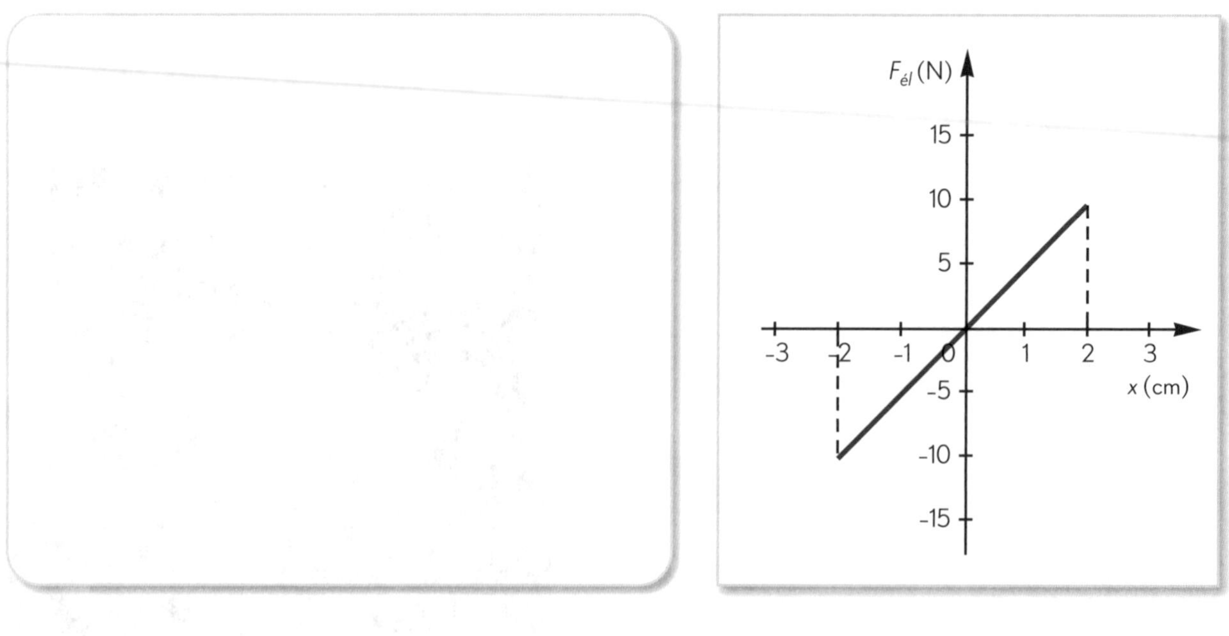

© ERPI Reproduction interdite

b) Quelle est la constante de rappel de ce ressort ?

Ex. 5 6

8. Au cours d'un repas entre amis, un convive pousse une salière sur la table vers un autre convive. Si la salière se déplace de 0,800 m, que la force exercée est de 2,00 N et que le frottement cinétique est de 0,400 N, quel est le travail total accompli sur la salière ?

© ERPI Reproduction interdite

Défi

1. Le barrage Daniel-Johnson, situé dans la région de Manicouagan, peut générer une puissance hydroélectrique de près de 2600 MW.

a) Si l'on considère que la hauteur du barrage est de 142 m, combien de litres d'eau par seconde doivent atteindre les turbines situées à la base de ce barrage afin de générer cette puissance ? (Indice : La masse de 1 L d'eau est de 1,00 kg.)

b) Si une piscine hors terre contient en moyenne 38 000 L d'eau, le débit par seconde du barrage Daniel-Johnson équivaut à la quantité d'eau contenue dans combien de piscines hors terre ?

© ERPI Reproduction interdite

CHAPITRE

8

8.1 Le saut à l'élastique est un sport destiné aux amateurs de sensations fortes.

LABO

11. L'ÉTUDE DE L'ÉNERGIE TOTALE D'UN CORPS

L'énergie

Lors d'un saut à l'élastique, le sauteur ou la sauteuse voit sa vitesse augmenter rapidement jusqu'à ce que l'élastique commence à s'étirer. Lorsque l'élastique est tendu au maximum, il commence à reprendre sa forme initiale et tire la personne vers le haut. Comment la force exercée par la Terre sur cette personne se transforme-t-elle en force exercée par l'élastique ? Quel est le lien entre l'énergie et les forces ? Quelles sont les différentes formes d'énergie ? Pourquoi dit-on que l'énergie ne peut être ni créée ni détruite ?

Au cours de ce chapitre, nous approfondirons le concept d'énergie. Nous verrons que l'énergie constitue une approche pouvant parfois remplacer le recours aux lois de Newton ou aux équations du mouvement dans l'examen de certaines situations ou dans la résolution de certains problèmes. Nous décrirons ensuite différentes formes d'énergie, tant à l'échelle macroscopique qu'à l'échelle microscopique. Pour terminer, nous rappellerons la loi de la conservation de l'énergie.

CONCEPTS DÉJÀ VUS

- Relation entre le travail et l'énergie
- Formes d'énergie (chimique, thermique, mécanique et rayonnante)
- Relation entre l'énergie cinétique, la masse et la vitesse

8.1 Le concept d'énergie

Un bâton de dynamite ne possède pas de force. En effet, une force est quelque chose que deux objets peuvent exercer l'un sur l'autre et non quelque chose qu'un objet peut posséder (contrairement à une propriété caractéristique, comme la masse volumique). Ce que possède un bâton de dynamite, c'est de l'« énergie ».

L'énergie est un concept relativement nouveau. Il était inconnu à l'époque de Newton et les scientifiques débattaient encore de son existence en 1850. Pourtant, aujourd'hui, il s'agit d'un concept fondamental en science.

Comme pour les forces, on ne peut pas voir l'énergie. On peut seulement observer ses effets sur la matière. Ainsi, le vent possède de l'énergie, car il peut effectuer un travail sur les feuilles des arbres en les déplaçant. De même, le Soleil possède de l'énergie, car il peut faire fondre la glace, c'est-à-dire provoquer son changement d'état.

DÉFINITION

L'**énergie** est la capacité d'effectuer un travail ou de provoquer un changement.

Il est intéressant de constater que, dans la société actuelle, il existe un vaste commerce de l'énergie (sous forme d'hydroélectricité, de gaz naturel, de piles, etc.), tandis qu'il n'existe pas de commerce des forces.

L'énergie et le travail

Lorsqu'un objet effectue un travail sur un autre objet, il lui transfère une partie de son énergie. Ainsi, le premier objet perd une certaine quantité d'énergie tandis que le second gagne une quantité d'énergie équivalente. De ce point de vue, le travail peut être considéré comme un transfert d'énergie d'un objet à un autre. D'ailleurs, tout comme le travail, l'énergie est un scalaire, et non un vecteur, et elle se mesure en joules.

L'énergie et la puissance

Si le travail peut être considéré comme un transfert d'énergie entre deux objets, alors la puissance est une mesure du taux de ce transfert d'énergie. En d'autres termes, la puissance correspond à la quantité d'énergie transférée d'un objet à un autre par unité de temps. Par exemple, un vent calme peut déplacer une feuille sur une distance de 5 m. Une tornade peut accomplir exactement le même travail. Cependant, la tornade est plus puissante que le vent calme, car elle exécute ce travail beaucoup plus rapidement ou encore, elle exécute une plus grande quantité de travail au cours de la même période de temps.

© ERPI Reproduction interdite

8.2 Les formes d'énergie

Il existe différentes formes d'énergie. Nous verrons d'abord les énergies cinétique et potentielle qui, regroupées, forment l'«énergie mécanique». Nous décrirons ensuite brièvement les énergies thermique, électromagnétique et nucléaire.

L'énergie cinétique

Tout objet en mouvement est capable d'accomplir un travail, c'est-à-dire de transférer une partie de son énergie à un autre objet. Ainsi, comme le montre la **FIGURE 8.2**, une boule de quille qui roule le long d'une allée peut transmettre son énergie aux quilles, ce qui a pour conséquence de les faire tomber. La quantité d'énergie transférée dépend de deux facteurs: la masse de l'objet en mouvement et sa vitesse.

8.2 Lorsque la boule entre en contact avec les quilles, elle leur transmet une partie de son énergie.

DÉFINITION

L'**énergie cinétique** est l'énergie qu'un objet possède en raison de son mouvement et qu'il peut transférer à un autre objet.

Voici la formule mathématique qui permet de calculer l'énergie cinétique.

Énergie cinétique

$E_k = \frac{1}{2}mv^2$ où E_k correspond à l'énergie cinétique (en J)
m correspond à la masse de l'objet en mouvement (en kg)
v correspond à sa vitesse (en m/s)

Démonstration des unités de mesure

$1 \text{ kg} \times 1 \text{ (m/s)}^2 = \frac{1 \text{ kg} \times \text{m}^2}{\text{s}^2} = 1 \text{ J}$

EXEMPLE

Quelle est l'énergie cinétique d'une voiture de 1200 kg roulant à 50 km/h? Que devient cette énergie si la vitesse de la voiture double?

MÉTHO, p. 328

1. Quelle est l'information recherchée?
Lorsque v_1 = 50 km/h, E_{k1} = ?
Lorsque v_2 = 100 km/h, E_{k2} = ?

2. Quelles sont les données du problème?
m = 1200 kg
v_1 = 50 km/h, soit 13,89 m/s
v_2 = 100 km/h, soit 27,78 m/s

3. Quelle formule contient les variables dont j'ai besoin?
$E_k = \frac{1}{2}mv^2$

4. J'effectue les calculs.

$E_{k1} = \frac{1}{2}mv_1^2$

$= \frac{1}{2} \times 1200 \text{ kg} \times (13{,}89 \text{ m/s})^2 = 115\,759 \text{ J}$

$E_{k2} = \frac{1}{2}mv_2^2$

$= \frac{1}{2} \times 1200 \text{ kg} \times (27{,}78 \text{ m/s})^2 = 463\,037 \text{ J}$

5. Je réponds à la question.
À 50 km/h, l'énergie cinétique de la voiture est de 116 000 J. À 100 km/h, cette énergie passe à 463 000 J, soit 4 fois plus.

© ERPI Reproduction interdite

Lorsque la masse d'un objet en mouvement double, son énergie cinétique double également. Par contre, comme le montre l'exemple précédent, lorsque sa vitesse double, son énergie cinétique quadruple.

Les enquêteurs qui examinent les traces de freinage laissées sur la chaussée lors des accidents de la route connaissent bien cette relation. Comme le montre la **FIGURE 8.3**, une voiture dont la vitesse est deux fois plus grande laisse une trace de freinage quatre fois plus longue.

Vitesse de la voiture | Distance parcourue
30 km/h | 10 m
60 km/h | 40 m
120 km/h | 160 m

8.3

Les traces de freinage sur la chaussée indiquent la distance parcourue par la voiture depuis l'endroit où les freins ont bloqué jusqu'à son arrêt complet.

L'ÉNERGIE CINÉTIQUE ET LE TRAVAIL

Chaque fois qu'un objet en mouvement effectue un travail sur un autre objet, il se produit également une modification de l'énergie cinétique de ces deux objets. En fait, il existe une équivalence entre le travail total, c'est-à-dire le travail effectué par une force résultante sur un objet en mouvement, et la variation d'énergie cinétique de cet objet.

Cette équivalence indique que le travail total peut être considéré comme étant la différence entre la quantité d'énergie cinétique finale et la quantité d'énergie cinétique initiale.

Équivalence entre le travail total et l'énergie cinétique

$W_T = \Delta E_k$ où W_T correspond au travail total (en J)
ΔE_k correspond à la variation d'énergie cinétique (en J)

On peut également écrire cette relation sous la forme :

$$W_T = E_{kf} - E_{ki}$$
$$= \frac{1}{2}mv_f^2 - \frac{1}{2}mv_i^2$$

L'exemple suivant montre comment résoudre un problème en utilisant l'équivalence entre le travail total et l'énergie cinétique. Il est également possible de résoudre ce type de problème avec les équations du mouvement et les lois de Newton.

© ERPI Reproduction interdite

EXEMPLE

MÉTHO, p. 328

Sur un chantier, un marteau-pilon enfonce des pieux pour soutenir une fondation. À chaque coup porté, la tête du marteau, dont la masse est de 200 kg, est soulevée sur une hauteur de 3,0 m, puis elle est relâchée sur un pieu en métal. Quelle est la vitesse de la tête du marteau-pilon lorsqu'elle touche le pieu ?

1. Quelle est l'information recherchée ?

$v_f = ?$

2. Quelles sont les données du problème ?

$m = 200$ kg

$\Delta x = 3{,}0$ m

3. Quelles formules contiennent les variables dont j'ai besoin ?

$W = F \times \Delta x$

$F_g = mg$

$W_T = \frac{1}{2}mv_f^2 - \frac{1}{2}mv_i^2$

4. J'effectue les calculs.

Il faut d'abord calculer le travail. La gravité est la seule force qui agit sur la tête du marteau-pilon lorsqu'elle est relâchée. La force appliquée et le déplacement sont donc parallèles.

$F = F_g$

$W = F_g \times \Delta x$

$= mg \times \Delta x$

$= 200 \text{ kg} \times 9{,}8 \text{ m/s}^2 \times 3{,}0 \text{ m}$

$= 5880 \text{ J}$

Au départ, la vitesse du marteau-pilon est nulle, autrement dit :

$\frac{1}{2}mv_i^2 = 0 \text{ J}$

Il est donc possible d'isoler la vitesse finale :

$\frac{1}{2}mv_f^2 = W_T - 0 \text{ J}$

$v_f = \sqrt{\frac{2 \times W_T}{m}}$

$= \sqrt{\frac{2 \times 5880 \text{ J}}{200 \text{ kg}}}$

$= 7{,}7 \text{ m/s}$

5. Je réponds à la question.

Lorsqu'elle touche le pieu, la tête du marteau-pilon a une vitesse de 7,7 m/s.

Un marteau-pilon sur un chantier.

L'énergie potentielle

L'énergie potentielle est une énergie qui n'accomplit pas de travail, mais qui a le potentiel de le faire. L'énergie potentielle est en effet une énergie transférée à un objet et emmagasinée dans celui-ci. Elle peut donc être utilisée plus tard.

CONCEPT DÉJÀ VU

Relation entre l'énergie potentielle, la masse, l'accélération et le déplacement

DÉFINITION

L'**énergie potentielle** est l'énergie que possède un objet en raison de sa position ou de sa forme et qui peut être transformée pour accomplir un travail.

© ERPI Reproduction interdite

L'ÉNERGIE POTENTIELLE GRAVITATIONNELLE

Lorsqu'une personne soulève un objet au-dessus du sol, elle lui transfère de l'énergie. En effet, pour élever un objet à une certaine hauteur, il faut fournir une certaine quantité d'énergie pour lutter contre la force gravitationnelle. Cette énergie ne produit pas de mouvement. Elle est emmagasinée dans l'objet sous forme d'énergie potentielle. Ainsi, si la personne lâche l'objet, celui-ci tombera au sol, transformant ainsi son énergie potentielle en énergie cinétique.

La **FIGURE 8.4** montre un rocher rongé par l'érosion. Même s'il reste immobile durant des milliers d'années, ce rocher possède une énergie prête à accomplir un travail. En effet, dès l'instant où ce rocher tombera, son énergie potentielle se transformera en énergie cinétique.

À la surface de la Terre, l'énergie que possède un objet en raison de son élévation au-dessus d'une certaine position porte le nom d'«énergie potentielle gravitationnelle».

Voici la formule mathématique qui permet de calculer l'énergie potentielle gravitationnelle.

8.4 L'énergie potentielle emmagasinée dans ce rocher ne produit aucun mouvement.

Énergie potentielle gravitationnelle

$\Delta E_{pg} = mg\Delta y$ où ΔE_{pg} est la variation d'énergie potentielle gravitationnelle (en J)
m est la masse de l'objet (en kg)
g est l'accélération gravitationnelle (qui vaut 9,8 m/s^2 à la surface de la Terre)
Δy est la variation de position ou la hauteur (en m)

Démonstration des unités de mesure

$$1 \text{ kg} \times 1 \text{ m/s}^2 \times 1 \text{ m} = \frac{1 \text{ kg} \times \text{m}^2}{\text{s}^2} = 1 \text{ J}$$

EXEMPLE

MÉTHO, p. 328

Deux touristes visitent Montréal. Ils décident de se rendre au sommet de la tour du Stade olympique. Si la hauteur de la tour est de 164 m et que la masse des deux touristes est de 172 kg, quelle énergie potentielle gravitationnelle auront-ils acquise au cours de leur ascension ?

1. *Quelle est l'information recherchée ?*
   $\Delta E_{pg} = ?$
2. *Quelles sont les données du problème ?*
   $\Delta y = 164$ m
   $m = 172$ kg
3. *Quelle formule contient les variables dont j'ai besoin ?*
   $\Delta E_{pg} = mg\Delta y$
4. *J'effectue les calculs.*
   $\Delta E_{pg} = 172 \text{ kg} \times 9{,}8 \text{ m/s}^2 \times 164 \text{ m}$
   $= 276\,438 \text{ J}$
5. *Je réponds à la question.*
   Arrivés au sommet de la tour du Stade olympique, les deux touristes auront acquis une énergie potentielle gravitationnelle d'environ 280 000 J.

© ERPI Reproduction interdite

Dans l'exemple précédent, les variables *mg* correspondent à la force gravitationnelle exercée sur un objet, autrement dit à son poids. En effet, $F_g = mg$ (*voir le chapitre 5, à la page 173*). L'énergie potentielle gravitationnelle peut donc être considérée comme le poids d'un objet multiplié par sa hauteur. De plus, le travail correspond à la force multipliée par le déplacement (*voir le chapitre 7, à la page 238*). De ce point de vue, la quantité d'énergie potentielle gravitationnelle transférée à un objet équivaut donc à la force nécessaire pour le soulever (le poids de l'objet) multipliée par le déplacement (la hauteur), ce qui correspond bel et bien à un travail.

La variation de position ou la hauteur peut se rapporter à n'importe quelle surface : le sol, le plancher d'un étage, le dessus d'une table, etc. Il est donc utile de préciser à partir de quelle surface la hauteur est mesurée.

Finalement, il est à noter que, lorsque la masse ou la hauteur d'un objet est doublée, la variation d'énergie potentielle gravitationnelle est également doublée.

L'ÉNERGIE POTENTIELLE ÉLASTIQUE

Lorsqu'une personne comprime un ressort ou étire un élastique, elle lui transfère de l'énergie. En effet, dès que cette personne relâche le ressort ou l'élastique, ces objets se déplacent afin de reprendre leur forme initiale, transformant ainsi l'énergie qui leur a été transmise en énergie cinétique. Par contre, si ces objets ne bougent pas, parce qu'ils sont retenus par un mécanisme quelconque, l'énergie transmise demeure emmagasinée sous forme d'« énergie potentielle élastique ».

La **FIGURE 8.5** montre une personne qui tend la corde de son arc vers l'arrière, lui transmettant ainsi une certaine quantité d'énergie potentielle élastique. Dès que l'archère relâchera la corde, cette énergie se transformera en énergie cinétique, ce qui propulsera la flèche vers l'avant.

8.5 Le tir à l'arc est un sport où une énergie potentielle élastique se transforme en énergie cinétique.

8.6 Lors d'un impact, une balle de golf se déforme, puis elle reprend sa forme.

Les objets qui rebondissent et qui possèdent la capacité de reprendre leur forme après avoir été déformés sont des objets élastiques. Par exemple, une balle de golf, qui semble pourtant très ferme, se déforme lorsqu'elle est frappée (*voir la* **FIGURE 8.6**). Étant donné qu'elle possède une grande élasticité, la balle reprendra sa forme et rebondira immédiatement après l'impact.

D'autres objets sont inélastiques. Cela signifie qu'ils se déforment facilement sans reprendre leur forme. Ainsi, si on laisse tomber une miche de pain ou une peluche vers le sol, ces objets ne rebondiront pas, car ils possèdent très peu d'élasticité.

© ERPI Reproduction interdite

Voici la formule mathématique qui permet de calculer l'énergie potentielle élastique d'un ressort.

Énergie potentielle élastique

$E_{pé} = \frac{1}{2}k\Delta x^2$ où $\Delta E_{pé}$ correspond à l'énergie potentielle élastique (en J)
k correspond à la constante de rappel du ressort (en N/m)
Δx correspond au déplacement du ressort par rapport à sa position au repos (en m)

Démonstration des unités de mesure

$1 \text{ N/m} \times 1 \text{ m}^2 = 1 (\text{N} \times \text{m}) = 1 \text{ J}$

EXEMPLE

MÉTHO, p. 328

La constante de rappel d'un ressort est de 300 N/m. Sur quelle longueur faut-il étirer ce ressort pour qu'il emmagasine 80 J d'énergie ?

1. Quelle est l'information recherchée ?
$\Delta x = ?$

2. Quelles sont les données du problème ?
$k = 300$ N/m
$E_{pé} = 80$ J

3. Quelle formule contient les variables dont j'ai besoin ?
$E_{pé} = \frac{1}{2}k\Delta x^2$

D'où $\Delta x = \sqrt{\frac{2 \times E_{pé}}{k}}$

4. J'effectue les calculs.
$\Delta x = \sqrt{\frac{2 \times 80 \text{ J}}{300 \text{ N/m}}}$
$= 0{,}73$ m

5. Je réponds à la question.
Pour que ce ressort emmagasine 80 J d'énergie, il faut l'étirer sur une longueur de 73 cm.

L'ÉNERGIE POTENTIELLE ET LE TRAVAIL

Lorsqu'une personne effectue un travail sur un objet qui possède de l'énergie potentielle, elle peut faire augmenter ou diminuer la quantité de cette énergie. Par exemple, si elle soulève une boîte, l'énergie potentielle gravitationnelle de la boîte augmente. Au contraire, si elle l'abaisse, l'énergie potentielle gravitationnelle de la boîte diminue. De même, lorsqu'une personne étire un élastique, l'énergie potentielle élastique augmente. Si elle le relâche, l'énergie potentielle élastique diminue. Il existe donc un lien entre le travail effectué et la variation d'énergie potentielle d'un objet.

Équivalence entre le travail effectué par la gravité et l'énergie potentielle gravitationnelle

$W_g = -\Delta E_{pg}$ où W_g est le travail effectué par la force gravitationnelle (en J)
ΔE_{pg} est la variation d'énergie potentielle gravitationnelle (en J)

On peut également écrire cette relation sous la forme :

$W_g = -(E_{pgf} - E_{pgi})$
$= -(mgy_f - mgy_i)$

© ERPI Reproduction interdite

Équivalence entre le travail effectué par un ressort et l'énergie potentielle élastique

$W_{él} = -\Delta E_{pé}$ où $W_{él}$ est le travail effectué par la force élastique d'un ressort (en J)
$\Delta E_{pé}$ est la variation d'énergie potentielle élastique (en J)

On peut également écrire cette relation sous la forme :

$$W_{él} = -(E_{péf} - E_{péi})$$
$$= -(\frac{1}{2}kx_f^2 - \frac{1}{2}kx_i^2)$$

EXEMPLE

MÉTHO, p. 327-328

Dans un parc d'attractions, un jeu consiste à comprimer un ressort afin de propulser un ballon dans un panier situé 3,8 m plus haut. Si la masse du ballon est de 0,85 kg et que la constante de rappel du ressort est de 240 N/m, sur quelle distance faut-il comprimer le ressort pour lancer le ballon exactement à la hauteur du panier ?

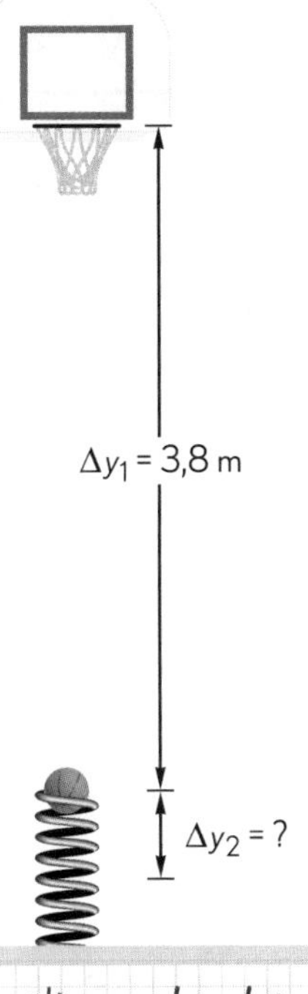

1. Quelle est l'information recherchée ?

Δy_2 = ?

2. Quelles sont les données du problème ?

$\Delta y_1 = 3{,}8$ m
$m = 0{,}85$ kg
$k = 240$ N/m

3. Quelles formules contiennent les variables dont j'ai besoin ?

$E_m = E_k + E_{pg} + E_{pé}$ (voir la formule de l'énergie mécanique, à la page 280)

$E_{pé} = \frac{1}{2}k\Delta x^2$

$\Delta E_{pg} = mg\Delta y$

$ax^2 + bx + c = 0$

D'où $x = \frac{-b \pm \sqrt{b^2 - 4ac}}{2a}$

4. J'effectue les calculs.

Lorsque le ressort est comprimé, le ballon est à son point le plus bas. On peut donc poser qu'à cet instant, toute son énergie est potentielle élastique ($E_{ki} = 0$, $E_{pgi} = 0$).

$$E_{péi} = \frac{1}{2} \times 240 \text{ N/m} \times (\Delta y_2)^2$$
$$= 120(\Delta y_2)^2 \text{ J}$$

Lorsque le ballon atteint le panier, il se trouve à son point le plus haut. Toute son énergie est alors potentielle gravitationnelle ($E_{kf} = 0$, $E_{péf} = 0$).

$$E_{pgf} = 0{,}85 \text{ kg} \times 9{,}8 \text{ m/s}^2 \times (3{,}8 \text{ m} + \Delta y_2)$$
$$= 31{,}654 \text{ J} + 8{,}33\Delta y_2 \text{ J}$$

Comme l'énergie mécanique est égale en tous points, nous savons que $E_{péi} = E_{pgf}$.

$$120(\Delta y_2)^2 \text{ J} = 31{,}654 \text{ J} + 8{,}33\Delta y_2 \text{ J}$$

Nous pouvons donc isoler Δy_2 à l'aide de l'équation du second degré.

$$120(\Delta y_2)^2 - 8{,}33\Delta y_2 - 31{,}654 = 0$$

D'où $\Delta y_2 = \frac{8{,}33 \pm \sqrt{8{,}33^2 - (4 \times 120 \times -31{,}654)}}{2 \times 120}$

$= 0{,}55$ m

5. Je réponds à la question.

La distance de compression du ressort est de 55 cm.

© ERPI Reproduction interdite

Le travail effectué par la force gravitationnelle ou par la force élastique dépend uniquement de la différence entre la position initiale et la position finale d'un objet. En effet, le travail ne dépend ni de l'emplacement de ces deux positions, ni du trajet parcouru par l'objet entre ces deux positions. La position zéro, soit la position initiale, peut donc être fixée n'importe où. De même, il est possible de faire abstraction de tous les moyens empruntés durant le déplacement entre cette position et la position finale (par exemple, un escalier, un ascenseur, un plan incliné, une échelle, etc.).

Comme le montre la **FIGURE 8.7**, quel que soit l'emplacement de l'origine de l'axe vertical, la différence entre la position initiale et la position finale reste identique.

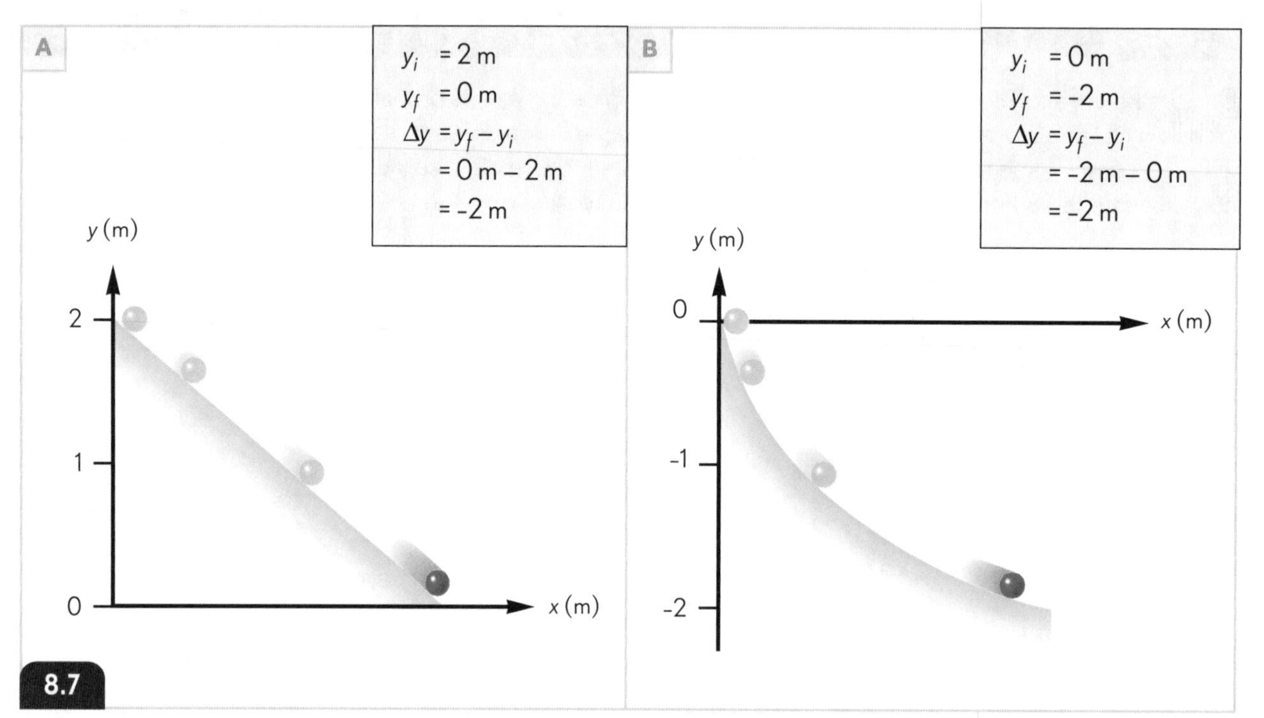

Dans les deux cas, la différence entre les positions initiale et finale des billes est de 2 m dans le sens négatif de l'axe vertical.

L'énergie mécanique

Les objets au repos placés à une certaine hauteur, comme un livre sur un rayon de bibliothèque, possèdent de l'énergie potentielle, tandis que les objets qui se déplacent au sol, telle une voiture qui roule, possèdent de l'énergie cinétique.

CONCEPT DÉJÀ VU
Transformations de l'énergie

Dans de nombreux cas, il est possible de transformer l'énergie cinétique en énergie potentielle ou, inversement, de transformer l'énergie potentielle en énergie cinétique. Par exemple, les objets en chute libre voient leur énergie passer de la forme potentielle à la forme cinétique. De même, les objets qui oscillent autour d'une position de repos (comme un pendule ou une balançoire) passent continuellement d'une forme d'énergie à l'autre.

La somme de ces deux énergies forme l'énergie mécanique. En effet, quel que soit sa position ou son mouvement, un objet possède une énergie mécanique qui correspond toujours à la somme de son énergie cinétique et de son énergie potentielle.

© ERPI Reproduction interdite

DÉFINITION

L'**énergie mécanique** est l'énergie associée à la position et au mouvement d'un objet.

La **FIGURE 8.8** montre la transformation de l'énergie potentielle gravitationnelle en énergie cinétique qui s'opère au cours d'un plongeon. Au début du mouvement, toute l'énergie du plongeur est potentielle. À la fin, toute son énergie est cinétique. Pendant son mouvement, l'énergie passe d'une forme à l'autre. Cependant, la somme des deux énergies, c'est-à-dire l'énergie mécanique, reste constante en tout temps.

Durant un plongeon, l'énergie potentielle gravitationnelle du plongeur se transforme en énergie cinétique.

Le graphique de la **FIGURE 8.9** montre les variations d'énergies cinétique et potentielle gravitationnelle d'un objet en chute libre. Il est à noter que le tracé de ces deux formes d'énergie est une droite, ce qui indique qu'une force constante agit sur cet objet, soit la force gravitationnelle à la surface de la Terre (*voir le chapitre 7, à la page 251*).

8.9 LES VARIATIONS D'ÉNERGIES CINÉTIQUE ET POTENTIELLE GRAVITATIONNELLE D'UN OBJET EN CHUTE LIBRE

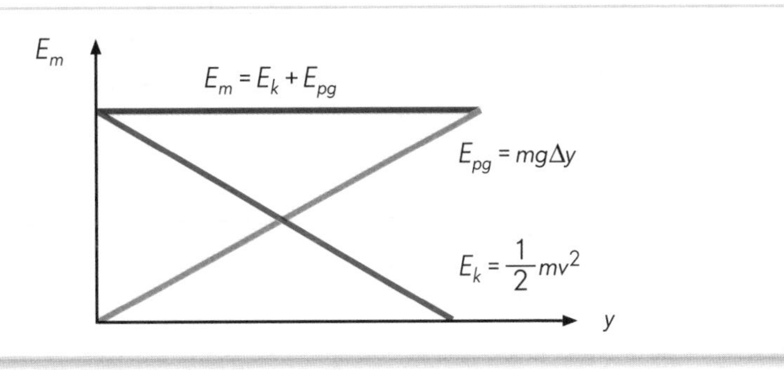

© ERPI Reproduction interdite

PHYSIQUE ■ CHAPITRE 8

Le graphique de la **FIGURE 8.10** montre les variations d'énergies cinétique et potentielle élastique d'un objet fixé à un ressort. Le tracé de ces deux formes d'énergie forme une courbe, et non une droite, ce qui signifie que la force associée aux ressorts est variable (*voir le chapitre 7, à la page 252*).

8.10 LES VARIATIONS D'ÉNERGIES CINÉTIQUE ET POTENTIELLE ÉLASTIQUE D'UN OBJET FIXÉ À UN RESSORT

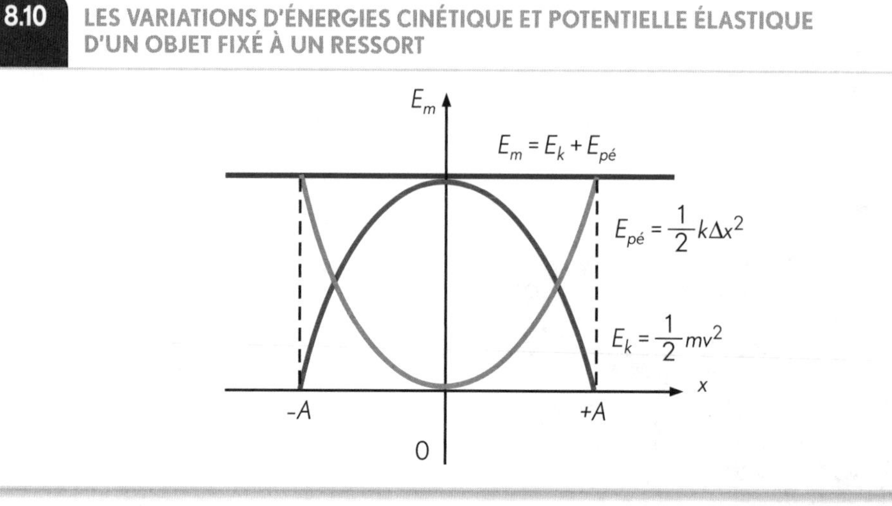

La **FIGURE 8.11** montre les transformations continuelles entre l'énergie cinétique et l'énergie potentielle élastique d'un objet qui oscille autour d'une position de repos.

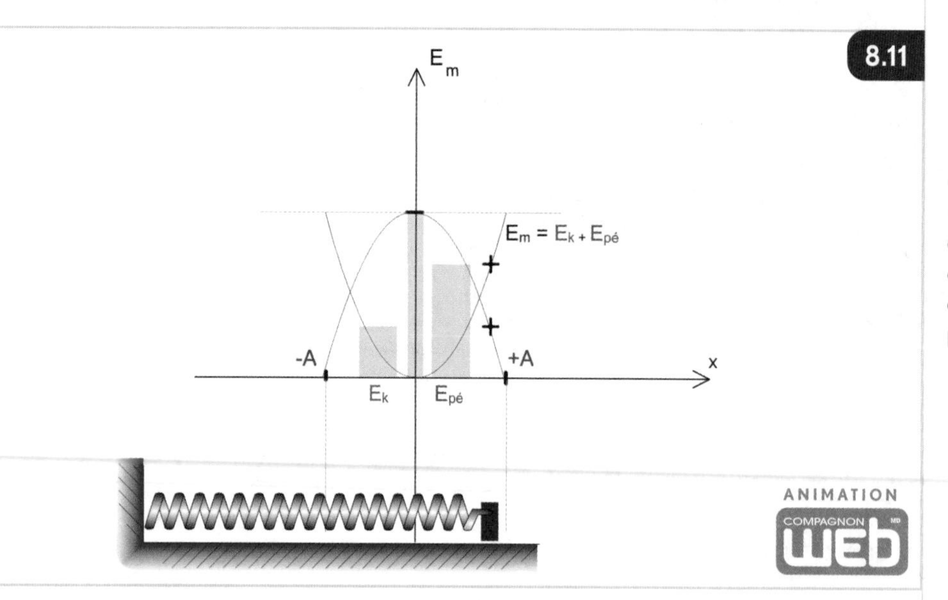

8.11 La masse attachée au ressort varie entre la position -*A* et la position +*A*. Son énergie mécanique passe donc continuellement d'une énergie purement cinétique à une énergie purement potentielle.

Voici la formule qui permet de calculer l'énergie mécanique.

Énergie mécanique

$E_m = E_k + E_p$ où E_m désigne l'énergie mécanique (en J)
E_k désigne l'énergie cinétique (en J)
E_p désigne l'énergie potentielle (en J)

Lorsque les forces de frottement sont négligeables, la valeur de l'énergie mécanique est constante. Il devient alors possible de poser les relations suivantes :

$$\Delta E_k + \Delta E_p = 0 \text{ et } \Delta E_k = -\Delta E_p$$

© ERPI Reproduction interdite

EXEMPLE

Une personne lance une balle de 150 g verticalement vers le haut. Si sa vitesse initiale est de 25 m/s, quelle hauteur la balle atteindra-t-elle ?

MÉTHO, p. 328

1. Quelle est l'information recherchée ?

$\Delta y = ?$

2. Quelles sont les données du problème ?

$m = 150$ g, soit 0,150 kg

$v_i = 25$ m/s

3. Quelles formules contiennent les variables dont j'ai besoin ?

$E_k = \frac{1}{2}mv^2$

$E_p = mg\Delta y$, d'où $\Delta y = \frac{E_p}{mg}$

$\Delta E_k = -\Delta E_p$

4. J'effectue les calculs.

Lorsque la balle quitte la main de la personne, toute son énergie est cinétique. Elle vaut donc :

$E_{ki} = \frac{1}{2} \times 0{,}150 \text{ kg} \times (25 \text{ m/s})^2$

$= 46{,}9 \text{ J}$

$E_{pi} = 0 \text{ J}$

Au sommet de sa course, toute son énergie est devenue potentielle. Elle vaut alors :

$E_{kf} = 0 \text{ J}$

$E_{pf} = 46{,}9 \text{ J}$

Nous avons donc :

$E_p = E_{pf} - E_{pi}$

$= 46{,}9 \text{ J} - 0 \text{ J}$

$= 46{,}9 \text{ J}$

Nous pouvons ainsi isoler la hauteur.

$\Delta y = \frac{46{,}9 \text{ J}}{0{,}150 \text{ kg} \times 9{,}8 \text{ m/s}^2}$

$= 31{,}9 \text{ m}$

5. Je réponds à la question.

La hauteur maximale de la balle sera de 32 m.

Encore une fois, il aurait été possible d'obtenir le même résultat à partir des équations du mouvement en chute libre (*voir le chapitre 2, à la page 70*). L'équivalence entre le travail et l'énergie permet d'utiliser l'énergie, plutôt que les forces et le mouvement, pour analyser de nombreuses situations. L'énergie constitue non seulement une autre approche, mais elle est souvent plus facile à utiliser et peut résoudre certains problèmes qu'il serait difficile d'analyser selon les méthodes classiques.

Voici quelques avantages d'une approche basée sur l'énergie par rapport à une analyse passant par les forces :

- l'énergie et le travail sont des scalaires et non des vecteurs, ce qui est souvent plus facile à manipuler ;
- dans le cas de l'énergie mécanique, il suffit de connaître la position initiale et la position finale des objets examinés, puisque le trajet entre ces deux positions n'a pas d'importance (à condition de ne pas tenir compte des forces de frottement) ;
- il est souvent plus facile de mesurer l'énergie d'un système à un instant donné que de mesurer chacune des forces en présence.

L'énergie mécanique est liée à des facteurs macroscopiques (comme la masse et la vitesse d'un objet). D'autres formes d'énergie s'expliquent grâce au comportement des particules qui composent la matière. Elles relèvent donc de facteurs microscopiques. Nous allons maintenant les présenter brièvement.

© ERPI Reproduction interdite

L'énergie thermique

La matière est composée de particules: ce sont les atomes et les molécules. Ces particules sont en mouvement. Elles possèdent donc de l'énergie cinétique. Plus elles possèdent d'énergie cinétique, plus elles bougent vite. Ces particules sont également organisées selon certaines règles. Par exemple, elles forment différentes liaisons chimiques, ce qui leur permet d'emmagasiner une certaine quantité d'énergie potentielle. La somme des énergies cinétique et potentielle liées aux particules de matière forme l'«énergie thermique».

Lorsque l'énergie thermique est transférée d'un endroit à un autre, elle porte le nom de «chaleur». La chaleur peut donc être considérée comme l'équivalent microscopique du travail. Par exemple, lorsqu'un cube de glace est placé dans un verre de jus, une certaine quantité d'énergie thermique passe du jus à la glace et le cube commence à fondre. Cet exemple montre bien que le cube de glace a reçu de l'énergie, ce qui a provoqué un changement.

L'énergie électromagnétique

Parmi les particules qui composent les atomes, certaines portent des charges électriques. Ce sont les électrons et les protons. Selon leur signe, ces charges cherchent à s'attirer ou à se repousser. Par conséquent, elles possèdent une forme d'énergie appelée «énergie électrique». L'énergie hydroélectrique tirée des barrages, l'énergie des éclairs ainsi que l'énergie fournie par les piles sont des exemples d'énergie électrique.

De plus, les électrons tournent rapidement sur eux-mêmes, engendrant ainsi la formation de pôles magnétiques. Ces pôles cherchent à s'attirer ou à se repousser. Par conséquent, ces particules possèdent également une énergie appelée «énergie magnétique».

L'énergie électrique et l'énergie magnétique des particules peuvent également se combiner pour former ce qu'on appelle l'«énergie électromagnétique». Celle-ci peut se propager dans le vide sous la forme d'ondes électromagnétiques. Elles comprennent les ondes radio, les micro-ondes, les infrarouges, la lumière visible, les ultraviolets, les rayons X et les rayons gamma.

8.12 Cette tour de télécommunication transmet de l'énergie sous forme d'ondes électromagnétiques.

L'énergie nucléaire

Le noyau des atomes est lui-même composé de particules, les quarks, qui possèdent eux aussi une forme d'énergie qu'on qualifie d'«énergie nucléaire». C'est la forme d'énergie émise par le Soleil, les éléments radioactifs ainsi que les centrales nucléaires.

8.13 Une centrale nucléaire.

© ERPI Reproduction interdite

8.3 La loi de la conservation de l'énergie

La loi de la conservation de l'énergie stipule que l'énergie ne peut être ni créée, ni détruite. Elle peut seulement être transférée d'un objet à un autre ou transformée, c'est-à-dire passer d'une forme à une autre. Si l'on fait la somme de toutes les énergies avant et après un travail ou un transfert de chaleur, on peut donc être certain de trouver le même total dans les deux cas.

CONCEPT DÉJÀ VU

- Loi de la conservation de l'énergie

Tandis que le concept de force et les lois de Newton présentent certaines limites (elles ne s'appliquent pas aux objets dont la vitesse est comparable à celle de la lumière ni à ceux dont la taille est inférieure à celle de l'atome), aucune limite ni exception n'a été trouvée à loi de la conservation de l'énergie.

ENRICHISSEMENT

Pour être tout à fait précis, il faut combiner la loi de la conservation de l'énergie à la loi de la conservation de la matière. En effet, la matière et l'énergie forment en réalité un continuum, comme l'a découvert Albert Einstein. Cela signifie que la matière peut se transformer en énergie et que l'énergie peut se transformer en matière. L'équation qui décrit cette transformation est: $E = mc^2$, dans laquelle E désigne l'énergie, m correspond à la masse de la matière et c, à la vitesse de la lumière dans le vide.

La matière peut donc être considérée comme une forme extrêmement concentrée d'énergie. Ainsi, le Soleil brille parce qu'une partie de la matière contenue dans le noyau de ses atomes a été transformée en énergie électromagnétique. Dans un réacteur nucléaire, cette même matière est transformée en énergie thermique.

ARTICLE TIRÉ D'INTERNET

La traversée du désert en voiture solaire

Des étudiants de l'École polytechnique de Montréal ont réussi à traverser le désert australien en huit jours à bord d'une voiture solaire de leur propre cru, baptisée Esteban IV. Au total, ils ont parcouru 3000 km en ne faisant appel qu'au Soleil comme source d'énergie.

Les étudiants-concepteurs ont opté pour des matériaux légers lors de la construction du bolide: un châssis en aluminium et une coque à base de kevlar, de carbone et de fibre de verre. Les cellules solaires tapissées à la surface, au nombre de 322, permettent de capter l'énergie solaire et de la transférer vers un moteur roue, pour faire avancer le véhicule. Ce moteur est également conçu pour récupérer l'énergie électrique normalement perdue lors des freinages.

Enfin, la forme futuriste de la voiture, dans laquelle le pilote se retrouve en position couchée, favorise l'aérodynamisme.

Adapté de: Pauline GRAVEL, Le Devoir, *Une équipe de Polytechnique se classe au 13e rang d'une compétition internationale – La traversée du désert en voiture solaire* [en ligne]. (Consulté le 3 mars 2009.)

Les panneaux solaires de la voiture Esteban IV.

© ERPI Reproduction interdite

L'évolution de l'aérodynamique, le cas de l'automobile

La première automobile est née en 1887, grâce au moteur à essence inventé par l'ingénieur allemand Gottlieb Daimler (1834-1900), l'inventeur de la moto (1885). Au départ, on ne se préoccupe principalement que de la fiabilité mécanique et de la performance des moteurs. Cependant, lors de la course Paris-Bordeaux-Paris, qui a lieu en 1895, les constructeurs s'interrogent sur des pertes de rendement engendrées par la traînée (résistance de l'air).

Un test en soufflerie.

En matière d'automobile, un des facteurs de l'aérodynamique est le taux de résistance à l'air et à la dérive. La traînée dépend essentiellement de la vitesse et de la forme du véhicule, de la poussée de l'air frontal et de la dérive due au vent latéral. Ainsi, plus la forme de l'automobile est aérodynamique, plus la résistance au vent est faible, et plus la pénétration du véhicule dans l'air est facile, ce qui améliore la performance tout en diminuant la consommation d'essence.

En 1924, la *Tropfenwagen*, dessinée par l'ingénieur autrichien Edmund Rumpler (1872-1940) pour Daimler, se rapproche de la forme d'une goutte d'eau, présentant ainsi une forme aérodynamique. Peu de temps après, la Chrysler *Airflow* (flux d'air) produite aux États-Unis entre 1934 et 1936, devient la première voiture aérodynamique fabriquée en série, avec des lignes courbes et fluides.

Rapidement, l'ingénierie automobile se préoccupe aussi de la portance. En 1936, Jean-Édouard Andreau conçoit une voiture dotée d'un châssis (fond) surbaissé et munie d'un aileron, la *Peugeot 402 Andreau*. L'objectif est d'obtenir une bonne adhérence au sol. Avec un châssis le plus plat possible et l'ajout d'un aileron, l'adhérence nécessaire à l'accélération, au freinage et au virage est maximisée.

Le début de la Formule 1, en 1946, va créer un véritable laboratoire pour les véhicules de production. Par exemple, la *300 SLR* de Mercedes, qui domine les championnats du monde de 1954 et 1955, a une carrosserie parfaitement profilée.

Les tests de voiture se font souvent en soufflerie, une usine à courants d'air où le vent peut atteindre 160 km/h. Jusqu'à tout récemment, pour visualiser l'écoulement aérodynamique et analyser les résultats, on utilisait, entre autres, de la fumée colorée produite par des jets mobiles. De nos jours, la simulation par ordinateur permet une lecture plus précise.

© ERPI Reproduction interdite

LE PROFIL AÉRODYNAMIQUE DE L'AUTOMOBILE

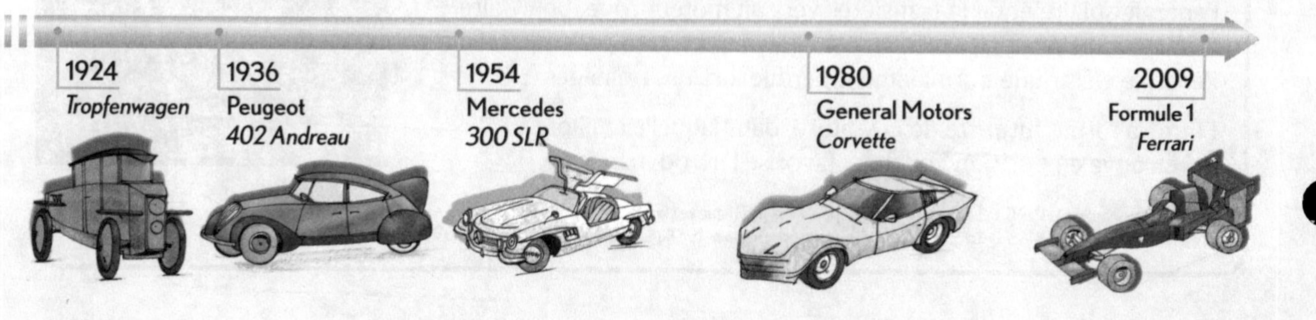

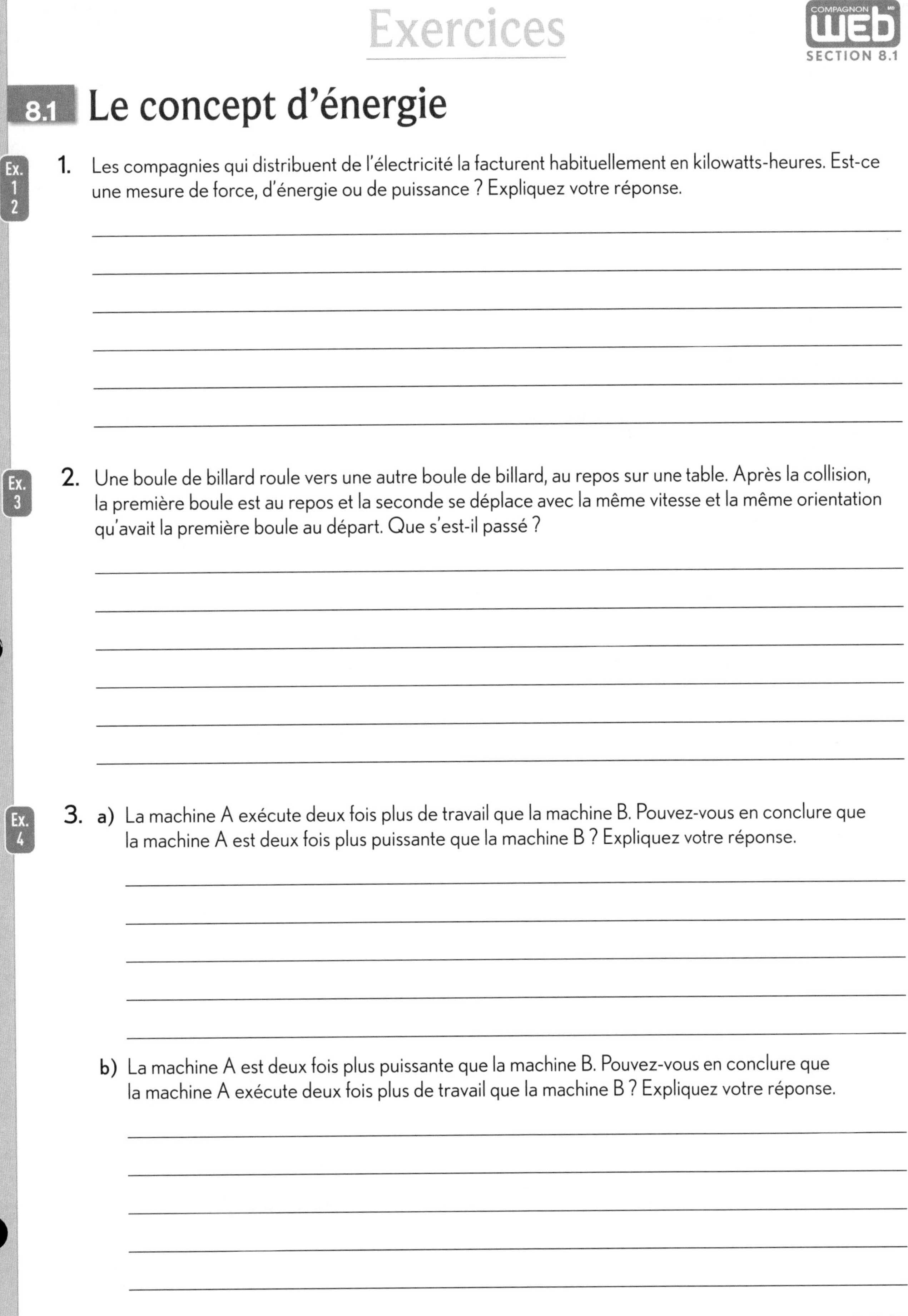

Nom : ______ Groupe : ______ Date : ______

Exercices

COMPAGNON WEB SECTION 8.1

8.1 Le concept d'énergie

Ex. 1 2

1. Les compagnies qui distribuent de l'électricité la facturent habituellement en kilowatts-heures. Est-ce une mesure de force, d'énergie ou de puissance ? Expliquez votre réponse.

Ex. 3

2. Une boule de billard roule vers une autre boule de billard, au repos sur une table. Après la collision, la première boule est au repos et la seconde se déplace avec la même vitesse et la même orientation qu'avait la première boule au départ. Que s'est-il passé ?

Ex. 4

3. **a)** La machine A exécute deux fois plus de travail que la machine B. Pouvez-vous en conclure que la machine A est deux fois plus puissante que la machine B ? Expliquez votre réponse.

b) La machine A est deux fois plus puissante que la machine B. Pouvez-vous en conclure que la machine A exécute deux fois plus de travail que la machine B ? Expliquez votre réponse.

© ERPI Reproduction interdite

Nom: _______________ Groupe: _______ Date: _______________

8.2 Les formes d'énergie

COMPAGNON WEB MD
SECTION 8.2

Ex. 1

1. a) Un sac à provisions se trouve dans le coffre d'une voiture qui accélère. Que devient l'énergie cinétique du sac ? Expliquez votre réponse.

b) Un attelage de chiens tire un traîneau à vitesse constante sur un lac enneigé. Que devient l'énergie cinétique du traîneau ? Expliquez votre réponse.

2. a) Un camion semi-remorque peut-il avoir plus d'énergie cinétique qu'une motocyclette ? Expliquez votre réponse.

b) Un camion semi-remorque peut-il avoir moins d'énergie cinétique qu'une motocyclette ? Expliquez votre réponse.

© ERPI Reproduction interdite

Ex. 27

3. Certains goélands transportent des huîtres au-dessus d'une région rocheuse. Ils laissent alors tomber l'huître, qui gagne de la vitesse et va se fracasser contre les rochers. Expliquez ce comportement du point de vue de l'énergie.

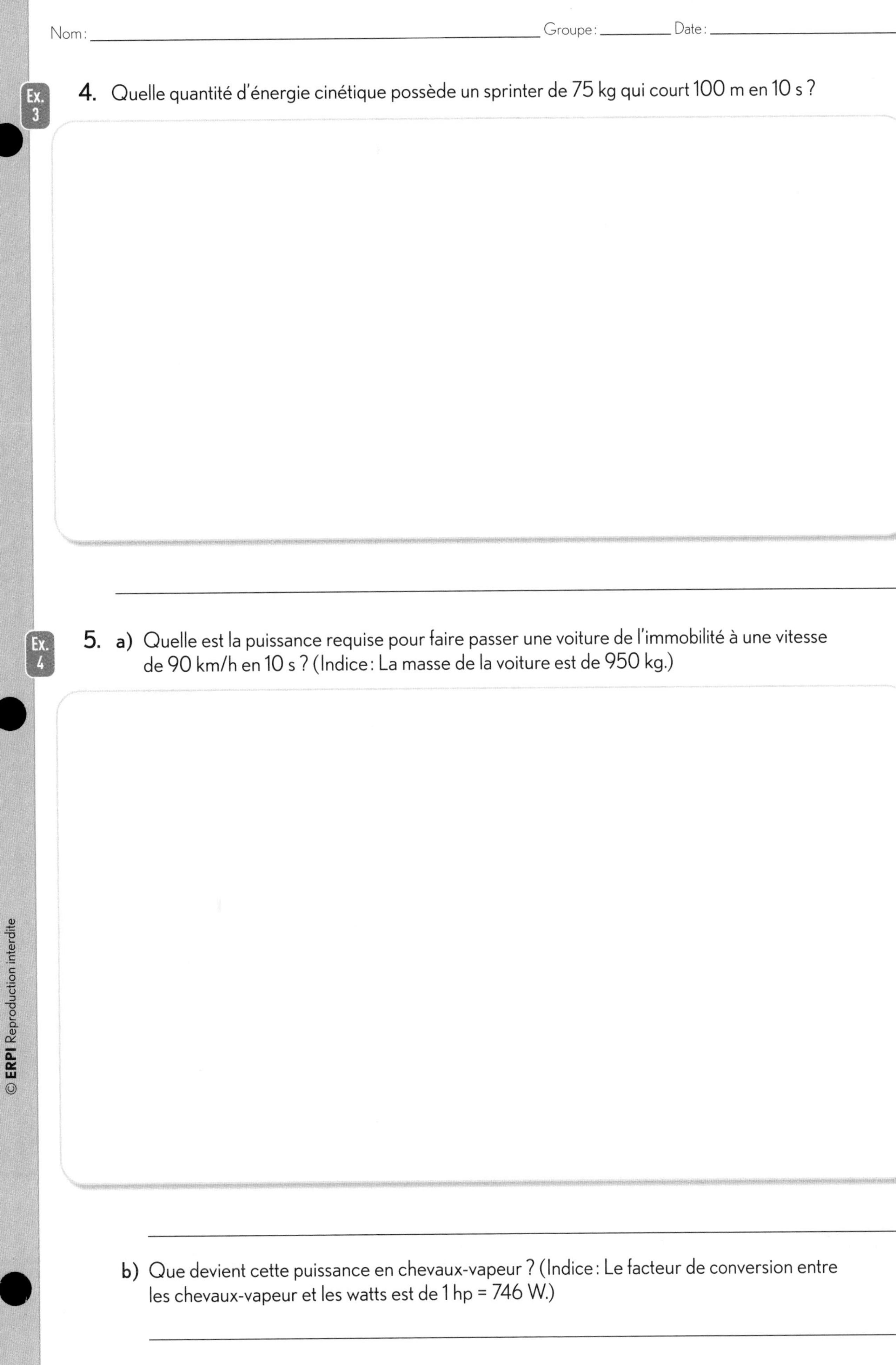

Ex. 3

4. Quelle quantité d'énergie cinétique possède un sprinter de 75 kg qui court 100 m en 10 s ?

Ex. 4

5. a) Quelle est la puissance requise pour faire passer une voiture de l'immobilité à une vitesse de 90 km/h en 10 s ? (Indice : La masse de la voiture est de 950 kg.)

b) Que devient cette puissance en chevaux-vapeur ? (Indice : Le facteur de conversion entre les chevaux-vapeur et les watts est de 1 hp = 746 W.)

© ERPI Reproduction interdite

Nom : ______________________ Groupe : ________ Date : ______________

Ex. 5 9

6. Dans un marché public, une cliente place six bananes dans le plateau d'une balance à ressort suspendue au plafond. Le ressort s'étire et le plateau descend.

a) Comment l'énergie potentielle élastique du ressort varie-t-elle ?

____

b) Comment l'énergie potentielle gravitationnelle des bananes varie-t-elle ?

____

Ex. 6 8

7. Quelle est l'énergie potentielle gravitationnelle acquise par une alpiniste de 58 kg qui se trouve au sommet du mont Everest, dont l'altitude est de 8848 m ?

____

8. Quelle quantité d'énergie maximale peut être emmagasinée dans un ressort dont la constante de rappel est de 500 N/m et qui peut être comprimé sur une distance de 30 cm ?

____

© ERPI Reproduction interdite

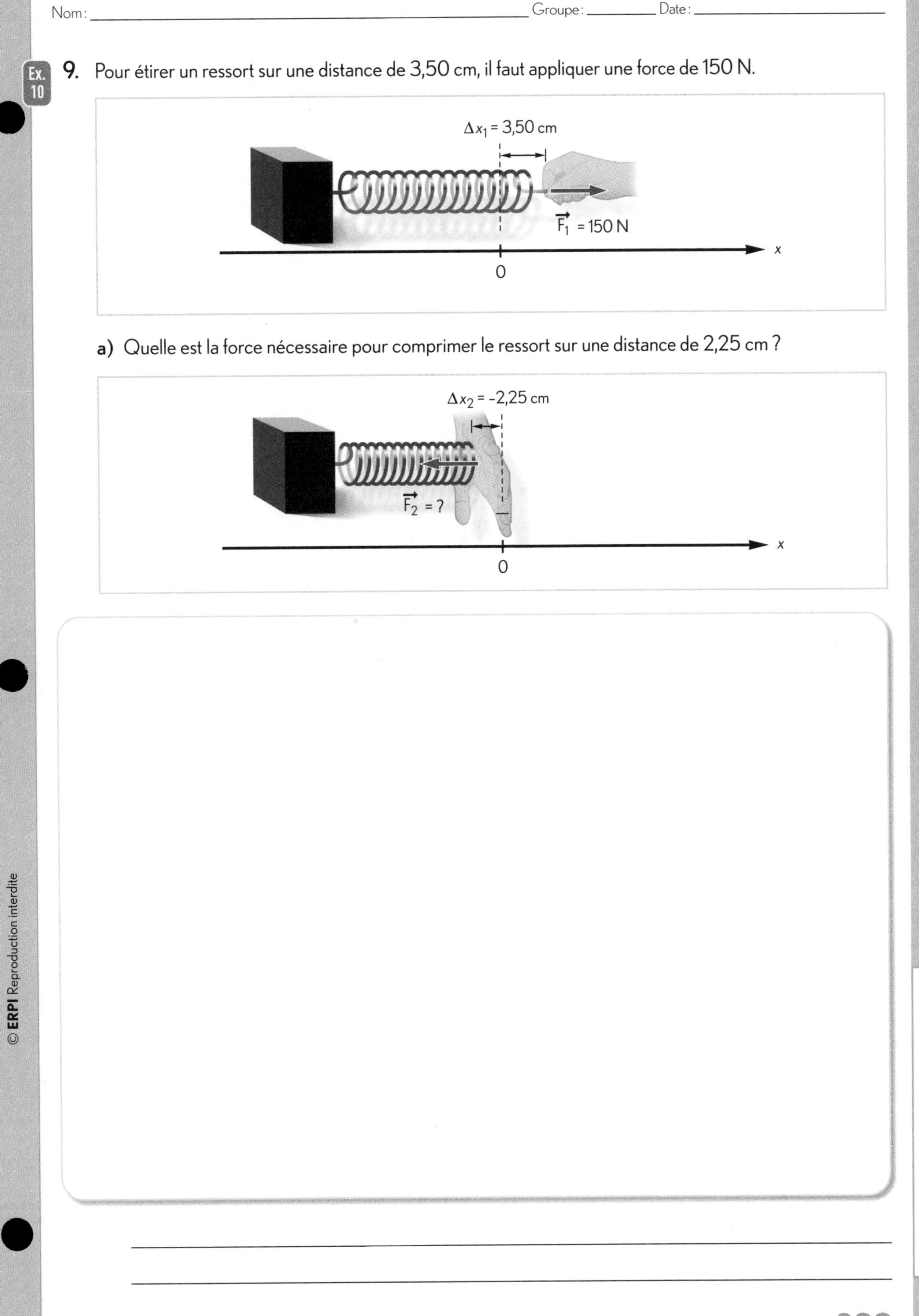

Ex. 10

9. Pour étirer un ressort sur une distance de 3,50 cm, il faut appliquer une force de 150 N.

a) Quelle est la force nécessaire pour comprimer le ressort sur une distance de 2,25 cm ?

© ERPI Reproduction interdite

b) Quelle quantité d'énergie potentielle élastique est emmagasinée dans ce ressort lorsqu'il est comprimé sur une distance de 2,25 cm ?

10. Lorsqu'on appuie sur la pompe d'un distributeur de savon liquide, on comprime un petit ressort. L'énergie potentielle élastique accumulée par ce ressort est de 2,5 mJ lorsqu'on le comprime sur une distance de 0,50 cm. Sur quelle distance faut-il le comprimer pour que son énergie potentielle élastique passe à 8,5 mJ ?

© ERPI Reproduction interdite

Ex. 11 12 13

11. Au cours d'une partie de base-ball, un joueur frappe la balle et l'envoie au-delà de la clôture qui délimite le jeu. La balle est attrapée par une spectatrice, située à 5,16 m au-dessus de la hauteur initiale de la balle. La masse de la balle est de 150 g et sa vitesse initiale est de 130 km/h.

a) Au moment où elle est attrapée par la spectatrice, quelle est l'énergie cinétique de la balle ?

______

b) Au moment où elle est attrapée par la spectatrice, quelle est la vitesse de la balle ?

______

c) La direction du stade sportif où se déroule ce match devrait-elle recommander aux spectateurs qui prennent place à cet endroit d'apporter un gant de base-ball s'ils veulent attraper les balles qui y tombent ? Pourquoi ?

______

______

______

© ERPI Reproduction interdite

Nom : ______ Groupe : ______ Date : ______

12. Une fronde peut propulser une pierre de 15 g jusqu'à une hauteur de 32 m.

a) Quelle quantité d'énergie potentielle élastique est emmagasinée dans cette fronde ?

______

b) Jusqu'à quelle hauteur la même énergie potentielle élastique pourrait-elle propulser une pierre de 30 g ?

______

Ex. 14

13. Une assiette de pâtes est placée dans un four à micro-ondes. Si la puissance du four est de 280 W et qu'il faut fournir 33,6 kJ d'énergie pour réchauffer ce plat, durant combien de temps ce four à micro-ondes devrait-il fonctionner ?

______

© ERPI Reproduction interdite

Nom : ______________________ Groupe : ________ Date : ______________

8.3 La loi de la conservation de l'énergie

1. La plupart des satellites en orbite autour de la Terre décrivent une trajectoire elliptique plutôt qu'une trajectoire circulaire. Cela implique qu'à certains moments ils sont plus éloignés de la Terre, tandis qu'à d'autres moments ils en sont plus rapprochés. À quel moment leur vitesse est-elle la plus grande ? Expliquez votre réponse.

2. Nommez le ou les types d'énergie en cause dans chacun des cas suivants.

   a) Un éclair illumine le ciel.

   b) Un bonhomme de neige fond.

   c) Une dentiste prend une radiographie dentaire.

   d) Une personne se trouve à bord d'un ascenseur qui monte.

   e) Une bille roule sur une table.

3. Quelle transformation d'énergie est décrite dans chacun des exemples suivants ?

   a) Un enfant remonte le ressort d'une boîte à musique.

   b) Nathaniel met en marche son grille-pain.

   c) Une pomme tombe d'un arbre.

© ERPI Reproduction interdite

Nom : ______ Groupe : ______ Date : ______

d) Un panneau solaire est exposé au Soleil.

______

______

Ex. 13

4. Si l'énergie ne peut être ni créée ni détruite, pourquoi nous demande-t-on de faire des efforts pour l'économiser ?

______

Ex. 2

5. Dans le vide, un objet en chute libre voit son énergie passer de la forme potentielle à la forme cinétique, le total de ces deux formes d'énergie demeurant toujours constant. Dans l'air cependant, un objet en chute libre atteint plus ou moins rapidement une vitesse limite. Son énergie cinétique demeure alors constante, tandis que son énergie potentielle continue de diminuer. Qu'arrive-t-il à l'énergie manquante ?

______

© **ERPI** Reproduction interdite

Résumé

L'énergie

8.1 LE CONCEPT D'ÉNERGIE

- L'énergie est la capacité d'effectuer un travail ou de provoquer un changement.
- Le travail peut être considéré comme un transfert d'énergie d'un objet à un autre.
- La puissance peut être considérée comme une mesure de la quantité d'énergie transférée d'un objet à un autre par unité de temps.

8.2 LES FORMES D'ÉNERGIE

- L'énergie cinétique est l'énergie qu'un objet possède en raison de son mouvement et qu'il peut transférer à un autre objet. La formule mathématique de l'énergie cinétique est:

$$E_k = \frac{1}{2}mv^2$$

- Dans le cas d'un objet en mouvement, le travail total peut être considéré comme la différence entre la quantité d'énergie cinétique finale et la quantité d'énergie cinétique initiale. La relation décrivant cette équivalence est:

$$W_T = \Delta E_k$$

- L'énergie potentielle est l'énergie que possède un objet en raison de sa position ou de sa forme et qui peut être transformée pour accomplir un travail.
  - L'énergie que possède un objet en raison de son élévation au-dessus d'une certaine position porte le nom d'énergie potentielle gravitationnelle. La formule mathématique de cette énergie est:

$$\Delta E_{pg} = mg\Delta y$$

  - L'énergie que possède un objet en raison de son étirement ou de sa compression par rapport à sa position au repos porte le nom d'énergie potentielle élastique. La formule mathématique de cette énergie est:

$$E_{pé} = \frac{1}{2}k\Delta x^2$$

© ERPI Reproduction interdite

- Il existe un lien entre le travail exercé sur un objet par la force gravitationnelle ou par la force élastique et la variation de son énergie potentielle.
  - La formule du lien entre le travail effectué par la gravité et l'énergie potentielle gravitationnelle est:

$$W_g = -\Delta E_{pg}$$

  - La formule du lien entre le travail effectué par un ressort et l'énergie potentielle élastique est:

$$W_{él} = -\Delta E_{pé}$$

- L'énergie mécanique est l'énergie associée à la position et au mouvement d'un objet.
  - La valeur de l'énergie mécanique d'un objet équivaut à la somme de son énergie cinétique et de son énergie potentielle à un instant donné.
  - La formule mathématique de l'énergie mécanique est:

$$E_m = E_k + E_p$$

- Les variations d'énergies cinétique et potentielle gravitationnelle d'un objet en chute libre correspondent à l'application d'une force constante.

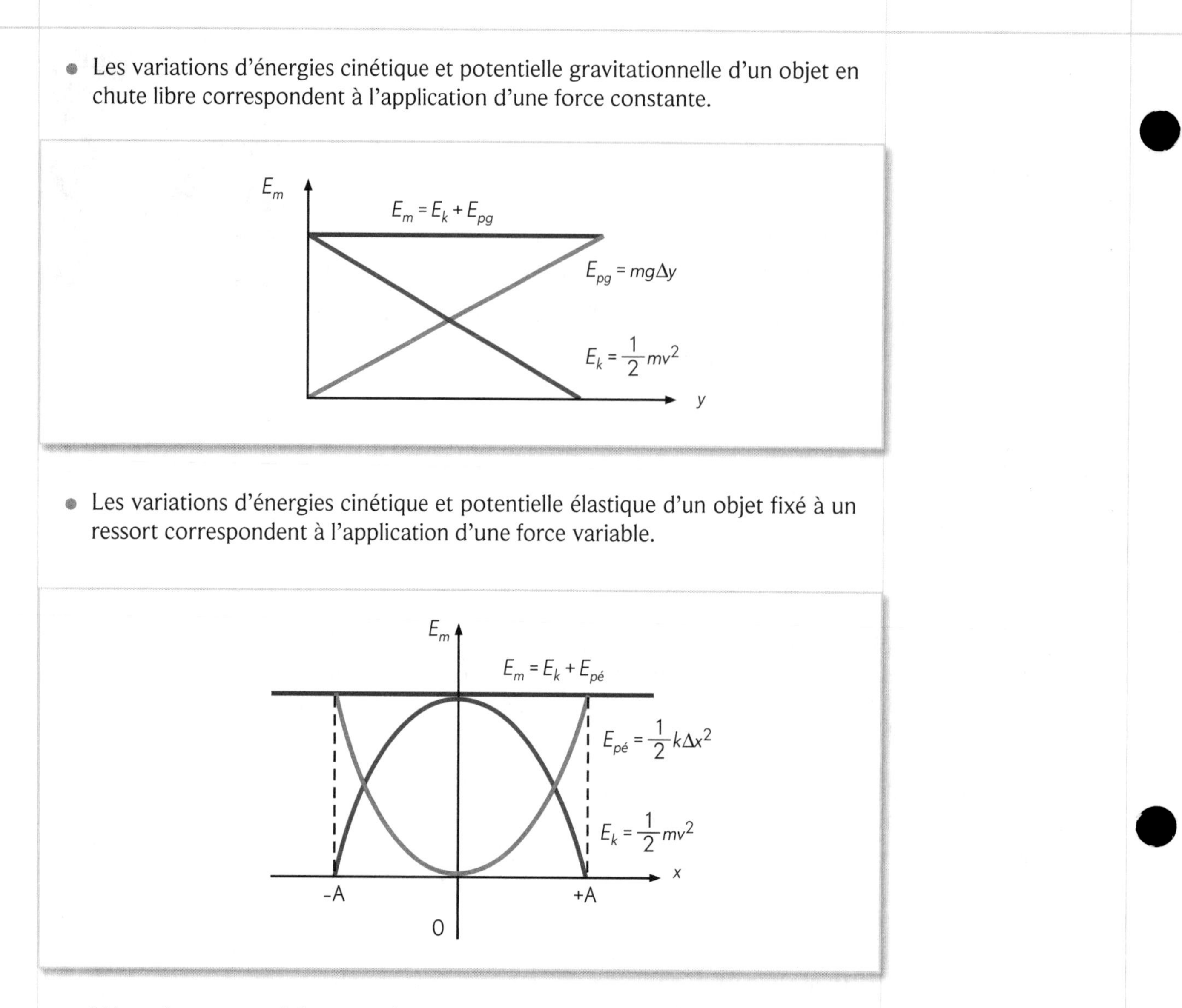

- Les variations d'énergies cinétique et potentielle élastique d'un objet fixé à un ressort correspondent à l'application d'une force variable.

- L'énergie que possède une substance en raison de l'énergie mécanique des atomes et des molécules qui la composent forme l'énergie thermique. La chaleur désigne un transfert d'énergie thermique d'un endroit à un autre.
- L'énergie électrique est l'énergie que possède une substance en raison des charges des électrons et des protons qui la composent.
- L'énergie magnétique est l'énergie que possède une substance en raison de la rotation rapide des électrons qui la composent, ce qui génère la formation de pôles magnétiques.
- L'énergie électromagnétique résulte de la combinaison de l'énergie électrique et de l'énergie magnétique d'une particule.
- L'énergie nucléaire est l'énergie provenant des particules qui composent le noyau des atomes d'une substance.

8.3 LA LOI DE LA CONSERVATION DE L'ÉNERGIE

- La loi de la conservation de l'énergie stipule que l'énergie ne peut être ni créée ni détruite. Elle peut seulement être transférée d'un objet à un autre ou être transformée, c'est-à-dire passer d'une forme à une autre.

© ERPI Reproduction interdite

Nom : ______________________ Groupe : ________ Date : ____________

Exercices sur l'ensemble du chapitre 8

ENS. CHAP. 8

Ex. 1 6

1. **a)** Quelle est la quantité de travail nécessaire pour faire passer une voiture de 1200 kg de 0 km/h à 50 km/h ?

b) Quelle est la quantité de travail nécessaire pour faire passer une voiture de 1200 kg de 50 km/h à 100 km/h ?

© ERPI Reproduction interdite

Nom: ______________________ Groupe: ________ Date: ______________

Ex. 2

2. Thomas fait de la planche à roulettes. La masse totale de Thomas et de sa planche est de 53 kg. Le module qu'il utilise a la forme d'un quart de cercle dont le rayon est de 3,0 m. Si Thomas part du sommet du module à une vitesse nulle, quelle sera sa vitesse lorsqu'il atteindra le bas du module ?

© ERPI Reproduction interdite

Nom : ______________________ Groupe : __________ Date : ______________

Ex. 3

3. Un ingénieur en bâtiment et une experte en énergie doivent concevoir un système de sécurité pour un ascenseur. Au cas où le câble de l'ascenseur se briserait et que la cabine tomberait en chute libre, ils envisagent de fixer au sol un énorme ressort qui permettrait d'amortir la décélération de la cabine sur une longueur de 3,0 m. Si la masse de la cabine est de 2 tonnes et que sa vitesse maximale est de 18 m/s, que devra valoir la constante de rappel de ce ressort ?

© ERPI Reproduction interdite

Nom: ______ Groupe: ______ Date: ______

4. Un morceau de glace de 150 g se détache d'une cheminée. Il tombe d'abord de 1,0 m, puis glisse de 4,5 m le long d'un toit verglacé dont la pente est de 60° au-dessus de l'horizontale pour, finalement, chuter de 9,5 m jusqu'au sol. Quelle est la vitesse finale du morceau de glace ?

© ERPI Reproduction interdite

Nom : ______________________ Groupe : __________ Date : ______________

Ex. 4

5. Un joueur de basket-ball lance verticalement un ballon de 624 g dans le panier, situé à 3,05 m du sol. Au moment où le ballon quitte la main du joueur, il se trouve à 2,05 m du sol. Quelle vitesse minimale le joueur doit-il donner au ballon pour qu'il atteigne le panier ?

____

6. À quelle vitesse une voiture de 1000 kg doit-elle rouler pour avoir la même énergie cinétique qu'un camion de 20 000 kg roulant à 30 km/h ?

____

© ERPI Reproduction interdite

Nom : ______________________ Groupe : ________ Date : ______________

Ex. 5

7. Quel est le travail nécessaire pour empiler 5 boîtes sur le sol si chaque boîte a une hauteur de 30 cm et une masse de 14 kg ? (Indice : Les boîtes sont préalablement alignées sur le sol.)

© ERPI Reproduction interdite

8. Une pierre de 50 g est placée dans une fronde. Le graphique ci-contre décrit la force exercée par l'élastique de la fronde sur la pierre.

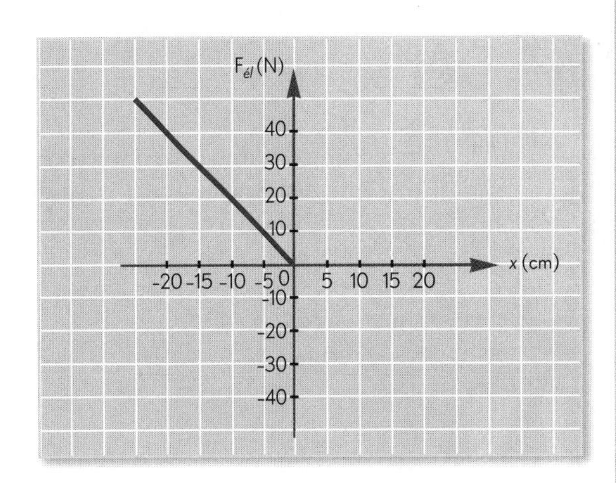

a) Est-ce que cet élastique obéit à la loi de Hooke ? Expliquez votre réponse.

______

b) Quelle est la constante de rappel de cet élastique ?

______

c) Si l'élastique est étiré sur une distance de 15 cm, puis relâché, quelle sera la vitesse de la pierre ?

______

© ERPI Reproduction interdite

Défis

1. Une planchiste part du point A, se rend au point B et s'élève jusqu'au point C, qui se trouve à 2,4 m au-dessus du point B. Quelle est sa vitesse initiale ?

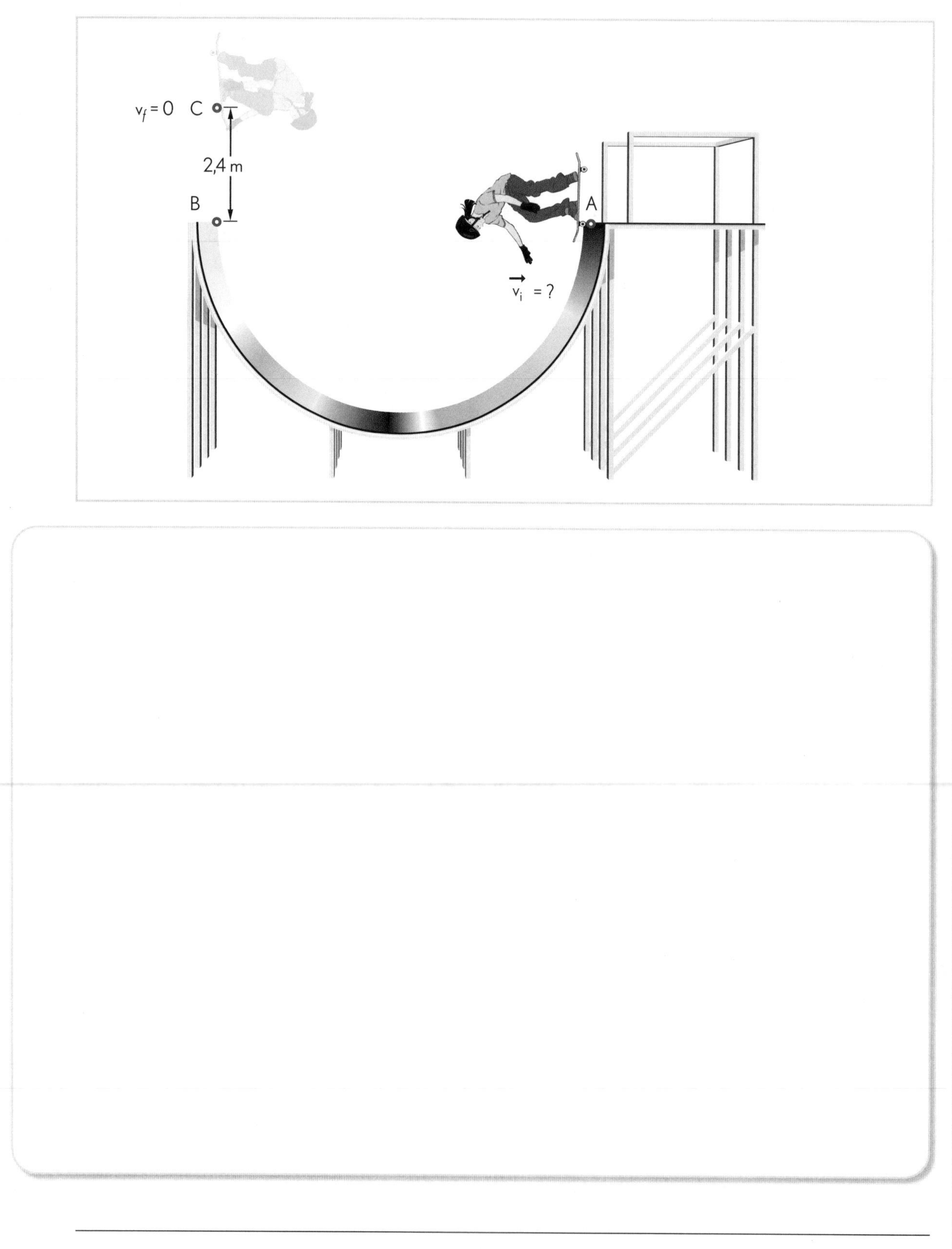

© ERPI Reproduction interdite

2. Yanick roule à 35 km/h sur une route. Il aborde une côte qui le fait descendre de 15 m vers le fond d'une vallée. Yanick cesse d'appuyer sur la pédale de l'accélérateur et laisse la voiture descendre librement. Au bas de la côte, il croise un panneau indiquant que la vitesse maximale est de 70 km/h.

a) Yanick excède-t-il la limite de vitesse permise ?

____

____

b) Si l'on tient compte des forces de frottement, comment ce problème se trouve-t-il modifié ?

____

____

____

____

____

© ERPI Reproduction interdite

Nom : ______________________ Groupe : ________ Date : ______________

3. Une entraîneuse de saut à l'élastique prépare un groupe de participants à sauter d'un pont situé à 100 m au-dessus d'une rivière. Elle utilise un élastique de 30 m dont la constante de rappel est de 40 N/m. Si la masse du premier participant est de 80 kg, à quelle distance de la rivière se trouvera-t-il lorsque l'élastique sera étiré au maximum de sa capacité ?

© ERPI Reproduction interdite

ANNEXE

RAPPEL DE QUELQUES UNITÉS DE MESURE ET DE FORMULES MATHÉMATIQUES

© ERPI Reproduction interdite

RAPPEL DE QUELQUES UNITÉS DE MESURE ET DE FORMULES MATHÉMATIQUES

Quelques unités de mesure

Grandeur	Symbole	Unité de mesure	Symbole de l'unité de mesure	Quelques correspondances
Accélération	a	Mètre par seconde carrée	m/s^2	$1\ m/s^2 = 1\ N/kg$
Accélération centripète	a_c	Mètre par seconde carrée	m/s^2	$1\ m/s^2 = 1\ N/kg$
Accélération gravitationnelle	g	• Newton par kilogramme • Mètre par seconde carrée	N/kg m/s^2	$1\ N/kg = \frac{1\ kg \times m}{kg \times s^2} = 1\ m/s^2$
Changement de vitesse	Δv	Mètre par seconde	m/s	1 m/s = 3,6 km/h 1 km/h = 0,278 m/s
Constante de proportionnalité de la force gravitationnelle	G	Newton mètre carré par kilogramme carré	Nm^2/kg^2	$G = 6{,}67 \times 10^{-11}\ Nm^2/kg^2$
Constante de rappel d'un ressort hélicoïdal	k	Newton par mètre	N/m	$1\ N/m = \frac{1\ kg \times m}{s^2 \times m} = 1\ kg/s^2$
Déplacement (ou changement de position)	Δx Δy Δz	Mètre	m	1 km = 1000 m 1 m = 1000 mm
Distance parcourue	d	Mètre	m	1 km = 1000 m 1 m = 1000 mm
Énergie • Énergie cinétique • Énergie mécanique • Énergie potentielle • Énergie potentielle élastique • Énergie potentielle gravitationnelle	E E_k E_m E_p $E_{pé}$ E_{pg}	Joule	J	$1\ J = 1\ N \times 1\ m = \frac{1\ kg \times m^2}{s^2}$ 1 kJ = 1000 J 1 MJ = 1 000 000 J
Force • Force centripète • Friction cinétique • Force élastique • Force gravitationnelle • Force normale • Friction statique	F F_c F_k $F_{él}$ F_g F_n F_s	Newton	N	$1\ N = \frac{1\ kg \times m}{s^2}$

© ERPI Reproduction interdite

Grandeur	Symbole	Unité de mesure	Symbole de l'unité de mesure	Quelques correspondances
Masse	m	Kilogramme	kg	1 tonne = 1000 kg 1 kg = 1000 g
Poids	w	Newton	N	$1\ \text{N} = \frac{1\ \text{kg} \times \text{m}}{\text{s}^2}$
Position	x y z	Mètre	m	1 km = 1000 m 1 m = 1000 mm
Puissance	P	Watt	W	$1\ \text{W} = \frac{1\ \text{J}}{1\ \text{s}}$ $= \frac{1\ \text{kg} \times \text{m}^2}{\text{s}^3}$ 1 kW = 1000 W 1 MW = 1 000 000 W
Rayon d'un cercle ou d'une sphère	r	Mètre	m	1 km = 1000 m 1 m = 1000 mm
Temps	t	• Seconde • Heure	s h	1 h = 3600 s
Temps écoulé	Δt	• Seconde • Heure	s h	1 h = 3600 s
Travail	W	Joule	J	$1\ \text{J} = 1\ \text{N} \times 1\ \text{m}$ $= \frac{1\ \text{kg} \times \text{m}^2}{\text{s}^2}$
Vitesse • Vitesse moyenne	v v_{moy}	• Mètre par seconde • Kilomètre par heure	m/s km/h	1 m/s = 3,6 km/h 1 km/h = 0,278 m/s

Les préfixes utilisés avec les unités de mesure

Valeur	10^{-12}	10^{-9}	10^{-6}	10^{-3}	10^{-2}	10^{-1}	10^{1}	10^{2}	10^{3}	10^{6}	10^{9}	10^{12}
Préfixe	pico	nano	micro	milli	centi	déci	déca	hecto	kilo	méga	giga	téra
Symbole	p	n	µ	m	c	d	da	h	k	M	G	T

10^0 : unité de base (ex. : mètre, seconde, etc.)

Exemple : **un millimètre** correspond à **10^{-3} m** et s'écrit **1 mm**.

© ERPI Reproduction interdite

Quelques formules mathématiques

Accélération

$$a = \frac{\Delta v}{\Delta t} = \frac{(v_f - v_i)}{(t_f - t_i)}$$

Accélération centripète

$a_c = \frac{v^2}{r}$ où a_c est la grandeur de l'accélération centripète (en m/s²)
v est la grandeur de la vitesse de l'objet (en m/s)
r est le rayon du cercle décrit par la trajectoire (en m)

Accélération instantanée

$a = \frac{\Delta v}{\Delta t}$ lorsque Δt tend vers zéro

Accélération moyenne

$$a_{moy} = \frac{\Delta v}{\Delta t}$$

Changement de vitesse

$\Delta v = (v_f - v_i)$ où v_f correspond à la vitesse finale
v_i correspond à la vitesse initiale

Déplacement

$\Delta x = (x_f - x_i)$ où x_f désigne la position finale
x_i désigne la position initiale

Énergie cinétique

$E_k = \frac{1}{2} mv^2$ où E_k correspond à l'énergie cinétique (en J)
m correspond à la masse de l'objet en mouvement (en kg)
v correspond à sa vitesse (en m/s)

Démonstration des unités de mesure

$$1 \text{ kg} \times 1 \text{ (m/s)}^2 = \frac{1 \text{ kg} \times \text{m}^2}{\text{s}^2} = 1 \text{ J}$$

© ERPI Reproduction interdite

Énergie mécanique

$E_m = E_k + E_p$ où E_m désigne l'énergie mécanique (en J)
E_k désigne l'énergie cinétique (en J)
E_p désigne l'énergie potentielle (en J)

Énergie potentielle élastique

$E_{pé} = \frac{1}{2}k\Delta x^2$ où $E_{pé}$ correspond à l'énergie potentielle élastique (en J)
k correspond à la constante de rappel du ressort (en N/m)
Δx correspond au déplacement du ressort par rapport à sa position au repos (en m)

Démonstration des unités de mesure
$1 \text{ N/m} \times 1 \text{ m}^2 = 1 (\text{N} \times \text{m}) = 1 \text{ J}$

Énergie potentielle gravitationnelle

$\Delta E_{pg} = mg\Delta y$ où ΔE_{pg} est la variation d'énergie potentielle gravitationnelle (en J)
m est la masse de l'objet (en kg)
g est l'accélération gravitationnelle (qui vaut 9,8 m/s^2 à la surface de la Terre)
Δy est la variation de position ou la hauteur (en m)

Démonstration des unités de mesure

$$1 \text{ kg} \times 1 \text{ m/s}^2 \times 1 \text{ m} = \frac{1 \text{ kg} \times \text{m}^2}{\text{s}^2} = 1 \text{ J}$$

Force centripète

$F_c = \frac{mv^2}{r}$ où F_c correspond à la grandeur de la force centripète (en N)
m correspond à la masse (en kg)
$\frac{v^2}{r}$ correspond à la grandeur de l'accélération centripète (en m/s^2)

© ERPI Reproduction interdite

Force élastique exercée par un ressort hélicoïdal selon l'axe des x

$F_{él} = -k\Delta x$	où	$F_{él}$ est la grandeur de la force élastique exercée par le ressort (en N) k est la constante de rappel du ressort (en N/m) Δx est le déplacement du ressort par rapport à sa position au repos (en m)

Force gravitationnelle (à la surface de la Terre)

$\vec{F}_g = m\vec{g}$	où	$\vec{F}_g$ correspond à la force gravitationnelle (en N) m correspond à la masse de l'objet (en kg) $\vec{g}$ correspond à l'accélération gravitationnelle (dont la valeur est de 9,8 m/s^2)

Force gravitationnelle généralisée

$F_g = \frac{Gm_1m_2}{d^2}$	où	F_g est la grandeur de la force gravitationnelle (en N) G est la constante de proportionnalité (dont la valeur est de $6{,}67 \times 10^{-11}$ Nm^2/kg^2) m_1 est la masse du premier objet (en kg) m_2 est la masse du second objet (en kg) d est la distance qui sépare les deux objets (en m)

Lois de Newton

Deuxième loi du mouvement de Newton

$\vec{F} = m\vec{a}$	où	$\vec{F}$ est la force résultante appliquée sur un objet (en N) m est la masse de l'objet (en kg) $\vec{a}$ est l'accélération produite (en m/s^2)

Troisième loi du mouvement de Newton

$\vec{F}_A = -\vec{F}_B$	où	$\vec{F}_A$ correspond à la force exercée par l'objet A sur l'objet B $\vec{F}_B$ correspond à la force exercée par l'objet B sur l'objet A

© ERPI Reproduction interdite

Mouvement d'un projectile ($v_{fx} = v_{ix}$, $a_x = 0$, $a_y = -g$)

$x_f = x_i + v_{ix}\Delta t$ $y_f = y_i + \frac{1}{2}(v_{iy} + v_{fy})\Delta t$	qui mettent en relation la position, la vitesse et le temps écoulé
$x_f = x_i + v_{ix}\Delta t$ $y_f = y_i + v_{iy}\Delta t - \frac{1}{2}g\Delta t^2$	qui mettent en relation la position, l'accélération et le temps écoulé
$v_{fx} = v_{ix}$ $v_{fy} = v_{iy} - g\Delta t$	qui mettent en relation la vitesse, l'accélération et le temps écoulé
${v_{fx}}^2 = {v_{ix}}^2$ ${v_{fy}}^2 = {v_{iy}}^2 - 2g\Delta y$	qui mettent en relation la vitesse, l'accélération et la position

Mouvement en chute libre vertical

$y_f = y_i + \frac{1}{2}(v_i + v_f)\Delta t$	qui met en relation la position, la vitesse et le temps écoulé
$y_f = y_i + v_i\Delta t - \frac{1}{2}g(\Delta t)^2$	qui met en relation la position, l'accélération et le temps écoulé
$v_f = v_i - g\Delta t$	qui met en relation la vitesse, l'accélération et le temps écoulé
$v_f^2 = v_i^2 - 2g\Delta y$	qui met en relation la vitesse, l'accélération et la position

Mouvement rectiligne uniforme (MRU)

$$v = \frac{\Delta x}{\Delta t} = \frac{(x_f - x_i)}{(t_f - t_i)}$$

© ERPI Reproduction interdite

Mouvement rectiligne uniformément accéléré (MRUA)

$x_f = x_i + \frac{1}{2}(v_i + v_f)\Delta t$	qui met en relation la position, la vitesse et le temps écoulé. Cette équation peut aussi s'écrire : $\Delta x = \frac{1}{2}(v_i + v_f)\Delta t$
$x_f = x_i + v_i\Delta t + \frac{1}{2}a(\Delta t)^2$	qui met en relation la position, l'accélération et le temps écoulé. Cette équation peut aussi s'écrire : $\Delta x = v_i\Delta t + \frac{1}{2}a(\Delta t)^2$
$v_f = v_i + a\Delta t$	qui met en relation la vitesse, l'accélération et le temps écoulé. Cette équation peut aussi s'écrire : $\Delta v = a\Delta t$
$v_f^2 = v_i^2 + 2a\Delta x$	qui met en relation la vitesse, l'accélération et la position

Mouvement sur un plan incliné

$a = g \sin \theta$ où a correspond à l'accélération de l'objet (en m/s²)
g correspond à l'accélération gravitationnelle (soit 9,8 m/s²)
θ correspond à l'angle entre le plan incliné et le plan horizontal

Puissance

$P = \frac{W}{\Delta t}$ où P correspond à la puissance (en W)
W correspond au travail (en J)
Δt correspond au temps écoulé (en s)

Systèmes de référence : correspondances

$\vec{v}_2 = \vec{v}_1 + \vec{v}_{1\rightarrow 2}$ où $\vec{v}_2$ indique la vitesse de l'objet dans le système 2
$\vec{v}_1$ indique la vitesse de l'objet dans le système 1
$\vec{v}_{1\rightarrow 2}$ indique la vitesse du système 1 par rapport au système 2

Temps écoulé

$\Delta t = (t_f - t_i)$ où t_f correspond au temps final
t_i correspond au temps initial

© ERPI Reproduction interdite

Travail d'une force non parallèle au déplacement

$W = F\cos\theta \times \Delta x$	où	W correspond au travail (en J) $F\cos\theta$ correspond à la composante de la force parallèle au déplacement (en N), θ étant l'angle entre le vecteur force et le vecteur déplacement Δx correspond à la grandeur du déplacement (en m)

Travail d'une force parallèle au déplacement

$W = F \times \Delta x$	où	W correspond au travail (en J) F correspond à la grandeur de la force appliquée (en N) Δx correspond à la grandeur du déplacement (en m)

Travail effectué par la gravité et énergie potentielle gravitationnelle : équivalence

$W_g = -\Delta E_{pg}$	où	W_g est le travail effectué par la force gravitationnelle (en J) ΔE_{pg} est la variation d'énergie potentielle gravitationnelle (en J)

Travail effectué par un ressort et énergie potentielle élastique : équivalence

$W_{él} = -\Delta E_{pé}$	où	$W_{él}$ est le travail effectué par un ressort hélicoïdal (en J) $\Delta E_{pé}$ est la variation d'énergie potentielle élastique (en J)

Travail pour étirer ou comprimer un ressort hélicoïdal

$W = \frac{1}{2}k\Delta x^2$	où	W est le travail exercé sur le ressort (en J) k est la constante de rappel (en N/m) Δx est le déplacement du ressort par rapport à sa position au repos (en m)

Démonstration des unités de mesure

$1\ \text{N/m} \times 1\ \text{m}^2 = 1\ (\text{N} \times \text{m}) = 1\text{J}$

© ERPI Reproduction interdite

Travail total et énergie cinétique : équivalence

$W_T = \Delta E_k$ où W_T correspond au travail total (en J)
ΔE_k correspond à la variation d'énergie cinétique (en J)

Vecteur $\vec{A}$: caractéristiques (à partir de ses composantes)

$$A = \sqrt{(A_x^2 + A_y^2)}$$

$$\tan\theta = \frac{A_y}{A_x}$$

Vecteur $\vec{A}$: composantes (à partir de ses caractéristiques)

$$A_x = A\cos\theta$$

$$A_y = A\sin\theta$$

Vitesse scalaire instantanée

$v = \frac{d}{\Delta t}$ lorsque Δt tend vers zéro

Vitesse scalaire moyenne

$$v_{moy} = \frac{d}{\Delta t} = \frac{d}{(t_f - t_i)}$$

Vitesse vectorielle instantanée

$v = \frac{\Delta x}{\Delta t}$ lorsque Δt tend vers zéro

Vitesse vectorielle moyenne selon l'axe des *x*

$$v_{moy} = \frac{\Delta x}{\Delta t} = \frac{(x_f - x_i)}{(t_f - t_i)}$$

© ERPI Reproduction interdite

MÉTHO

SOMMAIRE

© ERPI Reproduction interdite

1 La notation scientifique

EX. MÉTHO 1

La **notation** (ou **écriture**) **scientifique** est la représentation d'un nombre sous la forme suivante :

$x \times 10^n$ où x est un nombre décimal dont la valeur absolue se situe entre 1 et 10, excluant 10 et dont le nombre de décimales (chiffres à droite de la virgule) varie en fonction de la précision désirée

n est un nombre entier positif ou négatif

La notation scientifique est pratique lorsqu'on doit écrire de très grands ou de très petits nombres. Par exemple, pour indiquer la masse de la Terre, on n'écrit pas $m = 6\,400\,000\,000\,000\,000\,000\,000\,000$ kg, mais plutôt $m = 6{,}4 \times 10^{24}$ kg. La notation scientifique permet également d'éviter toute ambiguïté lors du décompte des chiffres significatifs (*voir la section sur les chiffres significatifs*).

COMMENT CONVERTIR en nombre décimal un nombre écrit en notation scientifique ?

LE CAS OÙ L'EXPOSANT DE 10 EST POSITIF

Étapes à suivre	Exemple
1. Écrire le nombre.	$6{,}43 \times 10^3$
2. Compter le nombre de chiffres à droite de la virgule.	6,43 : il y a deux chiffres après la virgule.
3. Soustraire le résultat trouvé à l'étape 2 de l'exposant de 10.	$3 - 2 = 1$
4. Écrire le nombre décimal de l'étape 1 sans sa virgule et y ajouter le nombre de zéros trouvé à l'étape 3.	6430

© ERPI Reproduction interdite

LE CAS OÙ L'EXPOSANT DE 10 EST NÉGATIF	
Étapes à suivre	**Exemple**
1. Écrire le nombre.	$3,86 \times 10^{-5}$
2. Mettre l'exposant de 10 en valeur absolue. Le résultat trouvé indique le nombre de zéros qu'il faudra ajouter au nombre décimal à l'étape 3.	$\lvert -5 \rvert = 5$
3. Écrire le nombre décimal de l'étape 1 sans sa virgule et le faire précéder du nombre de zéros trouvés à l'étape 2.	00000386
4. Mettre une virgule après le premier zéro.	0,000 038 6

COMMENT CONVERTIR un nombre décimal en nombre écrit selon la notation scientifique ?

LE CAS OÙ LE NOMBRE EST PLUS PETIT QUE 1	
Étapes à suivre	**Exemple**
1. Écrire le nombre.	0,000 064 5
2. Repérer le premier chiffre différent de 0 à partir de la gauche.	0,000 064 5
3. Compter le nombre de zéros avant le chiffre trouvé à l'étape 2 et multiplier le résultat par – 1.	Il y a 5 zéros avant le chiffre 6. $5 \times -1 = -5$
4. Écrire le chiffre repéré à l'étape 2, et le faire suivre d'une virgule, puis écrire tous les chiffres suivant ce premier chiffre.	6,45
5. Multiplier par 10 le nombre trouvé à l'étape 4. Ajouter en exposant de 10 le résultat trouvé à l'étape 3.	$6,45 \times 10^{-5}$

© ERPI Reproduction interdite

LE CAS OÙ LE NOMBRE EST PLUS GRAND QUE 1	
Étapes à suivre	**Exemple**
1. Écrire le nombre.	642 100,53
2. Compter le nombre de chiffres à gauche de la virgule. Soustraire 1 de ce nombre.	Il y a 6 chiffres à gauche de la virgule. $6-1=5$
3. Réécrire le nombre décimal de l'étape 1, mais déplacer la virgule après le premier chiffre.	6,421 005 3
4. Multiplier par 10 le nombre trouvé à l'étape 3. Ajouter en exposant de 10 le résultat trouvé à l'étape 2.	$6{,}421\,005\,3 \times 10^5$

COMMENT EFFECTUER des opérations avec des nombres écrits selon la notation scientifique ?

LE CAS DES ADDITIONS ET DES SOUSTRACTIONS	
Étapes à suivre	**Exemple**
1. Écrire l'addition ou la soustraction.	$1{,}45 \times 10^2 + 2{,}45 \times 10^{-1}$
2. Identifier la plus petite puissance de 10.	$1{,}45 \times 10^2 + 2{,}45 \times 10^{-1}$
3. Transformer tous les nombres pour qu'ils aient la même puissance de 10 que celle identifiée à l'étape 2.	$1450 \times 10^{-1} + 2{,}45 \times 10^{-1}$
4. Additionner ou soustraire les nombres décimaux, et multiplier le résultat par la puissance de 10 trouvée à l'étape 2.	$(1450 + 2{,}45) \times 10^{-1}$ $1452{,}45 \times 10^{-1}$
5. Si nécessaire, écrire le nombre trouvé à l'étape 4 de façon qu'il n'y ait qu'un seul chiffre différent de 0 à gauche de la virgule.	$1{,}452\,45 \times 10^2$

© ERPI Reproduction interdite

LE CAS DES MULTIPLICATIONS

Étapes à suivre	Exemple
1. Écrire la multiplication.	$(1{,}35 \times 10^{-2}) \times (3{,}46 \times 10^{4})$
2. Multiplier tous les nombres décimaux, puis multiplier les puissances de 10 entre elles (en additionnant les exposants).	$1{,}35 \times 3{,}46 = 4{,}671$ et $10^{-2} \times 10^{4} = 10^{2}$
3. Multiplier les deux résultats obtenus à l'étape 2.	$4{,}671 \times 10^{2}$
4. Si nécessaire, écrire le nombre trouvé à l'étape 3 de façon qu'il n'y ait qu'un seul chiffre différent de 0 à gauche de la virgule.	Étape non nécessaire ici, car il n'y a déjà qu'un seul chiffre différent de 0 à gauche de la virgule.

LE CAS DES DIVISIONS (DE DEUX NOMBRES)

Étapes à suivre	Exemple
1. Écrire la division.	$(1{,}35 \times 10^{-2}) \div (2{,}7 \times 10^{4})$
2. Diviser les nombres décimaux, puis diviser les puissances de 10 entre elles (en soustrayant les exposants).	$1{,}35 \div 2{,}7 = 0{,}5$ **et** $10^{-2} \div 10^{4} = 10^{-6}$
3. Multiplier les deux résultats obtenus à l'étape 2.	$0{,}5 \times 10^{-6}$
4. Si nécessaire, écrire le nombre trouvé à l'étape 3 de façon qu'il n'y ait qu'un seul chiffre différent de 0 à gauche de la virgule.	5×10^{-7}

© ERPI Reproduction interdite

2 Les chiffres significatifs

EX. MÉTHO 2

Dans un nombre, les **chiffres significatifs** sont tous les chiffres dont la valeur est connue avec certitude, plus au maximum un chiffre dont la valeur n'est connue que de façon approximative (généralement à une ou deux unités près). En d'autres termes, les chiffres significatifs sont les chiffres qui sont directement reliés à la précision de l'instrument avec lequel le nombre a été déterminé.

Par exemple, supposons qu'on mesure le diamètre d'un cercle avec une règle graduée en millimètres et que l'on note $D = 2{,}1$ cm. Ce nombre comprend deux chiffres significatifs. Si l'on avait inscrit « $D = 2{,}10$ cm », ce nombre aurait été incorrect car le dernier chiffre, le « 0 », correspond à des dixièmes de millimètre, une précision impossible à obtenir avec une règle graduée en millimètres. Si l'on avait inscrit « 2 cm », cela aurait également été incorrect, car la règle permet une précision plus grande, soit le millimètre.

Si l'on change d'unités de mesure, le nombre de chiffres significatifs doit rester le même. Par exemple, pour conserver deux chiffres significatifs, la mesure du diamètre du cercle précédent peut s'exprimer ainsi :

$$\begin{aligned} D &= 2{,}1 \text{ cm} \\ &= 21 \text{ mm} \\ &= 0{,}021 \text{ m} \end{aligned}$$

Précision concernant les zéros

Les zéros qui ne servent qu'à indiquer l'ordre de grandeur (centièmes, dixièmes, milliers, millions, etc.) ne sont pas significatifs. Par exemple :

- les zéros situés au début d'un nombre décimal (comme le zéro de 0,21 ou les trois zéros de 0,0021) ;
- les zéros qui apparaissent à la fin d'un nombre entier (par exemple, le zéro de 210 ou les quatre zéros de 210 000), s'ils n'ont rien à voir avec la précision du nombre.

Le recours à la notation scientifique est une façon d'éviter toute ambiguïté concernant les zéros. Ainsi, si l'on écrit $5{,}10 \times 10^2$, on sait que le nombre possède trois chiffres significatifs (*voir à la page suivante*), tandis que la notation 510 ne permet pas de déterminer si le zéro est significatif ou non.

Précision concernant les calculs

Lors d'un calcul, les données sont parfois fournies avec des nombres de chiffres significatifs différents. Le résultat du calcul doit alors être exprimé selon les opérations mathématiques qui ont été effectuées. Ainsi, un résultat ne peut jamais être plus précis que les données qui ont servi à effectuer ce calcul.

En général, tout au long des calculs, on évite d'arrondir et l'on conserve tous les chiffres, même s'ils ne sont pas significatifs. Ce n'est qu'à la fin, lorsque vient le moment de présenter le résultat, que le nombre de chiffres significatifs doit être rendu conforme à la précision des données.

© ERPI Reproduction interdite

Précision concernant les valeurs obtenues par comptage ou provenant d'une définition

Lorsqu'une valeur est obtenue par comptage, il faut supposer qu'il n'y a pas d'erreur. Par exemple, si l'on compte 16 camions, le chiffre 16 comporte un nombre infini de chiffres significatifs. Il en va de même pour un nombre provenant d'une définition. Par exemple, la vitesse de la lumière vaut aujourd'hui, par définition, exactement 299 792 458 m/s. Ce nombre comporte donc lui aussi un nombre infini de chiffres significatifs.

Métho

COMMENT DÉTERMINER le nombre de chiffres significatifs d'un nombre ?

LE CAS D'UN NOMBRE ENTIER	
Étapes à suivre	**Exemple**
1. Écrire le nombre.	10 057
2. Compter le nombre de chiffres que comporte le nombre. Ce nombre correspond au nombre de chiffres significatifs.	10 057 comporte cinq chiffres significatifs.

Note : Dans le cas des nombres entiers se terminant par un ou des zéros, c'est le contexte qui indique si ces zéros sont significatifs ou non.

LE CAS D'UN NOMBRE ÉCRIT SELON LA NOTATION SCIENTIFIQUE	
Étapes à suivre	**Exemple**
1. Écrire le nombre.	$8{,}90 \times 10^{-3}$
2. Compter le nombre de chiffres que comporte le nombre devant la puissance de 10. Ce nombre correspond au nombre de chiffres significatifs.	$8{,}90 \times 10^{-3}$ comporte trois chiffres significatifs.

© ERPI Reproduction interdite

LE CAS D'UN NOMBRE DÉCIMAL PLUS GRAND QUE 1	
Étapes à suivre	**Exemple**
1. Écrire le nombre.	1004,6
2. Compter le nombre de chiffres que comporte le nombre. Ce nombre correspond au nombre de chiffres significatifs.	1004,6 comporte cinq chiffres significatifs.

LE CAS D'UN NOMBRE DÉCIMAL PLUS PETIT QUE 1	
Étapes à suivre	**Exemple**
1. Écrire le nombre.	0,003 40
2. Repérer le premier chiffre autre que zéro à droite de la virgule.	0,003 40
3. Compter le nombre de chiffres vers la droite, à partir de celui repéré à l'étape 2. Ce nombre correspond au nombre de chiffres significatifs.	0,003 40 Ce nombre comporte trois chiffres significatifs.

© ERPI Reproduction interdite

COMMENT DÉTERMINER le nombre de chiffres significatifs dans des opérations mathématiques ?

LE CAS DES ADDITIONS ET DES SOUSTRACTIONS

Étapes à suivre	**Exemple :** *La superficie de deux rectangles est respectivement de 2,31 cm² et 1,4 cm². Quelle est la superficie totale de ces rectangles ?*
1. Déterminer l'ordre de grandeur du dernier chiffre significatif de chacun des nombres qui serviront à effectuer l'addition ou la soustraction.	2,31 L'ordre de grandeur du dernier chiffre significatif est le centième. 1,4 L'ordre de grandeur du dernier chiffre significatif est le dixième.
2. Effectuer l'opération mathématique.	$2{,}31\ \text{cm}^2 + 1{,}4\ \text{cm}^2 = 3{,}71\ \text{cm}^2$
3. Arrondir le résultat obtenu de façon que le dernier chiffre significatif soit du même ordre de grandeur que celui de la donnée la moins précise.	Il faut arrondir le résultat pour que l'ordre de grandeur du dernier chiffre significatif soit le dixième. La réponse est donc : $3{,}7\ \text{cm}^2$.

LE CAS DES MULTIPLICATIONS ET DES DIVISIONS

Étapes à suivre	**Exemple :** *Quelle est la superficie d'un rectangle de 2,31 cm sur 1,4 cm ?*
1. Déterminer le nombre de chiffres significatifs de chacun des nombres qui serviront à effectuer la multiplication ou la division.	2,31 comporte trois chiffres significatifs. 1,4 comporte deux chiffres significatifs.
2. Effectuer l'opération mathématique.	$2{,}31\ \text{cm} \times 1{,}4\ \text{cm} = 3{,}234\ \text{cm}^2$
3. Arrondir le résultat obtenu pour qu'il comporte le même nombre de chiffres significatifs que la donnée qui en comporte le moins.	Il faut arrondir pour que le résultat obtenu comporte deux chiffres significatifs. La réponse est donc : $3{,}2\ \text{cm}^2$.

LE CAS DES OPÉRATIONS MIXTES

Dans le cas d'opérations mixtes (addition et multiplication, par exemple), on arrondit le résultat final de façon qu'il respecte l'ensemble des règles mentionnées ci-dessus.

© ERPI Reproduction interdite

3 Les équations mathématiques

COMPAGNON WEB MD
EX. MÉTHO 3

Une **équation mathématique** est une égalité algébrique qui contient des inconnues. En science, ces égalités algébriques sont représentées par des formules définies selon différentes variables en relation les unes avec les autres. Par exemple, la relation entre l'énergie cinétique (E_k), la masse (m) et la vitesse (v) se traduit par l'équation :

$$E_k = \frac{1}{2} mv^2$$

Lorsqu'on cherche la valeur d'une variable inconnue, on doit résoudre l'équation. Parfois, il est nécessaire d'isoler cette variable dans l'équation.

Si, en tentant d'isoler la variable, on obtient une équation de ce type :

$$y = ax^2 + bx + c$$

il faut alors suivre la procédure établie pour résoudre une équation du second degré.

COMMENT ISOLER une variable ?

Étapes à suivre	**Exemple :** *On veut isoler* Δt *de la formule suivante :* $v_f = v_i + a\Delta t$
1. Écrire la formule mathématique.	$v_f = v_i + a\Delta t$
2. Identifier la variable à isoler.	$v_f = v_i + a\Delta t$
3. Pour chaque terme à éliminer, faire l'opération mathématique inverse de chaque côté de l'égalité. Répéter cette opération jusqu'à ce que la variable soit isolée, c'est-à-dire jusqu'à ce qu'elle soit seule d'un côté du signe d'égalité. Note : - L'addition est l'inverse de la soustraction, et vice versa. - La multiplication est l'inverse de la division, et vice versa. - Le carré est l'inverse de la racine carrée, et vice versa.	Pour éliminer v_i : $v_f \boxed{- v_i} = v_i \boxed{- v_i} + a\Delta t$ Donc : $v_i - v_i = a\Delta t$ Pour éliminer a : $\frac{v_f - v_i}{\boxed{a}} = \frac{\cancel{a}\Delta t}{\boxed{\cancel{a}}}$
4. Écrire la formule mathématique avec la variable isolée. Indiquer les unités de mesure, s'il y a lieu.	$\frac{v_f - v_i}{a} = \Delta t$ ou $\Delta t = \frac{v_f - v_i}{a}$

© ERPI Reproduction interdite

LE CAS D'UNE ÉQUATION DU SECOND DEGRÉ

Étapes à suivre	**Exemple :** *On cherche le temps nécessaire* (Δt) *pour effectuer un déplacement* (Δx) *de 50 m si la vitesse initiale* (v_i) *est de 10 m/s et l'accélération* (a), *de 1 m/s²*.
1. Écrire l'équation et identifier la variable à trouver.	$\Delta x = v_i \Delta t + \frac{1}{2} a \Delta t^2$
2. Regrouper tous les termes de l'équation d'un seul côté du signe d'égalité.	$\frac{1}{2} a \Delta t^2 + v_i \Delta t \boxed{- \Delta x} = \Delta x \boxed{- \Delta x} = 0$
3. Nous avons maintenant une équation qui a la forme $ax^2 + bx + c = 0$	$\frac{1}{2} a \Delta t^2 + v_i \Delta t - \Delta x = 0$
4. Déterminer la valeur de *a*, *b* et *c*, soit ici *a*, v_i et Δx.	$a = 1\ \text{m/s}^2$ $v_i = 10\ \text{m/s}$ $\Delta x = 50\ \text{m}$
5. Calculer les expressions suivantes : $x_1 = \frac{-b + \sqrt{b^2 - 4ac}}{2a}$ $x_2 = \frac{-b - \sqrt{b^2 - 4ac}}{2a}$ Les deux valeurs recherchées sont données par x_1 et x_2, soit ici Δt_1 et Δt_2.	Pour Δt_1 : $\Delta t_1 = \frac{-(10\ \text{m/s}) + \sqrt{((10\ \text{m/s})^2 - (4 \times 1\ \text{m/s}^2 \times -50\ \text{m}))}}{2 \times 1\ \text{m/s}^2}$ $= \frac{-10\ \text{m/s} + \sqrt{(100\ \text{m}^2/\text{s}^2 + 200\ \text{m}^2/\text{s}^2)}}{2\ \text{m/s}^2}$ $= \frac{-10\ \text{m/s} + \sqrt{300\ \text{m}^2/\text{s}^2}}{2\ \text{m/s}^2}$ $= \frac{-10\ \text{m/s} + 17{,}32\ \text{m/s}}{2\ \text{m/s}^2}$ $= 13{,}66\ \text{s}$ Pour Δt_2 : $\Delta t_2 = \frac{-(10\ \text{m/s}) - \sqrt{((10\ \text{m/s})^2 - (4 \times 1\ \text{m/s}^2 \times -50\ \text{m}))}}{2 \times 1\ \text{m/s}^2}$ $= \frac{-10\ \text{m/s} - \sqrt{(100\ \text{m}^2/\text{s}^2 + 200\ \text{m}^2/\text{s}^2)}}{2\ \text{m/s}^2}$ $= \frac{-10\ \text{m/s} - \sqrt{300\ \text{m}^2/\text{s}^2}}{2\ \text{m/s}^2}$ $= \frac{-10\ \text{m/s} - 17{,}32\ \text{m/s}}{2\ \text{m/s}^2}$ $= -13{,}66\ \text{s}$
6. Vérifier la plausibilité de x_1 et x_2, soit ici Δt_1 et Δt_2, et ne retenir que la valeur pertinente.	Selon le problème à résoudre, Δt_2 n'est pas plausible, puisque la variable à trouver concerne le temps, qui ne peut avoir une valeur négative. Donc, $\Delta t_1 = 13{,}66\ \text{s}$ correspond à la bonne réponse.

© ERPI Reproduction interdite

4 La résolution de problèmes

Une méthode efficace de **résolution de problème** nécessite une série d'étapes permettant de trouver une solution cohérente. Pour déterminer ce que l'on doit chercher et identifier les différentes variables et leur valeur, il importe avant tout de bien lire l'énoncé. On choisit ensuite la formule ou la proportionnalité appropriée. Cependant, résoudre un problème s'avère souvent un processus complexe, qui exige de manier plus d'une formule mathématique et de revenir sur les étapes précédentes en cours de route. Les étapes à suivre restent néanmoins toujours les mêmes.

QUELLES SONT les étapes à suivre pour résoudre un problème ?

Étapes à suivre	**Exemple :** *Quelle est la masse de 20,0 ml d'un liquide dont la masse volumique est de 0,79 g/ml ?*
1. Déterminer ce que l'on cherche.	$m = ?$
2. Repérer les différentes variables et leur valeur. S'assurer de noter les unités de mesure. Convertir les unités de mesure au besoin. Ne pas arrondir les nombres.	$V = 20{,}0$ ml $\rho = 0{,}79$ g/ml
3. Choisir la ou les formules à utiliser. Isoler la variable recherchée au besoin.	$\rho = \frac{m}{V}$ D'où $m = \rho \times V$
4. Remplacer les variables par leur valeur et effectuer les calculs. Porter une attention particulière aux unités de mesure.	$m = 0{,}79 \text{ g}/\cancel{\text{ml}} \times 20{,}0 \cancel{\text{ml}}$ $= 15{,}8$ g
5. Répondre à la question du problème et vérifier le résultat obtenu. S'assurer que la réponse est plausible. Donner le résultat en tenant compte du nombre de chiffres significatifs.	- La masse de 20,0 ml de ce liquide est de 16 g. - Ce résultat est plausible, puisque la masse obtenue est plus grande que la masse volumique. - Le résultat a été arrondi en tenant compte du nombre de chiffres significatifs (dans ce cas-ci, deux chiffres significatifs).

© ERPI Reproduction interdite

La conversion des unités

Souvent, au cours de la résolution de problèmes, il faut convertir les unités des données, par exemple passer des kilomètres aux mètres ou des grammes aux kilogrammes. Deux méthodes de conversion des unités peuvent s'appliquer pour tout le système métrique.

- La méthode des puissances de 10 consiste à employer le tableau qui suit et à remplacer l'unité par le bon multiple :

Unité	Correspondance
M	10^6
k	10^3
–	1
d	10^{-1}
c	10^{-2}
m	10^{-3}

- La méthode du tableau d'unités consiste à utiliser un tableau semblable à celui-ci-dessous, qui peut servir pour les grammes, les litres, les mètres, etc. :

Mm			km	hm	dam	m	dm	cm	mm			μm

COMMENT CONVERTIR des unités de mesure ?

LA MÉTHODE DES PUISSANCES DE 10	
Étapes à suivre	**Exemple :** *On doit convertir 15,0 g en kilogrammes.*
1. Écrire le nombre à transformer.	15,0 g
2. Remplacer l'unité actuelle par celle désirée et sa correspondance.	$15{,}0 \times 10^{-3}$ kg
3. Faire le calcul nécessaire ou écrire le nombre obtenu en notation scientifique.	$15{,}0 \times 10^{-3}$ kg = 0,0150 kg 15,0 g = $1{,}50 \times 10^{-2}$ kg

© ERPI Reproduction interdite

LA MÉTHODE DU TABLEAU D'UNITÉS

Étapes à suivre	**Exemple :** *On doit convertir 15,0 g en kilogrammes.*
1. Placer le nombre à transformer dans le tableau.	kg | hg | dag | g | dg | cg | mg | | 1 | 5, | 0 | |
2. Déplacer la virgule dans la case des unités recherchées.	kg | hg | dag | g | dg | cg | mg , | | 1 | 5 | 0 | |
3. Remplir les cases vides avec des 0.	kg | hg | dag | g | dg | cg | mg 0, | 0 | 1 | 5 | 0 | |
4. Écrire le nombre obtenu avec ses nouvelles unités.	15,0 g = 0,0150 kg

Étape 1 :

kg	hg	dag	g	dg	cg	mg
		1	5,	0		

Étape 2 :

kg	hg	dag	g	dg	cg	mg
,		1	5	0		

Étape 3 :

kg	hg	dag	g	dg	cg	mg
0,	0	1	5	0		

© ERPI Reproduction interdite

5 Les diagrammes

COMPAGNON WEB
EX. MÉTHO 5

Métho

Un **diagramme** est un outil qui permet de représenter graphiquement des données. Il existe plusieurs types de diagrammes, les plus courants étant le diagramme à ligne brisée, le diagramme à bandes, l'histogramme et le diagramme circulaire.

La représentation graphique d'un diagramme doit respecter certains critères; pour cela, certaines étapes doivent être suivies lors de sa construction.

Par ailleurs, pour interpréter les données représentées graphiquement sur un diagramme à ligne brisée, il est parfois nécessaire de connaître certaines conventions mathématiques (fonctions ou équations).

COMMENT CONSTRUIRE un diagramme ?

Le diagramme à ligne brisée

Le diagramme à ligne brisée, aussi appelé « graphique », est très utile pour représenter graphiquement des données chiffrées illustrant un phénomène continu. Par exemple, une variation de température en fonction du temps, un changement de volume en fonction de la température, etc.

1. Prendre une feuille de papier quadrillé.
2. À l'aide d'une règle, tracer un axe horizontal et un axe vertical.
3. Choisir la variable qui sera représentée sur chacun des axes. Habituellement, la variable indépendante est placée sur l'axe horizontal (abscisse) et la variable dépendante, sur l'axe vertical (ordonnée). Indiquer les noms des variables choisies sur chacun des axes, ainsi que leur unité de mesure.
4. Graduer les axes en tenant compte de l'écart entre les valeurs et de l'étendue des données à représenter, afin d'utiliser au maximum l'espace disponible.
5. Tracer les points correspondant à chaque couple de valeurs.
6. Relier les points par une ligne.
7. Donner un titre au diagramme.

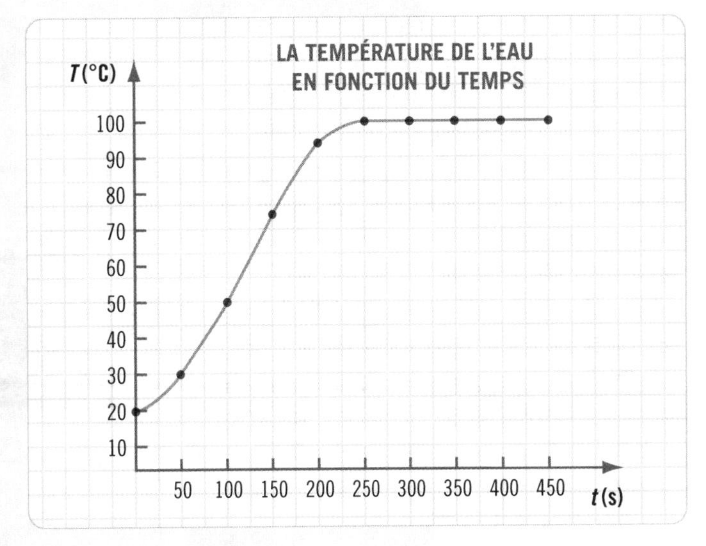

© ERPI Reproduction interdite

Le diagramme à bandes

Le diagramme à bandes est utile pour représenter des données discontinues. Par exemple, l'intensité de différents sons, la valeur énergétique des aliments consommés dans une journée, etc.

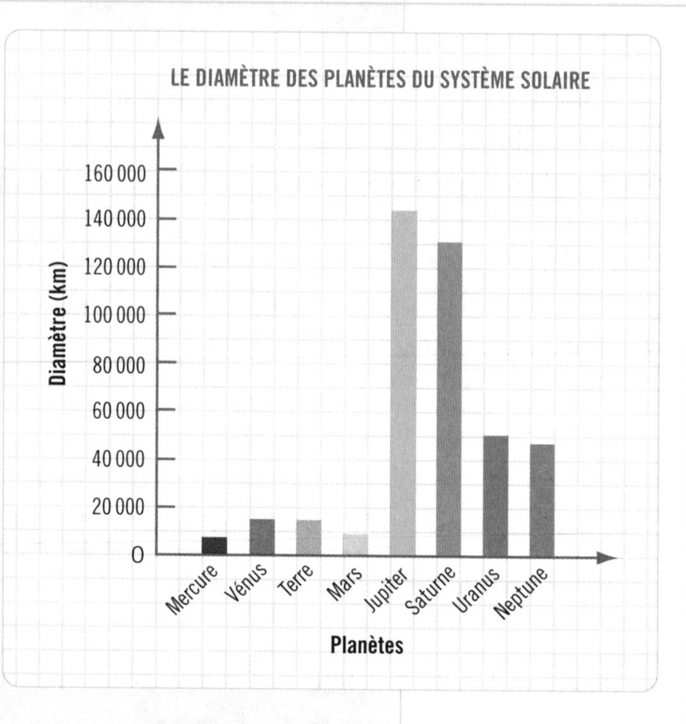

1. Prendre une feuille de papier quadrillé.
2. À l'aide d'une règle, tracer un axe horizontal et un axe vertical.
3. Choisir la variable qui sera représentée sur chacun des axes. Si l'une des variables s'exprime par des mots et l'autre par des nombres, on place habituellement la variable qui s'exprime par des mots sur l'axe horizontal et la variable qui s'exprime par des nombres sur l'axe vertical. Indiquer le nom de la variable choisie sur chacun des axes ainsi que son unité de mesure, s'il y a lieu.
4. Diviser l'axe horizontal de façon à pouvoir placer autant de bandes de même largeur qu'il y a de données à représenter. S'assurer que tous les espaces entre les bandes sont égaux. Graduer les axes ou indiquer le nom des données.
5. À l'aide d'une règle, tracer le haut de la première bande. Tracer ensuite les côtés de la bande.
6. Répéter l'étape précédente pour chacune des bandes.
7. Donner un titre au diagramme.

L'histogramme

L'histogramme est souvent utilisé pour représenter des données continues qu'on veut regrouper par catégories. Par exemple, l'année qu'on subdivise en mois, une population qu'on subdivise en groupes d'âge, etc.

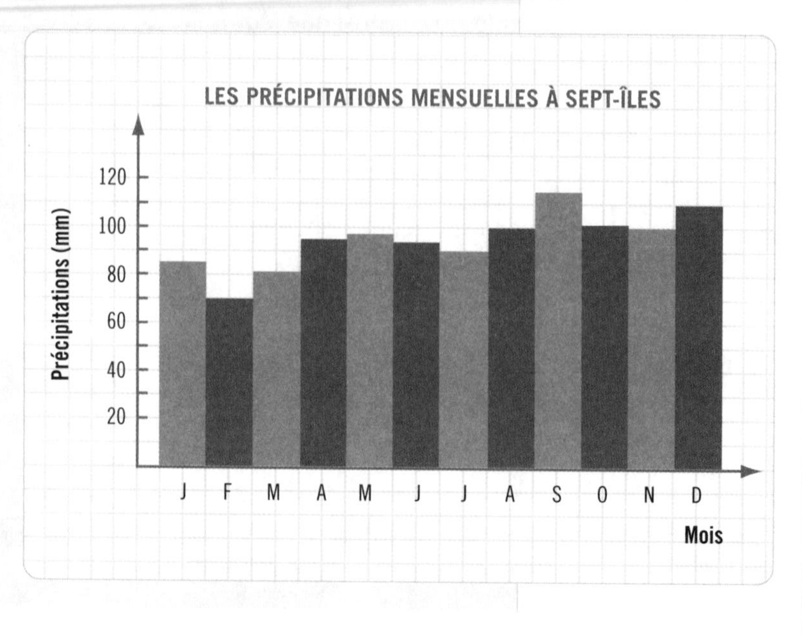

1. Prendre une feuille de papier quadrillé.
2. À l'aide d'une règle, tracer un axe horizontal et un axe vertical.
3. Choisir la variable qui sera représentée sur chacun des axes. Indiquer le nom de la variable choisie sur chacun des axes ainsi que son unité de mesure, s'il y a lieu.

© ERPI Reproduction interdite

4. Diviser l'axe horizontal de façon à pouvoir placer autant de bandes de même largeur qu'il y a de données à représenter. S'assurer que les bandes sont côte à côte, c'est-à-dire sans espaces. Graduer les axes ou indiquer le nom des données.
5. À l'aide d'une règle, tracer le haut de la première bande. Tracer ensuite les côtés de la bande.
6. Répéter l'étape 5 pour chacune des bandes.
7. Donner un titre au diagramme.

Le diagramme circulaire

Le diagramme circulaire représente les données sous forme de disque. Il est très utile pour représenter les parties d'un tout sous forme de fractions ou de pourcentages. Par exemple, les composantes de l'atmosphère, la proportion de chaque groupe d'âge dans une population, etc.

1. Utiliser une feuille de papier blanc.
2. Faire un point au centre de la feuille. Tracer un grand cercle avec un compas autour de ce point.
3. Calculer l'angle représenté par chaque donnée.

   Si ce n'est pas déjà fait, transformer chaque donnée en pourcentage. Ensuite, comme un cercle complet fait 360°, multiplier chaque pourcentage par 360.

   Exemple :
   Une donnée qui représente 78 % du total doit être représentée par un angle de 281°, soit 78/100 × 360 = 281.
4. À l'aide d'un rapporteur d'angles, tracer, à partir du centre du cercle, les angles correspondant aux mesures obtenues.
5. Annoter chacune des portions du diagramme ou indiquer par une légende ce que chacune représente.
6. Donner un titre au diagramme.

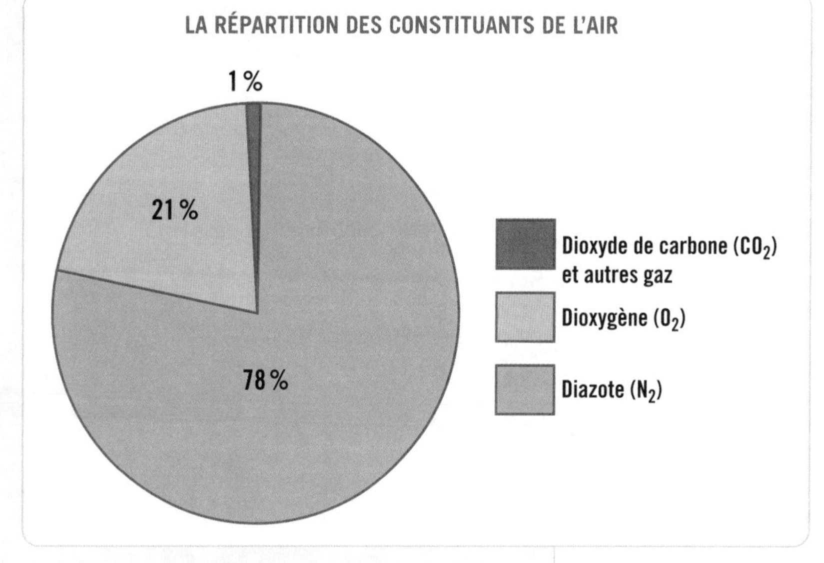

© ERPI Reproduction interdite

COMMENT INTERPRÉTER la courbe d'un diagramme à ligne brisée ?

Représentation	Interprétation qualitative	Fonction ou relation mathématique
1.	- Fonction de variation directe (droite à pente positive qui passe par (0, 0)) - Lorsque x augmente, y augmente proportionnellement.	$y = ax$
2.	- Fonction de variation partielle (droite à pente positive qui ne passe pas par (0, 0)) - Lorsque x augmente, y augmente proportionnellement.	$y = ax + b$
3.	- Fonction constante en y (droite horizontale) - Lorsque x varie, y garde la même valeur.	$y =$ constante
4.	- Relation constante en x (droite verticale) - x garde la même valeur, quelle que soit la valeur de y.	$x =$ constante
5.	- Fonction de variation directe (droite à pente négative qui passe par (0, 0)) - Lorsque x augmente, y décroît proportionnellement.	$y = -ax$
6.	- Fonction de variation partielle (droite à pente négative qui ne passe pas par (0, 0)) - Lorsque x augmente, y décroît proportionnellement.	$y = -ax + b$

© ERPI Reproduction interdite

Représentation	Interprétation qualitative	Fonction ou relation mathématique
7. 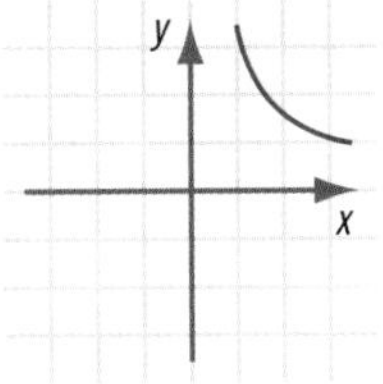	- Fonction de variation inverse - Lorsque x augmente, y décroît avec une variation (une pente) qui diminue.	$y = \frac{a}{x}$
8. 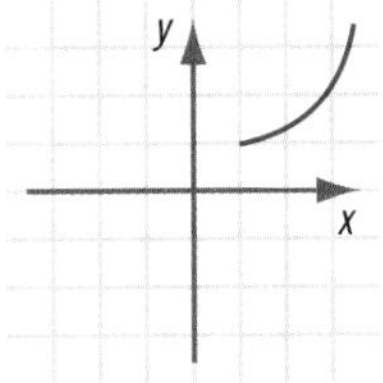	- Plusieurs fonctions possibles - Lorsque x augmente, y augmente avec une variation (une pente) qui s'accentue.	Plusieurs fonctions possibles
9. 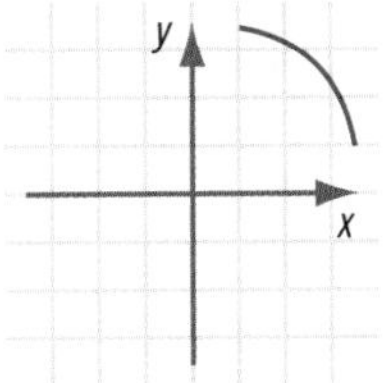	- Plusieurs fonctions possibles - Lorsque x augmente, y décroît avec une variation (une pente) qui s'accentue.	Plusieurs fonctions possibles
10. 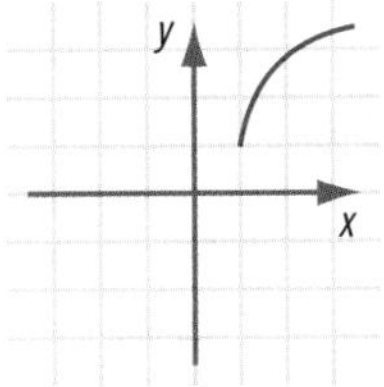	- Plusieurs fonctions possibles - Lorsque x augmente, y augmente avec une variation (une pente) qui diminue.	Plusieurs fonctions possibles

© ERPI Reproduction interdite

COMMENT CALCULER l'aire sous la courbe d'un diagramme à ligne brisée ?

Lorsque l'aire a la forme d'un rectangle

1. Calculer la différence entre la position finale (x_f) et la position initiale (x_i) (base).
2. Multiplier le résultat obtenu en 1 par y (hauteur).

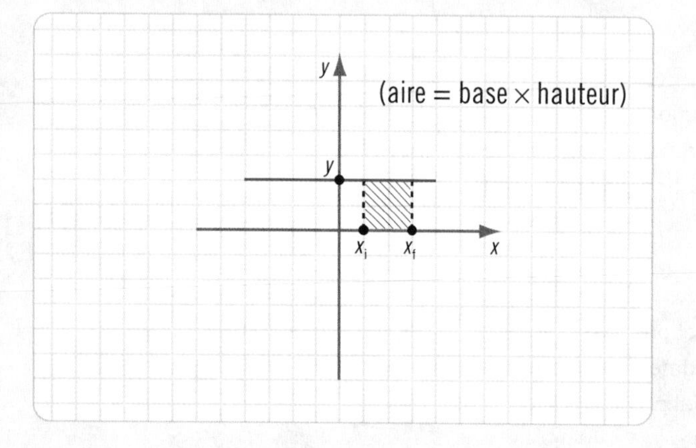

Lorsque l'aire a la forme d'un triangle

1. Calculer la différence entre la position finale (x_f) et la position initiale (x_i) (base).
2. Multiplier le résultat obtenu à l'étape 1 par y (hauteur).
3. Diviser par 2 le résultat obtenu à l'étape 2.

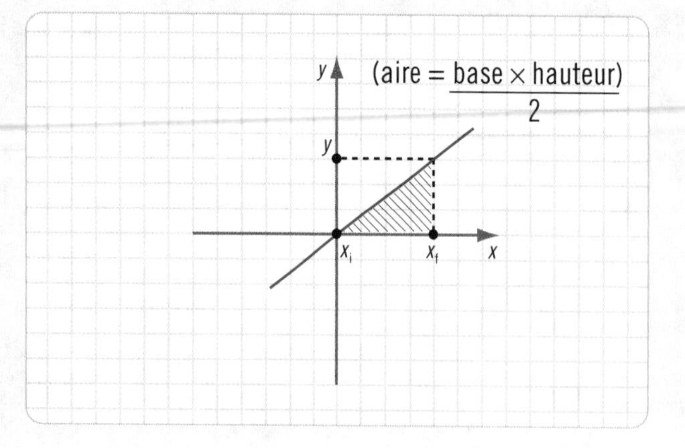

© ERPI Reproduction interdite

CORRIGÉ DES EXERCICES NUMÉRIQUES

Les préalables mathématiques en mécanique

1. a) AB = 1,5 cm
   $\theta_1 = 63°$
   $\theta_2 = 92°$
   b) AB = 12 cm
   BC = 19 cm
   $\theta_1 = 125°$
2. a) Résultante : 7 unités
   b) Résultante : 1 unité
4. a) 11,0 km, 15°
   b) Est-ouest : 10,5 km
   Nord-sud : 3,0 km
5. b) 65 m vers le nord
6. 2,75 km, 65° au nord de l'est
7. $A_x = 8$ cm
   $A_y = 6$ cm
8. 2,9 km à l'ouest
9. 3922 m vers le sud-ouest, à 23,7° au-dessus de l'horizon

Chapitre 1 Les variables du mouvement

1.1 Les variables liées à l'espace et au temps

1. b) 8 m
   c) 2 m vers la gauche
5. a) 610 m (12,2 cm sur la carte)
   b) 238 m (4,75 cm sur la carte)
   c) 15 min

1.2 La vitesse

5. 8 km/h
10. a) 340 m
    b) 170 m
11. 791 km/h
12. 500 s (8,3 min)
13. $2,2 \times 10^8$ km ($2,2 \times 10^{11}$ m)
14. a) 70 km/h
15. 1,8 s
16. a) 3 m/s
    b) 14 000 s (un peu moins de 4 h)
17. a) 1300 km/h
    b) 1400 m
18. Résultats des calculs : 10 m/s (outarde), 12 m/s (hirondelle)

1.3 L'accélération

5. 5 km/h par seconde
7. 10 km/h par seconde
8. 20 m/s
10. 0,4 m/s^2
12. a) 4,5 m/s
    b) 0,80 m/s^2
13. 15 s

Exercices sur l'ensemble du chapitre 1

1. Résultat du calcul : 70 km/h (2e train)
2. 35 km/h
3. a) 3,2 km
   b) 1083 m (un peu plus de 1 km)
4. Résultat du calcul : 57 km/h
5. b) 3,8 m/s
   c) 1,3 m/s
6. 1 m/s^2
7. -10 m/s^2

Défis

1. 1,1 m/s (4,1 km/h)
2. b) 2,5 m/s (9 km/h)
   c) -0,83 m/s (-3,0 km/h)

© ERPI Reproduction interdite

Chapitre 2 Le mouvement en une dimension

2.1 Le mouvement rectiligne uniforme

1. 80 m
2. a) 12 km/h
   b) 3 km/h
   c) 8 km/h
3. a) 233 km
   b) 1 h

2.2 Le mouvement rectiligne uniformément accéléré

5. a) 5 m/s
   b) 2,5 m/s
   c) 1,25 m/s^2
7. -0,80 m/s^2
9. Résultat du calcul : $\Delta x = 16$ m
10. 2,2 m/s^2
11. a) 200 m/s^2
    b) 20 fois plus
12. a) 10 m/s
    b) 20 m/s
    c) 2 m/s^2
13. -9,8 m/s^2
14. a) -9,8 m/s
    b) -4,9 m/s
    c) 4,9 m
15. a) +9,8 m/s toutes les secondes
    b) -49 m/s
    d) 120 m
16. b) 6,3 m
17. 11 m
18. a) 4,1 m/s^2
    b) 13 m/s
    c) 18 m
19. 115 m

Exercices sur l'ensemble du chapitre 2

1. 20 m/s
2. 30 m
4. a) 6 km/h (1,67 m/s)
   b) 16 h 40 min
   c) 9 km
5. a) 7,4 m/s
   b) 11 s
6. a) Guépard : 30 m/s
   Antilope : 25 m/s
   b) Guépard (en m) : 45, 75, 105, 135, 165, 195, 225, 255, 285, 315, 345, 375, 405, 435, 465
   Antilope (en m) : 137,5, 162,5, 187,5, 212,5, 237,5, 262,5, 287,5, 312,5, 337,5, 362,5, 387,5, 412,5, 437,5, 462,5, 487,5
7. a) Jennifer (en m) : 4,5, 9, 13,5, 18
   Autobus (en m) : 4,5, 8, 12,5, 18
8. a) 5 s
   b) 35 m
   c) 2 fois plus (10 s)
   d) 140 m

Défis

1. 15 s et 250 m après le début de la poursuite
2. a) 0,63 s
   b) 3,1 m/s

Chapitre 3 Le mouvement en deux dimensions

3.1 Les vecteurs du mouvement

1. 570,6 m
2. 50 km/h
3. a) (72, -104)
   b) 126 m, 55° sous l'axe des x
5. a) $a_x = -4$ m/s^2
   $a_y = 9$ m/s^2
   b) 9,8 m/s^2, 114°

© ERPI Reproduction interdite

6. a) $a_x = 0{,}68$ m/s^2
   $a_y = 0{,}87$ m/s^2
   b) $v_{fx} = 12$ m/s
   $v_{fy} = 11$ m/s

3.2 Le mouvement des projectiles

3. Égale à 20 m/s

5. Vitesse de la bille 2 ≥ 2,21

6. a) Composante horizontale : 22 m/s
   Composante verticale : 30 m/s
   b) 6,1 s
   c) 134 m
   e) 133 km/h

7. a) 3,8 s
   b) 205 m

3.3 La relativité du mouvement

3. 20 s

4. 18 s

5. 206 km/h, 14° au nord de l'est

Exercices sur l'ensemble du chapitre 3

1. 51 m

2. 3 m

3. a) 15 m à l'horizontale,
   44 m sous sa hauteur de départ
   b) 30 m/s, 80° sous sa hauteur de départ

4. a) 17 m
   b) 19 m/s en 2e
   30 m/s en 3e
   c) 1,9 m/s^2 en 2e
   1,1 m/s^2 en 3e

5. a) 0,45 s
   b) 4,9 m/s
   c) 6,6 m/s

6. 19,6 m

Défis

1. a) 9,2 m, 68°
   b) 9,2 m, 22°
   c) (20,5, 8,5)

2. a) Composante horizontale : 11 m/s
   Composante verticale : 9,0 m/s
   b) 1,8 s
   c) 20 m
   d) 5,6 m/s

Chapitre 4 La première loi de Newton

4.3 La force résultante et l'état d'équilibre

6. 70 000 N

7. 31,1 N

8. Résultat du calcul : $F_{Ry} = -9{,}0$

10. 29 N, 218°

Exercices sur l'ensemble du chapitre 4

2. 44 N

3. 32,04 N

5. a) 192 N, 38,7°
   b) 261 N, 73,3°
   c) 107 N, 7,5°

6. 42,4 N, dans le sens de l'axe des *x*

Défis

2. b) Résultat du calcul : 990 N

Chapitre 5 La deuxième loi de Newton

5.1 La relation entre la force, la masse et l'accélération

3. $3{,}2 \times 10^{-27}$ N

5. 33 N

6. a) 1,3 m/s^2, vers le haut
   b) 8,0 m/s^2, vers le bas

7. 44 kg

8. 308 N

9. Objet 1 : 0,4 kg
   Objet 2 : 1 kg
   Objet 3 : 2,5 kg

10. Résultat du calcul : 1,25 m/s^2

© ERPI Reproduction interdite

5.3 La force gravitationnelle

1. 13 400 N
3. a) 21 600 N
   b) 17 100 N

5.4 La force normale

1. b) 466 N, vers le bas de la pente
2. c) 2,26 m/s^2, vers le haut
3. b) 436 N
4. 0,01 N
5. a) 47 N
   b) 6,6 N, vers la gauche
6. 1er cas : 75 N
   2e cas : 150 N
   3e cas : 225 N

5.5 Les forces de frottement

6. b) 552 N, vers le haut

Exercices sur l'ensemble du chapitre 5

2. 72,6 N
3. 726 N, en sens inverse du déplacement de la balle
4. a) 10 m/s (37 km/h)
   b) 16 m
5. a) 9400 N, vers l'arrière
   b) 940 000 N, vers l'arrière
   c) Passager avec ceinture : 14 fois
      Passager sans ceinture : 1400 fois
6. a) 9,9 m/s
   b) 3500 N, vers le haut
   c) 4,5 fois
7. 0,30 N, en sens inverse de la vitesse de la rondelle
8. 390 000 N
9. 4,4 kg

Défis

1. 26°
2. b) 6°

Chapitre 6 La troisième loi de Newton

6.1 La loi de l'action et de la réaction

7. a) Première voiture : 0,30 m/s^2
      Seconde voiture : 0,18 m/s^2
   b) 0,96 m
9. b) 15 m/s^2
   c) 4,5 m/s

6.2 La force centripète

5. a) 86 m/s^2
   b) 8,8 fois
6. a) 1300 N, vers le centre du virage

Exercices sur l'ensemble du chapitre 6

2. a) 196 m/s
   b) 5760 N
3. 86 m/s (309 km/h)
4. 0,18 N
5. a) 0,49 N
   b) 5,0 m/s
   c) 1,6 tour/s

Défis

1. b) 0,43 N, 55°
2. 435 km/h^2 ($3,36 \times 10^{-2}$ m/s^2)
3. $5,89 \times 10^{-3}$ m/s^2

Chapitre 7 Le travail et l'énergie

7.1 Le concept de travail

2. Résultats des calculs : $W_A = 120$ J; $W_B = 120$ J
3. 146 J
4. b) 764 J
5. b) 35 700 J

7.2 Le travail d'une force constante et d'une force variable

3. a) 123 N/m
   b) 1,60 cm
   c) 1,00 kg

© ERPI Reproduction interdite

7.3 Le concept de puissance

1. 3 600 000 J (3,6 MJ)
2. 2000 W (2kW)
3. Résultats des calculs :
   $W_1 = 360\,000$ J; $W_2 = 648\,000$ J
4. 13 W
5. 42 m^2

Exercices sur l'ensemble du chapitre 7

1. a) 121 000 J
   b) 1,40 W
2. 18 400 N/m
3. $3{,}09 \times 10^{11}$ J
4. 47 000 W
6. 47 000 J
7. a) 0,1 J
   b) 500 N/m
8. 1,28 J

Défis

1. a) 1 870 000 L/s
   b) 50 piscines

Chapitre 8 L'énergie

8.2 Les formes d'énergie

4. 3800 J
5. a) 30 000 W
   b) 40 chevaux-vapeur
7. 5,0 MJ
8. 23 J
9. a) 96,4 N, dans le sens inverse de l'axe des *x*
   b) 1,08 J
10. 9,2 mm
11. a) 9,01 J
    b) 34,7 m/s (125 km/h)
12. a) 4,7 J
    b) 16 m
13. 120 s (2 min)

Exercices sur l'ensemble du chapitre 8

1. a) 116 000 J
   b) 348 000 J
2. 7,7 m/s
3. 85 000 N/m
4. 17 m/s
5. 3,50 m/s
6. 37 m/s (134 km/h)
7. 412 J
8. b) 200 N/m
   c) 9,5 m/s (34 km/h)

Défis

1. 6,8 m/s
2. a) Résultat du calcul : 71 km/h
3. 11 m

© ERPI Reproduction interdite

INDEX

Une définition se trouve au numéro de page indiqué en gras.

© ERPI Reproduction interdite

© ERPI Reproduction interdite

T

V

© ERPI Reproduction interdite

SOURCES DES PHOTOGRAPHIES

ALAMY

p. 61 (2.7) : R. Durrell ; p. 69 : Kuttig - People ; p. 132 (4.3) : P. Filatov ; p. 133 : blickwinkel ; p. 143 (4.9) : pbpgalleries ; p. 143 (4.11) : Wally Bauman ; p. 164 (5.4) : N. Randall, Expuesto ; p. 185 : D. R. Frazier Photolibrary, Inc. ; p. 212 (6.5) : B. Harrington III ; p. 242 (7.7) : T. French ; p. 249 : D. Noble Photography ; p. 273 : Clearviewstock ; p. 284 : J. Hoffman ; p. 287 : culture-images GmbH.

AP PHOTO

p. 102 (3.21) : L. Rebours.

CORBIS

p. 23 (1.10), 28 : D. J. Zimmerman ; p. 64 : C. Karaba, epa ; p. 66 (2.15) : G. Hall ; p. 74 (2.22) : E. K. Brown, epa ; p. 129 : P. Saloutos, zefa ; p. 137 (4.8), 241 (7.5) : R. Ressmeyer ; p. 138 : D. Woods ; p. 180 : K. Stallknecht, Reuters ; p. 192 : Bettmann ; p. 220 : R. Eshel ; p. 221 (6.11) : Duomo ; p. 230 : Sunset Boulevard ; p. 236 (gauche), 237 (7.1), 261 : D. Austen, zefa ; p. 236 (droite), 269 (8.1), 297 : D. Vice ; p. 241 (bas) : D. H. Wells ; p. 246 : L. Lefkowitz ; p. 279 (8.8) : A. Hawkey ; p. 306 : K. Fleming.

CP IMAGES

p. 18 (haut, gauche), 19 (1.1), 45 : K. Gigliotti, Winnipeg Free Press ; p. 25 : M. Garcia, AP Photo ; p. 58 (bas) : D. Mills, AP Photo ; p. 75 : J. Boissinot ; p. 110 : Wong Maye-E, AP Photo ; p. 162 (5.2) : C. Seward, Raleigh News & Observer, MCT, Cameleon, ABACAPRESS.COM.

DAVE INGRAHAM

p. 31 (bas).

DORLING KINDERSLEY

p. 211 (6.3).

GETTY IMAGES

p. 194 (bas) ; p. 216 (haut) : M. Lopez, AFP.

ISTOCKPHOTO

p. 17, 100 (3.4), 130 (droite), 190 (5.9A), 209 (6.1), 227, 250 ; p. 18 (haut, droite), 97 (3.1), 119 : A. Pomares ; p. 54 (2.2) : A. Kwiatkowski ; p. 58 (haut) : M. Puerzer ; p. 130 (haut, gauche), 131 (4.1), 151 : C. Santa Maria ; p. 175 : G. Ivern ; p. 181 : V. Korostyshevskiy ; p. 182 : A. Yorke ; p. 190 (5.8) : L. Stanley ; p. 190 (5.9, B) : D. Hughes ; p. 193 (5.13) : D. Derics ; p. 222 : P. Robbins ; p. 240 (7.4) : K. Mackey ; p. 243 : B. Pamikov ; p. 248 : M. Petrichuk ; p. 258 (7.12, droite) : L. Mirro ; p. 258 (7.12, gauche) : L. K. Young ; p. 271 (8.2) : R. Buskirk ; p. 274 (8.4) : E. Aliaga.

NASA

p. 136 (4.7).

PHOTOTHÈQUE ERPI

p. 23 (1.8), 31 (1.16), 143 (4.10).

PONOPRESSE

p. 110 : © 5459, Marine Nationale, GAMMA, EYEDEA.

PRENTICE HALL

p. 189 (5.7).

PROJET ESTEBAN

p. 283.

PUBLIPHOTO

p. 268 ; p. 26 (bas) : A. Brookes, SPL ; p. 18 (bas, gauche), 53 (2.1), 76, 87 : NASA, SPL ; p. 40 : D. Scharf, SPL ; p. 70 (2.16) : S. Dalton, Photo Researchers ; p. 130 (bas, gauche), 161 (5.1), 197 : TRL Ltd., Photo Researchers, Inc. ; p. 176 (5.6) : M. F. Chillmaid, SPL ; p. 216 (bas) : D. A. Hardy, Futures : 50 years in Space, SPL ; p. 224 (bas) : V. Steger, SPL ; p. 275 (8.6) : E. Kinsmann, Photo Researchers.

SHUTTERSTOCK

p. 183, 224 (6.13), 235, 282 (8.13) ; p. 1 : R. Kyllo ; p. 30 (1.15) : M. Harrison ; p. 39 (1.18, centre) : T. Taulman ; p. 39 (1.18, droite) : Aessly Photography ; p. 39 (1.18, gauche) ; p. 68 : G. P. Lewis ; p. 144 (4.12) : M. D. Milliman ; p. 144 (4.13) : G. Barskaya ; p. 144 (4.14) : Baudot ; p. 191 (5.11) : N. Sutcliffe ; p. 194 (5.14) : R. Paassen ; p. 208 : prismk68 ; p. 210 (6.2) : Monkey Business Images ; p. 212 (6.4) : M. Y. Vasilevich ; p. 214 (6.8) : JJ Pixs ; p. 223 : A. Balaraman ; p. 233 : A. Gonçalves ; p. 238 (7.2) : CJP Designs ; p. 239 (7.3) : SVLumagraphica ; p. 257 : J. Steidl ; p. 275 (8.5) : P. Gudella.

© ERPI Reproduction interdite